普通高等教育“新工科”系列精品教材

Intelligent Manufacture for Chemical Industry
Interconnected Chemical Engineering

化学工业智能制造

互联化工

吉旭　周利　编著

化学工业出版社
·北　京·

内容提要

《化学工业智能制造——互联化工》一书从计算技术和行业应用出发，对“互联化工”的架构、关键技术、模式等进行了系统介绍，包括物联网、工业大数据、数据挖掘等技术，及其在化学工业的具体应用。全书共11章，分别为：智能制造概述、智能制造之经典生产制造体系基础、智能制造之现代信息技术基础、互联化工、互联化工的关键信息技术、云制造——互联化工的跨尺度模式、数据挖掘、数据预处理、数据挖掘算法、数据挖掘应用案例、大数据可视化技术。

《化学工业智能制造——互联化工》可作为化学工程与工艺、过程装备与控制工程、材料科学与工程、冶金工程、环境科学与工程、安全科学与工程等专业本科及研究生教材，也可作为计算机类、电子信息类、电气类专业读者的拓展性学习用书。

图书在版编目（CIP）数据

化学工业智能制造：互联化工/吉旭，周利编著. —北京：化学工业出版社，2020.7（2024.8重印）
普通高等教育“新工科”系列精品教材
ISBN 978-7-122-36912-3

Ⅰ.①化… Ⅱ.①吉…②周… Ⅲ.①智能制造系统-应用-化学工业-高等学校-教材 Ⅳ.①TQ

中国版本图书馆CIP数据核字（2020）第083843号

责任编辑：徐雅妮　孙凤英　　　　装帧设计：尹琳琳
责任校对：王　静

出版发行：化学工业出版社（北京市东城区青年湖南街13号　邮政编码100011）
印　　装：北京建宏印刷有限公司
787mm×1092mm　1/16　印张19¼　字数476千字　2024年8月北京第1版第3次印刷

购书咨询：010-64518888　　　　售后服务：010-64518899
网　　址：http://www.cip.com.cn
凡购买本书，如有缺损质量问题，本社销售中心负责调换。

定　　价：69.00元

前言

自现代化学工业诞生以来，控制技术一直是化学工业发展的关键推动力之一，决定了化学工业的过程性、装置性以及规模化的技术经济特性。无疑，物联网、5G、云计算、大数据和人工智能等现代信息技术成果将继续影响和变革化学工业，催生新的知识型工作机制，并创新制造模式。

与机械、汽车、电子设备等离散制造行业相比，多尺度构成了化工行业的典型特点，化工行业需要在分子、单元、过程、工厂、园区以及产业链等尺度上，通过互联、耦合与协同，科学地解决物质、能量、信息、资金在跨尺度间的传递与协同机制问题。对此，智能制造提供了新的方法与路径，工业界和科技界纷纷就化工智能制造的技术架构展开了研究，“互联化工”是其中的典型方案之一。“互联化工”是一种多尺度的、构筑在最新信息技术成果基础上的智能制造架构，旨在推动化学工业实现提质增效、产业链协同与绿色发展。

智能制造不仅仅是工业界和科技界关注的重点，也给高等教育提出了新要求。为更好地应对新一轮科技发展所带来的产业变革与挑战，服务国家制造强国战略，教育部、工业和信息化部及中国工程院发布了《关于加快建设发展新工科实施卓越工程师教育培养计划2.0的意见》。其中，以“信息+”为特色的多学科交叉融合是教学改革以及新工科建设的重要路径。

在此背景下，《化学工业智能制造——互联化工》从生产制造体系、信息技术基础、行业背景与需求等方面，对互联化工的架构、关键技术、模式与路径等进行系统性介绍。同时，教材结合“互联化工”体系特征，把物联网技术、工业大数据和人工智能等现代信息技术与化工知识相融合，构建综合性的知识体系，突出数字技术对化工学科发展在方法论方面的重要意义，提升读者在过程规划、管理、协同、优化、安全评价和决策等方面的关键能力，满足化学工业在全周期、全维度以及全尺度下对人才创新能力的需求。鉴于“数据-算法-算力”是实现智能化的技术基础，数据挖掘算法是关键，因此，本教材对数据挖掘算法的原理与方法也进行了介绍。

本教材可作为化学工程与工艺、过程装备与控制工程、材料科学与工程、冶金工程、环境科学与工程、安全科学与工程等专业本科生及研究生教材，也可作为计算机类、电子信息类、电气类专业读者的拓展性学习用书。

中国工程院李言荣院士、陈丙珍院士，四川大学褚良银教授、梁斌教授，清华大学赵劲松教授、邱彤教授为互联化工的概念、架构、科学问题及发展路径等给出了关键性的意见和贡献。本教材是对本领域科学家们杰出工作的总结，在此作者对他们表示衷心感谢和诚挚敬意。

在教材编写过程中，四川大学化工学院和四川大学互联化工研究中心给予了全方位的支持。贺革、赵凡锐、冯夏源、邓露、夏志鹏、吴亦凡、吴金奎、陈琳、于程远、张欣承担了本书的部分插图绘制以及第10章案例程序的编写与验证工作。邓正龙、党亚固、戴一阳、席春等贡献了许多宝贵建议，在此表示衷心感谢。

在本教材编写过程中，参考了大量的文献资料，由于篇幅所限，未能全部列出，在此表示歉意。同时，向所有参考文献的作者表示衷心感谢。

化学工业的智能化技术研究以及智能制造模式创新涉及多学科领域，正处于蓬勃发展阶段。无论是工业互联网、人工智能技术还是行业制造模式，甚至是产业模式，都有待进一步研究和实践检验。

鉴于编著者水平有限，教材中难免有缺失和不足，恳请读者批评指正。

编著者

2020年4月

目录

第8章　数据预处理　/ 192

第9章　数据挖掘算法　/ 210

第10章　数据挖掘应用案例　/ 251

第11章　大数据可视化技术　/ 276

第1章 智能制造概述

本章内容提示

21世纪以来，计算技术得到快速发展，提高了工业过程的感知、协同、控制以及优化能力，形成了以智能制造为代表的新制造模式，这对制造领域而言，具有划时代意义。

2020年11月党的第十六次代表大会提出“以信息化带动工业化，以工业化促进信息化”的“两化融合”计划；2012年提出“互联网+”的概念与方法；2015年5月国务院印发《中国制造2025》行动纲要标志着中国正式开启了制造强国战略；2017年工信部和国务院相继制定并发布了大数据产业和新一代人工智能发展规划；2020年2月，中共中央政治局提出“推动生物医药、医疗设备、5G网络、工业互联网等加快发展”的重大战略，意味着我国加速了产业变革步伐。

同样在国外，无论是美国、英国、法国、日本，还是德国的发展战略都把以智能制造为特点的先进制造作为了国家未来发展的重点。这必定成为科学、技术、工业，以及教育界关注的重点领域。为了更好地理解智能制造为什么成为各国发展的战略支撑点，本章将从以下方面展开介绍：

- 制造业自身发展需求以及计算技术的最新成果推动了智能制造
- 智能制造的定义与计算技术基础
- 几个典型的智能制造技术架构模型及其特点
- 美国、德国、日本、中国等国推动智能制造发展的产业计划

1.1 智能制造发展背景

第一次工业革命以来，制造业一直以产品为中心推动发展，创新主要聚焦在产品功能与性能的延展与提升，在经过200多年的发展后，已呈现出整体创新乏力的状况，企业与企业间以及企业各部门间的沟通成本高、信息孤岛多、通信安全保障能力低、生产不可视、自动化水平提升缓慢等问题日渐严重，导致生产效率提升乏力，已是制约制造业竞争力提升的关键因素。2011年到2015年，全球工业生产率年均增速由前20年的4%下降到1%。当前，随着制造业人力成本的不断上升，以及信息技术的快速发展，制造业未来还将面临更大的挑战。

① 全球化竞争提升了资源要素在全球的配置效率，制造和销售高附加值的产品成为资本追逐的风口，这要求产业链在全球背景下能够快速洞察市场发展方向并做出反应，这对工业领域的创新生态系统提出了挑战。

② 企业一直都是创新主体，但面向产品的市场机制在激发企业创新能力方面逐渐乏力，同时资本也不太愿意进入到那些致力于超越现有产品和流程的颠覆性技术的开发，不利于技术创新，也不利于整个制造业的发展与升级。为此，需要创新价值链、创新制造业模式，以突破原有体系对创新的阻碍和禁锢。

③ 新的科学范式和技术体系使得技术和产品越来越复杂，生命周期也越来越短。从提出创新概念，到产品成型、制造并满足客户需求的周期越来越短，这需要整个产业链并行地参与到产品的全生命周期，包括：研发与设计、设备制造、人力资源（Human Resources，HR）、供应链、资本、公用事业和其他基础设施等。毫无疑问，新的信息共享平台与知识体系将成为关键。

进入21世纪后，信息技术推动社会生活和经济活动各领域进入数字化、网络化阶段。互联网，尤其是移动互联网的蓬勃发展，改变的不只是人们的社交与娱乐方式，更是持续迭代的商业模式与价值，到2017年电子商务（Electronic Commerce，EC）交易总额已占到社会消费品总额的20%。同时，物联网（Internet of Things，IoT）的发展不仅拓展了人与人、人与机器间的交流渠道与模式，让人们开始思考如何重新规划制造模式。而更大的机遇还在于，物联网加强了机器与人、机器与机器间的沟通能力，奠定了机器智能的基础，推动了大数据、云计算、机器学习和人工智能等新的信息技术的发展。如何利用信息技术最新成果来创新制造模式，成为科技界与工业界不可回避的命题，事实上，基于新的信息技术，制造业已出现了新模式。

（1）数字化制造

数字化制造是在数字化技术和制造技术融合的背景下，根据用户需求，迅速收集各类数据信息，对产品、工艺和资源等信息进行分析、规划和重组，快速实现产品设计和功能仿真以及原型制造，进而生产出达到用户要求性能的产品。计算机辅助设计（Computer Aided Design，CAD）、计算机辅助工程（Computer Aided Engineering，CAE）、计算机辅助工艺设计（Computer Aided Process Planning，CAPP）、计算机辅助制造（Computer Aided Manufacturing，CAM）、产品数据管理（Product Data Management，PDM），以及分散式控制系统（Distributed Control System，DCS）、制造执行系统（Manufacturing

Execution System，MES）、企业资源计划（Enterprise Resource Planning，ERP）等是数字化制造的典型应用技术。

（2）数字化网络化制造（"互联网＋制造"）

互联网在商业领域的全面渗透，最终倒逼生产制造各环节，推动制造业实现互联网化，通过以更低的成本将供应链上下游连接起来，在更大范围内进行供应链协同，实现"制造-流通-消费"的协同升级。"互联网＋制造"成功的基础是打破电商数据、ERP以及MES等系统之间的壁垒，实现业务量、信息流的纵向集成。虽然"互联网＋制造"的动力来源于下游流通端和消费端，但在实现过程中促使了生产方式、管理理念、生产设备甚至原材料供应等发生重大变化，既通过互联网将供应链中的所有系统全面进行集成，形成一条连接市场终端客户、制造业内部各部门以及上下游各方的实时协同供应链，因此"互联网＋制造"被认为是IT（Information Technology，信息技术）时代供应链的高境界。

云计算、大数据、机器学习、人工智能等计算技术仍在快速发展，推动以数字化、网络化为基础的制造模式创新进程继续呈现出次第展开、迭代升级的特点。正如图1.1所示的制造业发展趋势所示，制造模式快速并显著地向着"个性化+服务化""柔性化+集成化""绿色化+低碳化"的方向发展，再加上新能源和新材料技术不断发展，一次重大的制造模式创新的条件已逐渐成熟，出现了"数字化+网络化+智能化"的制造业新范式，这就是智能制造。

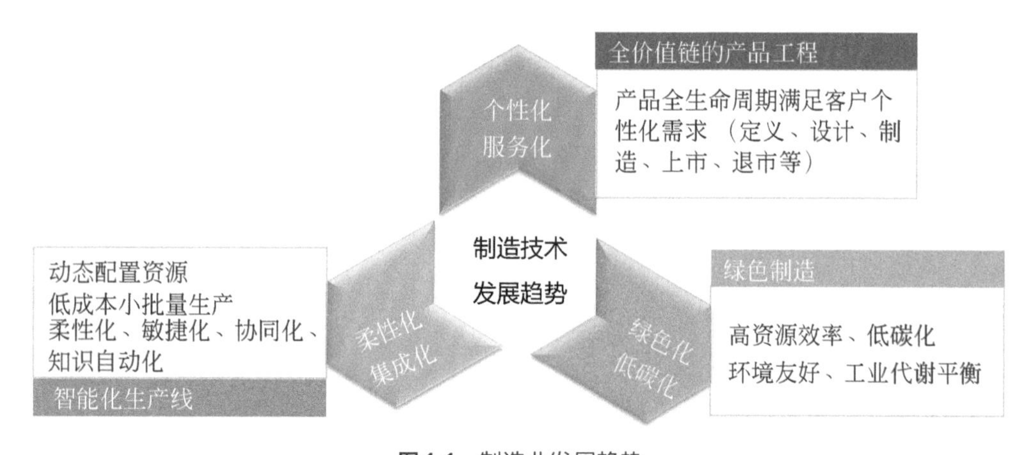

图1.1　制造业发展趋势

1.2　智能制造定义

物（互）联网、大数据和人工智能技术提升了产业能力，也影响了人们对创新、个性化以及流通速度的感知，促成了智能制造模式的出现。

那么，什么是智能制造？国际合作研究计划对智能制造的定义是：智能制造系统是一种在整个制造过程中贯穿智能活动，并将这种智能活动与智能机器有机融合，将整个制造过程从订货、产品设计、生产到市场销售等各个环节以柔性方式集成起来的能发挥最大生产力的先进生产系统。

智能制造将互联网、物联网、云计算、大数据、人工智能等新一代信息技术，贯穿于设计、生产、销售、服务、管理等制造活动各个环节，使之具有信息深度感知、精准控制、智慧决策、协同运营等能力，具有智能化、柔性化、集成化等特点。智能制造包括产品智能化、装备智能化、生产智能化和服务智能化四个层次，因此智能制造可以理解是先进制造成果、先进制造系统和先进制造模式的总称。图1.2为智能制造模式图。

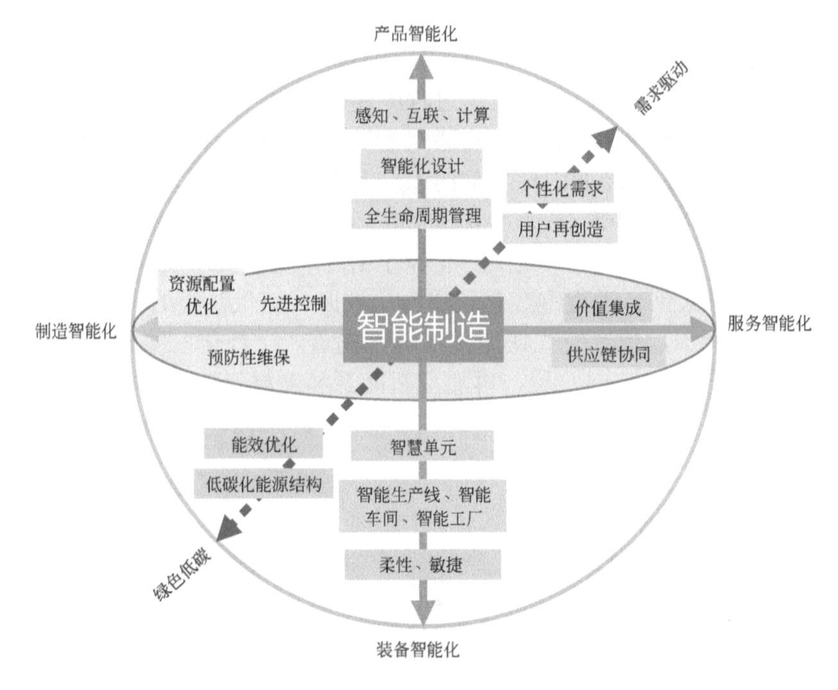

图1.2　智能制造模式图

（1）产品智能化

工业时代产品价值由企业定义，企业生产什么产品，用户则使用什么产品。而智能制造则更强调消费与制造之间的互联，支持产品的个性化定制，产品价值不仅仅由企业定义，也由用户定义：通过用户的认可、参与、分享来提升其市场价值。因此，实现产品智能化要求产品具有智能化设计，赋予用户在产品应用过程中的再创造能力。智能产品的功能体现在三个方面：

① 感知：产品可以感受外部的情况变化；

② 互联：产品能基于互联网、物联网实现互通互联的功能；

③ 计算：产品能基于自身的操作系统以及各种应用程序，整合边缘计算和云计算以及产品内部和外部的数据进行分析和决策，其本质就是人工智能。

（2）装备智能化

智能制造不仅仅是制造高科技产品、智能化产品，还包括使用新的、领先的设备和工艺，使制造企业能够制造更好的、唯一的甚至成本更低的产品，这就是装备智能化。装备智能化是指融合物联网、大数据、云计算和人工智能等技术，使生产设备或生产线具有感知、分析、推理、决策、执行、学习及维护等方面的自组织和自适应能力。装备智能化有两个维度：单机智能化，以及单机设备的互联而形成的智能生产线、智能车间、智能工厂。由智能化装备构成的生产系统是基于价值链集成的，具有柔性、绿色、低碳等特点。

（3）制造智能化

传统生产模式从成本核算和市场竞争的角度出发，追求最佳的生产规模，但这个规模受制于采供、物流、装置、管理、市场等多种因素。而智能制造建立了消费与制造过程间无障碍的沟通，供应链中的协同关系，而且规模化的概念和模型也发生了变化，生产模式转型为个性化定制、极少量生产、服务型制造以及云制造等新的业态和新的模式，这就是制造智能化。同时由于智能制造的管理目标、管理形式和管理工具发生了变化，推动了管理决策的自动化、高效化和智能化，也必然带来业务模式和流程的改变。制造智能化强调重组客户、供应商、经销商以及企业内部组织的关系，重构生产体系中信息流、产品流、资金流的运行模式，重建新的产业价值链、生态系统和竞争格局。

（4）服务智能化

智能制造为了实现价值链中全部成员的价值增值，将制造与服务融合，企业相互提供生产性服务和服务性生产，整合分散化的制造资源并高度协同，实现创新目的。服务智能化强调知识资本、人力资本和产业资本的融合，使得智能制造突破传统的“以产品为核心”的制造模式，向“提供具有丰富服务内涵的产品和依托产品的服务”的制造模式转变，直至为顾客提供整体解决方案。同时，更强调客户、作业者的认知和知识融合，有效挖掘市场需求，实现个性化的生产和服务。通过服务智能化，智能制造关注不同类型主体（顾客、服务企业、制造企业），相互通过价值感知，使之主动参与到整体供应链的协作生产活动中，在相互的动态协作中自动实现资源的优化配置，呈现出具有动态稳定结构的制造系统。

事实上，智能制造模式的提出有其历史背景。工业领域经过机械化、电气化和自动化发展，人们对工程中确定性问题的认识与控制已趋成熟，但在生产效率、成本、质量以及产品个性化需求和服务等方面尚存在大量的不确定性问题，无法用精确的数学模型进行描述，甚至没有一个固定模式。为了能够实现更高效、绿色和可持续的生产制造，准确地认识制造系统中有多少因素相互关联，以及互相影响到何种程度是需要着重解决的问题。而大数据和人工智能等信息技术为工程师们开启了进一步认识和驾驭非结构化和不确定性的大门，可以帮助人们认识和控制制造系统中的原本不确定性的问题，以达到更高的目标。显然这些计算技术在智能制造模式中扮演着关键性角色。

（1）工业互联网技术

无线射频识别（Radio Frequency Identification，RFID）、红外感应器、传感器等物联网技术是工业互联网的技术基础，应用于生产全过程的感知与监测，实现监测数据和信息的全域性、可识别性、高灵敏度、远程化和功能性。工业互联网不仅仅解决复杂生产环境的感知问题，还将各类感知和监测数据及信息高效通信和共享，构成了生产各环节和各装置间实现协同的基础，甚至构成由全产业链共同参与的新的企业生态系统。

（2）工业大数据技术

工业大数据涵盖企业各层级的经营管理、生产调度、过程监控、装置运行等，有实时、多源异构与动态时序性的特点，工业大数据技术从设备运行业务过程中主动、安全、可靠地提取并存储有价值的全部数据，为生产经营提供决策支持。工业大数据不仅局限于企业内部，更面向全“企业生态系统”，通过企业生态系统中全部成员的数据互联和分享形成一个庞大的数据环境，最终在企业之间不仅存在物料的供需，还形成数据的供需。

（3）人工智能技术

企业在描述客户需求、设计产品，以及生产经营中，有许多非数值型、离散性、不确定性以及模糊的决策问题，诸如原料工艺路线选择、工艺系统综合、过程控制策略，以及装置故障诊断、事故处理、开停车等，这些问题难以通过模型来实现结构化管理，基于大数据的人工智能技术、机器学习、数据挖掘、模糊算法等，为解决这些非结构化的决策问题提供了新的途径，并成为智能制造的关键性创新以及核心价值所在。

（4）网络安全技术

智能制造模式下，物联网介入到设备内部及过程控制的核心领域，因此数据通信和信息互通将涉及底层感知、网络连接，以及应用层面的安全及安全管理问题，这超出了一般意义上的网络安全界定，要求建立面向工业应用需求的网络安全技术体系。

1.3 智能制造架构

智能制造是一个大概念，从业务层面上看，涉及多企业、多领域、多地域的信息集成、应用集成和价值集成，从技术层面上看，是新一代信息技术和先进制造技术的交相融合，并贯穿于生产、制造、产品、服务全生命周期的每一个环节。这样一个先进制造系统的综合集成体系，有必要建立一个通用的智能制造架构模型，作为智能制造所有相关方构建、开发、集成和运行相关技术系统的标准化框架，将现有的工业标准（包括工业通信、工程、建模、功能安全、信息安全、可靠性、设备集成、数字工厂等）和智能制造新标准（包括语义化描述和数据字典、互联互通、系统能效、大数据、工业互联网等）一起纳入新的制造参考体系中。

目前，国际电工委员会（IEC）国际标准提出了11种关于智能制造的参考模型，其中有美国国家标准与技术研究院提出的智能制造生态系统（SMS）模型、工业互联网联盟提出的工业互联网参考架构IIRA，以及德国工业4.0平台提出的RAMI4.0参考模型。其中，德国RAMI4.0从产品生命周期/价值链、层级和架构等级三个维度分别对工业4.0进行描述，代表了德国对以智能制造为标志的工业4.0的思考和未来发展规划。如图1.3所示为德国工业4.0的RAMI4.0模型。

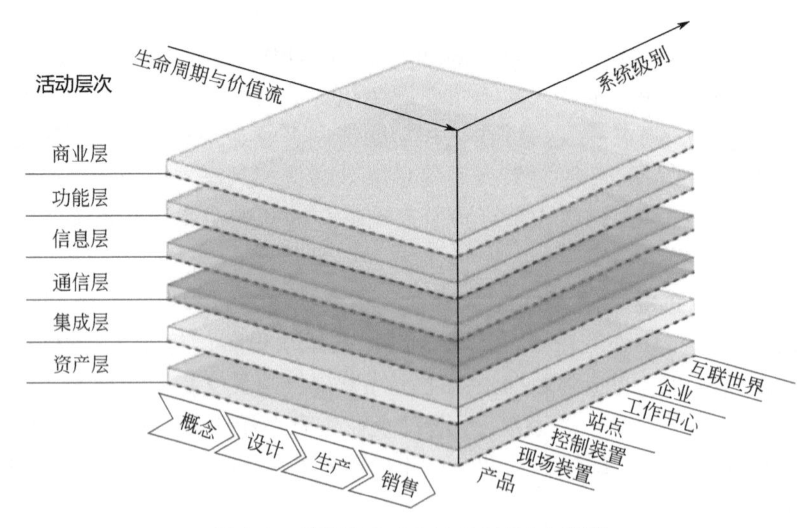

图1.3 德国工业4.0的RAMI4.0模型

图1.4所示模型是由中国工业和信息化部（工信部，下同）、国家标准化管理委员会（国家标准委，下同）在《国家智能制造标准体系建设指南（2015年版）》中联合提出的智能制造系统架构模型（IMSA）。

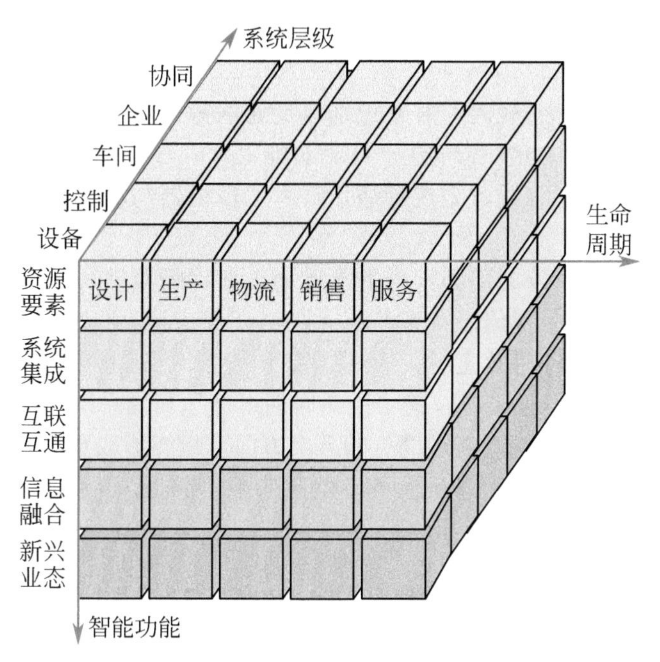

图1.4　中国工业和信息化部、国家标准化管理委员会智能制造三维系统架构模型（IMSA）

中国的IMSA智能制造模型结合了中国制造业的发展水平以及发展规划，从生命周期、系统层级和智能功能等三个维度建构了智能制造框架。

① IMSA认为生命周期是由设计、生产、物流、销售、服务等一系列相互联系的价值创造活动组成的链式集合，它们相互关联、相互影响，构成统一的价值集合体。

② IMSA提出的系统层级共五层，包括设备层、控制层、车间层、企业层和协同层，智能制造的系统层级体现了物联网、装备智能和工业互联网的发展方向。

- 设备层级包括传感器、仪器仪表、条形码、射频识别、机器、机械和装置等，是企业生产活动的物资技术基础。
- 控制层级包括可编程逻辑控制器（Programmable Logic Controller，PLC）、数字信号处理器（Digital Signal Processor，DSP）、高级基于精简指令集的微处理器（Advanced RISC Machine，ARM）、数据采集与监视控制（Supervisory Control And Data Acquisition，SCADA）系统、离散控制系统以及先进控制系统（Advanced Control System，ACS）等。
- 车间层级实现面向工厂或车间的生产调度及运行管理，典型的系统有制造执行系统（MES）、实验室信息管理系统（Laboratory Information Management System，LIMS）、设备管理系统（Equipment Management System，EMS）等。
- 企业层级实现面向企业的经验和决策管理，包括企业资源计划（ERP）、产品生命周期管理（PLM）、客户关系管理（Customer Relationship Management，CRM）和供应链管理（Supply Chain Management，SCM）等。
- 协同层级由产业链上不同企业通过互联网络共享信息实现协同研发、智能生产、高效物流和智能服务等。

③ IMSA 把智能制造中的智能功能定位为智能化技术对新制造模式的创新支持，包括资源要素、系统集成、互联互通、信息融合和新兴业态等内容。

● 资源要素包括有形资源和无形资源。有形资源包括产品图纸、工艺文件、原材料、设备、工厂、资本、能源、人员等物理实体，无形资源则包括创新能力、管理能力以及企业文化等。

● 系统集成是指通过二维码、射频识别以及通信等信息技术集成各类资源要素，实现从智能装备到智能生产单元、智能生产线、智能工厂，乃至智能制造系统的全集成。

● 互联互通是指通过有线、无线等通信技术实现机器与机器、机器与人、企业与企业之间的广泛连通。

● 信息融合是指在系统通信和集成的基础上，在保障数据和信息安全的前提下，利用云计算和大数据技术等实现信息共享。

● 新兴业态是指包括个性化定制、产业链融合以及云制造等新的业务模式和产业模式。

从IMSA各维度的逻辑关系看，其“生命周期维度”和“系统层级维度”组成的平面自上而下依次映射到了“智能功能维度”的五个方面，最终形成智能装备、智能工程、智能服务、工业软件和大数据及工业互联网等智能制造关键技术体系。

1.4 智能制造的特征

智能制造不同于数字化制造，也不同于“互联网+制造”，智能制造有其自身特点。

① 智能制造是以智能化技术为重要特征的先进制造模式，智能化技术与自动化技术有显著差异。自动化技术是机器设备按预定过程，经过检测、判断，并完成相应的操纵控制，以达到预期目标，自动化意味着人类体力的进一步解放。而智能化技术则有更强的感知能力、记忆和思维能力，可利用已有知识对信息进行分析、比较、判断、联想以及行为决策，智能化技术还有一定的学习能力和自适应能力，是对人类认知模式和脑力的学习和突破。

② 智能制造实现多准则下的目标优化，面向客户个性化需求，以安全、环境、质量、效率、交期、成本、服务等为优化目标，以最优的生产周期提供高质量产品和全方位的服务，从而创造新的价值。

③ 智能制造应用物联网技术，通过数据自动采集、传输存储、提炼分析、控制并反馈，实现闭环控制。智能制造还基于大数据技术建立知识库，提升制造系统的自主识别、自主分析、自主判断、自主决策和自主控制等能力，体现出强大的自主学习能力。

④ 智能制造是一种全新的制造管理系统，随着市场需求的变化和技术发展，将管理技术通过知识自动化融入日常运营控制中，实现决策、管理、控制一体化。

⑤ 智能制造强调企业价值链的智能化和协同创新的应用，汇集一切有益的数据信息和资源要素，推动设计、生产、销售、服务、管理等各项业务流程优化、协同以及深度融合，为客户创造最大价值。因此，智能制造是综合体，实现物理实体之间、数字与现实世界之间、组织架构与业务模式之间、在线过程控制与管理决策之间，以及生产制造与个性化服务之间的深度融合。

1.5 各国推动智能制造发展的产业计划

为布局未来制造业发展，中国、美国、英国、德国、日本等大国都提出了推动本国智能制造的相关政策、方案和途径。

1.5.1 美国先进制造业国家战略计划

为了重塑美国在制造业方面的竞争力，美国政府依靠其强大的互联网能力，提出了以"互联网+制造"为基础的再工业化之路，希望通过一系列的务实行动促进制造业的回归。

2011年美国提出"先进制造业伙伴关系"（Advanced Manufacturing Partnership，AMP），以期通过政府、高校和企业的合作，投资新兴技术，创造高品质制造业工作机会，来提高美国制造业的全球竞争力。

继而美国政府在2012年2月发布了《先进制造业国家战略计划》，计划中分析了全球先进制造业的发展趋势及美国制造业面临的挑战，并围绕着发展美国先进制造业，对中小企业、劳动力、伙伴关系、联邦投资以及研发等方面提出了具体的目标和建议。计划明确了三大原则：

① 能够应对市场变化和有利于长期经济投资的创新政策；

② 建设制造商共享的知识资产和有形设施的产业公地；

③ 优化联邦政府和机构的投资。

美国2013年还发布了国家制造创新网络计划（National Network for Manufacturing Innovation Program，NNM），拟建设由45个制造创新中心和一个协调网络组成的全国性创新网络，专注于研究有潜在革命性影响的关键制造技术，最终形成世界先进技术和服务的区域中心。其途径是通过缩小科研与商业之间的差距，打造一批具有先进制造能力的创新集群；促进新技术、生产工艺、产品和教育项目的开发，推动美国先进制造业的复兴；为美国创造更多的就业机会，从而提振美国经济。美国先进制造业国家战略计划发展的重点领域包括：

① 先进材料技术。强调利用材料基因组计划等先进的方法论，开发碳纤维等轻质材料，提高下一代汽车、飞机、火车和轮船等交通工具的燃料效率、性能以及抗腐蚀性。

② 开发虚拟化、信息化和数字制造技术，以实现小批量、低成本的柔性生产，满足客户个性化需求，重点是完善3D印刷技术的相关标准、材料和设备。

③ 面向制造业开发先进传感技术、先进控制技术和平台系统，优化智能制造的框架和方法，使生产运营者实时掌握来自全数字化工厂的"大数据流"，以提高生产效率，优化供应链，提高能源、水和材料的使用效率。

2018年10月美国国家科学技术委员会先进制造技术委员会发布了《先进制造业美国领导力战略》报告。报告认为先进制造（指通过创新推出的新制造方法和新产品）是美国经济实力的引擎和国家安全的支柱。报告对影响美国先进制造业创新和竞争力的因素进行了梳理，认为坚实的国防工业基础，包括具有弹性供应链的、创新和可赢利的国内制造业是国家头等大事，对经济繁荣和国家安全至关重要，制造业应与产品研发和设计、软件开发和集成系统，以及为向市场提供有价值的产品或服务而开展的生命周期服务活动等价值链紧密结合，共同发展。报告从开发和转化新的制造技术；教育、培训和集聚制造业劳动力；扩展国内制造供应链的能力等三个方面提出了明确的发展目标，详见表1.1。

表1.1 《先进制造业美国领导力战略》报告主要内容

三大目标	战略目标	优先计划事项
开发和转化新的制造技术	抓住智能制造系统的未来	智能和数字制造
		先进的工业机器人
		人工智能基础设施
		制造业的网络安全
	开发世界领先的材料和加工技术	高性能材料
		增材制造（Addictive Manufacturing）
		关键材料
	确保通过国内制造获得医疗产品	低成本、分布式药物制造
		连续制造
		组织和器官的生物制造
	保持电子设计和制造领域的领导地位	半导体设计工具和制造
		新材料、器件和结构
	加强粮食和农业制造业的机会	食品安全中的加工、测试和可追溯性
		粮食安全生产和供应链
		改善生物基产品的成本和功能
教育、培训和集聚制造业劳动力	吸引和发展未来的制造业劳动力	以制造业为重点的科学、技术、工程和数学教育
		制造工程教育
		工业界和学术界的伙伴关系
	更新和扩大职业及技术教育途径	职业和技术教育
		培养技术熟练的技术人员
	促进学徒和获得行业认可的证书	制造业学徒计划
		学徒和资格认证计划登记制度
	将熟练工人与需要他们的行业相匹配	劳动力多样性
		劳动力评估
扩展国内制造供应链的能力	加强中小型制造商在先进制造业中的作用	供应链增长
		网络安全外展和教育
		公私合作伙伴关系
	鼓励制造业创新的生态系统	制造业创新生态系统
		新业务的形成与发展
		研发转化
	加强国防制造业基础	军民两用
		购买“美国制造”
		利用现有机构
	加强农村社区的先进制造业	促进农村繁荣的先进制造业
		资本准入、投资和商业援助

2019年2月，美国总统签署行政命令，正式启动“美国人工智能计划”，该计划将集中联邦资源开发人工智能，其强调的五个重点领域包括：研究与开发（Research and Development，R & D），开放数据与资源，伦理标准与管理，教育培训，保护美国利益的国际合作。

1.5.2 德国工业4.0

制造业是德国在全球最具有竞争力的行业之一，为巩固德国作为全球生产制造基地、生产设备供应商和IT业务解决方案供应商的地位，德国政府2013年在《德国2020高技术战略》中提出了工业4.0概念，旨在提升制造业智能化水平，建立具有高适应性、高资源效率及高智能化水平的智慧工厂，以在商业流程及价值流程中整合客户及商业伙伴。

德国工业4.0的内涵是：打造支持高度灵活的个性化、数字化的产品与服务的生产模式，把集中式控制转向为分散式增强型控制，促进产业链分工重组，提高市场服务能力和资源利用效率。工业4.0的核心是开发和利用信息物理系统，将供应、制造、销售等过程数据化、互联互通，以及智慧化，达到快速、有效和个性化的产品供应。工业4.0有三大任务：

① 打造智能工厂和智能物流，进行网络化和分布式的生产布局，实现价值链横向集成；

② 建设智能制造系统，通过网络化和协同化的制造系统实现纵向集成；

③ 推动信息和物理系统的深度融合，实现资源要素、供应链以及市场端到端的集成。

2019年2月5日，德国经济和能源部长向外界发布了《国家工业战略2030》草案，该战略将钢铁铜铝、化工、机械、汽车、光学、医疗器械、绿色科技、国防、航空航天和增材制造等十个工业领域列为德国的“关键工业部门”，提出国家应强化在工业发展和产业变革中所扮演的角色。

1.5.3 新工业法国

2013年9月法国政府制定了10年中长期发展战略规划，推出《新工业法国》计划，提出通过创新来重塑法国工业实力，使法国工业重新回到世界工业的第一阵营。新工业法国规划的总体布局包括一个核心、九大支点。核心是打造“未来工业”模式，向数字制造、智能制造转型，并通过生产工具的转型升级带动商业模式变革。九大支点包括大数据经济、环保汽车、新资源开发、现代化物流、新型医药、可持续发展城市、物联网、宽带网络与信息安全、智能电网，九大支点在为“未来工业”提供支撑的同时也提升人们的生活品质。

1.5.4 英国工业2050战略

2008年英国政府推出“高价值制造”战略，鼓励英国企业在本土生产更多世界级的高附加值产品，确保高价值制造成为英国经济发展的主要推动力，促进企业实现从概念到商业化整个过程的创新。

2013年英国政府科技办公室发布了《英国工业2050战略》报告，提出到2050年英国未来制造业的发展战略。报告认为，未来制造业的主要趋势是个性化需求增大，生产制造将具有分布式、协同化和数字化特点，制造业不再是“制造后销售”模式，而是转向“服务+再制造”，这将对制造业的生产过程和技术、制造地点、供应链、人才，甚至工业文化产生重大影响。据此，《英国工业2050战略》提出了未来英国制造业的四个特点：

① 快速、敏锐地响应消费者需求。生产者将更快速地利用新科技，以数字技术改善供应链，强化产品的个性定制化。

② 把握新的市场机遇。虽然新兴工业化国家将增大全球需求，但英国坚持将主要的出口对象定位为欧盟和美国。

③ 可持续发展。全球性的资源匮乏、气候变化、越来越被广泛接纳的低碳绿色化发展理念以及主流消费理念变化，将使坚持可持续发展的制造业获得更多的成功机会，同时循环经济也将是关注的重点。

④ 未来制造业将更多依赖技术工人，需加大力度培养高素质的劳动力。

《英国工业2050战略》还提出英国政府未来需要给予关注的三个系统性领域，包括：更加系统、完整地看待制造领域的价值创造；明确制造价值链的具体阶段目标；增强政府长期的政策评估和协调能力。

1.5.5 日本工业价值链产业联盟

日本是最早由政府推进智能制造计划的国家，1989年即提出“智能制造系统”国际合作计划（IMS计划），这是当时全球制造领域内规模最大的一项国际合作研究计划，于1995年正式实施，但由于当时IT技术的局限，其进展并不显著，故于2010年终止。

2015年6月份，日本经济贸易产业省和日本机械工程师协会共同制定了工业价值链产业联盟计划（Industrial Value chain Initiative，IVI）旨在解决不同制造业企业之间“互联制造”问题，IVI是由下而上提出的倡议，联盟成员主要是日本企业，也有包括西门子这样的全球性企业。IVI有三大关键理念：互联制造、松耦合和人员至上。

① 互联制造　即面向多样化的制造企业，实现企业、人、数据、机械相互连接，产生出新的价值，同时创造出新的产品和服务，并提高生产效率。这一方面要求企业更加集中地关注其核心生产流程，不断进行创新，另一方面也要与产业链其他企业在网络世界和物理世界进行动态互联，并通过互联平台获得共享数据的支撑，以实现全生命周期内与其他互联企业的协同运营。

② 松耦合　为了实现不同企业间的互联制造，需要预先定义通信平台、知识共享标准和数据模型。IVI提出“宽松定义标准”，以利于敏捷与弹性开发，可持续应对不可预测的未来需求，同时建立企业易于合作的“宽接口”，有利于保持每一企业竞争优势不受影响。

③ 人员至上　IVI认为互联制造必须考虑人的因素。对于日本企业而言，员工是最重要的价值，日本企业对人的信任远胜于对设备、数据和系统的信任，所有的自动化或是信息化建设都是以帮助人为目的，事实上，这也是日本制造的一个典型思考方式。

可见，IVI立志于打造一个“互联”平台，让各类企业可通过“互联”接口，在一种“松耦合”的情况下相互连接，以建立共同的生态系统，在快速变化的环境里面能够更好地面对未来。IVI已经成为日本打造智能制造的核心布局。

1.5.6 中国制造强国战略

一直以来，中国都非常重视信息技术对工业发展的推动作用，相继提出了“以信息化带动工业化，以工业化促进信息化”“大力推进信息化与工业化融合”等策略。2015年中国政府为主动应对新一轮技术进步和产业变革的挑战，出台了制造强国战略的第一个十年行动纲领，即《中国制造2025》行动纲领，提出了“创新驱动、质量为先、绿色发展、结构优化、人才为本”的基本方针，以及“市场主导、政府引导、立足当前、着眼长远、整体推进、重点突破、自主发展、开放合作”等原则，《中国制造2025》的主要内容有：

① 三步走战略：第一步，到2025年，中国力争用十年时间迈入制造强国行列。第二步，到2035年，中国制造业整体达到世界制造强国阵营的中等水平。第三步，新中国成立一百年时制造业大国地位得到进一步巩固，综合实力进入世界制造强国前列。

② 十大重点突破领域：包括新一代信息技术、高档数控机床和机器人、航空航天装备、海洋工程装备及高技术船舶、先进轨道交通装备、节能与新能源汽车、电力装备、新材料、生物医药及高性能医疗器械、农业机械装备。

③ 五项重点工程：包括制造业创新中心建设、智能制造工程、工业强基工程、绿色制造、质量品牌建设。其中，在智能制造方面，强调：

- 推动新一代信息技术与制造技术融合发展，智能制造作为“两化深度融合”的主攻方向。
- 发展智能装备和智能产品，推进生产过程智能化，培育新型生产方式，全面提升企业研发、生产、管理和服务的智能化水平。
- 推进制造过程智能化，在重点领域试点建设智能工厂/数字化车间。

2015年10月，在中共十八届五中全会上，“十三五”规划建议提出实施国家大数据战略，以全面推进我国的大数据发展和应用，加快建设数据强国，促进经济转型升级。

2017年7月国务院印发了关于《新一代人工智能发展规划》的通知，2017年底，国家工信部发布了《促进新一代人工智能产业发展三年行动计划（2018-2020年）》，提出在2018～2020年三年内重点推动人工智能和实体经济深度融合，推进人工智能技术的产业化和集成应用，突破包括AI（Artificial Intelligence）芯片在内的三大核心人工智能技术，完善5G、算法训练数据库等人工智能配套体系，在智能网联汽车、服务机器人、AI医疗影像等八大类人工智能产品领域实现重点突破。2017～2019年连续三年的“两会”政府工作报告均强调了国家人工智能发展战略，把新一代人工智能的研发和应用列为政府重点推进的工作内容，其中工业互联网平台以及拓展“智能+”被予以了特别关注，可见，智能化技术与行业应用结合成为了中国的国家发展战略。

1.5.7　各国智能制造策略比较

由于发展智能制造的背景和基础条件不同，因此各国制定的目标与实现路径也有差异。表1.2中列出了中国、美国、德国三国智能制造发展规划的比较。

表1.2　中国、美国、德国三国智能制造计划比较

项目	中国	美国	德国
背景	中国制造业规模大，种类全，拥有完整的供应链，但自主创新能力不强、产业结构不合理、核心技术和高端装备对外依存度高	美国信息产业快速发展、人力成本提高和服务业兴起等因素导致美国出现去工业化趋势。2008年金融危机使美国认识到去工业化的弊端和传统制造业的重要性，于是启动再工业化进程，利用信息技术重塑工业格局	从20世纪中后期起，包括德国在内的一些发达国家将部分制造业转移到具有成本优势的发展中国家，这虽然促进了新兴国家产业升级与经济增长，加大了全球需求，但反过来对德国等发达国家的制造业造成了较大的竞争压力

续表

项目	中国	美国	德国
愿景	大幅度提升中国制造业创新能力和信息化水平、优化制造业结构、显著提高产品质量，著名品牌显著增多	利用大数据与信息技术进行工业格局的重塑，实现先进制造业的创新，开拓新产业，引领全球制造业走向	推动解决全球所面临的资源短缺、能源利用效率，以及人口变化等问题，同时关注制造的产品、过程和模式创新
目标	跻身世界制造强国行列	实现在未来新的制造业中的领导地位	保证制造业的领先地位
技术领域	优先发展的重点领域包括航空航天、船舶、先进轨道交通、节能和新能源汽车、医疗器械等	先进传感、先进控制和平台系统；虚拟化、信息化和数字制造；先进材料制造。实际上就是CPS（Cyber Physical System，信息物理系统）的具体化	不把技术、品牌作为发展目标，而是转向生产模式、生产管理、生产安全等更高层面的制造理念，建设网络化、智能化的新生产模式，CPS是核心
行动路径	强调市场准入制度、政府经济职能转变、行政审批制度改革、市场环境建设、政策支持等，技术研发、科技成果转化、创新能力设计等是实现战略目标的行动路径。大数据战略成为国家战略，强调人工智能技术与行业应用的结合	发展包括先进生产技术平台、先进制造工艺及设计与数据基础设施等先进数字化制造技术，并通过信息技术来重塑工业格局，激活传统产业。拟从CPU、系统、软件、互联网等信息端，以及大数据分析等工具“自上而下”地重塑制造业模式	突出人工智能、网络、CPS等信息技术，将物联网、互联网广泛应用于制造领域，对制造产品的全生命周期以及完整的制造流程进行集成和数字化，构筑一种高度灵活、具备个性化特征的产品与服务的制造模式。强化以制造业为重点的基础STEM（科学、技术、工程、数学）教育

本章要求

- 了解智能制造的发展背景与发展趋势
- 掌握智能制造的定义与技术基础
- 掌握智能制造的技术架构及其特点
- 了解各国推动智能制造发展的产业计划
- 了解中国制造2025的目标、规划、路径

思考题

1-1　制造业发展的现状与挑战是什么？

1-2　基于现代信息技术，相继出现了哪些新的制造模式？它们的特点是什么？

1-3　什么是智能制造？智能制造包含有哪几个层次？

1-4　智能制造架构模式的特点是什么？中国智能制造架构与德国工业4.0架构有什么异同？

1-5　智能制造的典型特点有哪些？对制造业转型升级有什么意义？

1-6　各国推动智能制造的产业计划有什么共同点与差异？中国制造2025提出的背景是什么？

第2章
智能制造之经典生产制造体系基础

本章内容提示

智能制造不是凭空产生的概念，它是在自动化、信息化、数字化技术的基础上，将运营计划（Operational Technology）、信息技术（Information Technology）、通信技术（Communication Technology）深度融合发展而成的，是对由物料、设备、能源和信息等所组成的制造系统，在传统制造模式、技术和管理架构基础上的升级和重构。因此，理解智能制造应从传统的经典生产制造体系开始。鉴于此，本章将从以下几个方面介绍经典生产制造体系。

· 准时制、精益生产、柔性制造、敏捷生产的概念、目标与模式
· 全面质量管理与六西格玛质量管理的理论和方法
· 质量管理统计的数据分析工具
· 企业资源计划的概念、思想与方法
· 知识管理的概念与模式，知识自动化与智能制造应用
· 过程控制技术的发展，计算机集成控制技术的架构与方法

智能制造在传统经典制造技术基础上，融合信息化、自动化和智能化技术，对组织架构、物料、设备、能源和信息所组成的生产系统进行规划、设计和改善，使资源要素效率最大化。

但智能制造仍然要面对产品价格、订单下达、生产计划、作业调度、生产组织、质量控制、原料供应、库存监控、成本控制、财务核算，以及组织架构、业务模式和管理等相关问题，对此，传统的经典制造体系及管理技术仍然有其积极的现实意义。图2.1反映了20世纪60年代以来信息化技术在制造业的推广应用历程，这一过程夯实了智能制造基础。其中准时制生产、精益生产、敏捷制造（Agile Manufacturing，AM）、柔性制造、六西格玛管理、全面质量管理（Total Quality Management，TQM）等仍然是智能制造的基本业务形态和管理理论基础。

管理目标	核心思想	路径、模式与管理创新	IT技术	信息化技术
20世纪 90年代至今 时间 质量 成本 服务 环境	**产业链集成** 企业内外部资源整合、优化配置、绿色制造等	**敏捷、网络、面向服务、客户中心** 工业产品服务系统、ODM、OEM 制造网格、应用服务提供商 虚拟企业、电子商务 数字化工厂、数据仓库	互联网 多媒体 物联网 大数据 人工智能	PLM技术 ERP技术 SCM技术 EB技术 CRM技术 VP技术 GRID技术 ……
20世纪 80～90年代 时间 质量 成本 环境	**过程集成** 产品设计制造全生命周期集成，支持决策活动，以提高业务的有效性和效率	**并行工程** 信息集成 计算机辅助设计、辅助工艺、辅助制造 过程重组	计算机辅助技术决策科学专家系统	STP技术 CAx技术 DFx技术 CSCW技术 BPR技术 ……
20世纪 60～80年代 时间 质量 成本	**信息集成** 异构环境和应用系统的信息集成	**计算机集成制造** 计算机辅助与数据管理 制造资源规划与零库存	PC数据库网络通信	DB/NET技术 CAD技术 PDM技术 MRPII技术 JIT技术 ……

图2.1 信息技术在制造业的应用过程

2.1 准时制生产

准时生产方式是起源于日本丰田汽车公司的一种生产管理方法，它的基本思想可以用一句话来概括："只在需要的时候，按需要的量生产所需的产品"，这也就是Just In Time（JIT，准时制）一词所要表达的含义。JIT生产方式的核心是追求一种无库存的或使库存达到最小的生产系统，其实质是保持物质流和信息流在生产中的同步。

JIT生产方式的最终目标是获取最大利润，为了实现这个目的，“降低成本”是基本手段。多数化工企业降低生产成本主要依靠品种规模化生产来实现，但是在多品种、中小批量生产情况下这一方法是行不通的，JIT生产方式为此提供了新的途径。JIT力图通过消除“只使成本增加，不会带来任何附加价值的一切因素”来控制成本，消除生产过剩（库存）是其中最重要的任务。图2.2为JIT构造体系。这个体系中包括了JIT生产方式的基本目标、实施这些目标的诸多手段和方法，以及它们的相互关系。

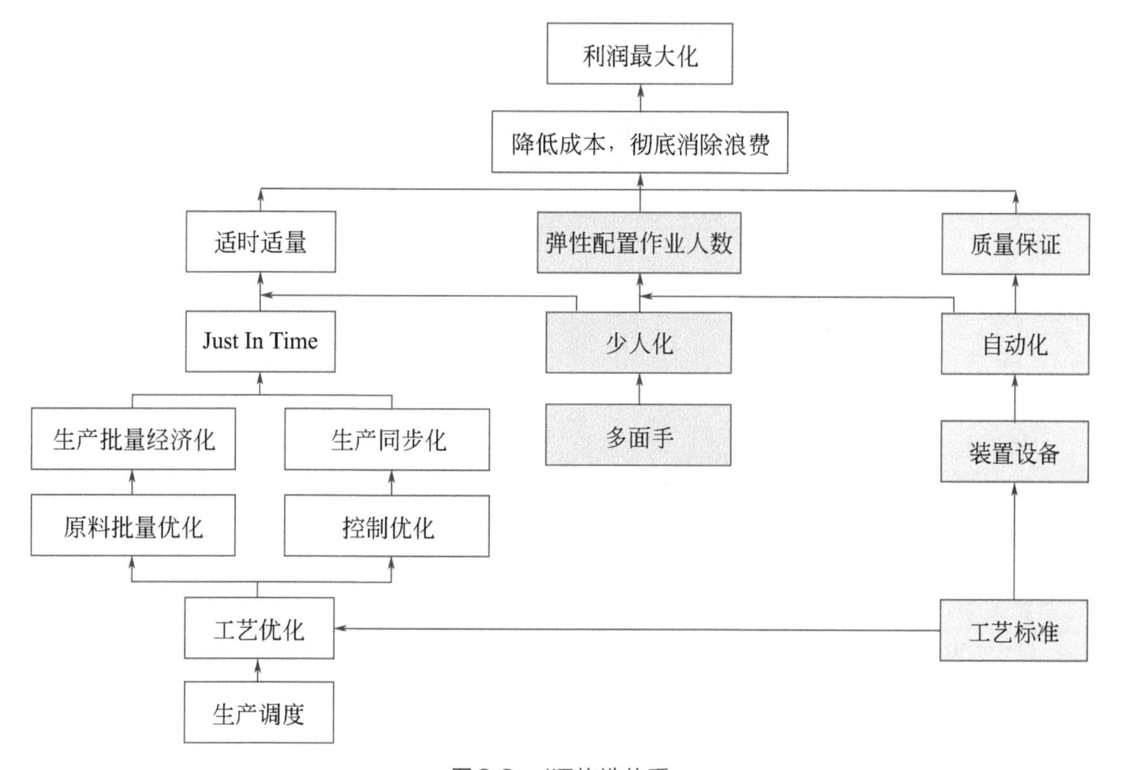

图2.2　JIT构造体系

JIT为了实现降低成本的目的，提出了适时适量生产、弹性配置作业人数以及质量保证三个子目标。

① 适时适量生产　即“Just In Time”。对于企业来说，生产必须灵活地适应市场需要量的变化，否则由于生产过剩会引起人员、设备、库存等一系列浪费。避免这些浪费的手段，就是实施适时适量生产，也就是只在市场需要的时候生产市场需要的产品。

② 弹性配置作业人数　现在人工成本越来越高，降低劳动费用是降低成本的一个重要方面，实现的方法是“少人化”。所谓少人化，是指根据生产计划弹性地增减生产线作业人数，而不是采用传统的“定员制”，随着自动化技术、智能化技术的广泛使用，少人化趋势将更加明显。

③ 质量保证　质量与成本通常是一种正相关关系，高质量意味着高成本。但JIT认为，将质量管理贯穿于每一道工艺环节之中可实现质量与成本的一致性，为此，JIT建立两种机制：第一，生产线能够自动检测质量波动，一旦发现异常或质量指标偏离则自动报警或自动实现工艺调整。第二，生产工艺人员发现生产工艺指标偏离正常时，有畅通的沟通机制以及按工艺管理要求进行处理的权利，能及时消除异常。

JIT追求零库存，必然追求零差错，这是一种理想状态。而美国人提出的制造资源计划Ⅱ（Manufacturing Resources Planning，MRP Ⅱ）则强调面对生产过程中的普遍性情况，充分考虑原料供应以及生产过程的不确定因素可能给生产带来的影响，通过一定的库存来预防市场波动、设备故障、供货商拖期交货等情况，以保证生产的稳定性和交货期。人们通常将后者看成是一种基于计划的策略体系，注重中长期规划的能源企业常采用这种计划驱动模式。智能制造模式通过大数据驱动，研究生产经营过程中的不确定性因素，从过往经验中科学地提取规则和知识，以实现在JIT与MRP Ⅱ之间寻找到最有利于降低成本并保证交期的平衡点。

20世纪80年代，JIT生产方式自长春第一汽车制造厂开始进入到我国，并在电子工业、机械制造业、汽车制造业等实行流水线生产的行业企业中广泛推广，例如第一汽车制造厂、第二汽车制造厂、上海大众汽车有限公司等，他们结合企业自身特点以及供应链环境的差异，创造性地应用JIT，取得了丰富的经验，创造了良好的经济效益。

2.2 精益生产

精益生产（Lean Manufacturing）实践由日本丰田汽车开始，随后由美国麻省理工学院把它提高到了理论高度，精益生产的定义为："精益生产是通过变革系统结构、人员组织、生产装置和市场运营等方面，使生产系统能很快适应市场需求的不断变化，并能使生产过程中一切无用的、多余的环节被精简，最终达到生产经营各方面最好的结果"。

精益生产有三大任务：

① 全面质量管理，保证产品质量，达到零废品、零缺陷目标；

② 准时生产和零库存，缩短生产周期和降低生产成本；

③ 应用成组技术实现多品种、按订单生产、扩大批量并降低成本。

图2.3为精益生产体系的结构图，信息化网络平台构成了支撑整个精益生产体系的基石。

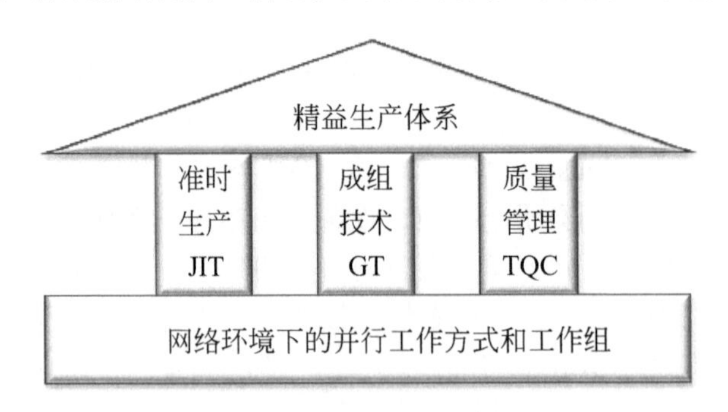

图2.3 精益生产体系的结构图

精益生产在工厂组织、产品设计和生产管理方面有其突出的特点，体现在：

① 产品面向用户，将用户纳入产品的开发过程，强调产品的适销性，并在成本、质量、交货速度和客户服务方面做到最优。

② 推行基于"成组技术"的工作组化的工作方式，发挥员工积极性和创造性，使员工真正成为"精益生产"的主力军。

③ 精简组织机构，去掉一切多余的业务环节和人员，管理模式转为分布式平行网络结构。在设备装置上，满足柔性工艺流程要求，实施自动化控制。此外，精益化生产还在满足提供多样化产品前提下尽可能减少生产过程的复杂性。

④ 强调并行设计。组建由各部门专业人员组成的综合工作组是实施并行设计的重要措施，综合工作组全面负责某项具体产品型号的开发和生产，包括产品研发、工艺设计、编制预算、材料购置、生产准备及投产等工作。

⑤ 采用JIT供货方式，保证最小的库存和最少在制品量。

⑥ 追求“零缺陷”，即最优的成本、最好的质量、无废品和零库存。

20世纪90年代，精益生产模式被美国制造业企业广泛采纳，并基于自身信息技术的优势，将精益生产思想应用于ERP系统中，并开始引领世界。后来美国企业进而把敏捷制造、流程重组、建立学习型组织等应用于制造组织与流程，使精益生产更有本国特色，更具针对性。继在制造业实施精益生产取得成功后，美国通用电气更大力将精益模式导入非制造业务，通用电气的消费金融服务在导入精益理念和作业改善之后，使得交易作业时间从35天减少为1 ～ 7天，大幅改善了阻碍业务成长的瓶颈。目前，比较典型的运用精益生产方式取得成功的欧洲、美国、日本、韩国企业有丰田、波音、戴尔、通用汽车、大众、福特、三星等，国内的联想电子、华为、海尔电器等也取得了成功。

本质上，精益生产追求每一个环节都达到最优，这与大批量生产方式的系统性优化存在一定差异，如表2.1所示。而智能制造通过互通互联、高效信息共享以及自动判断和自动优化，可以将精益化体现在制造系统的每一个环节，即使是原来只适于大批量生产的行业，如能源化工行业，也可以实现小批量低成本制造，使得整个生产系统具有更大的柔性空间，能更好地满足市场的个性化需求。

表2.1　精益生产与大批量生产方式的比较

比较项目	精益生产方式	大批量生产方式
生产目标	追求细节的尽善尽美	整体优化、可控
工作方式	并行，综合性工作组	分工协作，专业化
管理方式	灵活应对、快速决策	计划驱动
产品特征	面向用户、生命周期短	大规模、标准化产品
供货方式	JIT方式，零库存	经济存量
产品质量	过程控制，零缺陷	精良操作，检验部门事后把关
废次品率	几乎为零	一定量
自动化	柔性自动化，但尽量精简	刚性自动化
生产组织	精简一切多余环节	按需搭建专业性组织机构
设计方式	并行方式	串、并行模式
工作关系	工作组团队协作	严格职能分工，制度保证
客户关系	面向客户，支持定制化	用户服务，产品标准化
供应商	渠道灵活，保证准时供应	保证长期、稳定的供应

2.3 柔性制造

为解决多品种、小批量生产模式中存在的效率低、周期长、成本高及质量不稳定等问题，英国的Molins公司于1965年首次提出了柔性制造系统（Flexible Manufacturing System，FMS）。

FMS是由数控设备、物料运储装置和计算机控制系统等组成的自动化制造系统，它将微电子学、计算机和系统工程等技术有机结合，通过制造技术、系统结构、管理模式、人员组织等改革，按需及时调整自身的生产工序和工艺，实现弹性生产。一般而言，FMS包括多个柔性制造单元，能根据制造任务或生产环境的变化迅速进行调整，因而相对于“刚性生产”，具有“多样化、小规模、周期可控”的特点，FMS的特点还包括：

① 支持低成本的小批量生产；

② 通过改变控制指令、调节工艺参数制造差异化产品；

③ 高效而灵活的供应链；

④ 支持生产系统和生产组织形式的柔性化重组。生产系统的柔性化被认为是智能制造的重要目标，只有实现了生产柔性化，才有可能在满足客户个性化需求的同时，实现交期、质量以及成本的最优化。

随着市场对于客户个性化需求的更加强调与重视，企业必然会主动应用各类先进技术，特别是信息化技术，使得企业的制造装备、工艺流程、组织架构形式等能更灵活、高效地满足多样化和多变的任务需求，未来的技术方向是把现在很多认为是标准的东西进行非标准化和个性化，基于柔性化制造的个性化定制将会成为主流。

2.4 敏捷制造

20世纪80年代美国制造业的优势不断丧失，为了改变这种局面，美国政府对制造业发展方向进行了研究，认为随着生活水平的不断提高，人们对产品的需求和评价标准将从质量、功能和价格转为最短交货期、最大客户满意度、资源保护、污染控制等方面，并基于此形成了《21世纪制造企业战略》报告，提出了敏捷制造模式。敏捷制造强调集成先进制造技术、高素质劳动者以及企业灵活的管理，对千变万化的市场做出快速响应，实现总体最佳。敏捷制造系统框架结构如图2.4所示。

敏捷制造提出了一些新思想和新概念：

① 可重构的和不断优化的生产系统（Re-Engineering）；

② 源于集成优化而不是强调批量的生产制造系统；

③ 权力下放，精简而高效的组织形式，并行工程（Concurrent Engineering，CE）；

④ 跨越企业资产界限的虚拟公司（Virtual Cooperation）。

传统的制造模式下，用户被动地接受产品功能及质量标准，否则只能以更高的成本和交付期进行定制生产。而在敏捷制造方式下，用户可提出个性化需求，并参与到产品设计中，同时生产制造和服务过程也都对用户透明，敏捷制造企业具有如下特点：

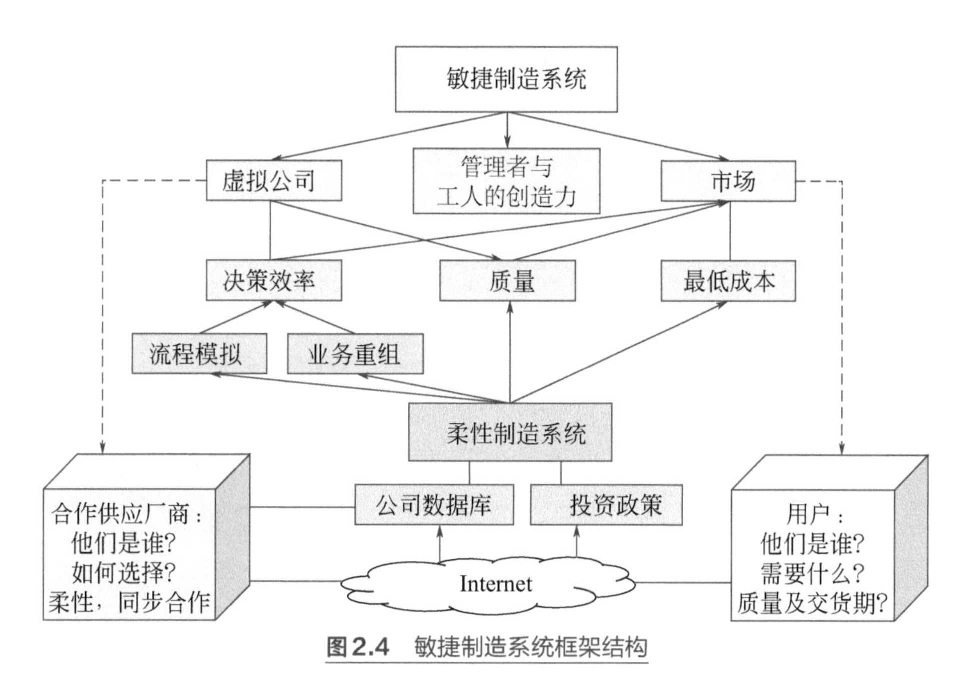

图2.4　敏捷制造系统框架结构

① 良好的工作环境，重视发挥员工作用；

② 用户参与；

③ 柔性的、并行的组织管理机构；

④ 先进的技术系统；

⑤ 基于网络平台无障碍的信息交互。

敏捷制造给传统制造模式带来巨大冲击，并行的、精简的、灵活的、品种多变的、灵活批量的生产方式比传统批量生产具有更多优势。敏捷制造作为一种面向21世纪的制造模式，为发展智能制造奠定了很好的理论基础。

中国华为公司基于当前通信技术和信息技术的发展，提出了华为敏捷制造解决方案。华为方案秉承互联和共享的理念，通过构筑敏捷网络、可视精益生产、O2O（Online to Offline，线上对线下）精准营销等帮助企业实现敏捷制造。华为基于TD-LTE技术构建的敏捷网络，以业务和用户体验为中心，灵活、高效、安全地组织企业网络，其单基站覆盖能力可达6km^2，支持3km长距离的可视调度，这不仅仅降低了运维和投资成本，而且为包括节能减排、生产物流、安全调度、智能控制等提供全方位的运营革新。例如，通过可视化业务流管理可实现ERP、MES等核心制造业务的异常精细识别和故障实时定位，大大加快了生产流程的节奏和优化速度。

2.5　全面的质量管理和六西格玛质量管理

质量控制是一个复杂的系统工程，包括在线的质量控制和离线的质量控制，包含从管理、技术、人员和制度等多个方面的质量控制理论、方法及途径，从管理方面控制质量称为质量管理学，从技术方面控制质量称为技术质量学。如图2.5所示为一个典型的质量控制体系结构。

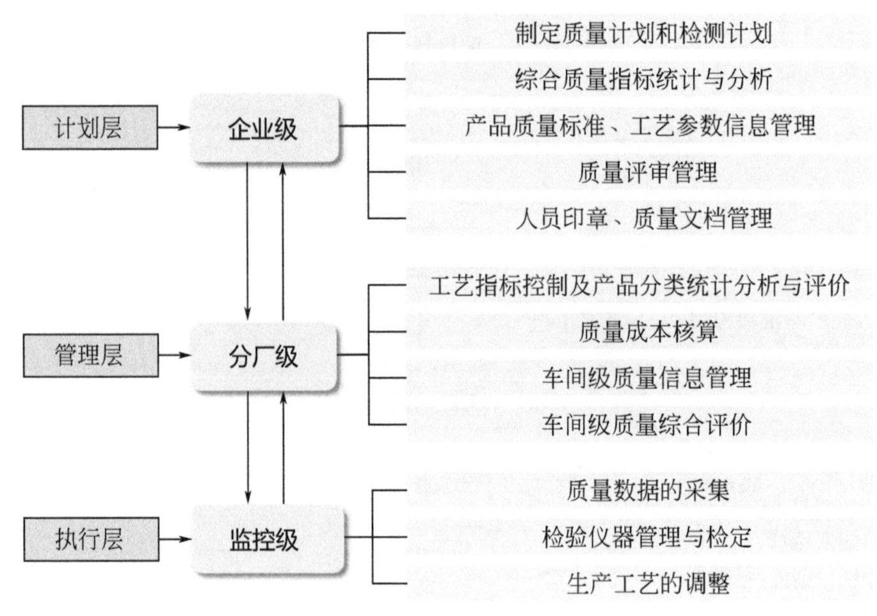

图2.5　质量控制体系

图2.5包含了三个质量控制层级：第一层为计划层，是质量控制的最高层次，负责企业所有质量活动的管理及控制；第二层为管理层，对应于各生产制造单元，除了对本单元的质量负责外，还体现在满足质量形成机制的系统性需求；第三层为执行层，进行质量数据的采集与反馈控制。三级质量控制体系是企业目前最常采用的体系。

2.5.1　全面质量管理

全面质量管理（TQM）的核心思想是企业的一切活动都围绕着质量来进行，它强调质量控制活动贯穿于从市场调研、项目可行性研究、产品开发、工艺设计、生产监控到售后服务等产品的全生命周期，如图2.6所示。

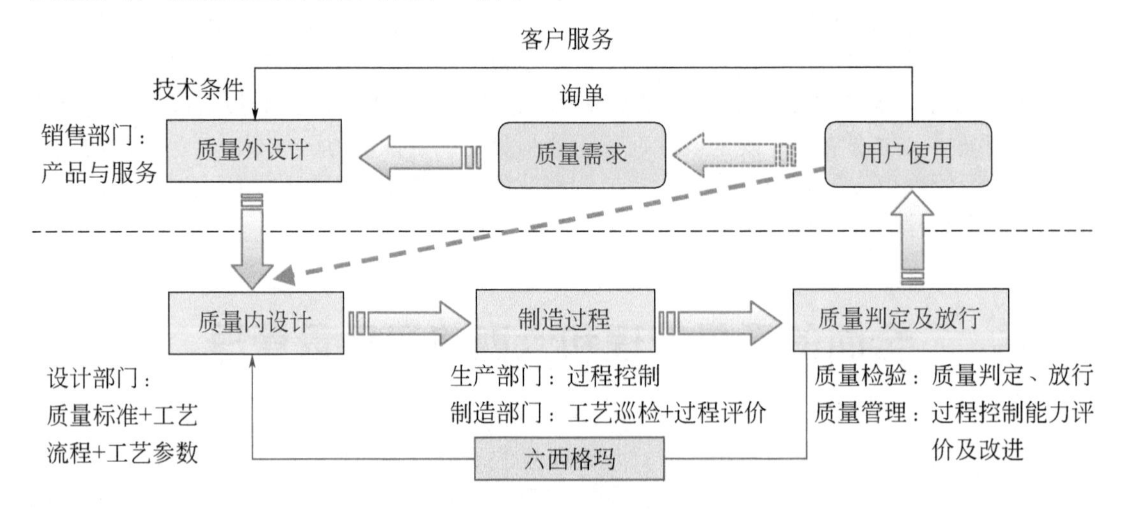

图2.6　质量管理的全生命周期活动

TQM的特点是全员参加、全过程、全面运用一切有效方法、全面控制质量因素、力求全面提高经济效益的质量管理模式。为此，TQM有以下三种形式：

① 预防性控制　包括质量策划、质量管理体系等，人们熟知的ISO 9000就是质量管理体系中的一部分。ISO 9000是国际标准化组织颁布的质量管理体系的系列标准，它明确提出了质量管理的八大原则：以顾客为关注焦点、领导作用、全员参与、过程方法、系统方法、持续改进、基于事实的决策方法以及与供方的互利关系。这些原则科学地总结了世界各国多年来理论研究的成果和实践经验，不仅体现了质量管理的基本规律，也适用于组织的全部管理。

② 过程控制　包括质量检验和统计过程控制，也就是应用统计学的方法，对质量形成过程进行记录，及时发现问题，也为以后的分析提供数据。

③ 事后控制　包括质量经济性分析、质量改进等。

同时，TQM也是企业管理现代化和科学化的重要内容，强调应用科学的方法实现质量控制。基于系统的观念揭示质量形成规律，强化质量过程能力评价，为生产控制系统提供及时准确的质量警示，实现事前预防和事中控制，以及质量过程可追溯。TQM的建设任务包括：

① 完善供应商质量评价体系，实现原材料进厂质量的稳定性评价与控制。

② 强化生产过程质量检测与评价，提高企业质量过程控制能力，不让影响产品质量与成本效益的生产控制环节形成信息孤岛。

③ 基于过程的失效模式与影响分析（Failure Mode and Effect Analysis，FMEA），提升企业科学管理水平，在取样、检验过程、结果评价、统计分析等方面形成可控的标准化流程和过程能力评价标准。

④ 实施设备可靠性评价与管理，提高设备运行的稳定性与控制鲁棒性。

⑤ 从企业生产管理的各个环节出发，建立统一标准下的质量因素档案，包括客户、原材料、设备、生产控制、检验、售后服务、财务等，这一档案的建立需要着眼于整个业务流程。

2.5.2　六西格玛质量管理

希腊字母σ（西格玛）是统计学家们用于衡量变化性而使用的符号，代表标准差，6σ意味着差错率为百万分之三点四，六西格玛（6σ）质量管理理论作为一种降低缺陷、改进质量的理论与方法产生于20世纪80年代。此后，经过实践中的不断充实和发展，现在6σ质量管理理论与方法已发展成为可以使企业保持持续改进、增强综合领导能力、提高顾客满意度，并为企业带来显著经济效益的一整套管理理念和体系方法，6σ质量管理理论也被认为是一种变革管理的强有力工具，是企业文化的重要组成部分，其重要的理念与方法如下：

（1）以顾客为关注中心

项目的成败由顾客评判或根据顾客满意度以及顾客价值的影响来定义，顾客满意度可以显著影响企业的市场份额。6σ体系对如何收集顾客需求信息，如何建立持续更新的顾客反馈机制，如何识别、分析和使用顾客信息等都提供了很好的方法和工具。同时6σ强调从整个经营的角度出发，而不只是强调单一产品、服务或过程的质量，将注意力同时集中在顾客和企业两方面来提高顾客满意度。

（2）基于数据和事实驱动的管理方法

6σ把“基于事实管理”的理念提到了一个更高的层次，非客观的事实和笼统的问题描述无助于准确发现问题的原因，反而可能造成矛盾。确保数据和事实的客观性、准确性、完整性和及时性是保障后期分析和决策的基础，6σ为如何分析和使用这些事实和数据提供了很多科学的工具和方法，并在此基础上建立对关键变量的理解，据此获得优化结果。

（3）聚焦于流程改进

在6σ中，流程是采取改进行动的主要对象，设计产品和服务、度量业绩、改进效率和顾客满意度，甚至企业经营等都是6σ改进的对象。6σ管理体系以工作流程为重点，形成了6σ流程的三种战略，即流程改进、流程设计/再设计和流程管理，因此，6σ不是一时一点的局部改革，而是一种通过密切关注顾客、流程，并合理利用数据及事实，以持续改进业务管理的完整系统。

（4）建立和改善企业文化

质量管理归根结底管理的是人，6σ管理立足于从根本上改变员工对质量的意识和工作方法，发挥每一位员工的能动性，将质量管理理念渗透到每一个工作环节中，因此，实施6σ管理体系也是建立和改善企业质量文化的过程。

（5）DMAIC工作方法

DMAIC是六西格玛管理中流程改善的重要方法和工具。DMAIC是指定义（Define）、测量（Measure）、分析（Analyze）、改进（Improve）、控制（Control）五个阶段构成的过程改进方法，如图2.7所示。DMAIC用于对现有流程的改进，包括制造过程、服务过程以及工作过程等。

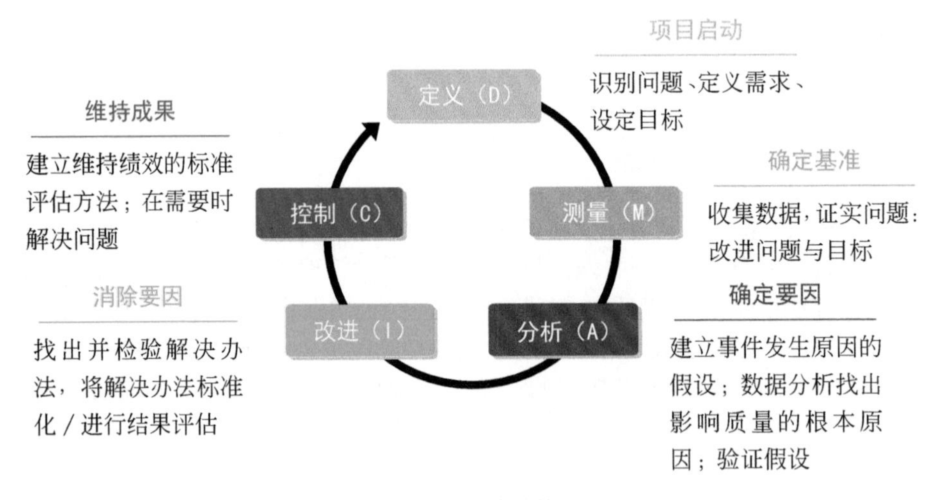

图2.7 六西格玛用于流程改善的工具——DMAIC

DMAIC比较注重具体问题和流程，强调工具的使用。其起点是定义，即界定工作范围；然后是测量、改进和执行控制。相较而言，戴明循环（Plan Do Check Action，PDCA）更具有普遍适用性，其起点是策划，然后是执行-检查-改进，PDCA强调渐进，并持续地改进问题，图2.8是戴明循环图。

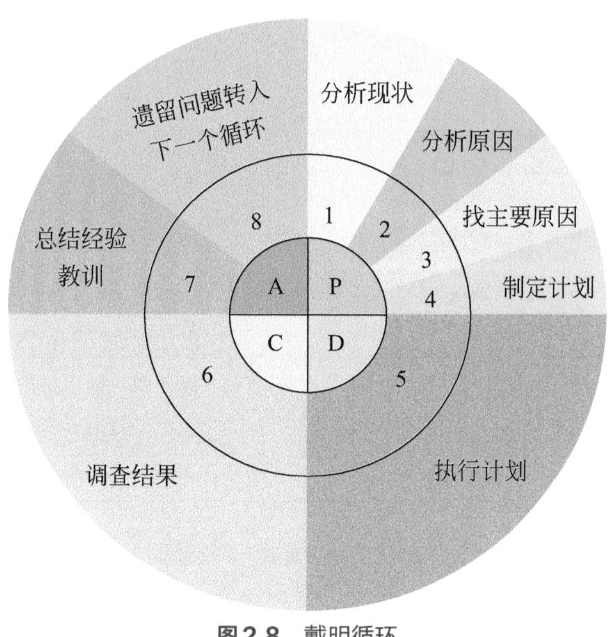

图2.8　戴明循环

2.5.3　质量管理中的数据分析工具

在质量管理、质量控制和质量改进活动中会产生两类资料：一类是可以用数字表示的资料，称为数字资料；一类是不能用数字表示的资料，称为非数字资料。对于数字资料的整理、分析和推断，可以应用数字资料的工具和技术，如排列图法、直方图法、控制图法、调查表法等。对于非数字资料的加工、分析和推断，可以采用非数字资料的工具和技术，如分层法、因果分析图法、散布图法等，这就是质量管理中常用的七种统计工具，表2.2列出了质量管理中常用的七种统计工具及其作用。

表2.2　质量管理传统七种统计工具

序号	工具名称	工具作用
1	分层法	从不同角度层次发现问题
2	排列图法	确定主要因素
3	因果分析图法	寻找引发结果的原因
4	调查表法	收集、整理资料
5	直方图法	展示过程的分布情况
6	散布图法	展示变数之间的线性关系
7	控制图法	识别波动的来源

为更好地帮助质量管理人员整理资料，形成有序和严密的思考逻辑，避免细节的疏忽和遗漏，并准确表达质量过程与改进思想，产生了质量管理的新七种工具，如表2.3，包括：箭线图法、关联图法、系统图法、亲和图法、矩阵图法、矩阵数据分析法、过程决策程序图（Process Decision Program Chart，PDPC）法等，新七种工具强调用系统科学的理

论和技术方法，整理和分析数据资料，与质量管理的传统七种工具相互补充。

表2.3 质量管理新七种统计工具

序号	工具名称	工具作用
1	关联图法	理清复杂因素间的关系
2	亲和图法	系统地寻求目标的手段
3	系统图法	从杂乱的语言资料中汲取资讯
4	PDPC法	多角度存在的问题、变数关系
5	矩阵图法	设计中可能出现的障碍和结果
6	箭线图法	合理制定进度计划
7	矩阵数据分析法	多变数转化少变数资料分析

智能制造是一种强调大数据驱动的制造模式，毫无疑问，无论是传统七种统计工具，还是新七种统计工具都将在智能制造的质量管理体系中被广泛应用。

2.6 企业资源计划

2.6.1 企业资源计划的概念

企业资源计划（ERP）是由美国著名的计算机技术咨询和评估集团Garter Group Inc.提出的，它将企业的业务流程看作是一个由几个紧密连接且协同作业的支持子系统构成的供应链系统，支持子系统包括财务、市场营销、生产制造、质量控制、服务、工程技术等。起初，ERP只是一种基于企业内部“供应链”的管理思想。随着应用的深入，“供应链”思想从企业内部发展到了全产业链乃至跨行业，ERP管理范围亦相应地由企业内部拓展到了整个产业链，对象包括原料供应、生产加工、物流配送、产品流通以及最终消费者。ERP不仅是一个管理思想，还是一个标准、一个工具，图2.9展示了ERP概念的三个层次：

图2.9 ERP概念层次图

① ERP是一整套关于企业管理的标准体系，其核心是在制造资源计划MRP Ⅱ的基础上发展而成的面向供应链的管理思想。

② ERP将企业管理理念、业务流程、企业组织与人力资源、数据采集分析、信息技术整合为一体，形成一套业务系统和平台，实现企业的资源管理。

③ ERP综合应用了计算机技术、关系数据库、面向对象技术、图形用户界面、网络通信等信息技术成果，是以ERP管理思想为灵魂的软件产品。

2.6.2 企业资源计划的管理思想

理解企业资源计划管理思想首先要明确什么是“企业资源”。简单地说，企业资源是指对企业业务和战略运作起支持作用的事物，即常说的人、财、物。ERP就是一个对企业的人、财、物实施有效的组织、计划、执行和管理的系统，它依靠信息技术保证信息的集成性、实时性和统一性。ERP管理思想的核心是实现对整个供应链和业务流程的有效管理，主要体现在以下四个方面。

（1）对整个供应链进行管理的思想

企业的生产经营与供应链的各个参与者都有紧密联系，企业必须将供应商、设备制造商、分销商和客户纳入一个衔接紧密的价值链中，才能合理、有效地安排企业的经营活动，满足企业利用一切有益资源进行生产经营的需求，以期进一步提高效率并在市场上赢得竞争优势。图2.10反映了供应链资金与信息流动的结构。

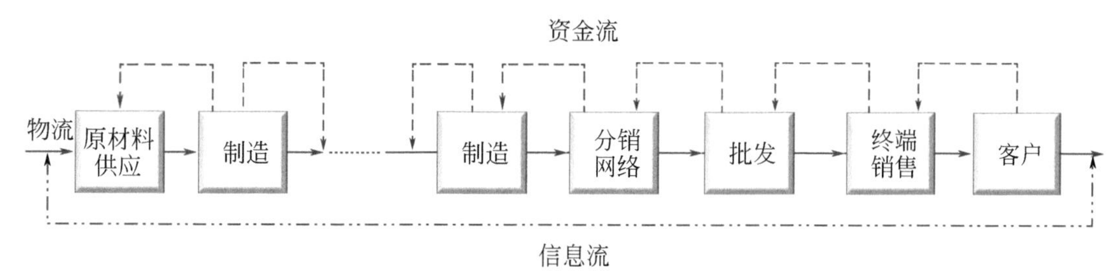

图2.10 企业价值链

（2）精益生产、同步工程和敏捷制造的思想

ERP支持混合型生产组织形式，其管理思想体现在两方面：一是“精益生产”，即企业将客户、销售商、供应商等纳入生产体系内，形成利益共享的合作关系。二是“敏捷制造”，企业依据任务要求，组织由研发部门、生产单元、供应商和销售渠道组成的供应链，用最短时间完成产品开发、生产及销售，保证产品的高质量、多样化和灵活性。

（3）事先计划和事中控制的思想

ERP强调业务的计划性，其计划体系包括：主生产计划、物料需求计划、能力计划、采购计划、销售执行计划、利润计划、财务预算和人力资源计划等，这些计划的制定和执行监控功能完全集成到供应链的管理之中，形成由计划制定、监控和考核组成的封闭业务。

（4）追求整体最优化的管理思想

互联网信息的共享性和交互性改变了企业运营的商业环境，企业必须从只注重内部资源的配置转向到注重企业内外资源的整体优化配置，从企业内业务集成转向到整个供应链的业务协同。企业信息化平台也随之从面向事务处理的业务模式向面向知识的自动化、智能化模式发展，实现供应链优化、成本优化、资本优化、客户关系和股东关系优化、投资增值、人员设备及资源优化等，以实现全面的、系统性的整体优化。

2.6.3 ERP的计划制定及计划层次

对企业而言，特别是能源化工等过程性企业，计划是驱动企业业务发展最重要的推动力，计划层次、时间周期以及细度要能体现企业业务性质的差异，体现计划管理由宏观到微观、由发展战略到业务执行的深化过程。比如，对市场需求进行预测的销售计划，其计划内容一般较粗，时间跨度也较长，但一旦进入需求比较具体的阶段，计划内容就比较详细，时间跨度也较短。

制定计划必须符合客观实际，保证可行性，一般包括需求计划和能力计划两个方面，在制定计划的过程中需要回答以下3个问题：

① 需求量多少？生产什么？生产多少？何时需要？

② 供给量有多少？企业分时段能提供的资源量，包括资金、原料、产能等。

③ 需求与供给是否平衡？与已在执行的计划有无冲突？如何协调？

ERP一般有五个计划层次，分别是：经营规划、销售与运作规划（生产规划）、主生产计划、物料需求计划、生产作业控制（即车间作业控制），见表2.4。

表2.4 ERP计划层次

阶段性质	计划层次		计划期	计划时段	主要计划内容	主要编制依据	能力计划	编制责任者
	ERP	常用叫法						
宏观计划	经营规划	五年计划、长远规划	3～5年	年	产品开发、销售收入、利润、经营方针、基建技改措施	市场分析、市场预测、技术发展	关键原料、资金、能源、技术等资源	董事会、最高领导
	销售与运作规划	年度大纲	1～3年	月	产品计划（品种、质量、数量、成本、价格），平衡月产量；控制库存量及应收款	经营规划；销售预测	资源需求计划（设备产能、工时、流动资金、关键材料）	企业最高领导
	主生产计划	集中由厂级部门制定，计划期根据生产周期确定，计划近细远粗	3～18周	近期：周，日；远期：月，季	生产计划（品种、数量、进度），独立需求型物料计划	生产规划；合同；预测；售后服务	粗能力计划、关键设备、关键材料	生产主管
微观计划	物料需求计划		3～18周	周，日	原料定额（自制半成品、外购原料）；相关需求型物料计划；确定订单优先级	主生产计划；物料清单；工艺路线；提前期；库存信息	能力需求计划、设备产能、线性规划	主生产计划员
	生产作业控制	车间作业计划	1周	日	执行计划；确定工序优先级；调度；结算	MRP，CRP	投入/产出控制	车间计划调度员

如前所述，ERP的每一个层次都需要处理好需求与供给的关系，强调计划的可行性。一般而言，ERP的上一层计划是下一层计划的依据，下层计划要符合上层计划的要求，以构成一个统一的计划体系，这是ERP计划管理最基本的要求。

（1）经营规划

企业制定计划从长远规划开始，这个战略规划层次在ERP系统中称为经营规划。经营规划要确定企业的经营目标和策略，为企业长远发展做出规划，主要内容包括：

① 技术发展方向、产品、市场定位、地域分布、用户；

② 装置能力规划、技术改造、企业基本建设或扩建；

③ 销售收入与利润、资金筹措、资金利润率；

④ 员工培训及职工队伍建设。

企业经营目标通常是以金额来表达，这是企业的总体目标，是ERP系统其他各层计划的依据，其他各层次的计划，是对经营规划进一步具体细化。

（2）销售与运作规划

销售与运作规划是ERP系统的第二个计划层次，是为了实现企业经营规划而制定的产品生产及销售大纲，内容包括：

① 把经营规划中用货币表达的目标转换为用产品产量来表达；

② 制定合理的年计划、月计划，以便均衡地利用资源，保证稳定生产；特别是化肥、农药等农资产品需协调好季节性需求与平稳生产之间的矛盾；

③ 制定资金筹措计划，控制应收账款规模及产成品库存量；

④ 作为编制主生产计划（Master Production Schedule，MPS）的依据。

制定销售及运作规划的同时还需要制定资源需求计划，资源需求计划也称为能力计划，是根据销售与运作规划对关键资源和关键能力的需要和供给制定相应计划。

（3）主生产计划

主生产计划（MPS）在ERP系统中是一个重要的计划层次，它根据销售合同和市场预测，把销售与运作规划中的产品系列具体化，确定产品品种、数量，使之成为开展主生产计划与能力需求计划运算的主要依据，生产计划必须满足销售计划要求的交货期，并保有一定的应对市场变化的产能余量，同时主生产计划又能向销售部门提供生产进度（Operation Schedule，OS）和库存信息，以此作为同客户洽商的依据。对于过程行业，由于生产的连续性，销售规划不一定和生产规划完全一致。例如，农药、化肥行业的销售规划要反映季节性需求，而生产规划则要考虑生产的均衡性、稳定性。另外，过程行业企业的经济效益依赖于生产是否满负荷，生产计划往往是企业经营管理的核心和基础，采取以产定销原则。

（4）能力需求计划

工业企业生产能力是由生产流程中若干个核心设备决定的，生产能力不仅仅取决于设备大小、数量，更重要的是取决于生产工艺的控制、设备的负荷能力、生产监控的手段等，所以装置能力是企业制定生产计划的必要边界条件。除此之外，受市场供应能力或供应商生产能力限制的关键原材料以及资金等也构成了生产计划的边界条件。

制定能力需求计划（Capacity Requirements Planning，CRP）的目的是平衡能力供需关系，审核、调整并最终输出可行的生产计划，图2.11展示了制定能力需求计划的逻辑图。但由于企业生产经营的复杂性，处理能力供给与需求的矛盾，仅仅依靠人员的分析与判断是不够的，数字化工厂，或基于大数据的数据孪生技术对科学制定能力需求计划具有重要意义。

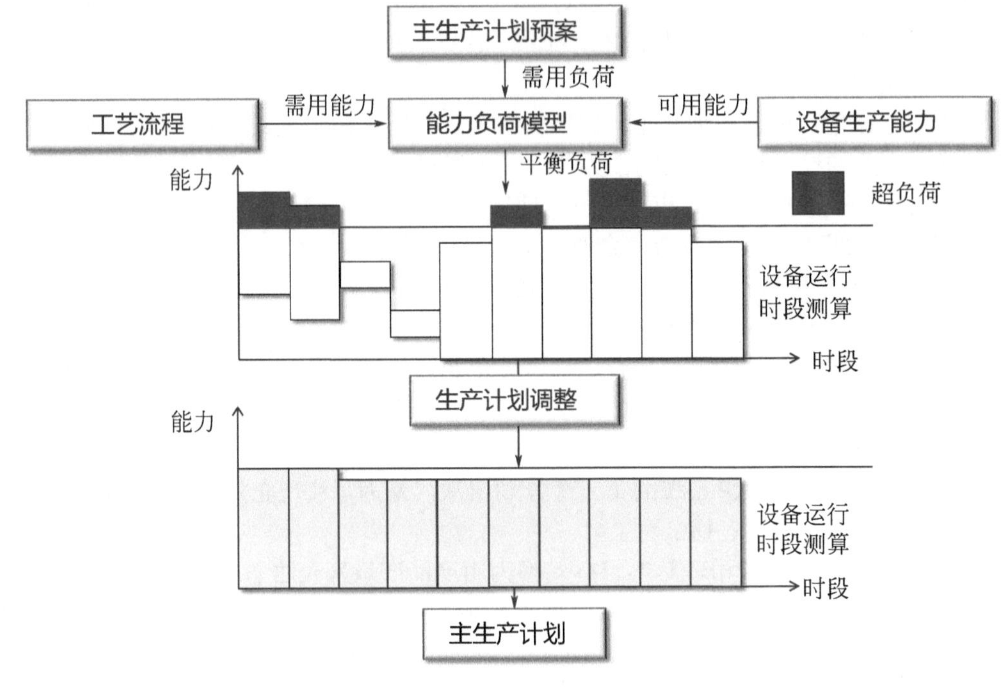

图2.11　能力计划逻辑流程图

（5）物料需求计划

工业产品生产需要各种类别的原材料，它们构成了产品成本的主要部分，原料有不同的质量标准，多样化的供给方式，要使原料既能保证生产又不过量占用库存资金，在多变的市场环境下，仅仅靠传统计划方式已不能满足要求，需要引入更多的基于人工智能的预测技术。工业企业编制物料需求计划时，除各种物料的需求量外，还要做好在制品、半成品和产成品的物料平衡关系以及能量平衡关系。物料需求计划（Material Requirements Planning，MRP）是主生产计划（MPS）的展开，它根据MPS、生产配方（Bill of Material，BOM）和物料库存量自动计算出企业需要采购的原料量和中间品生产量，MRP还按产品完工的先后顺序计算全部中间品和采购原料的需求时间，并提出采购计划。MRP的输入信息和处理问题见表2.5。

表2.5　MRP处理的问题与所需信息

处理的问题	需要信息
1.生产什么？生产多少？交货期？	1.现实、有效、可信的MPS
2.要用到什么？	2.准确的BOM
3.已有多少？	3.准确的库存信息
已定货量？到货时间？	下达订单跟踪信息
已分配量？	配套领料单、提货单
4.还缺什么？	4.批量规则、安全库存、成品率
5.下达订单的开始日期？	5.提前期

（6）生产作业控制

生产作业控制（Production Activity Control，PAC）属于计划执行层次，因此对车间作业是“控制”而不是“计划”，具体说来，PAC包括以下内容：

① 控制生产调度指令的下达。只有在原料、能力、设备都齐备的情况下才能下达生产调度指令，以免造成生产中的混乱。调度指令控制常常通过调阅系列报表核实并执行，如装置的运行记录、物流记录、异常警示、工艺指标、能力计划、工作日历等。

② 按质量标准控制生产工艺、物料消耗配方等。

③ 控制投入和产出的物料流量，保持物流和工况稳定，同时控制装置能力、原料、半成品、成品的储备与平衡。

④ 控制质量与成本。

2.6.4　与ERP系统集成的相关系统及工具

市场分析预测、产品研发、生产控制、计划及调度、经营决策等活动都是企业生产经营过程不可分割的整体活动中的一部分，具有很强的集成性。为此，美国人J.Harrington提出了计算机集成制造系统（Computer Integrated Manufacturing System，CIMS）概念，并逐步发展为现代信息技术在工业生产领域的主要技术之一，CIMS系统的目标、结构、组成、约束、优化和实现等方面均体现了系统的总体性和一致性，而ERP则是CIMS的核心系统，如图2.12所示。

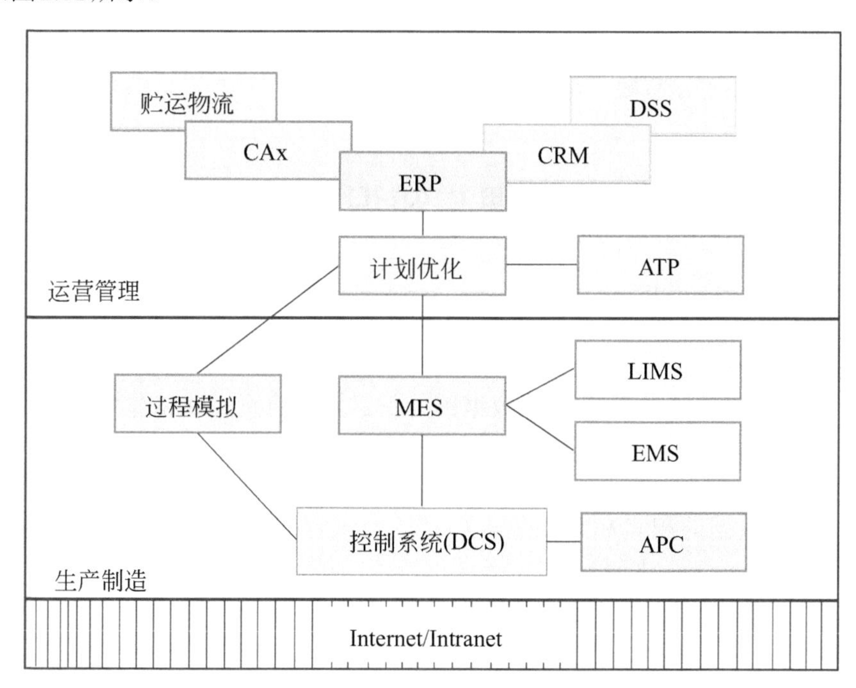

图2.12　计算机集成系统的技术关联图

① 制造执行系统（MES）　面向生产企业车间层的信息管理系统。处于ERP和控制层之间的执行层，主要负责厂站的生产管理和执行调度，通过对生产过程的整体优化来实现企业的完整闭环生产。MES包括计划排程管理、生产调度管理、生产过程控制、项目看板管理、生产数据集成分析、上层数据集成分解等管理模块。

② 客户关系管理（CRM） 维护与管理客户信息，并对客户的信用等级进行分析和评定，实时更新客户的信息资料，以便做出最优的决策。

③ 实验室信息管理系统（LIMS） 以生产运营过程全面质量管理为目标，结合云计算与人工智能来实现质量数据的检验、判别、监控、评价、预测与改善。

④ 设备管理（EMS） 对企业的设备台账、设备运转状态等数据进行实时记录与分析，并建立企业设备树架构，进而形成设备故障树分析模型，从而实现设备故障预警、诊断等功能，保证设备在生产运行过程中的安全性和可靠性。

⑤ 决策支持系统（Decision Support System，DSS） 在数据集成整合的基础上，将联机分析系统、专家系统（Expert System，ES）等相结合，对企业中生产、技术、质量、成本、管理、运营、财务等复杂问题进行分析，对决策提供支持。

⑥ 承诺能力评价（Able To Promise，ATP） 能否快速准确地评估并承诺满足客户对订货数量、质量及交货期的要求，这是市场对企业最重要的能力要求之一，为此，承诺能力评价技术一方面要把各种业务规划和经验进行归纳形成规则，另一方面则要把原料供应、生产计划、装置能力、设备状态和调度排产等各方面的可能性进行综合分析，提出可选方案，以保证合同兑现率。

⑦ 先进过程控制（APC） 先进过程控制是指建立在常规PID（Proportion Integration Differentiation，比例积分微分）控制基础上的自适应优化控制，包括自适应控制、模糊控制及多变量模型预估控制等，当前应用最广、效果最明显的是被称为动态矩阵控制的多变量预估控制（Dynamic Matrix Control，DMC），此方法以现场实时数据为基础，将过程模拟（Process Simulation，PS）模型与线性规划优化算法相结合，解决单装置的局部优化控制问题，其决策变量可以有数十个。

2.7 知识管理与知识自动化

2.7.1 知识管理的概念

企业在业务过程中会产生数据，数据蕴含信息，信息进一步汇集提炼为经验、规则和知识，以帮助人们进行科学评判和决策，从而优化管控操作、提升价值，而评判与优化过程又会产生新的数据与信息，会对已有的知识体系进行验证、纠偏和完善，循环往复，进一步充实数据的积累和知识集成，对这一过程进行全面管理，被称为知识管理（Knowledge Management，KM）。知识管理也被认为是组织从成员的智力和知识资产中创造价值的过程，通常这些价值会在组织成员中、甚至其他组织间共享。因此，知识管理会涉及组织中的人、过程以及技术等方方面面，需要整合多种不同类型和不同层次的知识，图2.13所示为知识管理的整合结构图。

知识管理的目标是把最恰当的知识在最合适的时间传递给最合适的人，涵盖人、场所和事三要素，具体来讲：

“人”是指所有的知识相关者，包括员工、用户、伙伴、供应商和专家等；

“场所”是指工作空间，如办公室、业务现场、项目组，以及进行在线讨论的网络空间等；

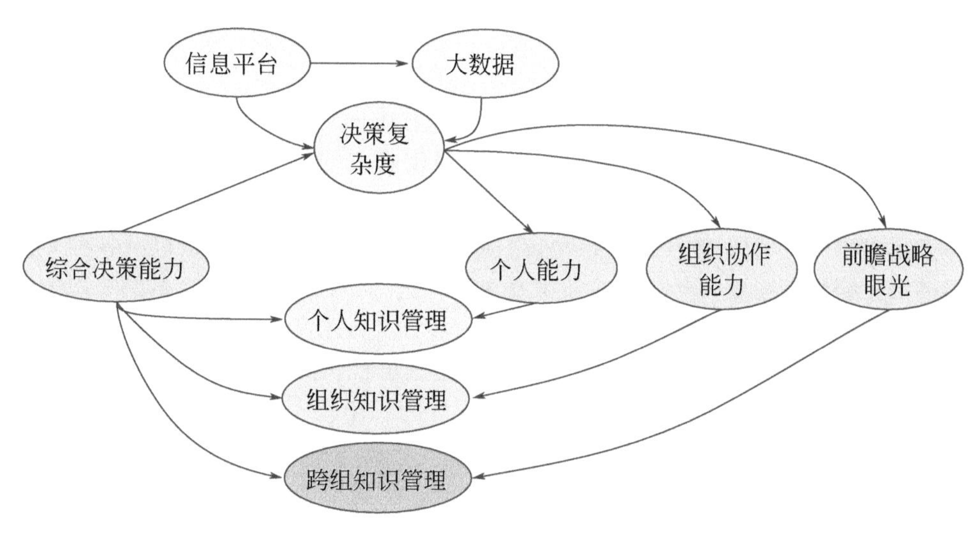

图2.13　知识管理的整合结构图

"事"是指所有工作内容和处理过程，如数据、文档，也包括企业动态的业务与决策过程，包括人/组织、经营管理和技术三要素。

现代信息技术的应用给企业带来海量的数据和信息，增大了企业决策的复杂度，对企业知识管理能力提出了更高的要求，只是关注个人的知识能力已不能满足企业要求，需要建立起可实现企业内外知识共享的完整知识系统。

在大数据背景下，基于机器学习的知识挖掘成为知识系统的重点发展领域。图2.14是大数据背景下的知识系统结构图，包含知识挖掘、知识存储和知识发布等阶段。

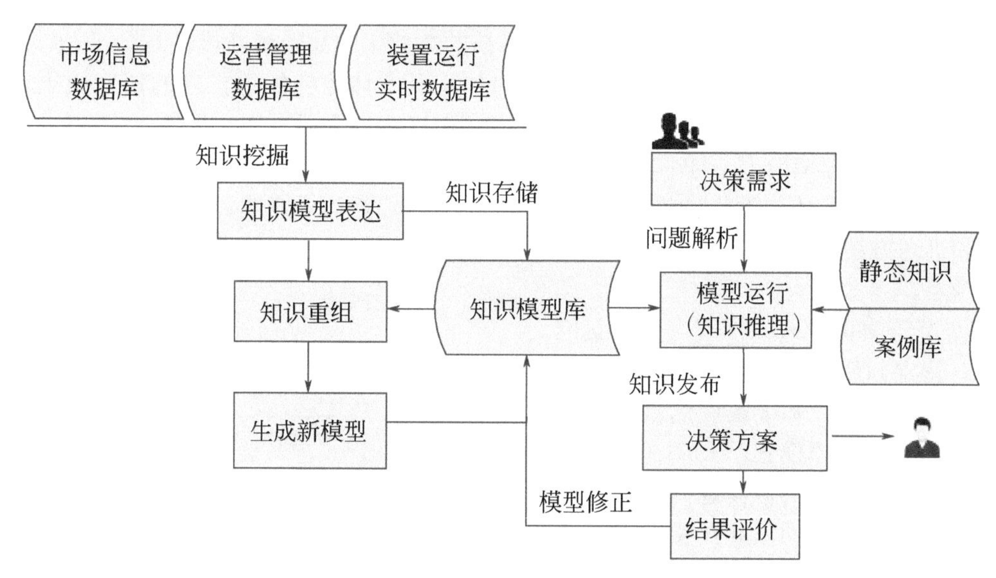

图2.14　知识系统结构图

对于复杂的生产制造系统，知识挖掘常常需要综合机理模型和数据驱动模型。机理模型反映对象生产系统的理论性规则，而数据驱动模型则对运营环境下的理论规则进行修正。

目前，知识管理系统有5种不同的模式，包括：

① 商务智能。商务智能是对商务过程中产生的数据和信息进行数据挖掘及统计的分

析方法和体系。

② 电子协作。电子协作系统以包括办公自动化系统在内的信息化平台为标志，旨在提高企业运作效率和运作水平，是进行知识管理的基础性平台。

③ 知识传递。知识传递指构建企业知识管理体系不可缺少的知识传播的方式，比如培训体系、业务指引、决策支持等。

④ 知识地图。知识一般存储在各种数据库系统、Internet和Intranet以及各种知识协作系统和员工头脑里，需要一套有效的知识发现系统进行整合，以构成完整的知识体系，这就是知识地图。知识地图包括各类检索工具、内容分类技术和企业级文档管理技术等。

⑤ 专家定位。建立动态的企业专家网络，通过可视化的关联性识别及联结工具，完成知识管理中“在最合适的时间找到最合适的人”的工作。

2.7.2 知识重组与知识推理

由图2.14可见，知识模型涉及市场、运营、生产等多个领域，具有多样化的特点，各类知识模型之间存在复杂且非常重要的关联，建立它们相互间的关联规则是知识管理非常重要的内容。同时，在这一过程中会产生新的知识模型，这是知识管理很有意义也很有挑战性的部分，被称为知识重组，而知识推理是实现知识重组的重要方法。

知识推理有多种方法，可以按不同方式分成几类，比如图搜索方法和逻辑论证方法、启发式推理和非启发式推理、精确推理和非精确推理等。典型的知识推理方法主要有以下几种：

① 基于贝叶斯（Bayes）网络的知识推理，即将因果关系或关联性通过Bayes网络表示出来，进行概率上的推理分析，这可避免建模等复杂问题的出现，从而大大简化了知识推理过程。Bayes推理方法已被成功应用于生产过程的异常工况分析，如结合专家知识，则可基于Bayes网络构建一个面向完整生产系统的高效率的故障诊断模型。

② 基于本体论的知识推理。近年来国内外基于本体论的知识推理的研究成果较多，在工业应用案例中，基于本体论的知识表示方案被证明完全可以用于推断过程变量和表示状态。比如，有学者将基于本体的知识表示方法应用到气动阀的支持维护案例中，较好地克服了非均质性和不一致性的维护记录所带来的问题；还有学者提出了一种web本体语言框架和推理方法来实现对药物基因组知识的表示、组织和推理，从而实现了对相关数据的高效利用。

③ 基于案例的知识推理。所谓案例是指对特定问题的状态描述以及求解策略，甚至是结果。基于案例的推理方法是模拟人类的推理模式，人类在解决问题时常常会从以前类似问题的经验（即案例）中来寻求帮助，并在实践过程中不断丰富和完善经验（案例）。基于案例的推理被成功应用于构建专家知识库，有学者将其用于铜闪速熔炼过程关键工艺参数的搜索匹配，实现了熔炼过程的优化控制。图2.15是基于案例的知识推理的原理图。

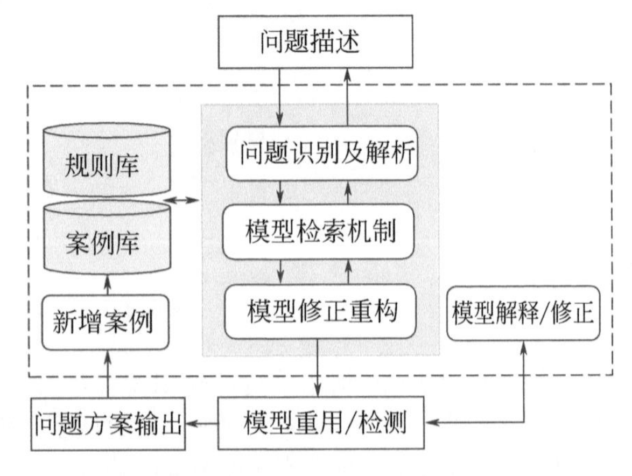

图2.15 基于案例的知识推理

④ 基于模糊逻辑的知识推理。人们在分析复杂问题时，常常会通过模糊处理来合理简化问题，基于模糊逻辑的知识推理就是模仿人类处理复杂问题模式所产生的技术，包括模糊识别、模糊推理、模糊控制与模糊决策等。.

⑤ 基于粗糙集的知识推理。粗糙集理论是一种处理模糊性和不精确性知识的数学工具，在信息系统分析、人工智能、决策支持系统、知识与数据挖掘、模式识别（Pattern Recognition，PR）与分类、故障检测等方面取得了成功的应用，常用于特征值属性的降维。

2.7.3　知识自动化与智能制造

知识自动化是在知识管理的基础上进一步提出的概念。知识自动化是一种可执行知识工作任务的计算机系统，它除了包含传统的规则、推理和显性表达式之外，也对隐含知识、模式识别、群体经验等进行模型化，并通过与业务系统深度的融合形成知识传播的自动化系统与机制。

对制造过程而言，知识自动化把各种工业技术体系模型化后融入智能设计与制造平台上，并通过平台调用各种软件系统，包括设计、仿真、计算、试验、控制系统等，从而由装置自主完成原本由人完成的工作，而人则承担更具创造性的工作。知识自动化技术与制造技术融合，形成了智能制造系统的基础。

智能制造系统是一种在整个制造过程中贯穿智能活动，并将这种智能活动与人、机器及业务过程有机融合的先进生产系统，可描述、可分享、可重构、可自动分发的知识自动化机制是智能制造重要的支撑技术，智能制造过程的决策与控制是被知识自动驱动的。因此，与传统的企业知识管理相比，智能制造条件下的知识管理的重要特征是：知识的数字化，知识能被机器设备接收并且能自动转化为控制指令。图2.16给出了一种业务流与知识流融合的、基于知识自动化的知识发布模式，可见知识自动化必然是IT（Information Technology，信息技术）与OT（Operation Technology，运营技术）的深度融合。

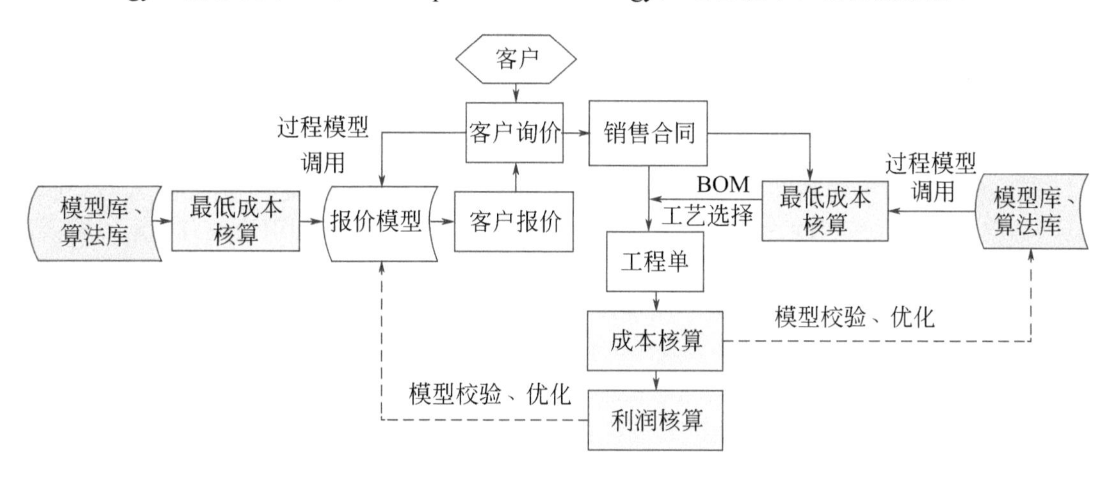

图2.16　面向业务的知识发布模式

另外，智能制造强调个性化定制，这会带来交货期延长、成本增加、生产组织和制造过程复杂化等问题，资源共享与过程协同是很重要的解决方法，而信息与知识的共享是决定其成败的重要因素。

2.8 计算机集成控制技术

过程行业具有被控对象多维、耦合、大时滞、不确定性与非线性等特点，同时，由于高温、高压、易燃、易爆等操作条件所带来的高生产安全性、可靠性和鲁棒性要求，控制技术一直是过程行业发展的关键要素。事实上，基于计算技术的过程控制技术，在过去50年来一直推动着过程行业向大型化、连续化、自动化和集成化方向发展。

2.8.1 过程控制技术发展阶段

过程控制技术的发展经历了3个阶段，如表2.6所示。

表2.6 过程控制技术发展阶段

阶段	第1阶段 20世纪70年代以前	第2阶段 20世纪70～80年代	第3阶段 20世纪90年代以后
控制理论	经典控制理论	现代控制理论	多学科交叉
控制工具	常规仪表	DCS	FCS、CIPS
控制要求	安全、平稳	优质、高产、低耗	市场预测、柔性生产、综合管理
控制水平	简单	先进控制系统	现代集成化控制

① 自20世纪40年代，采用PID控制技术的单输入单输出（SISO）的简单反馈控制回路成为过程控制的核心系统。PID的基础是经典控制理论，采用频域分析方法进行控制理论的分析设计和综合，其控制工具一般是常规仪表。目前PID控制仍被广泛采用，即使在已采用DCS控制的装置中，PID回路仍占控制回路总数的80%，这是因为PID控制方法是对人的简单而有效操作方式的总结和模仿，工业界比较熟悉，成本低且容易接受。50年代以来PID逐渐发展了串级、比值、前馈、均匀等复杂控制结构以满足较复杂的工艺变量控制需求。

② 20世纪70年代到80年代，在计算机技术发展的基础上出现的一批先进的控制工具，分散式控制系统（DCS）是其中的典型代表。与此同时，控制理论也有了新的发展，预测控制（Model Predictive Control，MPC）、自适应控制、非线性控制、鲁棒控制，以及智能控制等控制策略与方法成果不断涌现，比如先进过程控制（APC）。APC控制面向生产作业现场，实时监控现场设备以及生产过程，采集生产工艺参数和生产设备运行状况等数据，并据此调整相关参数以对过程控制进行优化，同时APC还在线判断生产设备运行状态是否出现异常，提供紧急停机或报警服务。

③ 20世纪90年代以后，由于网络通信技术的发展，将计算机技术、通信技术和控制技术进行集成，工业控制发展到了现场总线控制系统（Field Bus Control System，FCS）阶段。FCS为控制系统的体系结构、设计方法和运行方法带来了巨大变化，实现了全数字化、全分散式、可互操作和开放式互连互通。

尽管控制技术的进步提高了控制水平并产生了明显的效益，但是控制系统与企业的其他业务系统仍然是相互孤立的，控制的实时优化能力和智能化水平依然不够高，基于此，将信号处理技术、数据库技术、通信技术以及计算机网络技术有机结合，发展了更高级的控制系统，这种系统集控制、优化、调度、管理于一体，即计算机集成过程系统（Computer Integrated Process System，CIPS）。

2.8.2　计算机集成过程系统

集常规控制、先进控制、在线优化、生产调度、作业管理、经营决策等功能于一体的计算机集成过程系统（CIPS）是自动化发展的高级水平。CIPS在计算机通信网络和分布式数据库的支持下，实现信息与功能集成，最终形成一个能对生产环境变化和市场需求多变性进行适时响应的、全局优化的生产系统。根据连续生产过程控制总体优化和信息集成的需求，CIPS工程由生产过程控制系统、企业综合管理系统、集成支持系统、人与组织系统4个分系统及相应的下层子系统组成，如图2.17所示。

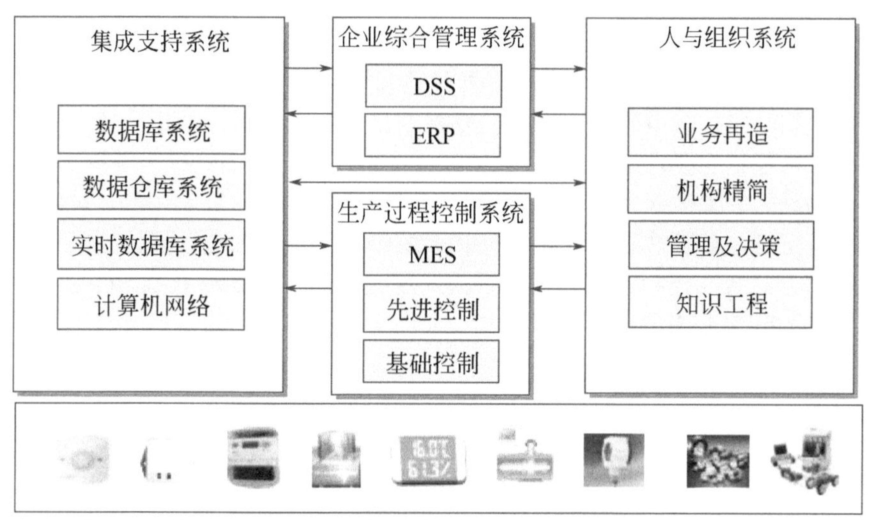

图2.17　计算机集成过程系统CIPS结构图

CIPS的相关信息技术包括：①网络通信技术；② 信息管理系统（ERP）；③数字化技术（过程模拟技术）；④最优化技术；⑤先进控制技术；⑥软测量技术；⑦安全保护技术等。

CIPS系统具有以下特点：

① 程序型控制　CIPS系统中的任何一种计算和控制逻辑，包括数据处理与传输、模型辨识、控制规律的计算、控制性能的监控、整体系统的监视（统计计算、图形显示）等，都是由计算机执行程序实现的。一般采用数字化的控制系统，不再是传统的气动控制或仪表控制。

② 采样控制方式　CIPS系统仍然是一个离散时间系统，在控制过程中会交互执行状态监测和控制操作，并将结果进行反馈。

③ 综合处理和控制　CIPS系统集成了实时控制数据、计划调度数据、质量数据等，充分利用计算技术发展成果，提升复杂逻辑分析和判断的能力，以实现多回路、多对象、多工况的综合业务处理。

④ CIPS是优化控制系统　由于工业生产正向着大型化、协同化和复杂化方向发展，CIPS必须能满足苛刻的约束条件和高质量的控制要求，因此CIPS一定是一种优化控制系

统。优化控制是按照特定的最优化控制策略和方法使得系统输出与预先选定的性能指标函数的目标值偏差最小的控制方法。

优化控制策略包括：

● 解耦控制——在多变量控制系统中消除变量间的相互影响。

● 推理控制——采用干扰信号分离、干扰估计器等解决被控量和干扰不可测情况下的控制问题。

● 自适应控制——在控制实施中，通过改变控制参数甚至是控制结构，从而使控制行为适合于新的环境。自适应控制包含了模型参考自适应控制、自校正控制和参数自适应控制。

● 鲁棒控制——针对模型在结构或参数上的不确定性，基于对系统进行的灵敏度分析和摄动分析，确保控制性能以使系统稳定。

● 模糊控制——基于模糊集理论的一种控制方法，模糊控制的步骤包括模糊模型的建立、模型的模糊化、清晰化，以及基于模型进行的模糊化推理。

● 预测控制——采用对输出进行预报、对模型进行反馈校正、对控制实施滚动优化等策略的控制。

⑤ 实时优化控制系统　CIPS实时接收并综合生产过程和管理决策的相关信息，按一定的最优化模型制定控制策略，并发出控制指令。数据接收与控制指令传送的时间周期完全按照生产现场控制的要求来完成。

当前，物联网、大数据和人工智能技术正快速发展，诸如专家系统、神经网络、模式识别等各种人工智能技术被逐渐应用于控制系统中，一种将人工智能、控制理论、运筹学和信息论相结合的智能控制方法已成为新的发展方向，信息物理系统（CPS）是其中的典型代表，第3章3.6节将有介绍。

本章要求

● 了解智能制造的传统管理理论基础
● 了解准时制、精益生产、柔性制造、敏捷生产的发展背景，掌握它们的概念和目标
● 了解全面质量管理概念与方法，熟悉六西格玛质量管理的思想和方法
● 掌握质量管理中常用的统计分析工具
● 熟悉企业资源计划的概念、思想与方法
● 熟悉知识管理的概念与模式，了解知识自动化与智能制造的关系与应用模式
● 了解过程控制技术的发展历程，了解计算机集成控制技术的架构与方法

思考题

2-1　什么是准时制生产？准时制生产的目标和方法是什么？实现准时制生产的路径是什么？
2-2　精益生产、柔性制造、敏捷制造等与准时制生产的相同点与差异是什么？
2-3　DMAIC的基本思想与方法是什么？
2-4　企业资源计划有哪几个计划层次？它们的相互关系是什么？
2-5　什么是知识自动化？知识自动化与智能制造的关系是什么？
2-6　控制技术的发展阶段及其技术特征是什么？计算机集成制造的架构与特点是什么？

第3章 智能制造之现代信息技术基础

本章内容提示

车间里特有的气味、机器运转的噪声、流水线旁忙碌的工人，这是人们对传统企业的印象。而在华为的智慧车间里，宽敞的厂房里只听得见机器转动的微弱声响，零星的工人在工作台前或中心控制室进行操控，自动化流水线上的RFID传感器在自动识别产品（工件）信息，视觉检测系统快速准确地完成质量检测，并根据判定状态规划其后续工艺路径，这是智能制造的典型场景。

智能制造具有对制造过程泛在感知、广泛互联、精准控制、智慧决策、协同运营的特点和能力。同时，CPS和数字孪生系统将管理、设计、生产到物流配送的全过程实现了集成化和智能化，它们都是现代信息技术的最新发展成果。为了更好地理解现代信息技术对智能制造的支撑性作用，掌握现代信息技术的概念和特点，本章将从以下几个方面系统地进行介绍：

- 物联网技术的概念、特点以及典型的物联网设备
- 工业互联网的概念与架构模式
- 面向工业现场的通信技术的种类和相应的技术特点
- 大数据以及工业大数据的概念、特点与价值
- 云计算的概念、架构与工业云的应用
- 信息物理系统的概念、特点与工业应用
- 人工智能的概念、发展与应用领域

正如在第1章中所讨论的，智能制造的关键词仍然是制造，其首要目标是解决产品、制造与企业运营过程中的核心问题。在产品层面，智能技术可改善从设计、研发、制造、测试、使用（个性化）到报废（收回）等全生命周期的管控；在管理层面，可通过优化计划和调度，对资本、人力资源、设备、物料等资源进行优化，提高效率和效益；在过程控制层面，可对整个物理底层的运行状态进行监控、分析和优化。

要实现上述目标，必须基于现代信息技术的进步，从运营目标、组织模式、管理思想和技术支撑等各个方面进行综合规划、有序实施。更重要的是，要将以物联网、大数据和人工智能为代表的智能化技术与产品（工程）技术、制造技术、管理技术等进行深度融合，提升企业的管理效率和综合竞争能力，推动制造体系和管理体系的进一步发展。

3.1 物联网与工业互联网

3.1.1 物联网概念

物联网（Internet of Things，IoT）由美国麻省理工学院Kevin Ashton教授于1999年首次提出，是21世纪新一代信息技术的重要组成部分。物联网有多种定义，国际电信联盟对物联网的定义是：通过二维码识读设备、无线射频识别装置、红外感应器、全球定位系统和激光扫描器等信息传感设备，按约定的协议，把任何物品与互联网相连接，进行信息交换和通信，以实现智能化识别、定位、跟踪、监控和管理的一种网络。物联网通过智能感知、识别技术与普适计算等通信感知技术，广泛应用于网络融合中，被认为是继计算机和互联网之后信息产业的再一次大发展。

物联网有两层意思：一是物联网是在互联网基础上延伸和扩展的网络；二是物联网支持任何物品与物品之间的信息交换和通信，也就是物物相联，包括物品与物品（Thing to Thing，T2T）、人与物品（Human to Thing，H2T）、人与人（Human to Human，H2H）之间的互联。H2T是指人利用通用装置与物之间直接连接，更加简化，而H2H是指人相互之间不再依赖计算机实现的互联，这与传统的互联网是不同的，传统互联网人与人相互联结必定通过计算机、Pad、手机等计算设备才能实现。

3.1.2 物联网设备

（1）识别与感知设备

识别与感知设备是物联网中获得信息的主要设备，它利用各种机制把被测量的相关信息转换为电信号，然后通过信号处理装置处理，并产生响应动作。感知属性指标包括温度、位置、速度、加速度、深度、压力、血液成分、空气质量、颜色、图像、语音、电子以及磁场等。常见的识别与感知设备包括：二维码标签和识读器、RFID标签和读写器、摄像头、GPS、各类传感器、M2M终端、传感器网关等，如图3.1所示。

识别与感知设备一般由基本的感应器件（如RFID标签和读写器、各类传感器、摄像头、GPS、二维码标签和识读器等）以及感应器组成的网络（如RFID网络、传感器网络）两大部分组成。核心技术包括无线射频识别技术、新兴传感技术、无线网络组网技术、现

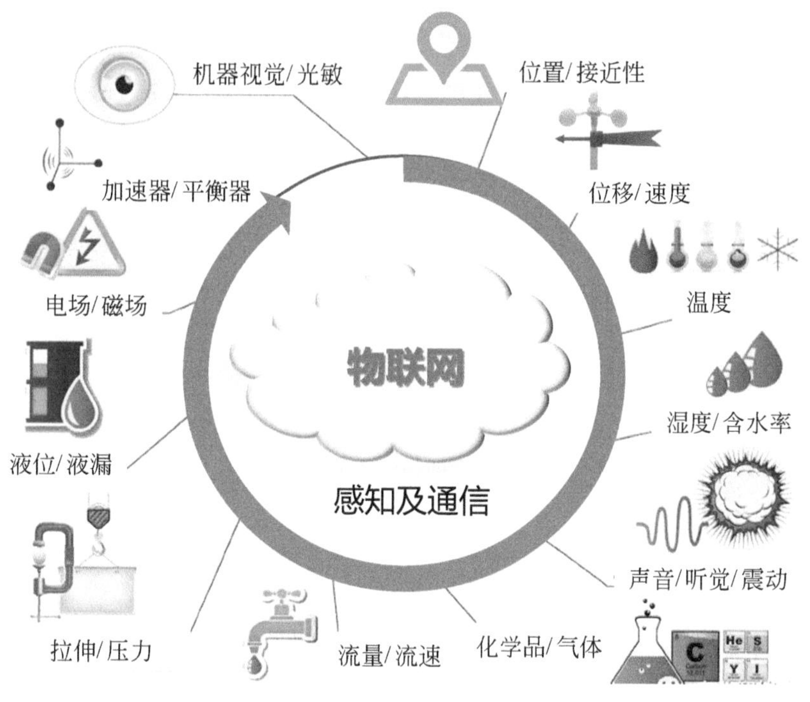

图3.1　传感器类别

场总线控制技术等，涉及的核心产品包括传感器、电子标签、传感器节点、无线路由器、无线网关等。

● 无线射频识别技术

无线射频识别（Radio Frequency Identification，RFID）技术，又称为电子标签，是一种非接触式的自动识别技术，通过无线电讯号识别特定目标并读写相关数据。RFID主要用来为物联网中的物品建立唯一的身份标识，已广泛应用在智能产品、智能物流，以及智能制造中的感知、识别、定位和联网等功能中，如图3.2所示。

图3.2　无线射频识别（RFID）技术应用场景

案例

RFID技术应用于化工企业仓库管理，通过对危险品高效、准确、统一的信息采集和管理，有效防止人工管理中可能出现的疏漏和意外，并且通过对化学品信息的及时采集和准确管理，可准确掌握化学品状态并及时处置。例如，在每个化学品包装物或托盘上安装电子标签，该标签记录化学品的各种性能和特性，包括存放位置、生产日期、安全有效期、厂家、名称、危险性、存储方式、使用安全事项、运输安全事项等信息，这些信息与企业管理数据库中的信息同步，以保证企业管理人员准确掌握化学品在仓库中的分布状态、存储时间等，这可大大提高危险品管理的工作效率，解决危险品仓储及物流中存在的管理盲点，保证危险品的安全和质量。

● 二维码技术

二维码（2-Dimensional Bar Code）是用特定的几何图形，按一定规律在平面（二维方向）上黑白相间分布，用以记录数据符号信息。图3.3所示为一种最常见的二维码信息存储结构。

二维码可通过图像输入设备或光电扫描设备自动识读以实现信息自动处理，它具有条码技术的一些共性特征：每种码制有其特定的字符集；每个字符占有一定的宽度；具有一定的校验功能等。同时还具有对不同行的信息自动识别功能及处理图形旋转变化的功能。二维码有以下特点：

① 高密度编码，信息容量大：可容纳多达1850个大写字母（或2710个数字或1108个字节或500多个汉字），比普通条码信息容量高约几十倍。

② 编码范围广：该条码能够将多种可数字化的信息（包括图片、声音、文字、签字、指纹等）进行编码，并用条码表示出来。

③ 容错能力强，具有纠错功能：当二维条码因穿孔、污损等引起局部损坏时，也能够得到正确识读，被允许的损毁面积最高可达30%。

④ 译码可靠性高：误码率不超过千万分之一，比普通条码译码错误率百万分之二要低得多。

⑤ 可引入加密措施：保密性、防伪性好。

⑥ 成本低，易制作，持久耐用。

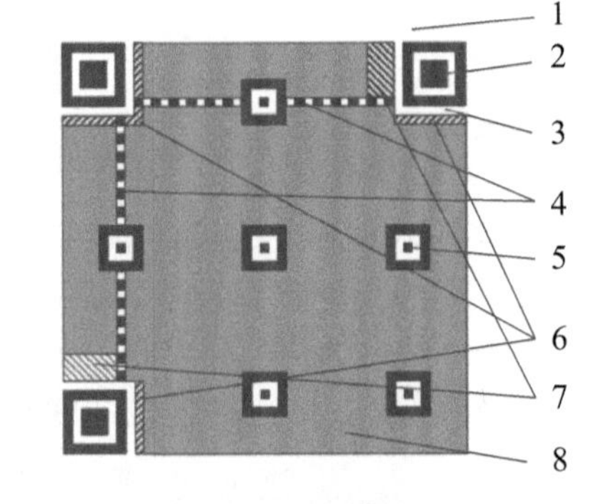

图3.3 二维码构成图

1—空白区；2—位置探测图形；3—位置探测图形分隔符；4—定位图形；5—校正图形；6—格式信息；7—版本信息；8—数据和纠错码字

案例

二维码被广泛应用于化工企业的多个业务领域。例如在设备管理中，设备采购入厂后，通过二维码管理系统生成设备二维码铭片，将其固定在设备上作为固定资产标识物。二维码作为设备标识码可充分发挥其大容量、容错性强特点，可将设备类型、供应商、关键技术指标、维检修事项、应急处理电话、设备介质等包容其中，也可以链接网页地址，当设备人员巡检时，可通过二维码识读，准确获取相关设备状态信息、维保参数以及维保手册等。

（2）智能传感器

智能传感器（Intelligent Sensor）是具有信息处理功能的传感器。智能传感器带有微处理机，具有采集、处理、交换信息的能力，是传感器集成化与微处理器相结合的产物，其结构如图3.4所示。

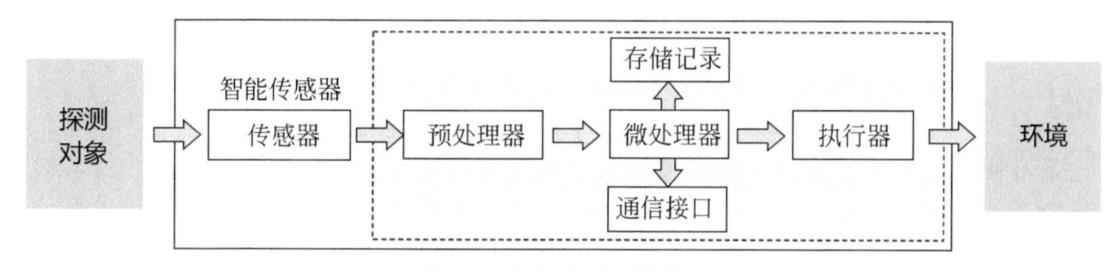

图3.4　智能传感器结构图

智能传感器能将检测到的各种物理量储存起来，并按照指令处理这些数据，从而创造新数据。智能传感器之间能进行信息交流，并能自我决定应该传送的数据，舍弃异常数据，完成分析和统计计算。

与传统传感器相比，智能传感器除了实现高精度的信息采集外，还具有以下优点：

① 自补偿功能对信号检测过程中的非线性误差、温度变化影响、信号零点漂移、灵敏度漂移、响应时间延迟、噪声与交叉感应等具有一定的补偿功能。

② 自诊断功能包括接通电源时系统自检，工作时进行在线自检，发生故障时进行自诊断。

③ 自校正功能，如系统参数的设置与检查、自动量程转换、被测参量的自动运算。

④ 数据的自动存储、分析、处理与传输等。

⑤ 微处理器与计算机设备之间可实现双向通信。

（3）传感器网络

传感器网络是一种由传感器节点组成的网络，如图3.5所示，其中每个传感器节点都有传感器、微处理器以及通信单元，节点间通过通信网络组成传感器网络，共同协作来感知和采集环境或物体的准确信息。其中无线传感器网络（Wireless Sensor Network，WSN）

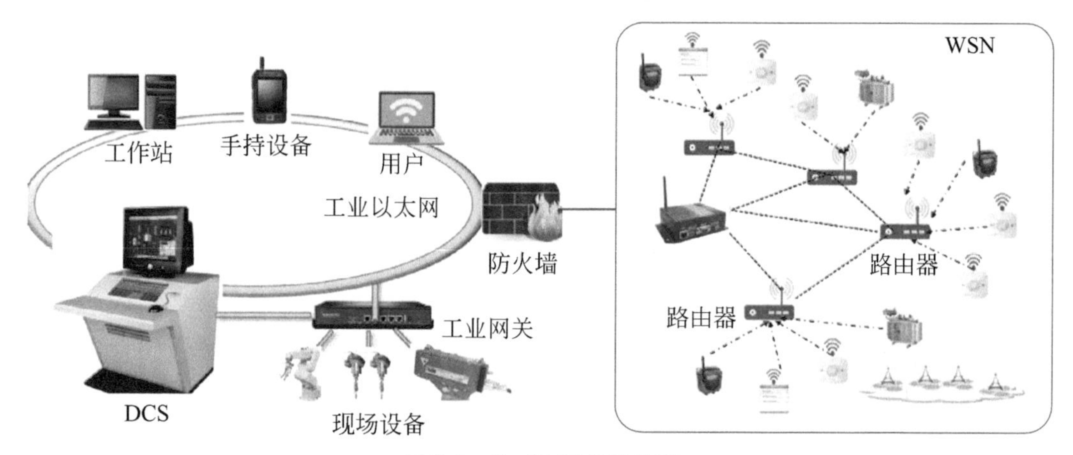

图3.5　传感器网络结构图

是目前发展迅速、应用最广的传感器网络。应用较多的RFID网络也是一种传感器网络，附着在设备上的RFID标签和用来识别RFID信息的扫描仪、感应器属于感知层，它们采集的感知数据通过无线或有线形式进行通信，实现数据的共享与应用。在这一类传感器网络应用模式中被检测的信息就是RFID标签的内容，现在的电子不停车收费系统（Electronic Toll Collection，ETC）、超市仓储管理系统、生产流水线自动识别系统等都属于这一类结构的应用。

案例

某石油炼化企业将工业现场的可燃气体和有毒气体检测传感器进行组网，将其引至现场DCS控制室，然后从现场控制室再传输至企业级的生产管控中心和消防保卫监控中心，从而实现了企业生产现场的全部可燃气体检测数据、有毒有害气体检测数据、火灾监测数据（烟感、声光、温感等传感器）等的集中管理，形成现场检（探）测点、现场控制室、生产管控中心、消防保卫监控中心的网络化管理模式，显著提升了企业安全生产水平。

（4）物联网标识解析技术

物联网的快速发展得益于两个基本问题的解决：一个是万物互联的通信技术问题；另一个是联网物体的价值发现问题。物联网标识可以理解为用于识别不同物品、实体、物联网对象的名称标记，是由数字、字母、符号、文字等以一定的规则组成的字符串，标识的本质是用于识别对象的技术（如，实体对象、虚拟数字对象），以便各类信息处理系统、资源管理系统、网络管理系统对目标对象进行管理和控制。工业互联网中的标识解析，除了识别网络内各个实体的作用外，还在此基础上增加了查询实体关联信息的功能。

物联网标识解析技术的提升在于：

① 信息颗粒度从主机细化到了物品、信息和服务；

② 可支持对异主、异地、异构的信息实现智能化关联。

基于此：物联网标识解析技术是组建复杂的工业网络、有效解决其多源异构问题的基础性技术，因此是建设工业互联网平台的基石。目前主流的标识技术有Handle、OID（Object Identifier，对象标识符）、Ecode（Entity Code for IoT，物联网统一标识体系）、Epc、UCode等。

3.1.3 基于物联网技术的工业互联网

物联网技术被广泛应用于日常生活领域，如各种智能穿戴设备、带定位芯片的手机等。同样，物联网技术也被广泛应用于工业领域，通过自动、准确、及时地收集生产过程的各类实时数据，实现人、机器和系统三者之间的交互式连接，这正显著地改变着传统自动化技术被动式的信息收集方式以及机器与机器之间的通信方式。工业物联网是物联网技术在工业领域体系化应用的典型模式，它可接入互联网形成更广泛的连接，成为工业企业降低运营成本、提高生产效率、提升综合竞争力的重要手段之一。

从概念上来讲，工业物联网是一个物与物、物与互联网服务交叉融合的网络体系，可实时连接人与设备、设备与设备、设备与产品乃至产品与客户/管理/物流等几乎所有的工业生产设备、要素与环节，并支持形成整体最优方案。因此，工业互联网以「数据」为核心，把工业产品的全生命周期（研发、物资供应、生产、装配、包装、存储/物流、使用）的数据，传感器、机器、设备、设施、工厂等物理实体的数据，工业信息化应用的数据，人和流程的数据等，进行融合加工处理，打通各个环节，形成工业的数字孪生，将人工智能和优化等算法相结合，提升工业能力，创造增量价值。无疑，工业互联网是在已有的工业化和信息化成果基础上，将新一代网络信息技术与制造业技术进行深度融合的产物，是工业实现数字化、网络化、智能化发展的重要基础设施，推动工业系统全尺度、全要素、全产业链、全价值链的全面链接。基于工业互联网所形成的全新的工业生产制造和服务体系具有高度灵活性、个性化和泛在连接等特点。

工业互联网的应用范围将越来越广，会产生大量的工业数据，而且随着柔性化生产的需求，设备上将内嵌功能越来越多的传感器和控制器，工业数据还将以更快的速度呈几何级数增长，并有更高的集成性要求，传统的数据平台无法承载这样海量数据的计算需求，因此工业云已是大势所趋。工业互联网通过泛在链接强化数据的采集与集成，实现从数据到服务的关键能力提升，并将人工智能技术应用在感知、计算和分析等过程，使工业系统具备描述、诊断、预测、决策、控制和优化等智能化功能。可以说，工业互联网与以人工智能为代表的数字化技术是深度融合的，其本质就是基于数据的服务。图3.6所示为从数据到服务的工业互联网架构图。

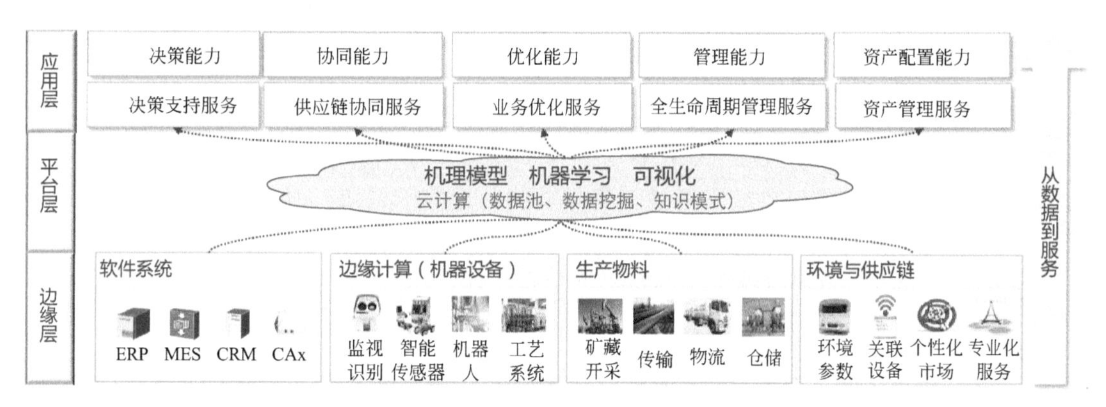

图3.6 从数据到服务的工业互联网架构图

相对于互联网及普通消费领域，工业制造对工业互联网的安全性和稳定性要求更高。

案例

某互联网公司基于云计算和工业互联网技术打造了开放式的工业大脑平台，提供全流程的数据存储与建模能力，使企业用户可以基于工业大脑平台快速自主搭建产线的数字孪生应用，实现对具体工业场景的模块化智能应用组装。

工业大脑具有强大的计算能力，能够处理海量实时的工业数据，通过融合各业务环节的多类数据，建立工业数据模型或业务规则，并通过必要的安全保障后将其发放到工业现场，与工程技术人员的专业能力进行配合和互补，并由AI技术重新关联和优化重构，最终提供并提升企业控制优化、调度排产、预测性维护、工业视觉、供应链、工业知识图谱等能力，甚至是实现毫秒级的过程优化与控制。

3.2 面向智能制造的工业通信技术

生产各环节的所有业务数据和信息通过网络进行传递和共享，以达到数据和信息的高可用性，这是智能制造的重要基础。实践证明，信息的共享程度越高，价值增值空间越大，这就对通信提出了很高的要求。对于智能制造而言，设备底层传感器数据和控制层数据与MES、甚至是ERP系统直接进行通信成为普遍的要求，这涉及了设备组网的规划问题，需要综合现场总线、以太网、嵌入式技术和无线通信等通信技术，来充分保证高效和可靠的设备间数据通信。总之，构建高效的通信系统是实现智能制造的前提和基础。智能制造对通信系统的主要要求包括：

① 通信系统要具有高传输效率以及实时性能；

② 通信要求所涵盖范围的所有网络能够进行无缝集成；

③ 基于网络通信的自组态和各类网络管理可集成；

④ 在生产技术的生命周期和信息技术的生命周期存在巨大差异的情况下，有高包容性的升级迁移、集成和维护策略。

3.2.1 面向智能制造的工业通信架构

工业企业的通信系统一般为多级分层递阶架构，其中包括现场级的控制系统网络、车间级的运行操作网络、企业级的生产计划调度网络以及延伸到全供应链乃至全产业链的跨企业间的通信系统，通信系统常常被认为是智能制造的子系统。表3.1列出了智能制造模式下通信技术的重要应用场景，包含了装置内的数据传输、过程自动化、操作运营管理、远程操作、第三方服务以及跨组织间复杂的数据传输。

表3.1 智能制造模式下通信技术的应用场景

应用举例	联结方式/拓扑	对网络的性能要求
装置内的数据传输（设备层）	装置内的数据总线	对确定性和可用性要求高；封装条件下的信息安全性有保证；与设备外网络的通信要通过应用层网关
设备至控制器的连接（设备层、监控层）	数据总线+局域网内	对确定性和可用性要求高，面对的信息安全性挑战不高，因此要求相对较弱；但对网络层的数据存取有严格的信息安全限制
管控协同、M2C（监控层、调度层、运管层）	同一生产组织内的局域网、广域网、虚拟专用网络	对可用性要求高，对确定性要求相对弱，信息安全要求很高
不同生产组织间制造单元的数据交换（监控层、调度层、运管层）	局域网、广域网、无线网络、5G	对通信资源的存取完全与可被建立的信用程度有关，这或许在公司内与公司之间有所不同
供应链协同运营（多层协同化）	多市场组织间的广域网络联结、5G	信息安全要求高

智能制造场景下的业务应用是扁平化的，要求设备层、监控层、调度层、运管层和决策层可根据需要直接而且实时动态地建立链接，这就需要建立一类包括实时控制和及时监控在内的网络通信技术和架构。图3.7是德国工业4.0-RAMI4.0通信层的二维模型，图中纵轴是“应用递阶层级”及其对通信的要求，横轴是对通信的时间响应要求。

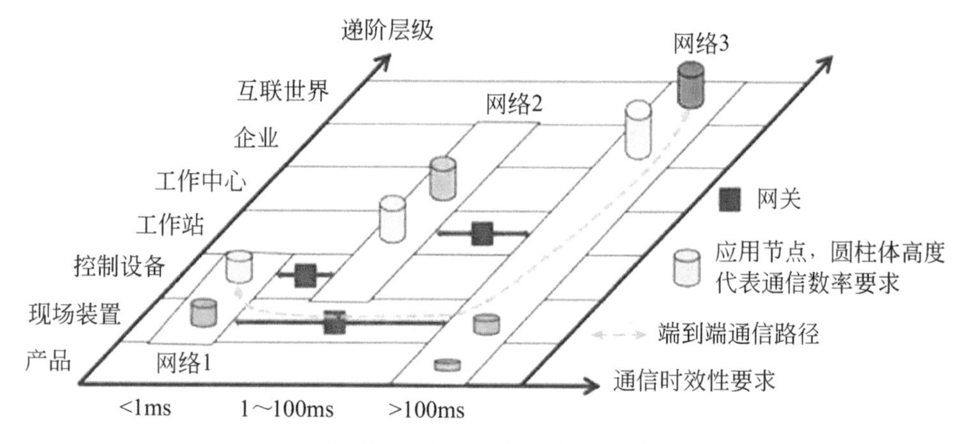

图3.7　德国工业4.0通信层模型

由图可见，通信系统在不同的递阶层级进行通信时对网络的时间响应要求是不同的。图中的圆柱体代表智能制造体系中的应用节点，它们经由一定的网络相互通信，圆柱体高度表示所要求的数据传输率。其中联通互联世界（企业间）层和企业层的节点间的通信通道是网络3，所要求的时间响应为大于100ms，但数据传输率要求高。而处于现场装置层和控制设备层的节点间通信通道，网络1的时间响应要求小于1ms，但它们的数据传输率较低。德国工业4.0通信层模型的关键是连接不同网络的网关，它们将公司内部的局域网接入到网络服务商提供的广域网，同时智能制造中广泛应用的端对端连接也需要通过这些网关来实现。

目前，工业场景下的主流数据通信技术包括：工业现场总线通信技术、工业以太网通信技术和无线网络通信技术三种。

3.2.2　工业现场总线通信技术

自20世纪50年代以来，工业控制经历了气动信号控制、电动模拟信号控制、计算机集中式控制，以及70年代的分散式控制系统（DCS）。其中，DCS采用专用网络实现数据通信。到80年代末，出现了可将大量现场级设备和操作级设备相互连接的工业通信技术——现场总线技术（Fieldbus），并在此基础上产生了一种新的控制系统模式，即现场总线控制系统（Fieldbus Control System，FCS）。FCS把DCS集中与分散相结合的集散系统结构变成了新型的全分布式结构，把控制功能彻底下放到现场。现场总线技术的特点如下：

① 开放性　首先，现场总线技术的通信协议公开透明，具有统一的标准，不同供应商的设备基于相同的标准可实现互联和信息互换。其次，在工程应用时具有开放性，用户可按需要把不同供应商的产品组成一个高效通信的系统，同时，对于同类型设备，不同供应商的产品可以相互替代。

② 数字化的多节点通信　现场总线技术是全数字化的，支持设备与设备、系统与系统间点对点、一对多的数字化通信。

③ 功能自治性　现场总线技术大量采用可编程逻辑控制器（PLC），将数据采集、计算以及控制等功能分散到现场设备中，赋予了现场设备基本的控制功能，具有功能自治性。

④ 分布式结构　FCS采用全分布式的体系结构，赋予现场设备一定的控制功能，这改变了DCS离散式的控制体系，显著简化了系统结构。

⑤ 高可靠性　现场总线技术是专为面向工业现场环境的应用而设计的，可支持双绞线、同轴电缆、光缆、射频、红外线、电力线等多种通信线路，具有较强的抗干扰能力，同时较好地克服了信号传输过程中的衰减问题，与DCS相比，FCS从根本上提高了测量与控制的准确度和可靠性。

⑥ 易重构　FCS设备是标准化的，以模块化结构满足功能要求，设计简单，易于重构。

⑦ 现场总线技术作为工厂数字通信网络的基础架构，不仅仅支持工业现场设备与设备、设备与控制机构之间的通信，还可支持工业现场与更高管理层级之间的通信，这是构建智能制造的基础。

目前，国际上有40多种现场总线技术，主要有CAN（Control Area Network，现场总线结构）、基金会现场总线（Foundation Fieldbus，FF）、局部操作网络现场总线（Local Operating Net works，Lon Works）、现场总线（Profibus）等。

CAN是一种常见的现场总线结构，采用双绞线为通信介质，通信效率最高为1Mbit/s，直接传输距离最远为10km，信号传输为短帧结构，抗干扰能力强，基金会现场总线技术是一种发展前景良好的技术，支持双绞线、光缆、无线发送等多种通信介质，最高传输速率可达25Mbit/s，传输距离最远为2km，功能强大，实时性强，本质安全。

3.2.3 工业以太网通信技术

以太网（Ethernet）是互联网通信的基础通信技术，2000年以来互联网在全球范围内被广泛应用，以太网是其重要推动力之一。目前以太网技术开始应用于工业自动化控制网络，在链路层和网络层增加了相应功能模块以满足工业控制实时性、高可靠性以及多样化的功能和性能需求。另外，为支持恶劣环境下的高可靠数据交换需求，以太网在其物理层增加了电磁兼容性设计，以解决网络安全性和抗电磁干扰等问题。目前，工业以太网通信技术已成为与现场总线技术并列的工业现场通信方案，应用于电力、交通、冶金、煤炭、石油化工等工业领域。由于其标准开放性好，通信协议统一且透明，有观点认为以太网将成为工业控制领域唯一的统一通信标准。图3.8是基于工业以太网的工业多级分层递阶架构。

随着工业自动化系统向分布式和智能化发展，工业以太网体现出了更明显的优势：

① 工业以太网是全开放、全数字化的网络，在标准化的网络协议下支持不同供应商的设备互联。

② 工业以太网能支持工业控制网络与企业信息网络无缝连接，形成企业级的全开放网络系统。

③ 工业以太网通信速率高，比现场总线技术有较明显的优势，目前10M、100M的快速以太网已被广泛应用，千兆以太网也已成熟，可支持工业现场音频和视频数据的传输需求。

④ 以太网技术已经非常成熟，有多种软件开发环境和硬件设备可供用户选择，大大降低了工业以太网的软硬件成本。

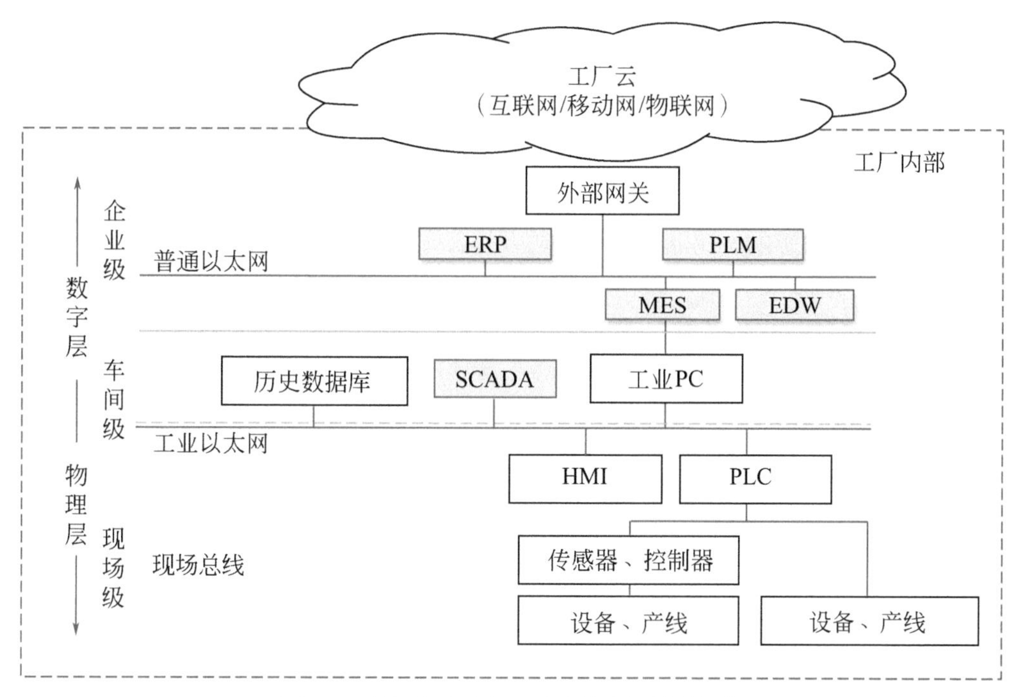

图3.8　基于以太网的工业多级分层递阶架构

工业互联网是工业现场信息交互和控制的新发展方向，工业以太网可扮演重要的角色。但其中工业现场条件下的分布式数据存储和处理、海量设备及传感器的接入，以及面向互联网和移动互联网的安全保证是当前亟需解决的问题。

3.2.4　工业无线通信技术

无线通信技术是利用无线电波为各种现场设备、移动设备以及自动化设备之间提供无线数据链路的通信技术。由于无线通信可弥补有线网络的条件限制，支持灵活的网络拓扑结构，即使在恶劣的情况下也能够保证通信的可靠性和安全性，因此无线通信技术适用于各种工业环境下的组网要求。进入21世纪后，工业无线网络通信技术因提供低成本、高可靠性和高度灵活的新一代泛在数据环境而备受工业界的关注，进入快速发展期。

工业无线通信技术综合了传感器技术、嵌入式计算技术、网络及无线通信技术、分布式信息处理技术等，具有低功耗、泛在、协同和异构等特性。目前在工业自动化领域的无线通信技术协议主要有：满足现场设备层通信的无线短程网、满足较大传输覆盖面和信息传输量的无线局域网及满足较大数据容量的短程无线通信的蓝牙技术。

（1）无线传感器网络通信技术

无线传感器网络通信技术是网络技术、无线技术以及智能传感器技术相互结合产生的，也称为基于无线技术的网络化智能传感器。结构示意图见图3.4和图3.5。这种基于无线技术的网络化智能传感器使工业现场的底层数据能够通过无线链路直接在网络上传输、发布和共享。网络化智能传感器可与PC、读卡器或其他设备互通互联，形成一个无线传感器控制网络。目前ZigBee是应用最广的无线传感器网络通信技术，具有功耗低、时延小、网络容量大、数据传输可靠性高、成本低以及兼容性好等特点。

（2）无线局域网络通信技术

无线局域网是指以无线电波、红外线等无线媒介来代替有线局域网传输媒介而构成的网络，通常会使用隔离型信号转换器将工业设备的串口信号与无线局域网及以太网络实现信号互通。目前，工业自动化领域主要采用以RS-232或R485串口为数据通信接口的有线通信方式，无线局域网络与之相比，有效地扩展了工业设备的联网通信能力，其覆盖范围一般为半径100m左右，加天线后可达5km。当然，无线局域网通信的覆盖范围在实际应用中还会受很多因素影响，比如，通信区域中是否有高大障碍物等。

无线局域网通信支持标准的TCP/IP（Transmission Control Protocol/Internet Protocol，网络通信协议/因特网互联协议），可实现点对点传输，也可实现一点对多点传输。在普通局域网基础上，通过无线Hub、无线接入站、无线网桥、无线调制解调器（Modem）以及无线网卡等来接入无线局域网，其中，无线网卡使用最为普遍。无线局域网目前在远程视频传输、门禁系统、安防系统、工作站接入、设备联网自动化等领域有广泛应用。

（3）蓝牙通信技术

蓝牙技术是一种短距离无线数字通信技术，自从1994年爱立信公司最早提出以来得到了迅速发展，已成为短距离无线通信技术标准，是短距离有线数据传输的重要替代技术。蓝牙技术的工作频段是全球开放的2.4GHz频段，传输速率为10Mbit/s，在其通信距离范围内的各种信息化设备都能进行数据传输，实现无缝的数据共享，蓝牙技术在传输字节数据时还可同时进行语音传输。目前，蓝牙技术已广泛应用于PDA、手机、耳机、照相机、打印机、智能卡、身份识别、票据管理、GPS、家用电器、医疗健身等领域。

在工业互联网和大数据背景下，工业无线网络通信技术正成为最活跃的主流发展方向，有可能是影响未来制造业发展的革命性技术。但是，与有线通信介质不同，无线通信介质不是在受保护的传输环境之下的，信号传输过程中会出现信号衰减、干扰、中断和与安全有关的问题。因此，在复杂的工业环境下的可靠、保密、抗干扰、安全和高速的无线通信技术将是未来的发展方向，其中基于5G通信技术的工业应用是最重要的研究领域之一。

3.2.5 5G通信技术

为满足智能制造复杂的通信要求，多功能通信总线、智能网管以及软件定义工业网络成为网络通信架构的创新发展方向。普遍认为，未来的工业网络通信架构应该具有以下特点：

① 动态的流量控制方式，能按用户要求智能提升云服务能力，以满足大数据需求的网络带宽要求；

② 可对不同供应商提供的网络设备进行集中管理和控制，与供应商无关，网络的规模大小可灵活剪裁以满足不同的应用需求；

③ 用一种公共的API（Application Programming Interface）应用程序接口，使底层联网的细节可从其专业化的设计中抽象出来，无障碍地开放给上层系统和应用；

④ 通过提供新的网络性能和服务达到创新，而无需对单个网络设备进行组态，或等待供应商的改进。

面对上述要求，5G通信技术具有非常巨大的潜力。5G是指第五代移动电话行动通信标准，也称第五代移动通信技术。5G采用网络功能虚拟化（NFV）和软件定义网络（SDN）等技术创新来实现高性能、低延迟及高容量等通信性能特性。

如图3.9所示，5G技术主要有3类应用场景：大规模物联网（mMTC）、增强移动宽带

（eMBB）和高可靠低时延通信（uRLLC）。

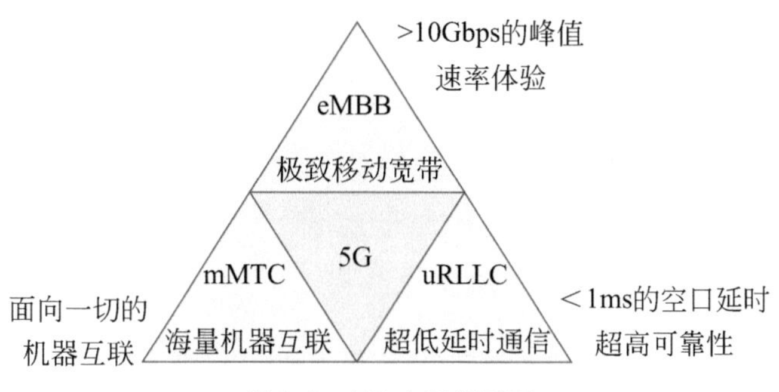

图3.9　5G应用场景图

① 大规模物联网（mMTC）　主要针对海量设备间的通信需求，如各类仪表的远程激活、消耗流量的实时跟踪、无线视频监控的远程操控、环境参数远程监测并上报、设备控制实时数据上传等，另外，mMTC也可支持工业现场一对多、多对一、多对多的数据通信需求。

② 增强移动宽带（eMBB）　eMBB场景分为广域覆盖和热点覆盖，可支持工业互联网环境下的大流量业务需求，如虚拟工厂和高清视频远程维护等。

③ 高可靠低时延通信（uRLLC）　uRLLC实现极低的时延和更高的可用性，在工业互联网中可应用于工厂现场控制等应用场景，重点关注对于各种现场总线协议的承载支持性，并综合利用网络切片和移动边缘计算等技术，以满足工业自动化场景的应用需求。uRLLC将网络等待时间的目标压低到1ms以下，以支撑工业自动化控制中系统和设备对数据传输实时性的诸多指标和要求。uRLLC的低时延性是5G通信技术应用于工业现场和智能制造的关键性能。

工业现场最重要的应用是闭环控制系统。在控制系统的控制周期内，传感器进行连续测量，测量数据传输给控制器，控制器通过一定的计算形成控制指令，发布给执行器执行。在控制器控制指令的计算过程中有时还需要与云端链接，经云端计算处理后再将有价值的信息传回控制器，这是一个典型的闭环控制回路。根据工艺控制要求，有的闭环控制回路周期会低至毫秒级别，所以系统通信的时延需要达到毫秒级别甚至更低才能保证控制系统实现精确控制，对此5G通信技术具有优势。另外，5G应用于智能制造还有以下优势：

① 5G技术是无线接入技术，相比有线网络，可大幅降低工厂内网络部署成本和维护成本，提高生产线的灵活性，以及现场设备的移动性，可很好地支持企业对生产线进行灵活重构，实现柔性生产。

② 5G边缘计算（MEC）是支撑工业互联网的高速率和低时延运行的有效技术路径。5G MEC靠近工业互联网的网络边缘侧，在应用端就近提供边缘智能服务，满足行业应用对于敏捷连接、实时业务、数据优化、应用智能、安全与隐私保护等方面的关键需求。应用MEC，数据在边缘侧进行计算，不用传到云端，这更适合工业互联网实时数据分析和智能化处理的要求，支持工业互联网大量本地业务的实时智能化处理与执行需求。

③ 5G的网络控制功能与数据转发功能解耦，分为集中统一的控制云和灵活高效的转发云。如图3.10所示，控制云实现局部和全局的会话控制、移动性管理和服务质量保证，并构建面向业务的网络开放接口，从而满足业务的差异化需求并提升业务的部署效率。转发云基于通用的硬件平台，在控制云的网络控制和资源调度下，实现海量业务数据流的高可靠、低时延、均负载的高效传输。

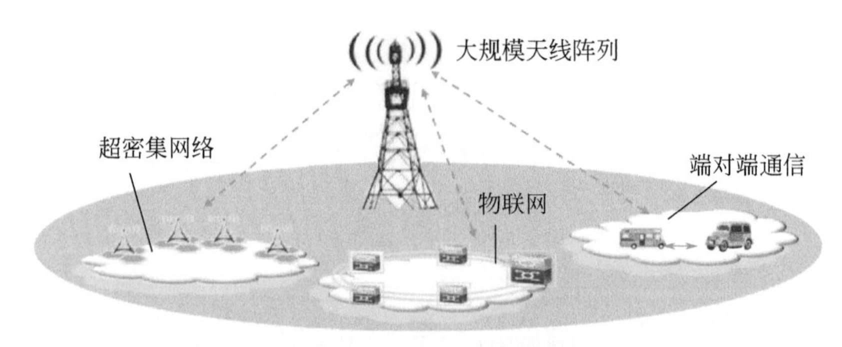

图3.10　5G集中统一的控制云和转发云

5G通信的低时延高可靠通信特性是物联网、工业互联网，乃至智能制造的基础，各国均大力发展。中国华为作为通信领域巨头企业，在5G网络建设、相关终端设备等方面已取得相当成就，空口时延可到0.4ms，数据传输的成功率99.999%，同步精度达百纳秒级。华为基于其多年的行业经验和技术积累，提出了面向智能制造的整体解决方案，包括：EI工业智能体、ModelArts一站式AI开发平台、智能数据湖，以及FusionPlant工业互联网平台。FusionPlant工业互联网平台架构如图3.11所示，由四层构成：边缘计算、工厂内外网络、可信IaaS（Infrastructure as a Service，基础设施服务）层、工业PaaS（Platform as a Service，平台服务）层，重点解决信息孤岛、网络安全、生产智能化水平低下以及流程和框架之间可视化等问题。

图3.11　华为FusionPlant工业互联网平台架构

案例1

某化工企业成功应用了基于5G的工业数据采集及控制系统，为企业的安全监管筑起了“智能防线”。该企业拥有液压监测、漏气监测、压力控制、闸门控制等数以千计的数据采集点。生产流程要求一旦检测到数据异常，必须在规定时间内启动应急控制。因此，数据采集及控制系统对低时延、高可靠有着严格标准。企业原有的数据通信方式为以太网，由于生产园区范围较广，采集终端分散，其运行管理难度很大，为安全生产埋下隐患。该企业基于5G技术构建了企业级的通信网络，推动企业从单点的信息技术应用向数字化、网络化和智能化转变，提升安全管理水平。未来，5G的uRLLC还可进一步在数据采集、工业控制及人机交互等场景下发挥更大功效。

案例2＼

某石化智能工厂建设项目中，部署了华为eLTE网络。华为eLTE无线专网是基于第四代移动通信技术的专用通信网络，通过三个基站，成功覆盖了面积约为5km^{2}的某石化厂区，单小区上行速率50Mbps，下行100Mbps，可同时承载厂区内170多部定制化终端的语音、视频和数据回传需求，以极高的效率和小时延承载了某石化厂区内的通信需求。

3.2.6　网络通信的安全

智能制造的基础是泛在感知和广泛互联，必然向各类应用需求开放网络通信系统，比如面向运营管理层开放工业控制网络，由于工业控制的刚性需求，这必然会带来更高的安全挑战，产生更多更新的安全防护要求。因此，需要充分认识到网络通信安全的重要意义，构筑完备的网络通信安全防御体系，保证网络结构安全和行为安全，建立安全事件的关联分析与安全预警机制，提升安全风险的发现、管理与动态处置能力，以对任何安全事件做出快速反应和快速处置。

目前，最主要的网络安全防护需求包括：

① 现场控制级网络（图3.7中的网络1）的边界防护需求非常突出，需要精心做好与其他网络通信系统间的安全管控，比如图3.7网络2、3与网络1间必要的网间安全措施，最大程度防范来自外部对工业控制网络的非法侵入与破坏，这对保证生产安全尤为重要。同时，网络间的安全防护措施不能妨碍必要的数据传输需求。

② 智能制造的控制器一般都具有计算和通信功能，加强核心控制器的安全防护，不论是产线上的核心控制器，还是物流配送的控制器都非常重要，核心控制器一旦被攻击或被劫持，将导致生产出现故障、瘫痪，甚至更严重的后果。

③ 工业控制系统中，工业控制主机和DCS的实时数据服务器都存储有重要的生产过程数据、组态数据、装置运行数据等，直接关系到生产控制的准确性和鲁棒性，需要加强对它们的安全防护力度，提高它们抗干扰、抗非法进入和抗攻击的能力。

对此，常见的网络通信安全技术包括以下几种。

（1）虚拟网技术

虚拟网技术主要基于局域网交换技术（ATM和以太网交换），并进一步将传统的基于广播的局域网技术发展为面向连接的技术，使网管系统有能力限制局域网通信的范围，无需通过开销很大的路由器。虚拟网络技术可设置信息访问权限，从而限制虚拟网外的网络节点对虚拟网内节点的直接访问，并且，信息只能到达被允许的地址，这样就可以有效地阻止大部分基于网络监听的入侵手段。

（2）防火墙技术

网络防火墙技术是一种用来加强网络之间访问控制、防止外部网络用户以非法手段进入内部网络的设备或软件系统。该技术按照一定的安全策略，对两个或多个网络之间传输的数据包以及链接方式实施检查，以确定网络之间的通信是否被允许。网络防火墙技术还可监视网络运行状态。

防火墙产品主要有堡垒主机、屏蔽主机防火墙、双宿主机等类型。防火墙的性能评价指标包括：安全性、抗攻击能力、通信性能、自我完备能力、可管理能力、VPN支持、认证和加密特性以及网络地址转换能力等。

尽管防火墙是保护网络免遭黑客袭击的有效手段，但也有不足。例如，无法防范绕开防火墙以外的其他途径的攻击，不能防止来自网络内部变节者和不经心用户带来的威胁，不能完全防止传送已感染病毒的软件或文件，以及无法防范数据驱动型的攻击。

（3）病毒防护技术

由于网络的广泛互联，病毒的传播途径和速度大大加快，因此病毒是网络系统安全的主要问题之一，病毒防护的主要技术如下：①阻止病毒的传播技术，如在防火墙、代理服务器、SMTP服务器、网络服务器、群件服务器上安装病毒过滤软件，在桌面PC安装病毒监控软件等；② 检查和清除病毒技术；③在防火墙、代理服务器及PC上安装Java及ActiveX控制扫描软件，禁止未经许可的控件下载和安装。

（4）入侵检测技术

入侵检测系统是近年出现的新型网络安全技术，目的是提供实时的入侵检测并采取相应的防护手段，如记录证据用于跟踪、恢复和断开网络连接等。实时入侵检测能力之所以重要，首先它能够对付来自内部网络的攻击，其次它能够缩短入侵时间。

（5）安全扫描技术

安全扫描技术与防火墙、安全监控系统互相配合能够提供更高的网络安全性，安全扫描工具可以为发现网络安全漏洞提供强大的支持。安全扫描包括服务器和网络扫描两类。

① 服务器扫描重点解决与服务器相关的安全漏洞并给出相应的解决办法。例如，密码文件、目录和文件权限、共享文件系统、敏感服务、软件、系统漏洞。

② 网络安全扫描主要扫描全网络内的安全问题，包括服务器、路由器、网桥、变换机、访问服务器、防火墙等设备的安全漏洞。另外，还能进行模拟攻击以测试网络的安全防御能力。

（6）认证和数字签名技术

认证技术主要实现网络通信过程中通信双方的身份认可，数字签名是身份认证技术中的一种具体技术，是通信安全协议中的重要构件，可防止签名被篡改或签名文件被篡改。

3.3 大数据

3.3.1 数据信息知识智慧模型

数据（Data）是对事物或事件审慎、客观的记录，是以一种结构化、半结构化以及非结构化方式记录的数字化记录。例如，个人的财务数据、网络交易数据、企业设备台账数据、设备运转数据、电子邮件、文件资料、图像、影像等。数据的计量单位有：KB、MB、GB、TB、PB、EB、ZB、YB、BB、NB、DB等。它们的相互转换关系如下：1024 Byte=1KB；1024KB=1MB；1024MB=1GB；1024GB=1TB；……

在经济学中，数据属于非竞争性的商品，它与物质性的原料、装备和产品等不同，不会因为使用次数增加而降低价值或形成耗损，反而会因为在更多场景和更多模式下的应用而丰富其内涵、增加其价值。事实上，数据在应用过程中经过人们的加工提炼，可以发掘蕴含在数据中大量先前未知的且极具潜在价值的信息（Information），并进而形成规则和知识（Knowledge）。数据是信息的载体，具有客观性，信息是人们源于数据分析所得到的某种认识，并成为工作或行为的依据。显然，信息与人们的主观认识和行为相关，具有一定的主观性。可以说信息是加工后的数据，信息是数据所表达的事实和认知。

知识，来自于关于客观事实的可通信、可交流而且是已被验证正确的信息，是有助于人们做出正确决策的信息，但知识并不仅仅是信息，还综合了描述、经验、规则、定理及模型等多种形式，知识具有一致性和公允性特点。

知识自动化（Knowledge Automation）通过一系列的工业软件和工业基础设施来完成知识挖掘、知识存储和定向的知识推送，实现人和机器的重新分工，把知识工作者从重复性知识劳动中解放出来。同时，知识自动化通过对企业历史数据资产的深度挖掘，利用人工智能等技术把经验和知识更深入地显性化和模型化表达，实现经验和知识的持续积累和不断继承，帮助企业实现可持续内生性发展，这本质上就是智慧，可以认为知识自动化是智慧的具体形式和应用。

因此，可以认为，智慧是在知识的基础之上，通过经验、阅历、见识的累积而形成的对事物更深刻的认识和远见，体现为卓越的判断力和决策力。应该讲，智慧是以知识为基础的，没有知识就没有智慧，而知识需转化为智慧才能更好地显示其真正的价值，知识是静态的，智慧是动态的，是知识在灵活运用过程中体现出来的判断力和决策力。

数据是智慧的基础，而智慧是智能制造的重要特征和必要工具。图3.12反映了数据-信息-知识-智慧（DIKW）的相互关系。

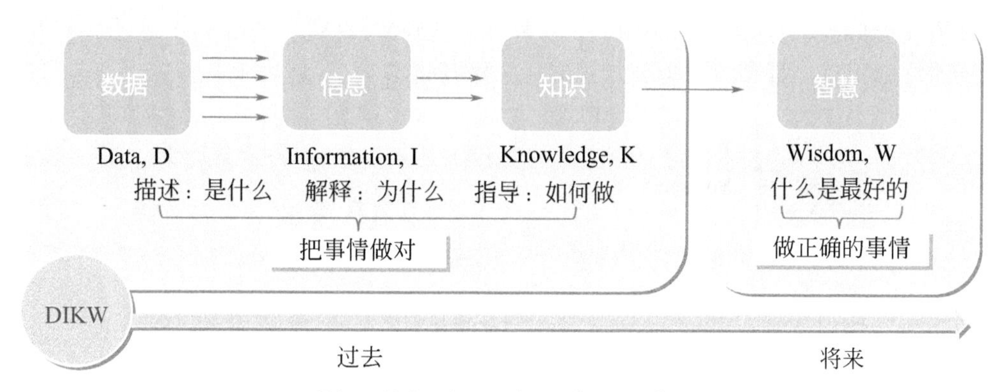

图3.12　数据-信息-知识-智慧（DIKW）关系结构图

大数据是数字化发展的产物，实现了对物理世界客观、全面和即时的描述，解决了“有数据”的问题；而网络化、信息化则满足了数据的“流动和共享”需求，帮助人们更好地解释和理解“为什么”的问题，进而提取普适性知识，指导人们如何做；智慧则是智能化的结果，推动数据、信息和知识“按需流动”，把正确的知识、在正确的时间、以正确的方式传递给正确的人和机器，以应对事务的复杂性和不确定性，帮助人们做正确的事情、正确地做事情。

3.3.2 大数据概念

什么是大数据（Big Data）？大数据是指无法用常规软件工具在合理的数据内进行捕捉、管理和处理的数据集合，需要用创新的处理模式才能具有更强的决策力、洞察发现力和流程优化力的海量、高增长和多样化的数据资产。大数据的含义包括了两层含义：一是对海量数据的采集、存储和关联分析的方法创新；二是大数据是一种发现新知识、创造新价值、提升新动能的新技术和新业态。

从概念上理解，大数据首先是数据规模巨大，且持续快速增长。这是因为物联网等现代信息技术被广泛应用，对人类活动的记录范围、测量范围和分析范围不断扩大，知识的边界在不断延伸，导致来自社交平台、视频监控录像、物联网设备、生产工具和元数据等的快速增长，如图3.13所示。据国际最重要的数据存储公司希捷在2019年的一份报告中显示，到2025年，全球数据量将从2018年的33ZB增加到2025年的175ZB，届时，中国的年数据量可达48.6ZB。

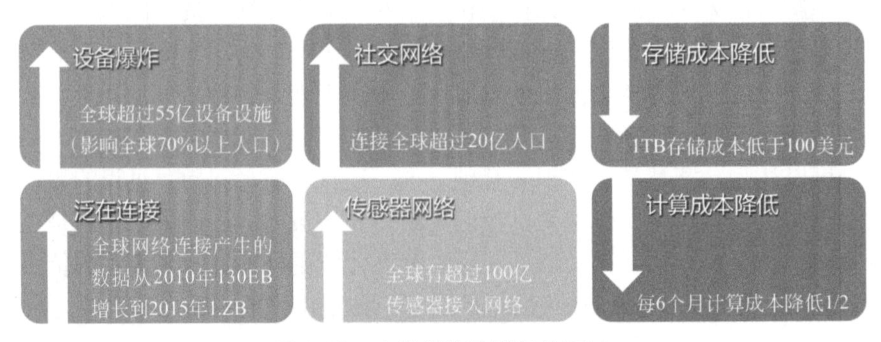

图3.13 大数据快速增长的原因

其次，不能只是把大数据简单理解为数据规模很大的数据，如图3.14所示，大数据兼具了规模（Volume）、速度（Velocity）、多样（Variety）、真实（Veracity）特点，正是因为大数据的这些特点，具有了发现新知识的巨大潜在价值。

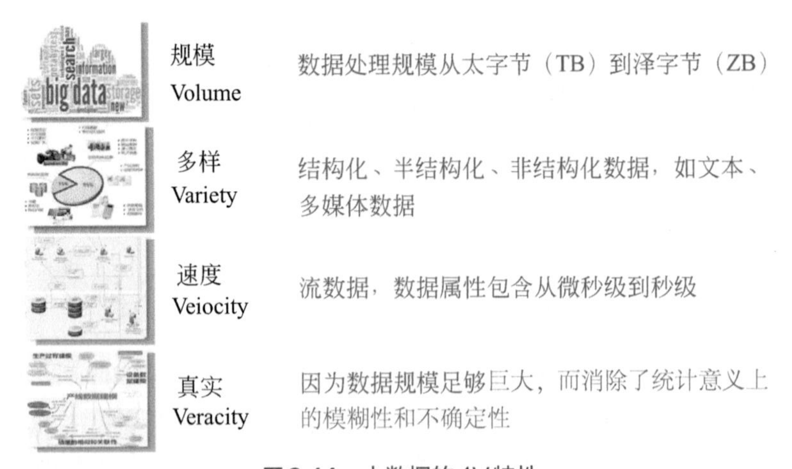

图3.14 大数据的4V特性

总之，大数据的根本还是在其“大”，人类可以通过分析和使用如此“大”的数据发现新知识，实现“大利润”和“大发展”。事实上，大数据正在成为现代企业最具重要意义的经济资源，是企业核心竞争力的重要基石之一，这又反过来强力推动了大数据技术和产业的发展，逐渐形成了由终端设备提供商、基础设施提供商、网络服务提供商、数据服务提供商、数据服务使用者等共同构建的生态系统。表3.2中列举出了各行业重要的数据公司或数据应用型公司。

表3.2　各行业重要的数据公司或数据应用公司

行业	代表性公司	典型应用
消费品	玛氏 宝洁 海底捞	宝洁推出了一款移动平台，利用人工智能技术分析用户自拍图像，以进行个性化的皮肤分析，并有针对性地进行产品推荐。海底捞打造无人餐厅为消费者提供完全不同的消费体验，形成了与传统餐饮业注重现场服务不同的两种模式，具有重要的指标性意义
金融服务业	中国工商银行 蚂蚁金服 瑞银 高盛集团 摩根士丹利	蚂蚁金服的支付宝为用户全方位提供线上线下支付服务，包括转账、结算、理财以及打车、机票代购等，并通过大数据技术准确刻画每个个体的征信状况，进而推出高效和低风险的金融服务 而高盛的3万多名全职员工中有超过9000名是程序员和IT工程师，以前高盛的股票交易员有600名，现在缩减到了3名，股票交易员职能基本完全由人工智能替代
制造业	海尔 特斯拉（Tesla） 中国石化集团 西门子公司	海尔推出了智能家居方案，涵盖智能安防系统、智能环境监测、智能家电、智能新风、智能生活场景管理等内容，真正进入家庭生活的智能化时代；特斯拉的无人驾驶汽车；中国石化打造流程型工业智能工厂；西门子提供离散行业智能制造整体解决方案
电子商务	阿里巴巴 亚马逊 沃尔玛百货 京东 唯品会	亚马逊凭借其强大的数据能力致力于成为全球最“以客户为中心”的公司，为全球客户提供种类最多的商品和服务，同时亚马逊也是全球最大的云计算服务商。阿里巴巴2018年双11创造了单日2135亿元销售记录，阿里云强大的计算能力支撑了人类历史上最大规模的人机协同
运输与物流	美国联合包裹运送服务公司（UPS） 中国邮政（EMS）、顺丰速运 优步（UBER） 沃尔沃、戴姆勒、图森、京东及Starsky Robotics等	顺丰速运应用物联网技术，帮助客户从服务呼叫到运单完成的全程追踪。优步开发了强大的打车应用APP引领共享经济；沃尔沃、优步、图森等公司正开始发展的无人货运汽车将影响美国约500万卡车司机的工作
社交平台	腾讯 WhatsAPP Facebook Twitter 百合婚恋网	通过社交APP进行交流已经是重要的社会交流方式，腾讯公司的微信APP有10亿活跃用户，其功能不仅仅局限在社交，还包括语言、信息发布、电子商务、支付与理财、企业应用、政府公共服务等广泛的领域
终端设备及平台	苹果公司 华为 中国移动 Googles 国际商业机器公司（IBM） 英国ARM（Advanced RISC Machines）公司	苹果iPhone手机开创了智能手机时代，移动应用成为数据高速增长的重要动力。华为是世界上最主要的5G通信设备供应商之一，5G网络给未来大数据应用提供了非常巨大的增长空间。Google的搜索引擎不仅仅是搜索信息的工具，更是知识发现、知识发布的平台。IBM是全球最大的信息技术和业务解决方案公司，正利用人工智能技术、云计算、区块链、物联网等助力各行业重铸商业价值
软件业	SAP公司 甲骨文软件系统有限公司（Oracle） 用友 Matlab 科大讯飞 商汤科技	甲骨文公司提供的Oracle数据库、Mysql数据库是最主流的大数据管理系统。SAP是ERP解决方案的先驱，也是全世界排名第一的ERP软件供应商，为各种行业、不同规模的企业提供全面的企业管理解决方案。Oracle与SAP也都提供完整的商业智能解决方案。用友是中国最大的ERP供应商。科大讯飞和商汤科技是中国优秀的从事语音与模式识别的人工智能公司

大数据的价值体现在4个方面：预警、预测、决策和智能。

① 预警是指通过数据挖掘分析，对存在的风险发出预报与警示；

② 预测是指基于事务的时间序列属性，对未来的发展趋势进行分析和判断，并形成指导性建议；

③ 决策是指通过相关数据的联动分析形成的判断和决定；

④ 智能是从数据中获取到对现实问题的认识、分析、评价以及知识，再通过技术手段实现知识发布的行为，其关键是知识自动化，人工智能是智能制造的重要基础。

3.3.3 大数据的资源化意义

图3.15 阿尔文·托夫勒

“大数据”这个概念最早在20世纪80年代被提出，阿尔文·托夫勒（图3.15）在其《第三次浪潮》中写到，“大数据是第三次浪潮的华彩乐章”，“所有这一切变化，变革了我们对世界的看法，也改变了我们了解世界的能力”。

如托夫勒预测，大数据已开始深刻地改变着人类的知识体系。权威IT咨询公司IDC（Internet Data Center，互联网数据中心）认为“数据是数字世界的核心”，亚马逊前任首席科学家Andreas Weigend说：“数据是新的石油，等待能者去发现”，中国工信部苗圩则认为人类文明进步的每个阶段都有一张最具代表性的历史标签：19世纪是煤炭和蒸汽机，20世纪是内燃机、石油和电力，进入21世纪由信息技术和互联网所引发的新一轮科技革命和产业变革更加深刻地诠释着人类进步的征程，其中最具时代标志性的标签非大数据莫属，它好比是21世纪的石油和金矿。

数据对科学技术和工业领域的意义是明确的，对社会科学也具有同等重要的意义。2007年雅虎首席科学家沃茨博士在《Nature》上发表了《21世纪的科学》一文，他在文中指出，得益于计算机技术和海量数据的发展，个人在现实世界的活动得到了前所未有的纪录，为社会科学的定量分析提供了极为丰富的数据，由于能测得更准、计算得更加准，社会科学将在21世纪全面迈进科学的殿堂。沃茨博士甚至认为，政治学也可以成为科学。

无疑，大数据已是最重要的发展潮流，世界各国对大数据及大数据产业重要性的认识快速提升，把它和资本、土地、资源等相提并论，数字主权（网络主权）成为继边防、海防、空防之后又一个大国博弈领域，并加大在大数据解析、处置和运用能力培养方面的投入。新一轮的大国竞争，在很大程度上是通过强化大数据应用来增强对世界局势的影响力和主导权。大数据之所以重要，是因为大数据正在成为一种新的方法论，从多个方面推动科学和工业领域在理念、思维和工作方式等发生转变。

（1）大数据通过汇集全局数据帮助人们更好地了解事物背后的真相

大数据是基于全部数据的分析统计，相对于在有限的样本数据基础上的统计而言，结果更精确，也更接近事物背后的真相。大数据分析所带来的认知可能是全新的，可能会深刻影响人类的社会行为，有利于政府组织、企业、科学家科学地认知历史、规划未来。同时大数据可以帮助人类更加接近了解大自然，增加对自然运行规律以及自然灾害原因的认识，帮助人类与自然和谐共处。

（2）大数据帮助人们更深刻地理解事物发展的客观规律，利于科学决策

大数据尽可能汇集全部种类的数据，并通过数据清洗等技术手段提升数据质量，通过大数据分析，可以帮助人们发现、归纳和演绎事物发展过程中的真相和科学规律，包括自然科学和人类社会的发展规律。比如，基于大数据的商务智能准确刻画客户行为模式，帮助企业精准地提供产品及服务，这是基于大数据科学决策的典型应用。

（3）大数据多维、多角度、全面地刻画人们的思想和行为特征及模式

在大数据技术之前，人们只能通过有限的样本来观察了解人们的思想和行为特征，客观性和时效性较差。基于大数据技术应用，通过大量汇集基于物联网传感器和APP系统的数据，如可穿戴设备、摄像头、位置、社交、商务行为及结算往来数据，建立人们在诸多场景下行为模式的关联，多维度多角度准确刻画人们的行为准则，甚至揭示人们的价值理念，这可为精准的商业应用甚至社会治理提供决策基础。

（4）大数据改变人们经验思维模式，形成大数据思维

自文字出现以来，人类社会的发展历程一直都没有离开过数据，但在大数据背景下，人们可以实时采集并处理多维度的海量数据（甚至包括个体行为数据和情绪数据），这是以前无法想象的。由此，基于新的大数据技术将可能发现与历史认知完全不同的事物真相，认识到不一样的事物发展规律。基于大数据分析，人们在了解、判断和决策一件事时不再是基于片面的经验思维和惯性思维，而是基于充分掌握全部事实真相和客观规律，这就是基于大数据的全面思维模式。

（5）大数据技术提高数据处理效率，从而释放出巨大的发展动力，成为科学技术和产业领域的新方法论

大数据技术如人类历史上的其他技术革命一样，都是从效率提升入手的。以云计算、机器学习、人工智能等为代表的大数据技术极大地提升了人们处理数据的效率，能够快速处理以前需要很长时间甚至无法处理的数据，大数据技术通过计算效率的提升正在发掘人类社会新的发展潜力，成为科学技术和产业领域的新方法论，并将释放出巨大潜能。

可见，在大数据技术基础上形成的大数据思维和大数据方法论使得大数据成为了全新的、最重要的资源之一。

3.3.4　大数据分析方法与传统方法的区别

大数据分析方法与传统的数据分析方法有较大的区别，如表3.3所示。

表3.3　大数据分析方法与传统的数据分析方法比较

项目	传统数据分析	大数据分析
分析方式	传统分析是建立在关系数据模型之上的，主题之间的关系在系统内就已经被创立，而分析也在此基础上进行	对于现实中的数据，很难在它们两两之间以确定性方式建立关系，因此大数据分析常常需要在有预设或无预设前提下进行分析
数据类型	结构化数据	除结构化数据外，也包括文本、音像、视频、位置等非结构化异构数据的分析
数据质量	只对已知的数据范围中好理解的数据进行分析。所分析的数据对象一般都是容易理解的、清洗过的，并符合业务的元数据	并不强制要求数据是完整的、清洗过的和没有任何错误，这使大数据分析更有挑战性，同时也获得了更多的洞察力

续表

项目	传统数据分析	大数据分析
分析时效性	传统分析常常是定向的批处理形式，定期进行数据提取、转换、加载以及分析	大数据分析常常是数据的实时分析
数据平台	大规模的传统分析系统依赖于并行处理（MPP）系统和/或对称多处理（SMP）系统来实现的	新一代的数据库体系以及分析系统，像Hadoop以及Mapreduce等

图3.16反映了传统分析方法与大数据分析方法在分析流程和思维逻辑上的不同。传统分析方法一般针对特定问题，首先从因果关系的分析出发，识别关键性的影响因素，建立模型，选取样本对象，利用模型进行预测，将预测结果与真实数据进行比较以验证模型，并循环修正完善模型。而大数据分析，首先是用一定的数据工具对广泛异构的数据源进行信息抽取和统一存储，然后面对全部数据在无预设或一定预设条件下，分析数据间的关联关系，建立模型并预测，进而将预测结果与真实数据进行比较，验证并修正模型。验证后的模型所得到的预测数据，有时候也可作为可信数据补充到大数据集合中。

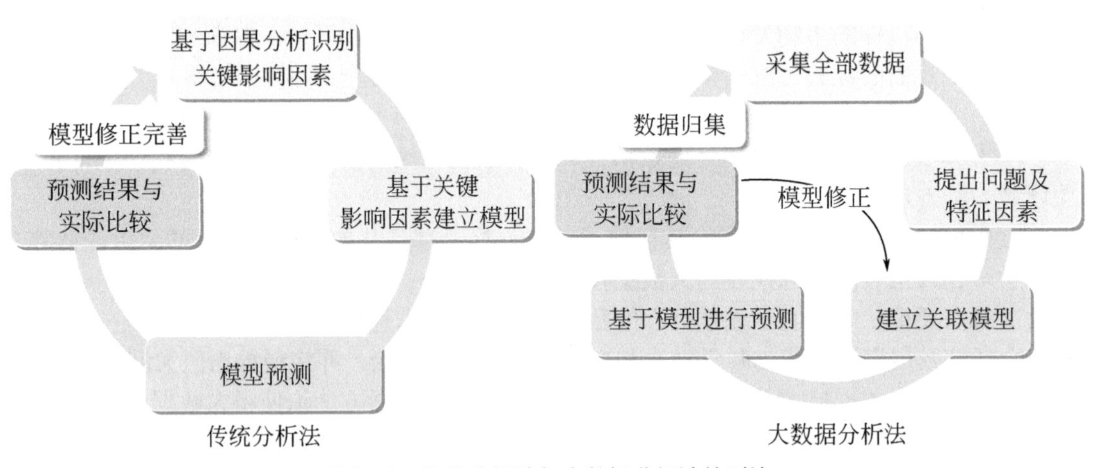

图3.16 传统分析法与大数据分析法的对比

另外，维克托•迈尔•舍恩伯格在《大数据时代》一书中也提到了大数据分析方法与传统统计方法不同的三个特征。

（1）大数据分析全部数据，而不是分析少量的数据样本

人们在过去面临大量的数据采集和分析时，比如，大选前的民意调查、电视节目收视率，常常选择采样分析的方法，这是因为数据采集能力和数据处理能力有限，随着高性能数字技术的发展，分析人员发现，相比于小数据分析，面向所有数据的分析可以带来更高的精确性，甚至让人们可能发现以前无法发现的知识。换句话说，大数据可以让人们更清楚、更准确、更全面地获取到有限样本量无法揭示的细节信息和知识。

对于大数据分析的准确性有一个有意义的例子：基于大数据统计分析的自然语言翻译系统胜过了基于语法和语义理解的翻译系统，这说明大数据分析在一些应用场景中的表现甚至超越了机理模型。

（2）大数据重在快速发现事物变化趋势，而不再只是追求精确性

大数据维度纷繁多样，数据量大且多尺度、多来源，更有利于分析人员从宏观层面获得优秀的洞察力，而不是对个体刨根究底，或追求特定单一指标上的精确性。同时，需要指出的是，大数据条件下的分析并不是放弃了精确度，而是根据需要选择适当的精度。与大数据概念相对应的，是小数据（Small Data）概念，也称个体资料，是指具有高价值的、个体的、高效率的以及个性化的信息资产。例如，通过运动手环、智慧手表等收集的个体的运动信息、饮食健康、阅读、消费及个人财务等，个体化的小数据经过广泛汇集也就构成了大数据。

小数据分析的精确性与大数据分析的精确性存在着一定的相异性。比如，通过手环测量人们运动时的步数，一个人佩戴一只手环，为了得到特定个体准确的数据，就必须确保手环是精确的并且全时段可靠运转。然而，从大数据统计分析的角度看，分析上万人的运动规律，分析人员即使无法保证每一只手环的测试数据的准确性，但是，当海量读数所具有的统计意义上的准确性，仍可以提供有价值的信息。这是因为，大量数据的正负偏离不仅可抵消错误数据所造成的影响，还能在全样本分析中挖掘更多的额外价值。

（3）大数据分析不再探求事物的因果关系，转而关注事物的相关关系

在科学范式中，发现事物间的因果关系一直是科学研究的重要任务。但在大数据分析中，分析人员不再紧盯事物间的因果关系，而是致力于寻找事物之间的相关关系。相关关系也许不能准确地告知人们某件事情为何会发生，但它会正确预示某一事情正在或即将发生，在许多情况下这种预示已经足够重要了，特别是在科学定理难以揭示事物机理和因果关系时。

3.3.5　数据的结构类别

大数据有多种形式，包括结构化数据和非结构化数据。其中，文本文件、声音、图像、视频等属于非结构化数据。图3.17列出了数据结构化的4个层级。

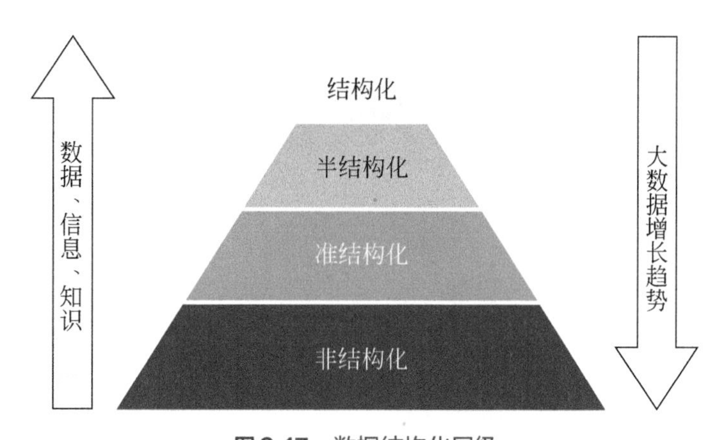

图3.17　数据结构化层级

① 结构化数据　结构化数据也称作行数据，是可以通过二维表结构来逻辑表达和实现的数据，严格地遵循数据格式与长度规范，结构化数据可通过关系型数据库进行存储和管理。

② 半结构化数据　半结构化数据具有一定的结构性特征，但和具有严格结构定义的结构化数据相比，其结构变化较大，有相当的灵活性。特别是，半结构化数据是“无模式”的，数据中会携带关于其模式的信息，既可自描述，且其模式可以随时间在单一数据库内任意改变。比如，有模式定义和自描述的可扩展标记语言XML（eXtensible Markup

Language，可扩展标记语言）数据文件。

③ 准结构化数据　与半结构化数据的不同在于，准结构化类数据有不规则的数据格式，但常常可以通过工具规则化来解读和处理其中的信息。所以，多数情况下准结构化数据与半结构化数据被归入同一类别。

④ 非结构化数据　非结构化数据是数据结构不规则或不完整、没有预定义的数据类型，例如，办公文档、文本、图片、图像和音频/视频信息。从技术上讲，非结构化信息比结构化信息更难以标准化和理解，其存储、检索、发布以及利用需要更加智能化的信息技术，比如海量存储、智能检索、数据挖掘、内容保护、信息的增值开发和利用。典型的非结构化数据有：文本、图像、音频、影视、超媒体。由于非结构化数据量巨大，蕴含着非常有价值的信息，随着信息技术的发展，挖掘非结构化数据的内涵价值已成为可能。所以，在大数据技术中，对非结构化数据的处理成为了发展和应用的重点。

与传统数据分析不同，大数据分析面对的更多的是半结构化和非结构化数据，因此其分析方法和工具与传统统计分析不同，分布式计算环境和大规模并行处理（MPP）架构是大数据技术的关键特征。

3.3.6　大数据技术

大数据概念是一种对大规模数据模式的描述，也是一项与大数据相关的技术架构，是在新一代信息系统架构和技术背景下，对数量巨大、来源分散、格式多样的数据进行采集、存储和关联性分析的技术体系，包括数据采集、数据存储、数据处理（数据挖掘）以及数据展现与交互。大数据技术通过数据整合分析和深度挖掘来发现规律，建立从物理世界到数字世界和网络世界的无缝链接，实现从数据到智慧的转换。大数据技术丰富了数据科学的算法和基础理论，例如，数据挖掘、机器学习和人工智能，从而改变人们传统的认知和实践模式。图3.18体现了数据、知识自动化和智能化行为间的相互关系。

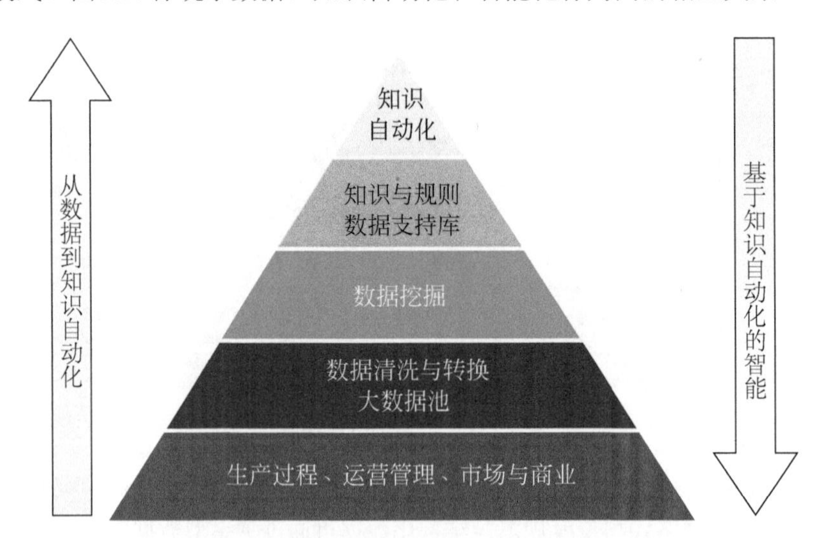

图3.18　数据、知识自动化和智能化行为间的相互关系

大数据代表了一系列重要的科学技术变革，表3.4给出了大数据技术分类。图3.19是大数据处理技术与传统数据处理技术的对比图。

表3.4　大数据技术分类

分类	大数据技术描述	大数据技术与工具
基础架构支持	大数据技术提供所需的物理介质。基础架构主要包括数据库资源、物联网资源等	云计算平台、云存储、虚拟化技术、网络技术、资源监控技术
数据采集	包括数据收集与数据预处理。通过网络、传感器、社交平台和移动网等方式采集和传输数据。数据采集后需要对数据进行预处理，包括数据去噪、集成以及转换等	数据总线 ETL工具
数据存储	主要实现大数据的存储。大数据一般采用分布式数据库的存储方式	分布式文件系统、关系型数据库、NoSQL、关系型数据库与非关系型数据库融合
数据处理（数据挖掘）	包括数据的查询、分析、预测等，是大数据技术的核心。将储存在数据库的数据作为原始数据，根据目标要求对其进行分析与处理，以获得实用的知识。数据处理需要支持多源异构数据的访问	数据查询、统计 数据预测与挖掘 图谱处理 商业智能
展现与交互	将分析结果以直观的方式进行展现。对于广大用户来说，关心的是数据分析结果而不是分析过程，恰当的展示方式尤为重要。除了文本展示方式外，基于图标、图像和视频的数据可视化技术成为大数据技术发展的重要方向	图形与报表 可视化工具 增强现实技术

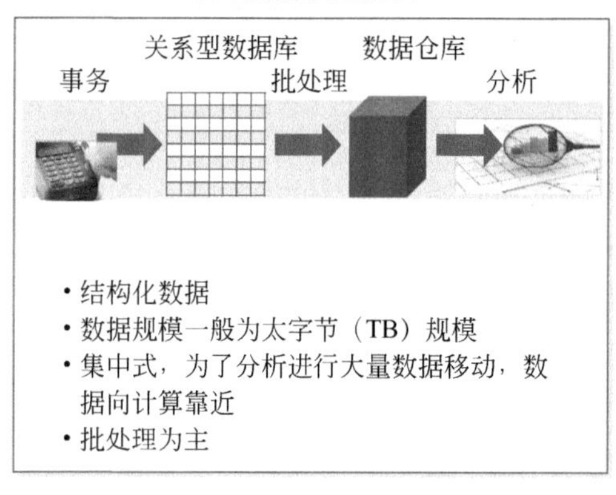

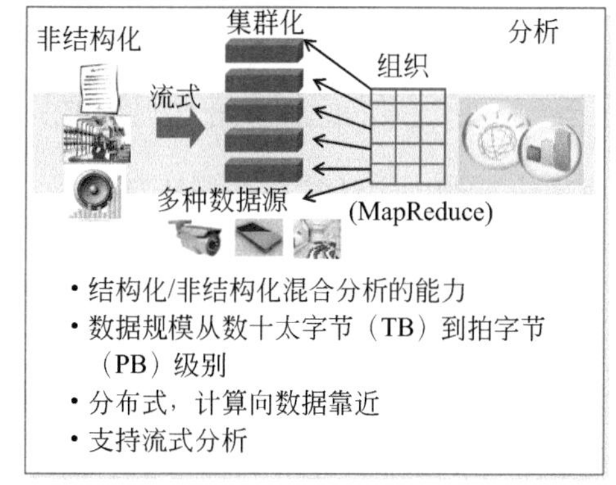

图3.19　大数据处理技术与传统数据处理技术对比图

3.4　云计算与边缘计算

3.4.1　云计算的概念与特点

云计算是2006年由Google公司首席执行官埃里克•施密特提出的一种商业运营模式，基于云计算模式，互联网平台按需分配计算资源（存储、应用、数据中心），并按用户的实际使用计费。目前，云计算已被广泛应用于日常生活与工业领域，但仍然没有形成一个统一的定义。美国国家标准与技术研究院的定义是：云计算是一种能够通过网络，以便利的、按需付费的方式获取计算资源并提高其可用性的模式，计算资源包括网络、服务器、存储、应用和服务等，它们来自一个共享的、可配置的资源池，能够以最便捷和无人干预的方式获取和释放计算服务。中国网格计算专家刘鹏则认为云计算是一种商业计算模型，对集中在资源池里的大量的计算资源进行管理和调度，使应用方能够根据需要获取算力、存储空间和各种软件服务。

普遍认为，云计算的服务模式分为三个层次：基础设施服务（Infrastructure as a Service，IaaS），平台服务（Platform as a Service，PaaS），软件服务（Software as a Service，SaaS），如表3.5所示。

表3.5　云计算的服务模式

层次	作用
IaaS	将基础设施作为资源提供给用户使用的一种服务模式。 通过Internet向用户提供计算机基础设施服务，如计算机、存储空间、网络、操作系统等基本计算资源。用户在此基础上可以部署和运行各种软件，包括操作系统和应用程序。
PaaS	将开发平台作为资源提供给用户使用的一种服务模式。 提供特定的软件开发平台与环境，如操作系统、编程语言、数据库和Web服务器等，用户可在此平台上开发、测试、部署、运行和维护各类应用软件，并发布在云端供用户使用。
SaaS	将软件作为资源提供给用户使用的一种服务模式。 服务提供商在云端安装应用软件，被授权用户通过云客户端（通常是Web浏览器）使用软件。但用户不能管理应用软件运行的基础设施和平台。

从概念理解，云计算是并行计算、分布式计算和网格计算发展的结果，是基于网络的超级计算模式，是这些计算科学概念的商业实现，同时，云计算是基础硬件、软件、平台及服务等信息技术资源交付和使用的商业模式，具有以下5个主要特点：

① 资源虚拟化、池化　云计算架构中的资源包括计算、储存、网络、资源逻辑等物理资源和技术资源，这些资源形成“资源池”，在云端被统一管理和调配，用户可以通过各种终端设备获得这些资源的服务。

② 配置动态化　云计算的计算资源可根据用户的需求进行动态分配和供给，其上层的服务平台和应用也可以根据实际需要组合出多种应用模式，因此，云计算是一种以服务为导向的可拓展架构。

③ 服务可计量化　云计算提供的基础构架、平台和软件服务，均可按用户需求来供给，可对服务准确计量并收费。

④ 可消费化　云计算架构降低了最终用户的基础软硬件设施投入，因用户无需负担硬件维护、软件服务和技术管理成本，使得云计算平台可以为日常生活和生产运营管理提供更经济的计算服务。

⑤ 访问终端多样化　多种终端，包括PC、智能手机、笔记本电脑、平板电脑等，都可通过互联网获得云计算服务。

图3.20所示是一个面向政务的云计算架构范例。

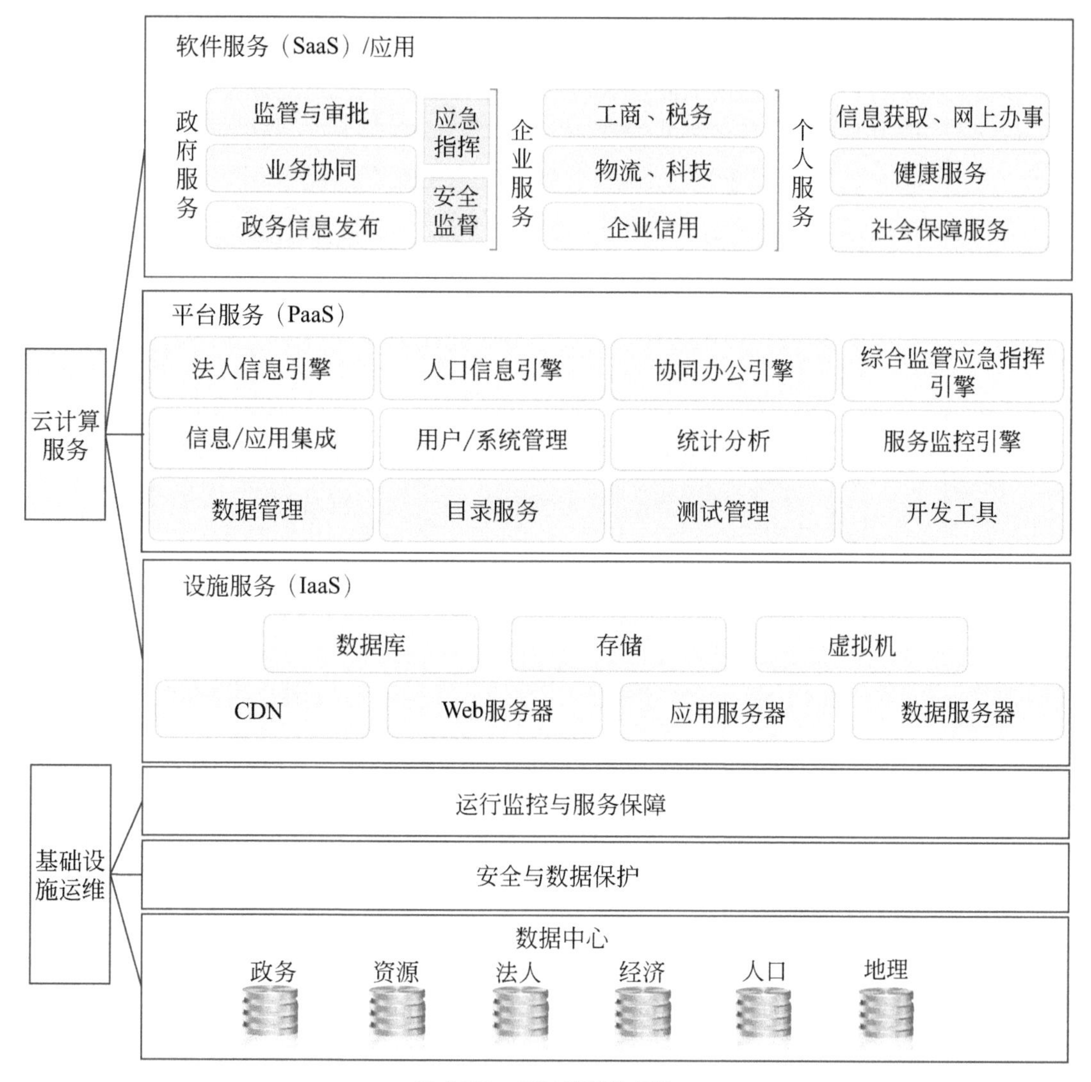

图3.20　云计算架构层次

3.4.2　基于云计算的大数据架构

2010年以来云计算得到了快速发展，正从根本上改变企业数据管理的模式。从技术上看，云计算与大数据成为了密不可分的两个概念，云计算作为计算资源的底层，支撑着上层的大数据处理，有效提升了海量数据的实时交互式的查询效率和分析能力。图3.21展示了云计算的大数据技术架构。

① 数据存取　大数据存取一般采用GFS（Google File System，谷歌分布式存储技术）。GFS起源于Google公司，是一个可扩展的分布式文件系统，可用于分布式、海量数据的访问。GFS最大的特点是对硬件要求低、较好的容错性，可为用户提供高性能、高稳定性的数据存取服务。

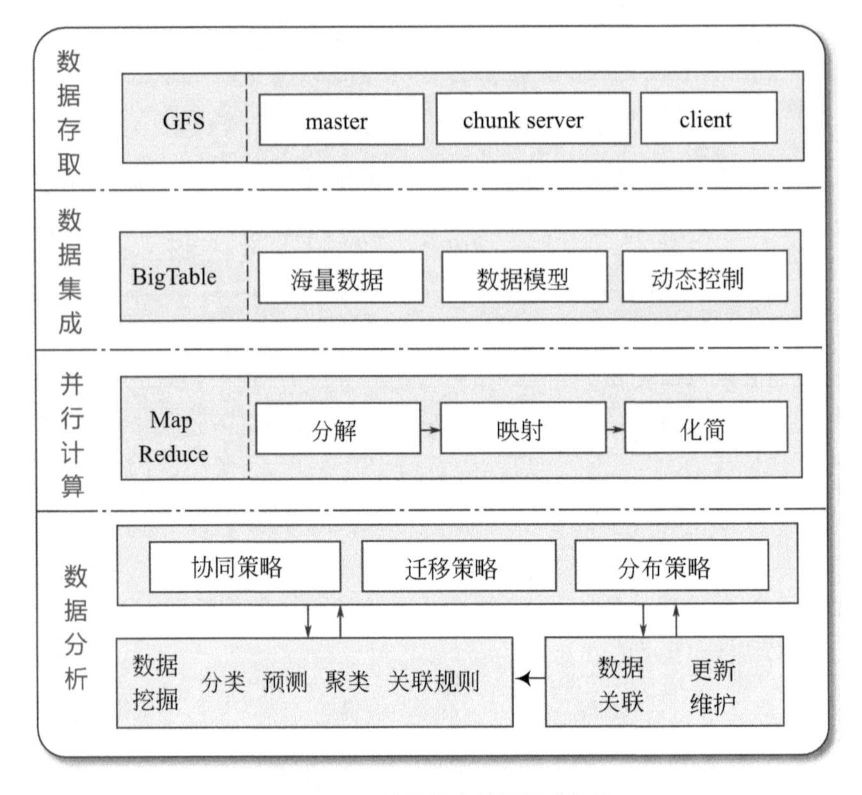

图3.21 云计算的大数据技术架构

② 数据集成 工业大数据具有海量、异构性和动态变化等特点，采用BigTable分布式数据管理技术可实现复杂数据的高效集成与管理。BigTable是可用于处理海量数据的分布式数据存储系统，具有高性能、可扩展、可动态控制数据的格式与分布等优势，可以满足企业数据集成的需求。

③ 并行计算 并行计算需要将复杂任务分解成若干个便于处理的子任务，再经过化简、映射等步骤，实现任务的自动分配与调度。MapReduce是一种可用于大规模数据并行运算的编程模型，在数据划分、计算任务调度等方面表现良好，可适用于工业大数据的并行处理。

④ 数据分析 数据管理的最终目的是通过数据分析为用户提供应用服务，高效的数据分析需要结合各类数据挖掘引擎、多引擎并行的调度策略、深层语义分析、浅层语义分析等技术，实现在不确定性条件下将大量不同结构以及不同层次的数据转化成有用的、可被理解的语言。

3.4.3 工业云

物联网被广泛应用于工业领域，一方面，企业通过物联网广泛采集设备、生产、能耗和质量等方面的实时信息，强化对工厂的实时监控；另一方面，设备制造商通过物联网采集设备状态，对设备进行远程监控和故障诊断，避免设备的非计划性停机，实现预测性维护。这两方面都显著增加了实时数据采集量，拓展了数据分享要求，使得传统的数据存储技术与共享模式难以满足新的形势和新的需要。在此背景下，以云计算模式为基础的工业云平台成为新的发展方向，工业云平台为智能制造提供高水平机器学习和认知计算服务，工业云平台可被认为是智能制造的基础性支撑平台。图3.22为工业云模式。

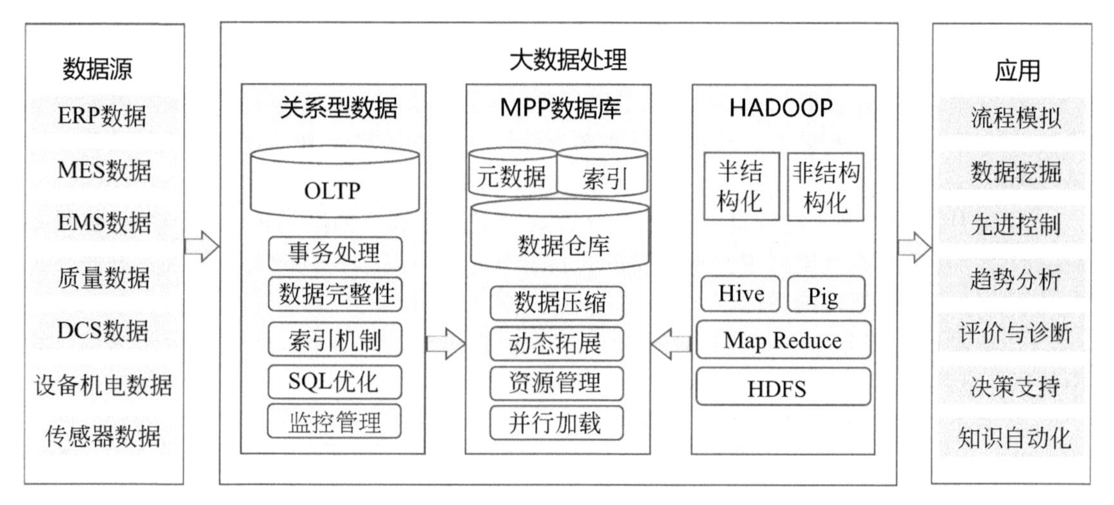

图3.22　工业云模式

工业云可为智能制造提供的计算服务包括：

① 在智能研发领域，工业云可构建成仿真云，通过基于SaaS的标准设备库、工艺库、模型库，并借助云平台的高性能计算性能，提高产品研发效率。

② 在智能营销方面，构建基于云端大数据池的CRM应用，以及商务智能服务，可有效提高服务的精准性和营销管理效率。

③ 在智能物流和供应链方面，工业云（运输云）集成制造企业、物流和客户三方的数据信息，实现物流全过程实时信息分享，以此提高车辆运营效率。此外，工业云还可以构建为供应链协同平台，实现制造、供应、经销及服务的全供应链协同。

④ 在智能服务方面，企业可以利用物联网云平台，实现对市场与客户、产品与服务的数据采集和分析，并进行科学评价，精准提出相应的方案，开展全面的个性化服务。

3.4.4　边缘计算

随着云计算的广泛应用，其集中运营模式的不足之处也日渐显现。例如，网络的传输速率和计算处理能力的瓶颈问题、云端计算的时延问题、云计算中心节点的可靠性问题以及安全性和私密性问题等，正是在该背景下，边缘计算应运而生。

边缘计算（Edge Computing）是指在靠近物或数据源头的一侧，集数据采集、运算、存储、应用和通信等核心能力为一体，为业务方就近提供最近端计算服务的一种计算架构，其目的是以更快的服务响应速度满足业务方对实时、智能、安全与隐私保护等方面的基本需求。边缘计算的概念、目的和架构最终由美国云服务提供商Akamai在2003年的一份内部研究项目中提出。当时，Akamai是世界上最大的分布式计算服务商之一，承担了全球15%～30%的网络流量，并与IBM公司合作在其WebSphere上提供基于边缘计算的服务。

一般情况下，边缘计算处于物理实体和通信连接之间，甚至处于物理实体的顶端，这意味着许多计算和控制可通过本地的计算设备实现，为物联网，特别是工业互联网带来了诸多好处。

① 低时延　低时延甚至是接近零时延是边缘计算的最大优势。边缘计算的数据采集、计算处理和控制行为之间的时间间隔可以达到毫秒级，因此，其在自动驾驶、安防前端智能化、工业控制、远程操控（如医疗手术）等要求不能大于10ms网络时延的场景下有巨大的应用价值。

② 通信负载小　如果物联网产生的海量数据都通过通信网络传输到云端，可能会导致网络拥堵，降低计算效率。边缘计算将部分计算任务本地化，可有效降低流量负载，明显改善网络拥堵状况。

③ 提升网络弹性　边缘计算是一种分散式的组网形式，当网络内的某一个计算设备发生故障，不会影响到网络中其他设备的正常运行，这提升了物联网的可靠性，同时，也提升了物联网拓扑架构的弹性。

④ 更高的数据安全性　边缘计算减少了数据的网络通信需求，因此减少了通信过程中数据泄露的风险。

⑤ 数据管理成本较低　边缘计算通过数据整合，只把需要深入进行分析的数据发送到云端，从而优化了云端所存储数据的粒度和范围，这可以显著降低云端存储成本，有助于高效地管理数据。

虽然智能设备可以通过边缘计算提高数据处理效率和安全性，但只有在云端经过数据的汇总和更深入的分析后，才能从中获取有意义的见解和深层次的价值。大多数时候，由于集中了计算资源，云计算在算力和可扩展性方面优于边缘计算，特别是面对巨大且多样化的数据集时，其计算能力更强。可以认为，边缘计算的提出与发展是云计算的重要补充，边缘计算只有融入云计算的整体构架下才能更好地发挥其优势。在工业互联网场景下，只有做到边缘计算和云计算协同一致，才能充分发挥出二者的巨大效能，在设备智能化中发挥关键作用。图3.23是工业互联网架构下的云计算与边缘计算。

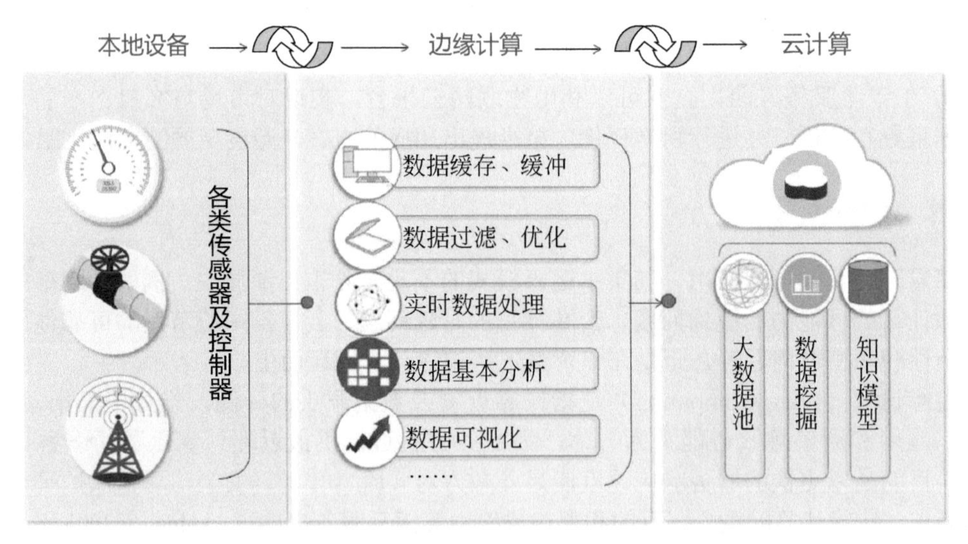

图3.23　工业互联网中的云计算与边缘计算

案例

石油和天然气等关键基础设施的安全监测非常重要，通过使用物联网设备，如温度、湿度、压力传感器，以及互联网协议（IP）摄像头和其他技术，对石油和天然气进行实时监测，广泛获取大量的数据，以便对系统的健康状况进行观察和评价。为保证数据分析及应急处置的及时性，常常需要在工业现场，借助智能传感器自身的计算能力，实时进行数据处理和分析，并将评价结果快速传送给终端用户，这就是边缘计算。同时，控制中心也需要对网络内的实时数据和历史数据，以及其他相关数据进行综合分析，提取其中的知识及规则，以便在故障发生之前预测并预防它们，这就是云计算。由于石油、天然气以及其他能源网络特有的系统特征，出现任何故障都可能是灾难性的，所以对工业现场紧急状况下的应急处置能力和预防性维保的可行性、针对性都提出了高要求，这要求云计算与边缘计算必须相互协同共生，才能最大限度满足工业需求。

3.5 工业大数据

3.5.1 工业大数据概念

工业大数据是在大数据概念的基础上衍生出来的概念，是指工业制造业在经营活动、自动化和信息技术的应用中，由各类设备和生产系统所产生的海量数据，如条形码、二维码、RFID、传感器、自动控制系统、物联网、MES、ERP、CAD/CAM/CAE/CAPP/CAI等。工业大数据涵盖产品全生命周期的各个环节，包括市场、设计、制造、服务和循环利用等，不仅存在于企业供应链内外，还可能存在于产业链内外和跨产业链的“跨界”经营主体中。相比互联网大数据，工业大数据有更强的多源性、关联性、完整性、低容错性、时效性、高通量、专业性等特点。

（1）多源性

工业大数据是工业系统在数字化空间中的映像，反映工业系统各方面要素的运行状况。为体现工业系统的系统化特征，工业大数据应该是完整且全面的，因此工业大数据来源广泛且分散，既有来自工业现场的机电运行数据、控制系统组态数据、工艺监测数据，也有来自于企业内网的运营管理数据和来自互联网的市场环境数据和产业链数据。工业大数据多源性带来的数据海量、异构、多源、多类等特征给数据技术提出了挑战。例如，数据集成困难，统一的语义描述困难，面向生命周期管理的数据协同管理困难等。

（2）关联性

工业大数据的产生和应用都围绕着企业价值链，数据间的关联性很强，这种强关联性体现在事务对象之间和工业过程之间在语义层面和机理逻辑层面的强关联性，包括：产品部件（物质流）之间的关联，不同生产过程工艺的数据关联，产品全生命周期从设计、制造、服役、退出等不同阶段的数据关联，相关业务环节间的逻辑关联，以及业务过程中不同学科间的关联。例如，化工工艺过程的物流平衡、能量平衡和动量平衡就是对工艺强关联性的模型化表现。因此，工业大数据与互联网大数据有着重要区别，互联网大数据倾向于用统计工具来挖掘属性间的相关性，工业大数据在提取数据特征变量时更特别注意其物理意义，以及相关特征变量之间的机理相关性。

（3）完整性

相对互联网大数据，工业大数据对数据“完整性”有很高要求，在分析中要求尽可能使用完整的数据样本，以保证从数据中提取反映对象真实状态的全面信息。另外，完整的数据对智能化识别工艺过程的异常也是非常重要的。为实现工业大数据的完整性，需要解决好多样性及异步数据源的集成问题。

（4）低容错性

在通过互联网大数据进行预测和决策时，仅需考虑属性之间的关联关系是否具有统计显著性，当样本量足够大时，数据噪声和个体间的差异可被忽略。另外，基于互联网大数据的分析预测常用于离线决策支持，对数据分析是否具有稳定的精准性要求较低。而在工业应用场景下，需要在线进行分析判断和决策控制，其时间周期是毫秒级的，所以，如果分析预测结果仅有统计显著性评价，则难以满足工业控制对精准性和稳定性的要求，并且，失误带来的后果将十分严重。比如，基于设备运行机电指标进行设备异常识别，就要求很高的时效性和准确性，不能漏报也不能误报。可见，工业大数据对预测和分析结果的容错性远远低于互联网大数据。

（5）时效性

工业大数据来源包括工控网络和传感器等设备数据，具有实时性和时序性特点，时间是描述多维特征属性间关联关系的重要属性。同时，工业大数据具有很强的时效性，数据产生后需迅速转化为可支持决策的信息，否则其价值会随着时间流逝而衰退。这要求工业大数据的处理手段具备很高的实时性，常常按照设定好的算法和逻辑对数据流进行在线实时处理。

（6）高通量

工业互联网形成了泛在感知的平台系统，各类物联网传感器遍布各生产过程，形成海量的数据采集、输入和存储，成为工业大数据的主体，具有典型的高通量特征。针对这一特征，采用可靠的数据采集、通信、存储和管理技术就尤为重要。

（7）专业性

不同于一般的统计分析方法和互联网大数据分析方法，工业大数据分析更强调从生产过程出发，将基于领域知识的机理模型与数据驱动的数理统计模型融为一体，形成逻辑清晰的分析方法和与之匹配的大数据技术应用体系，实现闭环、多层次、多阶段、自比较等综合分析。总之，工业大数据分析更强调包括专业领域知识、工业数学、机器学习技术、控制技术和人工智能等多学科领域知识的综合应用。

3.5.2 工业大数据的来源

企业信息系统、物联网和企业外部互联网构成了工业大数据的三大来源。

① 产品生命周期管理（PLM）、企业资源规划（ERP）、供应链管理（SCM）和客户关系管理（CRM）等企业信息系统存储了高价值密度的核心业务数据，包括产品研发、生产制造、物资供应、物流以及客户服务等数据，存在于企业或产业链内部，是工业领域传统数据资产。

② 物联网是工业大数据新的、增长最快的来源，包括通过DCS等下位系统实时自动采集的生产设备和交付产品的状态与工况数据。2012年美国通用电气公司提出了工业大数据狭义的概念，专指设备运行过程中由传感器采集的大规模时间序列数据，如装备状态参数、工况负载和作业环境等信息。

③ 互联网与工业深度融合，企业外部互联网已成为工业大数据不可忽视的来源，比

如，影响装备作业的气象数据，影响产品市场预测的宏观经济数据，影响企业生产成本的环境法规数据等。

工业大数据的三大来源主要包括经营环境数据、信息化数据和物联网数据，如图3.24所示。

图3.24 工业大数据来源

三大数据来源包括的具体项目如下。

- 经营环境数据

市场环境数据：包括经济运行数据、行业数据、市场数据、竞争者数据、用户需求等。

健康安全环境数据：包括产品生产、使用和报废全生命周期过程的输入（如物质和能量资源）、输出（如废物排放）、环境影响、健康安全以及相关环境因素的影响因子数据。环境影响因子数据包括碳足迹二氧化碳当量因子、水足迹当量因子、酸雨氢离子当量因子、臭氧层破坏当量因子、PM2.5当量因子、富营养化磷酸根当量因子、致癌物质当量因子、资源消耗当量因子、能源消耗因子、废弃物排放当量因子等。

- 信息化数据

运营数据：包括组织结构、业务管理、设备运行、市场营销、质量管理、生产计划及调度、采购、库存、目标计划、电子商务等方面的数据。

供应链数据：包括资源、客户、供应商、合作伙伴等方面的数据。

- 物联网数据

产品数据：包括研发、设计、建模、工艺、产品性能、BOM结构等数据。

工业实时数据：包括传感器实时数据、实时监视数据、自动控制数据、生产环境及安全监测数据、设备运行数据等。

3.5.3 工业大数据的价值

一般而言，孤立的工业数据的价值非常有限，只有通过各类工业数据的集成和充分的挖掘分析，找到问题、解决问题、规避问题或实现对象优化，工业大数据的意义才能真正体现。图3.25所示为工业大数据的价值流。

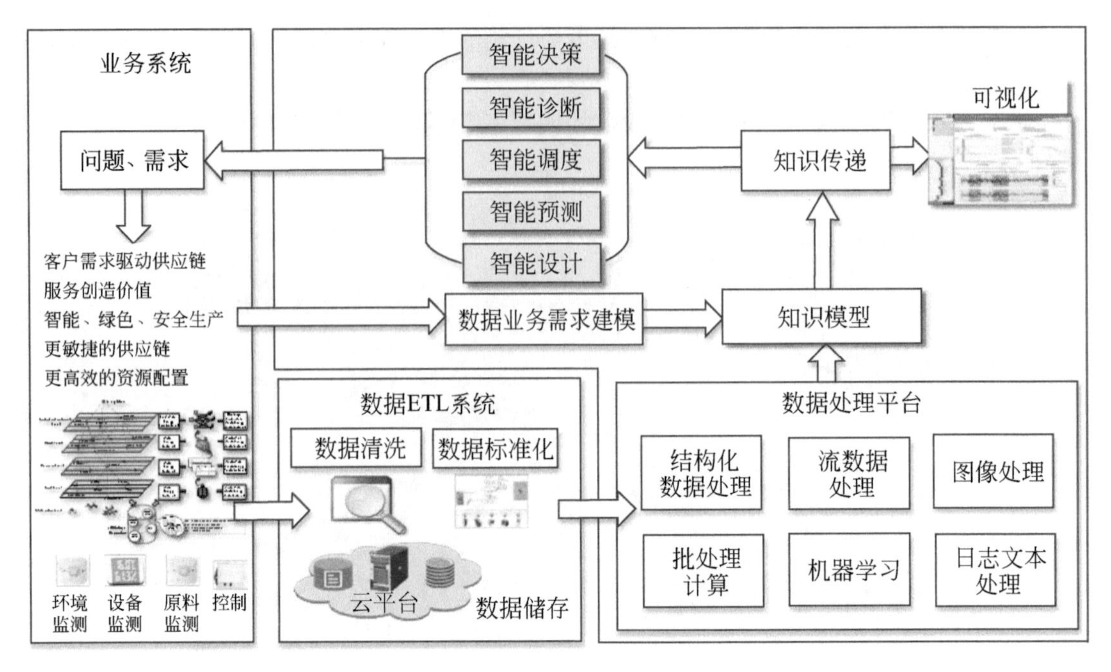

图3.25 工业大数据价值流

工业大数据技术的研究和应用总是围绕着问题、数据与知识三要素进行，其目的是充分挖掘工业大数据的价值，以提升系统的智能化水平，预测需求，监测并评价制造过程，避免并解决原本不可预见的风险，甚至从更宏观的尺度上促进产业链和价值链的整合。具体讲，工业大数据价值体现在技术端和应用端两个方面。

（1）技术端

从技术端来看，工业大数据的基础是多维度、统一的信息共享平台，这为数据资源的规模化利用提供了可能，可深度挖掘数据价值，进而实现应用服务的定制与按需分发，例如：

● 数据化管理问题。制造过程中常会遇到对生产进程或质量产生影响的问题，比如，设备故障停机、质量缺陷、效率下降，过去往往利用人的经验去判断和解决。而基于大数据技术可以对问题进行数据化精确管理，数据分析有助于理解问题发生的过程和原因，进而解决问题。

● 把数据变成知识（模型）。生产经营过程中常有一些不可见的隐性问题，比如，由于设备部件磨损而导致的设备性能的缓慢降低。隐性问题经过一定时期的积累后可发展成为显性问题，比如，经年累月的设备性能下降可能会使设备发生严重故障，从而引发产品不合格，进而影响交付期。大数据技术可以从数据中挖掘出隐性问题线索，获取其发展规律，从而预测、分析和解决“隐性问题”。基于大数据技术的“设备预防性维护”是这一方面的典型应用。

（2）应用端

从应用端来看，工业大数据价值有以下几个方面：

● 推动多专业融合的协同设计、并行设计和以产品全生命需求为依据的综合设计，实现客户为中心的产品定制转型。

● 满足小批量、定制化、低成本的制造需求，提升企业柔性制造能力。

● 提升生产效率、提升质量、降低成本和资源消耗，实现更有效的管理。

● 通过产品全生命周期的大数据集成，对产品问题可向上和向下追溯，追踪问题根源，确定其影响因素，从而进行有效干预。

● 提供设备全生命周期的信息管理和服务，提升设备可靠性和运行效率，预防重大设备事故，降低运维成本。

● 建立知识自动化机制，实时、准确、全面地监测企业运营状况，及时发现问题，为管理决策提供科学支撑。

● 整合全产业链信息，让生产系统变得更加动态和灵活，提升整个生产系统协同优化水平，以进一步提高生产效率、降低生产成本。

● 云计算是工业大数据的集成平台，基于此可衍生出工业领域的第三方服务及共享服务模式，催生新的制造模式。

3.5.4 工业大数据的应用策略和方法

普遍认为，工业大数据可为企业的科学决策和优化运营提供基础，帮助企业改善经管效果，对此已经形成了广泛的共识。但是，仅靠采集和存储数据并不能真正将数据转换为提升企业竞争力的关键资源，还需融合分析、评估，并整合相关经验、规则、定理和模型，形成完整的工业大数据技术架构和应用策略。在工业大数据应用分析方面，不仅需要数学家的贡献，行业专家的洞见也同等重要。

当前，一些优秀的企业，如亚马逊、阿里巴巴和腾讯，已经开始掌握海量数据，投入大量的人员和预算展开数据分析，以树立企业在行业中的竞争优势。对多数企业来说，没有能力也没有必要做出那样巨大的投入，需要的是根据企业自身发展需要合理制定大数据技术应用的战略、方法和途径，为企业带来新的发展机遇。应该说，大数据技术正改变着包括企业在内的整个世界，能否全面且深入洞悉企业业务是评价企业核心竞争力的关键要素，而这很大程度上取决于企业是否制定了科学的大数据应用目标与规划，坚持执行，直至最终取得成效。如图3.26所示为大数据应用的SMART策略。

图3.26 大数据应用的SMART策略

（1）目标与规划

为充分发挥大数据价值，企业需要从科学地制定目标与规划开始，准确定义企业在市场、运营、制造、财务、资源，以及竞争等各领域的问题和发展目标，厘清问题本质，科学建立“发展与问题”“数据与问题”等相关概念与模型，这是所有工作的基石。谷歌公司前执行主席Eric曾说“我们靠问问题来管理公司，而不是靠找答案”，这反映了企业科学制定大数据应用目标及规划的重要性。

（2）数据与标准

SMART策略的第二步是回答企业有什么样的数据，需要什么样的数据，数据评价的标准是什么，以及用什么样的方法来支撑大数据分析的目标规划。大数据思想的基础是认为企业所有业务行为都会留下数据痕迹，其中有企业业务过程中产生的内部数据，比如产品数据、生产运营数据、财务数据；也有企业业务范畴外的海量外部数据，比如天气数据、政策法规、社交数据、社会医疗保健数据。企业需要识别对企业发展有益的数据；同时，还要对所识别出的有用数据进行采集，明确采集方法以及所需的投资费用。从实践经验看，企业一旦接触并应用大数据，就会是一个持续的过程，需要不断完善事务性数据、捕捉性数据、实验性数据、环境数据，以及再生数据等各类数据类型及其相应的管理策略，合理规划企业在大数据领域的投入产出策略，同时把数据安全视为最重要的工作之一。

（3）分析与执行

SMART策略的第三步是分析与执行，即通过采用适合的计算技术对数据资源进行分析，以获得有价值的结论。由于工业大数据的多源性，不同来源的数据具有不同的特性，分析人员需基于不同的数据特性使用不同的分析方法。另外，还要特别注意工业大数据在跨尺度、协同性、复杂的特征属性、因果性和强机理特征下的特殊分析需求，这体现了其与互联网大数据的重要不同。其中，“跨尺度”是指工业大数据的横向、纵向以及端到端的不同空间和时间尺度下的数据集成特性；“协同性”指企业不同数据源之间的协同性和一致性要求，特别是设备运转和工艺系统在生产过程中反映出的动态的协同性特征，工业大数据需要识别并体现这类相关业务的协同特性，并通过数据和信息的共享与关联分析，强化对工业过程的分析和评价能力；“复杂的特征属性”由工业对象的复杂性和动态性决定，比如，炼化企业的常减压工艺包含400多个工艺位点，对此，分析人员一方面要保证所采集数据特征属性的完整性，同时还要注意消除众多数据属性间的共线性因素和强关联因素，以此提升数据分析的准确性；“因果性”也称强关联性，一方面源于工业过程本身的严格机理性，另一方面也是数据统计反映出的一致性和关联性；工业大数据分析还有一个非常重要的特性，即“强机理”。为了保证工业大数据分析结果的正确性和高可靠性，“强机理”是重要的约束条件和判定属性，这是工业大数据与互联网大数据分析的典型差异。另外，在数据维度较高时，机理知识可有效地应用于数据降维。

需要明确的是，选择或发展什么样的分析技术，是依据企业大数据战略目标而定的，技术要服务于目标，而不是反其道而行之。

（4）报告与展示

相较于传统的报告和表格，数据可视化技术能够更好地展示文本、数据、行为、位置、状态和关联关系，是目前大数据分析结果的重要呈现方法，也是大数据技术的重要构成部分。适当的数据可视化方法可展现从数据分析中得出正确结论的过程和逻辑，其重要性甚至更胜于“数据的分析与执行”。一般而言，在数据分析前就要明确服务对象类型，以便根据问题类型以及分析要求选择合适的数据展示方案。

（5）及时改进

大数据分析帮助企业认真审视并认识数据所代表的事实真相，所以，大数据SMART策略的第五步是，企业基于数据所代表的事实和数据分析结果做出判断和决策，而不再是基于之前所习惯的假设、经验或直觉。企业要实现及时与持续的改进，正确评价大数据分析结果，及时采取措施以改善业务，提高业绩，并持续进行这一过程。比如，更好地定位客户、洞悉消费需求、改进企业业务流程、改善工作场所和设备运行状态、增强健康安全环保水平。由于数据的时效性，基于数据分析的改进必须是及时的。

3.5.5 工业大数据的关键技术

工业大数据技术涵盖数据采集、存储、管理和分析等环节。

（1）数据集成

一方面，工业大数据面向制造过程中各类装备和控制的监控和管理数据，包括，底层传感器的环境和设备数据，以及电子标签对物料、人员、工具工装等进行标识和跟踪的数据，这些数据通常是分开存放的，需要通过数据传输和存储等操作进行集成，实现人、机、料、法、环、测等生产要素的状态监控信息的集成管理。另一方面，在企业经营过程中还有多种异构业务系统，如ERP、PDM、MES、QIS、TDM等，可通过企业门户、企业服务总线、流程平台等工具实现各业务系统间界面、服务、流程和数据的集成，最终达到跨业务部门和业务系统的数据融合和流程贯通，这就是数据抽取、转换和装载技术（Extract，Transformation，Loading，ETL）。ETL负责将分布的异构数据源中的数据抽取到临时中间层，并进行清洗、转换和集成，最后加载到数据仓库或数据集市中，以支持联机分析处理和数据挖掘。

（2）数据存储

随着结构化和非结构化数据的数据量持续增长，以及分析数据来源的多样化，传统存储系统已经无法满足大数据应用的需要，面向大数据应用的数据存储技术已向基于块和文件的存储系统的架构设计发展。包括：关系数据库、NoSQL、SQL、云存储、分布式文件存储。

（3）数据预处理

大数据常常存在不完整性以及数据质量问题，会影响数据的直接分析利用。因此，在大数据分析前需要进行数据预处理，对所收集的数据进行审核、筛选和排序等操作，以解决数据的准确性、完整性、一致性、适用性和及时性等问题。数据预处理方法包括：数据清理，数据集成，数据变换，数据归约等。

（4）统计分析

常用的统计分析方法包括：假设检验、显著性检验、差异分析、相关分析、t检验、方差分析、卡方分析、偏相关分析、距离分析、简单回归分析、多元回归分析、逐步回归、回归预测与残差分析、岭回归、逻辑回归分析、曲线估计、聚类分析、主成分分析、因子分析、快速聚类法与聚类法、判别分析、对应分析、最优尺度分析等。

（5）数据挖掘

常用的面向大数据的数据挖掘技术有分类（Classification）、估计（Estimation）、预测（Prediction）、相关性分组或关联规则（Affinity Grouping or Association Rules）、聚类（Clustering）、描述和可视化（Description and Visualization）等。工业制造过程中会产生大量的文本、图纸和视频等非结构化数据，占企业数据的80%以上，对这些非结构化数据进行挖掘分析也是工业大数据利用的核心问题。例如，材料制造企业通过CCD（Charge Coupled Device，电荷耦合器件）、电镜等进行材料结构和质量的监测，传统人工方式效率低且准确性难以保证，可利用聚类算法提取结构特征，进而采用卷积神经网络等机器学习技术进行算法优化、模式识别及分类，并建立专家库，实现自动监测。

（6）建模技术

工业大数据面向产品全生命周期，建立统一的、可扩充的、能完整表达信息的产品模型，包括设计模型、可制造性评价模型、成本模型、可装配性模型、可维护性模型等。建模技术除了体现过程机理的白箱模型外，还有基于统计技术和大数据技术的黑箱和灰箱模型等，也称数据驱动的建模技术，如聚类分类、关联规则、时间序列分析、离群点分析技术等。

（7）数据可视化技术

数据可视化技术包括统计图、标签云和关系图。大数据条件下的高维数据可视化是最重要的技术发展趋势，旨在用图形方式表现高维度数据，并辅以交互手段帮助人们更直观、全面地理解和分析高维数据。例如，一个机电产品包含了型号、厂家、价格、性能、售后服务等多种属性，传统BI手段很难直观地表现多维数据关系，人们也很难直观快速地理解。总的来说，高维数据可视化是将多维度的原始数据通过聚类算法转换成可显示的低维度数据，并通过分类算法总结提炼其数据规律，最终以图形和图像方式进行表达。

3.5.6 工业大数据管理架构

基于工业大数据的应用策略、需求和技术特征，建立与之相适应的大数据管理架构，如图3.27所示，其涵盖大数据技术蓝图、数据蓝图和业务蓝图。

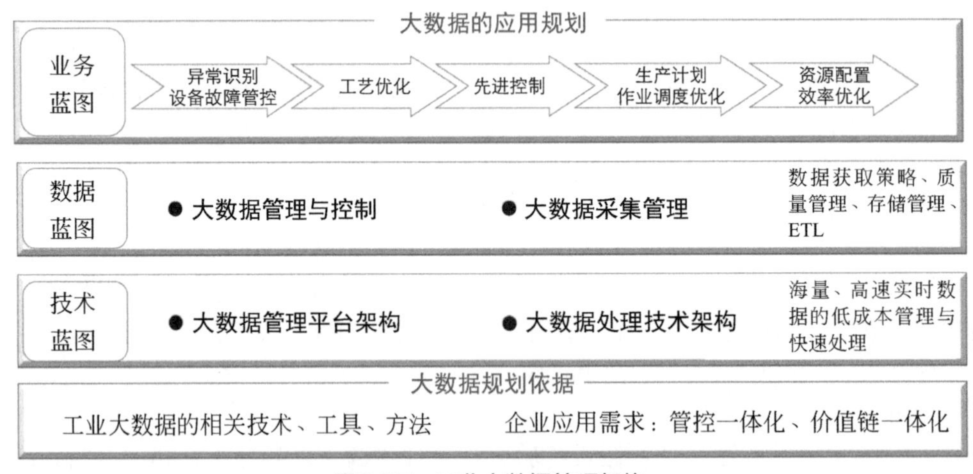

图3.27　工业大数据管理架构

工业大数据架构中的重点内容包括：

① 建立一套统一的标准体系来规范数据管理的全过程，包括数据命名、数据编码和数据安全等一系列数据管理规范，以标准化数据采集、传输和存储等方面的技术体系和应用模式。

② 虚拟与现实的深度融合，数字孪生（Digtal-twin）是其典型的技术模式。数字孪生充分利用对象物理模型、运行历史数据、传感器实时数据等，集成多学科、多物理量和多尺度的仿真模型，在数字空间中完成对物理对象的全数字化映射，从而镜像反映物理对象的运行过程，图3.28所示为化工过程的数字孪生架构。

需要指出的是，基于数字化模型进行的过程仿真、数值分析，以及人工智能技术的应用都必须确保与现实物理系统的适用性。化学工业由于其过程性特点，各单元过程和单元操作之间存在很强的耦合性，以“三传一反”以及物料平衡、能量平衡、动量平衡模型为

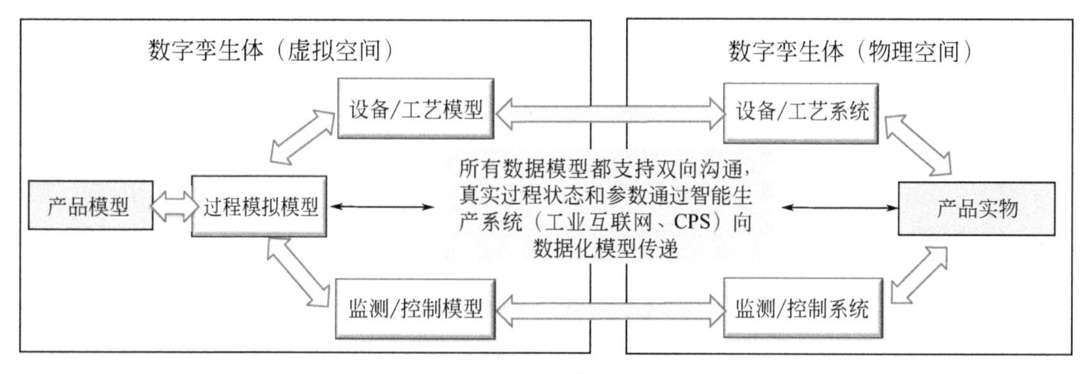

图3.28　化工过程数字孪生架构

基础的流程模拟（Flowsheeting Simulation，FS）技术是化工过程数字化模型的重要技术之一。流程模拟技术是综合热力学、化工单元操作、化学反应等基础科学，采用数学方法来严格描述化工过程的技术。它需要进行复杂的物料平衡、能量平衡、相平衡等工艺计算，并以过程优化为目的，对组分进行平衡、物理分离和化学反应等计算。所谓优化是指从系统性出发，将所有生产操作成本、原料成本与产品的价值同时考虑，建立最优化的投入产出模型。

③ 数据管理要支持工艺流程与管理的一体化（管控一体化）以及供应链与市场价值的一体化（价值一体化）。基于流程模拟与大数据技术的化工过程数字孪生技术，将实时装置数据与经济目标联系在一起，在装置控制系统与业务管理系统之间架起一座桥梁，使企业各个管理层级能全面掌握必要的相关信息，对于诸如进料改变、市场需求改变、工艺控制波动、装置异常识别及处置等紧急情况，都可以从数字系统中得到即时响应，并提出应对方案，从而指导企业快速采取有效措施以优化过程控制和管理。由于石油化工企业的生产规模和生产过程的特殊性，其管控一体化应该满足长周期、稳定、实时、多样化和可靠性要求，具体任务包括：经营决策、过程监控、事件和报警监控、过程优化、动静态建模、生产调度、计划追踪与优化等内容。

3.5.7　工业大数据的质量评价

需要强调的是，数据质量在大数据环境下显得尤其重要。大数据为企业决策提供基础，但需要高质量的数据才能真正发挥作用，好的数据分析工具仍然需要高质量的大数据环境，否则在充满“垃圾”的数据环境中也只能提取出毫无意义的“垃圾”信息。

然而，企业要想保证大数据的高质量并非易事，而很小的数据质量问题在大数据环境下可能会被不断放大，甚至引发重大的数据质量灾难。大数据帮助企业从大量的客户、产品和销售信息中挖掘信息，进而制定销售策略，如果这些数据质量低下，会严重影响提取信息的质量，甚至产生难以基于常规经验和方法甄别与判断的错误信息，导致企业错误决策。因此，在大数据环境下，对数据质量的要求更加苛刻。

数据质量是一个发展的概念和评判标准。20世纪80年代，数据质量的标准基本都是在强调数据准确性，随着数据应用范围越来越广，数据技术基础越来越复杂，准确性不再是评判数据质量的唯一标准。20世纪90年代，美国麻省理工学院（MIT）借鉴物理产品质量管理体系的经验，提出了面向数据全生命周期的管理体系，认为评价数据质量既要评价数据本身的质量，也要评判数据过程质量，数据精度、一致性、完整性等成为数据质量评估所要求的基本内容。另外，高质量的数据一定具有高适用性（Fit to Use），所以，用户对数据的满意程度也是评价数据质量的重要指标之一。图3.29展示了全生命周期的数据质量的影响因素。

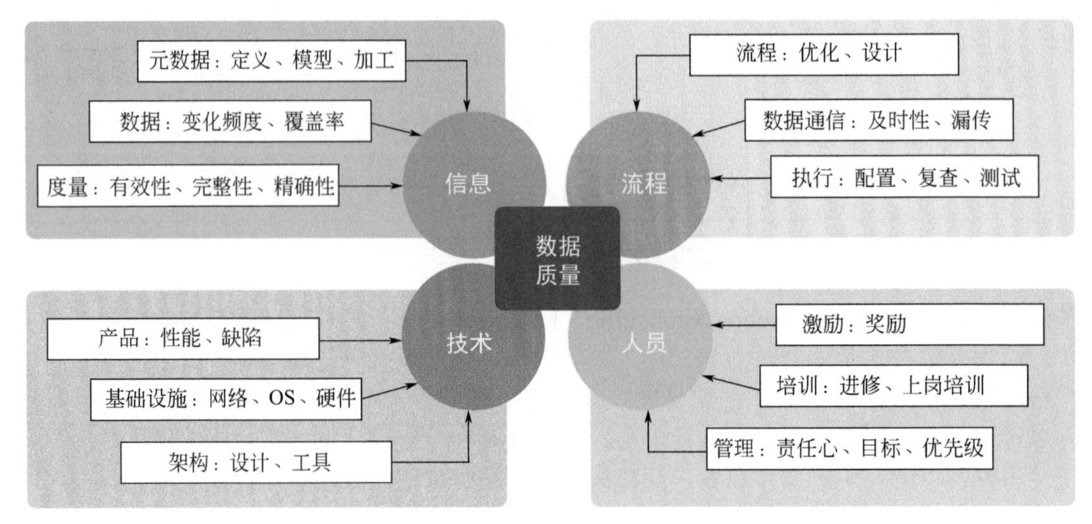

图3.29　全生命周期的数据质量的影响因素

一般而言，数据质量评判标准包含以下几个方面：

● 数据真实性：数据是真实的，并且能够准确地反映实际的业务。

● 数据完整性：数据量是完整的，没有遗漏任何关键数据。

● 数据自制性：数据不是孤立存在的，特别是工业大数据，数据会遵循一定的原则互相关联，这就是数据的自制性。

● 数据使用质量：数据的价值只有在被正确使用时才能体现出来，即使是正确的数据，如果采用了错误的方法，也得不到正确的结论。

● 数据存储质量：数据需要被安全地存储在合适的介质中，同时要方便检索和读取。这里的安全是指为防止数据遭到破坏而采用的适当的方案或者技术，如是否进行了异常数据备份或者双机数据备份。

● 数据传输质量：数据传输质量指标用于评价数据的传输效率以及数据传输的正确性。因为数据在互联网或广域网中的传输越来越普遍，因此，数据传输质量成为数据质量评价的重点之一。

3.6　信息物理系统

3.6.1　信息物理系统概念

信息物理系统（Cyber Physical Systems，CPS）由美国于2006年首先提出，2007年7月美国总统科学技术顾问委员会在《挑战下的领先——竞争世界中的信息技术研发》报告中将其列为美国将重点发展的十大关键信息技术的第一位，其余分别是软件、数据、数据存储与数据流、网络、高端计算、网络与信息安全、人机界面、NIT与社会科学。德国2013年正式提出了工业4.0计划，信息物理系统是实现这一计划的核心技术。中国对信息物理系统的研究也相当重视，国家自然科学基金、“973计划”和“863计划”都将其列为重点资助领域，多家高校、研究机构、工业界从多个学科维度和应用维度对其展开研究，并在社会管理、交通控制、能源管理、环境监控、公共安全、公众健康等方面进行了应用，图3.30展示了信息物理系统的应用场景。

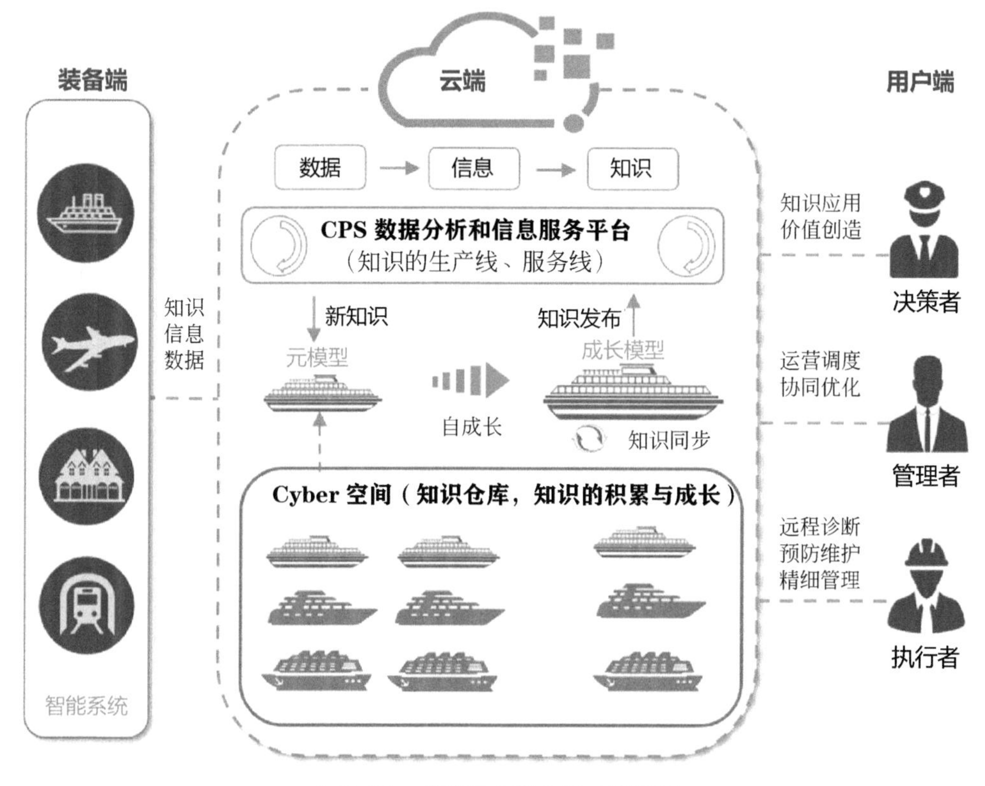

图3.30　信息物理系统的应用场景

那么，什么是信息物理系统（CPS）？

中国电子技术标准化研究院给出的定义是：CPS通过集成先进的感知、计算、通信、控制等信息技术和自动控制技术，构建了物理空间与信息空间中人、机、物、环境、信息等要素相互映射、适时交互、高效协同的复杂系统，实现系统内资源配置和运行的按需响应、快速迭代和动态优化。CPS是一套综合技术体系，包含硬件、软件、网络、工业云等一系列信息通信和自动控制技术，这些技术有机组合与应用，构建起一个能够将物理实体和环境精准映射到信息空间，并能够进行实时反馈的智能系统，可作用于生产制造全过程、全产业链和产品的全生命周期。

从架构特点看，CPS是由嵌入式系统、网络、软件、数据平台等信息要素与生产设备、传感器、操作人员等物理实体所构成的“智能联网闭环系统”，其最终目的是实现控制决策的实时优化和生产过程的高效化，而实现这一目标的关键是数据共享。数据在不同的作业环节会以不同的形态（如隐性数据、显性数据、信息、规则、模型以及知识等）展示出来，并释放出其所蕴藏的价值，“赋予”物理实体实现其特定目标的“能力”。

CPS的结构和应用形式是多样化的，可以是小到纳米的系统，也可以是大到基于大规模广域网的系统，但无论大小，它都由信息系统（Cyber）和物理实体（Physical）两部分组成：

- 信息系统（Cyber）：主要指由面向业务过程的计算、通信和控制系统所构成的信息（数字化）系统，CPS的信息系统具有分布式特征。
- 物理实体（Physical）：物理实体指以自然或人工制造的形式存在于现实世界里的对象系统，比如人、设备、资源以及过程等。
- CPS的信息系统和物理实体是深度融合的一体化的，信息系统可实现环境感知、嵌入式计算、网络通信和自主控制，这使物理实体具有了计算、通信、控制、协作和自学习等功能，并赋予物理实体相当的自治性。

因此，可以认为，CPS的本质是借助先进的传感、通信、计算和控制技术实现生产过程中信息单元和物理实体在网络环境下的集成和交互，形成从感知到数据处理的自下而上的信息流，从分析决策到精准执行的自上而下的控制流，最终实现物理系统的自主协调、效率提升、控制优化和安全保障的目标，图3.31展示了CPS由通信、计算和控制功能构成的本质特征。

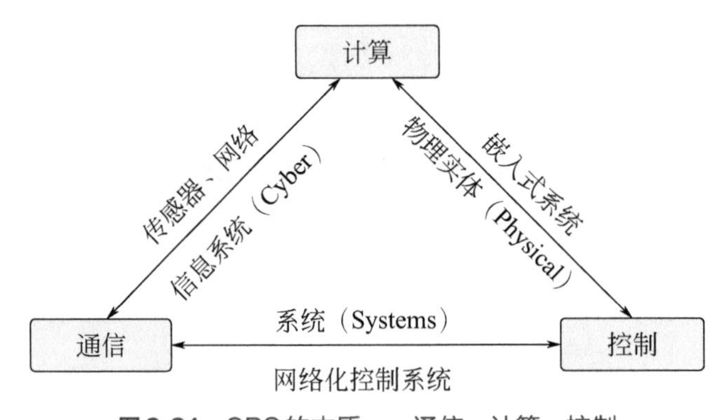

图3.31 CPS的本质——通信、计算、控制

CPS具有以下特点：

- CPS不是简单地在传统产品中植入计算与通信设备，而是将计算和网络通信深度融入物理系统中，使系统具有新的性能，包括自我感知、自我通信、自我控制、自我组织、自我学习和自我优化，可以认为，CPS具有一定的自治性。
- CPS是系统的系统。CPS一般由多个子系统构成（如机械子系统、控制单元子系统、感知子系统等），各子系统通过多种类型的通信网络进行信息传输，且已达成相互的协同性。其中，每个子系统也可以是由多个规模更小的子系统组成，它们同样需要通过某种（或者多种异构的）网络进行互联和协同，以形成一个具有特定功能的功能体。
- CPS的感知、计算和控制任务都由空间位置上相互分离的多个单元协同完成，因此是分布式的。同时，各个单元之间受较严格的时间（实时性）和空间约束，具有强耦合性。
- CPS是数据驱动的，具有大数据特性。CPS中有大量由各种传感器生成的、用于表征物理系统状态的感知数据，并能够基于这些数据生成用于驱动物理系统动作的指令，或生成调度并协调多节点任务执行的控制信息。在许多应用场合，由于系统监测和控制节点数目大、种类多，CPS必须面对海量数据完成高效率数据处理。由于CPS的目标任务、被控对象、感知方式的多样性和复杂性，使得其数据呈现出典型的大数据特性。

- CPS软件定义硬件。CPS的信息系统与芯片、传感器和控制设备等一起对物理系统的功能进行定义和提升，形成一种新型的智能化设备。CPS的信息系统的典型形式是工业软件，工业软件对生产工艺和设备运行规律进行模型化和代码化，不但能实现传统的设备控制功能，还能通过工业软件系统组织和管理由设备运行机电数据、工艺状态数据、物料数据以及其他业务数据等构成的工业大数据，通过数据挖掘，将数据中隐性的知识形态转化为信息系统中的显性形态，持续进行迭代优化形成知识库，最终实现“实时分析、科学决策、精准执行”的闭环赋能体系，从而优化物理系统运行。可见，CPS的信息系统对其整个结构体的功能和性能起着关键作用。

综上可知，CPS是一个具有控制属性的结构体，它有别于传统意义上的控制系统，其意义在于将物理实体通过网络系统实现互联，甚至可以通过互联网实现广域环境下的互联，扩大了物理实体的感知范围，具有了通信和控制等计算功能，使得计算成为影响设备未来发展方向和发展水平的关键因素，并因此推动工业产品和技术的升级换代。目前，CPS技术已经迅速应用于汽车、航空航天、国防、工业自动化、健康/医疗设备、重大关键设备和基础设施等工业领域，成为提升竞争力的关键技术。表3.6是CPS的典型应用领域与应用模式，CPS不仅会催生出新的工业，甚至会重新整合现有产业布局，创新产业模式。

表3.6　CPS的应用领域与应用模式

应用领域	应用背景与价值	应用模式
飞行系统	安全、节能的飞行器；高效的空中交通状态监测	以CPS为基础框架的飞机全生命周期结构形变测量与管理系统；面向航空行业智能制造的CPS
智能汽车	面向智慧城市、智能交通的汽车智能化，可对路况、车况的实时信息采集并分享；汽车更高的安全性和低能耗	无人驾驶汽车；感知（雷达、摄像）、控制决策、执行器等集成化的智能汽车；基于物联网技术的车联网
能源系统	绿色低碳的新能源系统；高效智能化的能源传输及利用	能源互联网；新的可再生能源和分布式能源的智慧化接入系统；更低碳节能可靠的家庭和办公室的供电系统
医疗保健	家庭医疗护理需求持续增加；功能更加强大的医疗设备完成精致医疗检测与治疗	面向家庭和社区的网络化、远程化、智能化的医疗保健系统；基于CPS架构的数字化医疗设备
制造系统	数字化技术用于产品设计、生产组织、制造设备、市场与服务等制造全生命周期	智能化产品（如手机、无人驾驶汽车等）；智能化设备（如智能机器人）；智能化生产系统（智能工厂）等

3.6.2　信息物理系统与智能制造

智能制造强调制造过程的广泛感知、信息深度融合、智能优化决策和智能精准控制，基于CPS特性，它在智能制造体系中可发挥重要的基础性作用。

① CPS为解决工业现场生产数据、装备数据和产品数据的完整性、及时性和准确性问题提供新的技术路径。受传感器部署不足、设备监测水平低等因素制约，当前工业现场数据存在采集的数量和广度不够、类型不丰富、精度不高等问题，难以支撑高级分析和智

能优化。CPS借助先进的嵌入式系统和传感器技术，增强对底层数据的采集能力，这是工业系统实现智能化的基础。

② CPS提升数据和信息的集成度。目前工业企业数据和信息管理的现状是，受制于生产设备普遍存在的数据和网络异构、数据接口标准不统一等问题，工业数据运营相对孤立封闭，数据难以实现横向集成。而工业数据的纵向集成方面，由于企业管理层和生产现场层之间的网络隔离，并且企业内部缺乏统一的网络接口，使得生产现场与管理平台间无法实现实时数据双向传递。事实上，数据和信息在横向和纵向的低集成度已成为制约企业进一步提升效率的瓶颈。而CPS基于工业云，构建新型工业大数据集成平台，将生产过程数据与经营数据集成化，构成大数据池，以此实现数据和信息的横纵向连通与广泛共享。

③ CPS提供强大的工业大数据分析能力和应用能力。CPS基于嵌入式系统，使生产系统可基于海量的工业大数据实现在线的工艺优化、设备控制优化、资源效率优化、调度和运营决策优化。

④ CPS是工业互联网平台的关键结点单元，用于提升整个供应链的优化水平，实现各工艺系统、企业、甚至整个产业链协同运行，同时实现资源配置优化、运行柔性化、工业代谢平衡，并基于大数据分析，创造面向市场个性化服务的新价值。

3.6.3 信息物理系统技术架构

信息物理系统（CPS）的物理系统由资（能）源、装置、产品和人员等构成，它们通过互联网和物联网与信息系统深度融合，实现无障碍的信息交流和过程协同，涉及现场控制、计划调度、决策管理和市场终端等不同层级，最终实现过程控制与运营管理的最优化，因此，CPS技术架构需要为企业的生产控制和运营管理提供全面的技术支持，CPS技术架构如图3.32所示。

CPS应用架构包含四个层次：物理层、网络层、数据层、应用层，以下将对各个层次中的各个模块进行逐一介绍。

（1）物理层

物理层是CPS的感知系统与执行系统，是CPS通过环境感知实现数据采集的源头，也是与物理世界交互的控制执行终点，物理层主要由基于物联网技术的各类传感器和控制器构成。传感器是一种环境检测装置，能够测量周围物理环境的相关信息，并将信息转换成电信号或其他数据形式输出，以满足信息传输、处理等要求；控制器是环境控制装置，通过改变电路参数（如电阻值、控制电路的接线）来控制相关设备（如电动机）的启动、反向、调速、制动等，从而完成整个CPS的运作。

（2）网络层

网络层是CPS最重要的组成部分之一，是数据和控制指令的传输平台，支持多CPS在不同时间和空间内协同运行。

CPS网络系统与传统网络技术（如WiMAX、Ad Hoc网络、蜂窝网、无线传感器网络、自组织网络）不同，有更高的标准和要求。事实上，CPS中的每一个智能物理实体CPS微控制单元（CPS Microcontro-ller-Unit，CPSM）都具有网络通信能力，多层次多规模联网，能够实现动态重组与重识别。工业企业CPS不同于智能家居、智能交通领域的应用，其网络应用环境更复杂，传感器数量多、种类复杂，并且要同时面对局域网、广域网等多种网

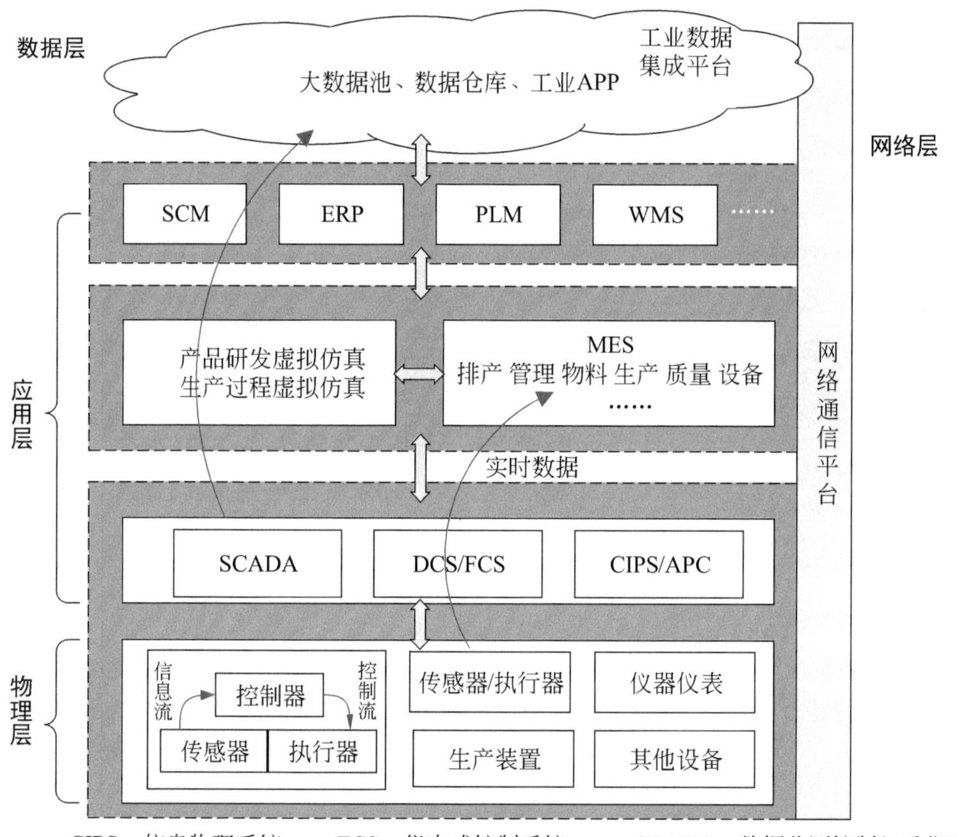

图3.32 信息物理系统的技术架构

络的需求。因此，CPS网络在混合网络融合、异构网络接入与管理、网络安全、容错性和稳定性方面等有新的设计与突破，特别是5G网络日渐成熟，更显著地提升了CPS的网络通信性能。

（3）数据层

CPS覆盖了企业广泛的业务范围，从生产控制系统到虚拟仿真软件和制造执行系统，再到企业级的多种信息化业务系统，以及来自整个供应链的大量的外部环境信息，各类数据信息在不同层级间传递、处理和分析，形成相应的决策结果并反馈到物理实体去执行。可见，工业企业的数据来源和结构非常复杂，既包含需要实时处理的生产数据，也包含适当延时处理的业务数据。数据管理的集成化是CPS的基本功能要求之一，而云计算为此提供了良好的技术解决方案，尤其是虚拟化技术、分布式存储、并行计算等技术，为CPS的数据管理提供了全新的模式。其中，融合了工业互联网与云计算的工业云已成为面向工业制造过程，实现数据集成和分析的重要平台，为CPS提供大容量存储、高速处理芯片、海量异构数据的组织和融合，以及基于模型和迭代分析的数据处理和分析等技术支持，工业云为CPS拓展了更加广阔和开放的工业生态系统。如图3.33所示是CPS技术架构中的数据层结构。

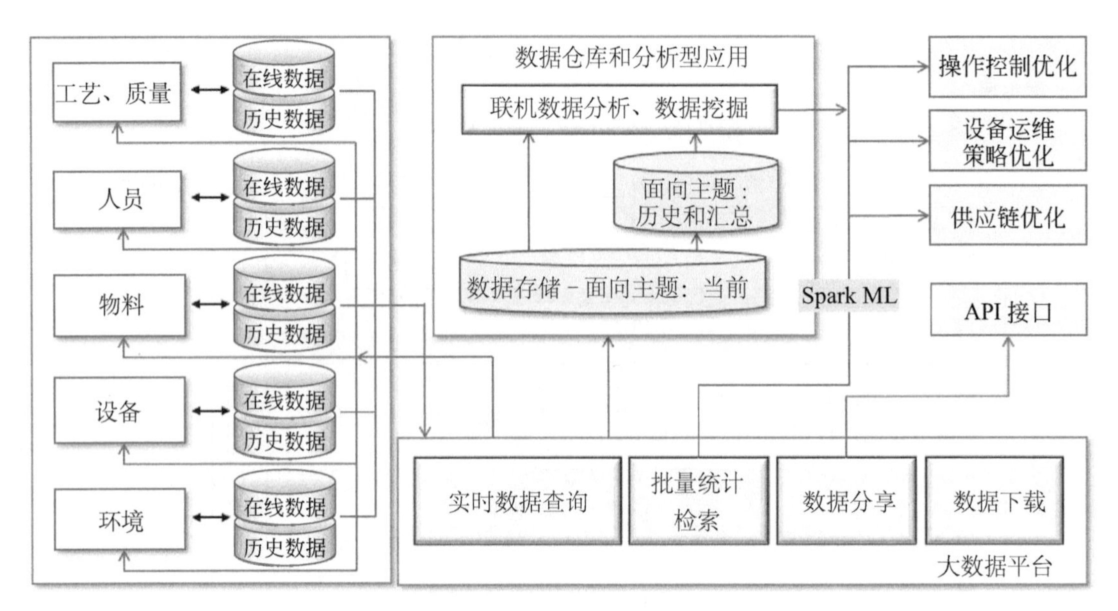

图3.33 CPS技术架构中的数据层结构

（4）应用层

CPS应用层的服务对象主要是各类终端用户，为他们提供与过程控制和企业运营相关的、功能各异的应用服务。这些应用服务涵盖企业生产运营过程中所有的业务面，包括：企业资源规划（ERP）、制造执行系统（MES）、先进过程控制（APC）、质量管理、设备管理、财务系统与信用控制等。CPS为用户提供多种人机交互模式，比如基于PC的固定模式和基于各类移动智能设备的移动客户端模式。CPS按所覆盖的业务规模，可分为3种类型：

① 基于嵌入式系统，实现感知、计算、决策和执行能力集成的独立信息物理设备，例如，智能工业机器人、无人驾驶汽车；

② 各自独立的CPS（以及物理设备）通过网络平台（互联网或工业互联网）连接一体，并通过软件系统实现智能闭环控制的更大规模的信息物理系统，例如，车间内的分布式控制系统和智能物流配送系统；

③ 多个信息物理系统通过云平台集成化和行为交互协同化，构成多层级融合的“系统的系统”，例如，容纳了各类智慧业务系统的智能工厂也可视为综合化的信息物理系统。

3.7 人工智能

3.7.1 人工智能的概念

人工智能是通过研究人类智能活动规律，让计算机去完成以往只有人的智力才能胜任的工作，也就是研究如何应用计算机的软硬件来模拟人类某些智能行为的基本理论、方法和技术。所谓智能（Intelligence）是指人类所特有的区别于一般生物的主要特征，包括人类感知、学习、理解和思维的能力，通常被解释为“人认识客观事物并运用知识解决实际问题的能力，往往通过观察、记忆、想象、思维、判断等表现出来”。

3.7.2 人工智能的发展历程

图3.34 人工智能之父：图灵教授

艾伦·麦席森·图灵（Alan Mathison Turing，如图3.34），1912年6月23日～1954年6月7日，英国数学家、逻辑学家、计算机科学之父。图灵1950年在其论文《计算机器与智能》（Computing Machinery and Intelligence）中提出了“机器也能思维”的观点，因此也被誉为“人工智能之父”。图灵提出一种用于判定机器是否具有智能的试验方法，即图灵试验，被沿用至今。

1966年美国计算机协会为纪念图灵设立了“图灵奖”，专门奖励对计算机事业作出重要贡献的个人，“图灵奖”是目前计算机界最负盛名的奖项，有“计算机界诺贝尔奖”之称。

图3.35 人工智能概念的提出者

1956年夏季，摩尔、麦卡锡、明斯基、塞弗里奇、纽厄尔、所罗门诺夫等美国学者在达特茅斯大学的一次旨在探讨和发展机器模拟人类智能的研讨会上正式提出了“人工智能”概念，并由此开创了人工智能技术发展历程。图3.35是在此会议五十年后，其中的五位当事人重聚达特茅斯时拍摄的照片。左起：摩尔，麦卡锡，明斯基，赛弗里奇，所罗门诺夫。

（1）形成期（1956～1970年）

- 1956年，塞缪尔在IBM计算机上研制成功了具有自学习、自组织和自适应能力的西洋跳棋程序。
- 1957年，纽厄尔、肖（Shaw）和西蒙等研制了一个称为逻辑理论机（LT）的数学定理证明程序。
- 1958年，麦卡锡建立了行动规划咨询系统。
- 1960年纽厄尔等研制了通用问题求解（GPS）程序。麦卡锡研制了人工智能语言LISP。
- 1961年，明斯基发表了“走向人工智能的步骤”的论文。
- 1965年，鲁宾逊提出了归结（消解）原理。

这一时期，人工智能研究通常使用逐步推导的方式，模仿人类进行逻辑推理时的思考模式。然而，人类在解决许多问题时通常采用的是直观的判断，而非有意识的，这给人工智能的研究带来了困惑。

（2）黯淡期（1966～1974年）

在人工智能发展前期，由于其研究路径和技术成果未能形成有效的应用支撑体系，使得人们对人工智能的发展前景产生了极大的怀疑。英国剑桥大学数学家詹姆士甚至按照英国政府的旨意发表了一份关于人工智能的综合报告，声称“人工智能即使不是骗局也是庸人自扰”，人工智能进入低潮期。

（3）专业领域发展期（1970 ~ 1986年）

这一时期实现了人工智能从理论研究走向专门知识的应用，是AI发展史上的一次重要突破与转折，专家系统是其中的典型代表，但是，这期间的专家系统还存在应用领域狭窄、缺乏常识性知识、知识获取困难、推理方法单一、自学习能力不足等问题。

● 1972 ～ 1976年，费根鲍姆研制了MYCIN专家系统，用于协助内科医生诊断细菌感染疾病，并提供最佳处方。

● 1976年，斯坦福大学的杜达等人研制地质勘探专家系统Prospector。

● 计算机视觉、机器人、自然语言、机器翻译等AI应用研究获得发展。

这一时期人工智能在技术方面很重要的进展是，开始利用概率和经济学上的概念。同时，对于不确定或不完整的信息，科学家们发展了相应的成功的处理方法。

（4）集成发展期（1986 ~ 2010年）

这一时期，机器学习、人工神经网络、智能机器人和行为主义的研究趋于热烈和深入，智能计算弥补了人工智能在数学理论和计算上的不足，发展并丰富了人工智能的理论框架。在历经了20世纪50年代的逻辑表达、启发式搜索，80年代的专家系统、神经网络，发展到90年代的机器学习和深度学习（Deep Learning，DL），人工智能进入了一个新的发展时期。1997年5月11日IBM制造的超级计算机深蓝（Deep Blue），在经过多轮较量后，击败了国际象棋世界冠军Garry Kasparov，这个事件标志着人工智能的研究达到了一个新的高度。

（5）高速发展期（2010年至今）

2010年以后由于云计算、物联网、各类传感器、穿戴设备、GPS以及移动互联网的快速发展，产生数据的能力空前高涨，进入了大数据时代。同时，得益于性能更强的神经元网络和价格低廉的芯片技术，存储和处理数据的能力也得到了几何级数的提升，为基于大数据和机器学习（深度学习）的人工智能创造了前所未有的条件。

目前，人工智能逐渐形成了两大发展趋势，一是大数据驱动的人工智能，二是机理模型与数据模型融合的人工智能。

（1）大数据驱动的人工智能

大数据技术驱动下，人工智能在计算机视觉、自然语言处理、生物特征识别等领域进展显著，尤其是以神经网络为基础的深度学习，极大地提高了机器学习算法的性能。神经元网络是对人类大脑的模拟，特别是模拟人类大脑在已有数据基础上的学习和模型提炼的过程，深度学习在某些领域已逼近甚至超过人类专家的水平。比如，围棋人工智能系统——阿发狗。伴随着学习过程的同时还有大数据的获取和积累，更使人工智能发展呈现出加速上升趋势，体现在：

① 人工智能技术进入大规模商用阶段，人工智能产品进入消费级市场。

② 基于深度学习的人工智能的认知能力达到了人类专家顾问级别。

③ 人工智能实用主义倾向显著，未来将成为一种可购买的智慧服务。

④ 人工智能技术将严重冲击劳动力市场，改变全球经济生态。

（2）融合了机理模型与数据驱动模型的人工智能

大数据驱动的人工智能算法是完全基于数据挖掘的，而融合了机理的数据模型是将专业领域的机理模型与大数据驱动模型深度结合，形成灰箱模型，以满足动态性、时效性和对分析结果准确性要求都很高的应用需求，特别是工业领域的应用需求。事实上，自从工业化以来，基于数学模型驱动的控制技术在工业自动化发展中一直发挥着至关重要的作用。图3.36反映了数学模型驱动的控制技术的发展历程。在工业化初期，反馈控制实现了蒸汽机调速，电气化时代，PID（比例积分微分）控制与逻辑控制催生了自动化流水生产线，20世纪70年代以后，计算机技术快速发展，工业生产的自动化程度得以提高，在MES和ERP等信息系统支撑下，先进控制技术、管控一体化技术得到广泛使用。21世纪以来，在融合了机理模型和大数据模型的人工智能技术驱动下，面向控制和管理决策的知识自动化技术快速发展，已逐渐在工业控制领域和管理决策的智能化及科学化方面发挥更重要的作用。

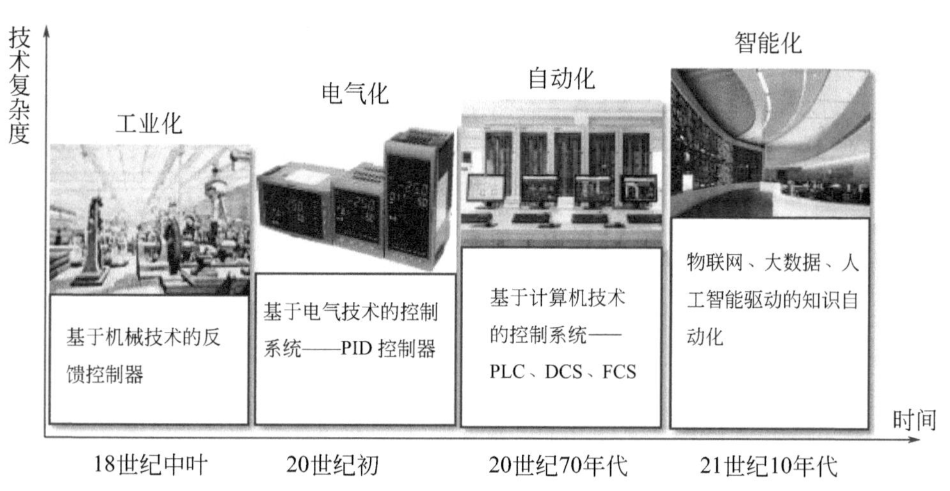

图3.36 基于数学模型驱动的控制技术的发展历程

3.7.3 人工智能的研究范围

人工智能技术在应用层面上有以下7种模式：

① 行动型——基于规则执行动作的系统，如，特定功能的智能机器人、无人汽车，以及烟雾报警器、巡航控制系统。

② 预测型——能分析数据并且基于数据生成概率预测的系统，如，各类商业智能系统，包括定向广告或内容推荐。

③ 学习型——基于预测做出判断，并不断迭代预测模型以提升判断正确性的系统，如，智能化围棋系统——阿尔法狗。

④ 创造型——可基于数据、规则和模型进行创造的系统，如，可以依据特定命题进行作曲或诗词创作的智能系统。

⑤ 关联型——根据面部表情、文字、声音及身体语言等进行模式识别的系统，如，人脸识别系统、图形分析系统、语音转文字应用。

⑥ 掌握型——在综合多领域智能体系基础上，具有一定的综合性智能能力的系统。如，系统基于图片识别（单一图片和多图片），联想并准确表达出相关的词汇，甚至是思想。

⑦ 演进型——可以在软件或者硬件层面自我升级的系统。如，未来的人类可以像软件一样下载智能到大脑。

围绕人工智能技术的发展前景和应用需求，相关的研究领域包括：语言的学习与处理、知识表现、智能搜索、推理、规划、机器学习、知识获取、组合调度问题、感知问题、模式识别、逻辑程序设计、软计算、不精确和不确定的管理、人工生命、神经网络、复杂系统、遗传算法等智能算法、人类思维方式等。其中，最关键的难题还是机器的自主创造性思维能力的塑造与提升。当前最热门的人工智能技术有：

① 自然语言生成　利用计算机数据生成文本，可应用于客户服务、报告总结，以及商业智能分析与洞察力。

② 文本分析和自然语言处理　自然语言处理（NLP）技术在语法规则之外还借助统计方法和机器学习方法，以提升文本分析能力，为理解句子结构及意义、情感和意图提供技术支持，可广泛用于自动化助理以及非结构化数据挖掘等领域。

③ 生物特征识别技术　支持人类与机器之间更自然的信息交流，包括但不限于图像和触摸识别、语音和身体语言。其中语音识别技术进展迅速，可将人类语音转录或转换成计算机应用软件可使用的格式，目前已应用于交互式语音应答系统。

④ 机器学习和深度学习平台　机器学习不仅提供设计和训练模型，并将模型部署到应用软件、流程及其他计算设备上，并提供算法、应用程序接口（API）、开发工具包和训练工具包。目前机器学习和深度学习平台已广泛应用于企业级应用领域，自动完成基于大量数据的预测或数据聚类（分类）工作。深度学习则是一种特殊类型的机器学习模式，可应用于由庞大数据集支持的模式识别和分类应用领域，包括拥有多个抽象层的神经网络和卷积神经网络。斯坦福大学教授李飞飞采集了数十亿张规模的海量图片，将它们用于卷积神经网络的模型训练，训练好的模型在互联网上对检索到的照片里的人和物进行识别，成功率达到95%，可媲美人类的成功识别率96%。

⑤ 决策管理　人工智能系统中引入搜索引擎以快速检索合适的业务逻辑和规则，辅助人类决策，甚至自动决策并执行。这一技术属于知识自动化领域，可大量用于分析决策、经营管理和过程控制，目前已开始应用于设备参数的初始设置、优化，以及设备日常维护和调优。

⑥ 面向人工智能的硬件或芯片：这是专门设计的图形处理单元（Graphics Processing Unit，GPU）和设备，其架构旨在高效地运行面向人工智能的计算任务。目前已在深度学习应用领域发挥作用。

3.7.4　大数据、人工智能与智能制造

人工智能技术的应用领域比较广泛，如机器翻译、智能控制、专家系统、语言和图像理解、自动程序设计、海量信息处理、储存与管理，并能以智能机器人形式帮助人类执行危险的、复杂的、规模庞大的任务。

现在，在以西门子、通用电气、霍尼韦尔、阿里巴巴等为代表的工业软硬件产品供应商的推动下，人工智能技术正从广度和深度向制造业领域快速渗透。这些企业拥有大数据平台优势、人工智能技术优势、物联网技术和嵌入式技术优势，对制造业整体发展展示出强大的支撑效应，呈现出多领域融合、多行业合作发展的态势。智能制造是大数据技术和人工智能技术应用的最重要体现，应用包括：

（1）产品研发

各国的科学家和企业家们都在致力于开发产品创新软件平台。平台集成人工智能和机器学习模块，能够理解设计师的需求，并掌握产品造型、结构、材料和加工制造等数字化生产要素的性能参数。因此，在系统的智能化指引下，设计师只需要设置期望的尺寸、重量及材料等约束条件，系统可自主设计出成百上千种可选方案。在材料研究领域，采用高

通量并行迭代方法替代传统试错法的多次顺序迭代方法，逐步由“经验指导实验”向“理论预测和实验验证相结合”的材料研发新模式转变，以提高新材料的研发效率，可将“研发周期缩短一半、研发成本降低一半”，并加速新材料的“发现-开发-生产-应用”进程。

（2）生产制造

智能化生产线安装有数以千计的传感器，用以探测温度、压力、热能、设备振动和噪声等，利用这些数据可以实现诸如用电量、能耗和工艺改进等方面的分析。比如，在工业大数据基础上可建立动态的数字化生产模型，用以分析和评价生产工艺流程，人工智能算法还有助于快速发现工艺中的问题和瓶颈，改进生产工艺流程或过程控制条件。再如，企业将智能视觉检测系统用于检测生产线上正在生产的半成品或产品，从视觉上判别金属、人工树脂、塑胶等各种材质产品的细微缺陷，从而快速侦测出不合格品并指导生产线自动进行分拣，这一技术不仅可以提高生产效率，还能保证出厂产品合格率。

四川大学互联化工研究中心为某公司开发的面向离散行业智能制造的MES，与生产控制系统和CCD等质量检验设备集成，在线实时采集全制程的生产过程数据和质量检验数据，每日数据量超过500万条，基于如此庞大的数据，MES在线判断每一个产品的质量合格状态、评价产线产品的整体良率，以及设备产能与运行稳定性，并根据良率动态优化原料订货周期以及原料及半成品库存策略，这为企业全面实现六西格玛管理奠定了基础。

（3）供应链管理

人工智能技术可用于建立供应链各类资源的供求平衡模型，既整合资金、装备、人才、技术、材料等有形的资源要素，也可将经济环境、企业文化、管理能力、创新能力等加入模型中，在确保满足市场需求的合理规划前提下实现供应链整体效益的最大化。

电子商务企业京东商城，通过大数据提前分析和预测各地商品需求量，从而提高配送和仓储的效能，保证了次日到货的客户体验。海尔公司整合全球供应链资源和全球用户资源，成功建立了完善的供应链体系，以市场链为纽带，以订单信息流为中心，带动物流和资金流的高效运转。在海尔供应链的各个环节，客户数据、企业内部数据、供应商数据被汇总到供应链体系中，通过大数据分析，海尔公司能够持续进行供应链改进和优化，保证了海尔对客户的敏捷响应。

（4）市场营销

基于机器学习可对产品的市场供需状况以及用户消费习惯进行深度学习，以形成全面的知识图谱，帮助企业更精准地发现潜在市场机会，以制定个性化的、富有竞争力的产品和服务策略，这就是商务智能。通过市场数据的多维度组合分析，可以发现区域性需求占比和变化、产品品类的市场受欢迎程度，以及最常见的消费组合形式、消费者层次等，企业基于此分析可以更科学地调整产品策略和营销策略。

（5）生产调度

人工智能技术可以帮助企业从历史数据中发现生产装置的运转规律，在制定生产计划和调度时，可充分考虑产能约束、人员技能约束、物料约束以及装置状态约束等条件，使生产计划更优化、更可执行。同时，人工智能算法还可帮助企业在线监控现场实绩与计划之间的偏差，以动态进行操控优化和调整。虽然，基于大数据建立的装置运转模型离理论机理模型有一定的差距，但对于那些难以建立机理模型的复杂过程，人工智能会成为企业有力的工具。

例如，石油炼化企业制定生产计划，需要用原油价格以及各类炼化产品的价格来建立计划优化模型，但我国炼化企业的原料油价格是按国际原油价格的加权价来进行财务结算，价格确定时间往往比计划期滞后1个月或更长，另外，生产装置运行的稳定性也会影响到计划的可执行性，甚至严重影响企业的整体物料平衡、能量平衡，应用人工智能技术预测国际原油价格走势，以及设备可靠性状况，可有效提高计划的经济效益及可行性，这对科学制定优化的生产计划具有重要意义。

（6）客户服务

基于大量的顾客习惯和活动的相关数据，人工智能可以克服人类客服的局限性，基于海量数据进行分析与推断，并将正确的客户信息呈现给客服人员，显著提高他们的工作效率。显然，基于大数据的人工智能技术显然有助于企业更快更准地为客户提供个性化服务。

一汽重卡在这方面有非常好的应用案例。一汽重卡汽车在行驶中会持续地向公司大数据中心传回司机操控和车辆运行数据，比如车辆速度、车胎压、位置、刹车、维保等数据，帮助工程师了解客户的驾驶习惯和车辆状况，以便给客户提供最佳的车辆使用建议，比如发动机参数优化、驾驶习惯改进、何时维保等，公司也可基于此，制订产品改进计划，并实施新产品创新。

（7）设备故障诊断

无所不在的传感器和物联网技术的应用使得企业可实时监测设备运行状态，辅之以仿真技术和数字孪生技术，则可帮助企业实现动态的设备性能预测，使设备故障实时诊断变为现实。

比如波音公司将飞机发动机、燃油系统、液压和电力系统等数以百计的变量组成飞机在航状态表征指标体系，其相关数据微秒级间歇被测量和发送一次（波音737发动机在飞行中每30min就能产生10TB数据），这些数据支持了发动机实现实时自适应控制、燃油经济化使用、零件故障预测和飞行员通报等功能，其中的故障实时诊断和预测功能显著提高了飞机的安全飞行水平。

（8）设备运维

在设备运维方面，人工智能技术主要有两个应用发展方向，其一是按需运维，简单讲，就是根据设备使用需求来优化调整设备维护策略，比如将设备维持在稳定性优先、性能优先、节能优先、功能优先等不同的特性上；其二是预测性运维，即基于物联网提供的大量相关数据，人工智能技术预测设备未来运行状态，对设备异常或故障发生的概率以及现象进行分析预测，提醒工程师在问题发生前进行预防性维修，从而提高整个系统的可靠性和持续运行能力。

通用电气（GE）位于美国亚特兰大的能源监测和诊断中心，实时收集全球50多个国家上千台GE燃气轮机的数据，分析来自系统内的传感器振动和温度信号的恒定大数据流，一方面为GE公司对燃气轮机故障诊断和预警提供支撑，同时帮助GE公司为客户提供燃气轮机在线运维咨询服务和线下的维保服务，延长设备平稳运行周期，还能通过实时优化运行参数提高燃气轮机的能效。

（9）环境保护

大数据、人工智能对环境保护具有巨大价值。目前，环境保护部门利用物联网技术对一些重点区域、重点企业、重点装置的污染物排放数据、环境气象数据和水文数据等进行了实时采集和监控。但这些数据往往过于分散而无法得到分析，特别有一些数据是专业性的，难以被普通人看懂。如果充分利用大数据技术和人工智能技术可为环境保护提供重要的手段。

例如，百度的《全国污染监测地图》，采集了各地环保大数据，以可视化方法制作了污染检测图层，这非常有利于环保部门实时监控各类污染物排放机构，包括各类火电厂、化工企业和污水处理厂等。同时也有利于个人查看距离自己最近的污染源，以及该监测点检测项目，有无超标情况出现等，无疑这些信息有助于个人健康安全。图3.37是空气污染指数图（http：//aqicn.org/city/hongkong/cn/）。

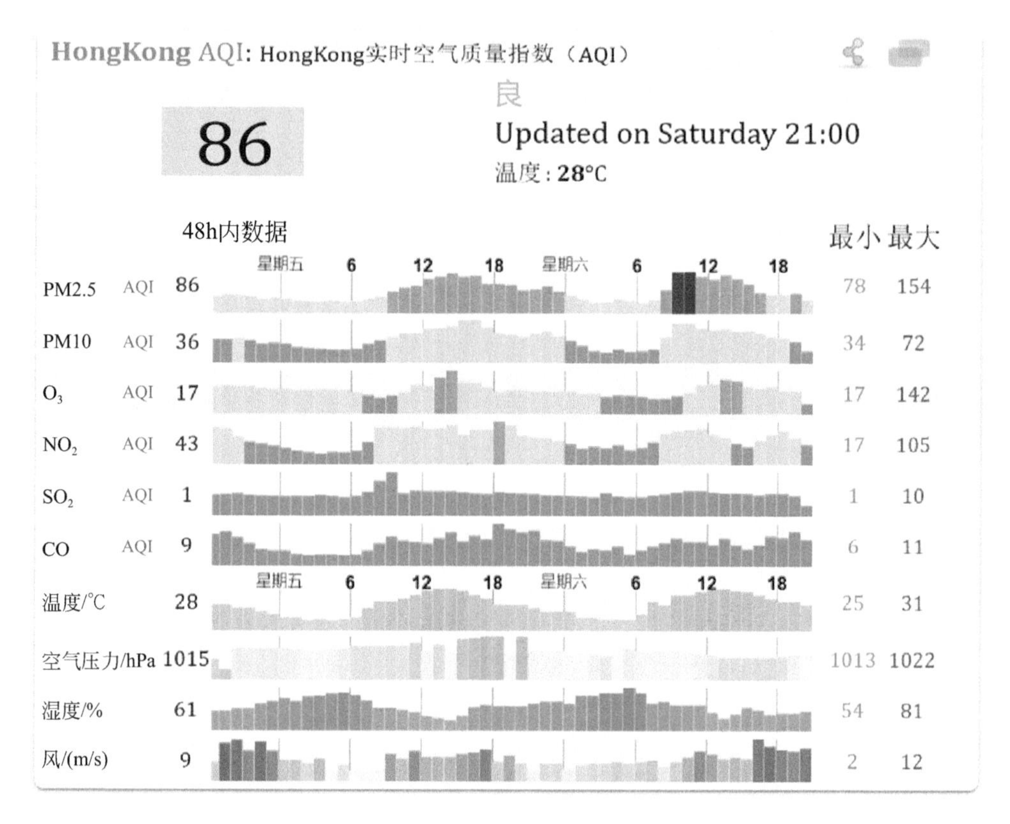

图3.37 空气污染指数图

本章要求

- 了解物联网技术的概念和特点、熟悉典型的物联网设备类型与应用
- 熟悉工业互联网的概念、特点与架构
- 了解工业通信技术的发展、种类、特点，以及应用场景
- 掌握数据及大数据和工业大数据的概念、技术特点及其应用价值
- 熟悉云计算（工业云）的概念、架构与应用
- 熟悉信息物理系统的概念、架构与工业应用
- 了解人工智能的概念和发展历程，熟悉人工智能技术的研究范围与工业领域的应用

思考题

3-1 什么是物联网？工业互联网的概念及其架构是什么？物联网技术对于工业互联网有什么意义？
3-2 面向工业应用的通信技术有哪些种类？各自的组网特点是什么？
3-3 5G通信的特点是什么？5G对于工业应用的价值是什么？
3-4 什么是大数据？大数据的特点与价值是什么？大数据技术的构成是什么？
3-5 什么是工业大数据？工业大数据的特点是什么？工业大数据与大数据的相同与差异是什么？
3-6 什么是云计算？什么是边缘技术？云计算的架构特点是什么？云计算与边缘技术的关系是什么？
3-7 信息物理系统的结构如何？信息物理系统与云计算、边缘计算的关系是什么？
3-8 人工智能与云计算、大数据的关系是什么？
3-9 人工智能可以应用于工业制造的哪些领域？解决哪些问题？对企业发展有何意义？

第4章
互联化工

本章内容提示

在一家大型精细化工企业，研究人员研发新的产品和新的工艺，技术员优化装置运行参数，管理人员根据市场需求和企业资源状况制定经营计划，销售人员完成销售并挖掘市场需求，上述工作以前是串行的，或简单并行，而在企业实施了基于物联网和工业大数据技术的知识系统后，所有的业务数据都集中在数据池中，形成统一、高效、协同的知识管理机制，任何一个环节都可能是决策的发起点，也可以是决策的执行点，使业务具有了很强的互联性和协同性，体现出工业互联在化工生产领域的典型意义。

化工过程通过物质和能量的可控转化和传递来实现化工产品的制备，过程中伴随着大规模的能源和资源转换，具有多相性、非线性、非平衡、多尺度和多时空域特性，因此化工行业的智能制造模式与其他离散行业相比有自身的典型性特征，需要解决多尺度条件下的互联协同与过程高效等问题，形成了化学工业特殊的智能制造模式："互联化工"。本章将从以下方面对互联化工的概念与模式进行介绍：

- 化学工业发展中的挑战与化工行业智能制造的任务目标
- 现代信息技术应用于化学工业的行业背景与关键问题
- 互联化工的基本概念、特征与模型
- 互联化工的典型技术、应用场景与业务内涵化学工业属于流程制造业，同属流程制造业的还包括钢铁、能源、有色、建材等工业领域，由于生产具有连续性特征，流程制造业也被称为过程行业。流程制造业是国民经济的支柱性产业，也是信息技术应用最重要的领域之一。物联网、云计算、人工智能、工业互联网、信息物理系统等技术被应用于流程制造业，支持了生产要素诸元间信息的自动分享，推动了新一轮的技术和管理创新，加大了企业面向供应链在全生命周期内进行要素整合与优化的压力，大数据和智能化的信息技术应用的广度与深度正成为行业竞争的制高点。这要求在行业特点及发展需求的基础上，对流程制造业实现智能制造的模式、架构、关键技术以及实现路径展开研究并推广应用。

4.1 化学工业发展中的挑战与问题提出

自从1746年英国发明铅室法制硫酸，化学工业至今经历了3个重要发展阶段，分别为工业化阶段、电气化阶段（规模化）和自动化阶段，目前正在开始进入以智能化为代表的新发展阶段，如图4.1所示。

图4.1 化学工业的发展阶段

化学工业一直在满足市场需要前提下，探究如何提高企业资源效率和降低运营成本，并由此发展。理特管理顾问公司（Anhur D Little）认为，化学公司保持领先地位的前提是，必须在知识创新、运营精良和客户关系这三个价值领域中至少有一个保持顶级水平。然而，21世纪以来化学工业的发展历程表明，只孤立地强调上述三个价值领域已不能满足企业发展要求，化学工业企业要增强竞争力、实现持续增长，必须在以下方面做出自己的特色，并建立优势。

（1）面向全产业链的集成

化工集成经历了两个阶段，一是面向能量优化问题的、基于热力学平衡的热量集成与优化；二是以解决企业运营与决策优化为目标的信息集成。当前，由于化学工业与能源、材料和环境等领域深度融合，产生了跨企业、跨产业的“供应链”集成需求，在面向供应链网的新型产业集成模式中，企业的竞争优势不只体现在经营规模和范围上，其模式创新和产业链整合的能力也必须具有优势。

巴斯夫是一家1865年成立的德国企业，一直以来非常重视化工全产业链价值体系的建设，拥有石油、天然气业务，并由此垂直整合其上、中、下游产品，形成了生产和销售10余万种化合物的完整产业链。2011年，巴斯夫发布了“创造化学新作用”的口号，通过各学科知识的结合，打造新材料与系统解决方案，这种创新无疑需要进行广泛的产品组合、跨学科合作，并对客户价值链进行深刻理解，以客户需求的业务为导向，全面推进全产业链整合。

（2）全球范围内的资源配置

信息技术推动化学工业在全球范围内进行供应链及资源配置布局，任何一个市场、资源和劳动力的价值洼地被新型的扁平化的供应链结构迅速填平，大数据技术和智能化技术为此提供了有力的支撑。为此，化工企业需要着眼全球，合理配置资源与产能，突破产业模式束缚，开拓新的价值领域与创新途径。

美国的陶氏化学是一个高度国际化的化学公司，在全球35个国家建立了150多家生产基地，为160个国家的客户提供超过3300种产品，年销售收入达580亿美元。陶氏化学通过全球化资源配置，有效地降低了基础设施建设成本和运营成本，解决了资源、劳动力、土地的约束，打造形成了一个整合的、协作式的全球供应链网络和市场网络，为全球提供极富竞争优势的优质产品和服务。为进一步在全球范围内整合农业、材料科学、特种产品的优势资源，2017年8月陶氏化学与杜邦实现平等合并，2018年，合并后的陶氏杜邦实现化学品销售额859.77亿美元，全球排名第一。2019年6月陶氏杜邦按农业、材料科学、特种产品三个业务板卡再次分拆为科迪华、陶氏化学和杜邦三家公司。

（3）更严格的健康、安全与环境标准

不论是全球贸易，还是国内的经营环境，商业规则都在向绿色和可持续发展方向变化，提出了更严格的健康、安全和环境标准，并在严格的法律和技术监管下，促使化工企业加大开发新工艺和新装备的投入，这必然催生化学工业新的价值理念和新的产业格局。

杜邦公司认为“安全不是花钱，而是一项能给企业带来丰厚回报的战略投资”，基于这一理念，杜邦把自己打造成为了全球最安全的化学工业企业。不仅如此，杜邦还成立安全资源部（咨询部），对外开展安全咨询服务，客户包括很多国际大公司，如壳牌石油公司（Shell）、埃克森-美孚石油公司。澳大利亚航空公司使用杜邦安全服务的第一年，员工受伤人数即下降了一半，安全投资回报达到500%。广州白云机场迁建供油工程在杜邦安全资源专家的帮助下，实现了200人・万小时零伤害的安全记录。

（4）绿色化导向的化学工业新技术

化学工业有两大发展趋势，一是资源导向性产业的集中度越来越高，如生物质、水资源、石油天然气、新能源、矿物和煤转化，需要发展更大规模的工业集成技术和更优的控制技术。同时，越来越多的化学品转向个性化和功能化，包括生物、软固体、功能材料、膜、纳米、催化、医药、仿生、基因工程，推动量子化、分子自组装、微化工和多尺度复杂系统的研究与开发。但无论向哪个方向发展，绿色、循环和低碳都已成为新的标准。

清华大学费维扬认为化学工业要实现绿色、低碳发展，创新是关键，要注重关注源头和产品的差异化、高值化、智能化，实现过程节能减排和提质增效，二氧化碳捕捉和利用（Carbon Dioxide Capture and Utilization，CCU）是低碳技术的重要发展方向。四川大学梁斌等将CCU技术融入供应链网，以氯化镁矿化CO_2联产盐酸和碳酸镁，将磷石膏固废物质用于矿化CO_2联产硫基复合肥，既实现了固体废弃物的循环利用，又减少了温室气体排放，开拓了一条把CO_2废物代谢与高附加值产品代谢结合的途径。

（5）现代信息技术的挑战与机遇

自现代化学工业诞生以来，以计算技术为基础的控制技术一直是推动化学工业发展的关键动力之一。以合成氨技术为例，从1913年世界上第一座合成氨工厂建成到现在，其关键的氨合成技术及催化剂，除合成压力有所不同外基本没有原则性的变化，核心工艺仍然由原料气制备、净化以及氨合成三大过程构成，但控制技术提升了设备规模化水平（如离心式压缩机）、能源的综合利用及节能，显著改善了合成氨的技术经济性。通过先进的控制技术，煤气炉运行更加稳定，不仅减少了蒸汽用量，增加了有效制气时间，还提高了水煤气的有效气体成分。另外通过计算技术优化了催化剂，有效降低了能耗、提高了生产效率。目前合成氨单套设备日产普遍大于2000t，最大到3万吨，相比1913年的日产5t，进步毋庸置疑。未来，随着物联网和人工智能技术应用的逐渐深入，大网络下的能质优化水平，以及工艺异常的识别、消除和控制优化能力会继续得到提升，从而进一步改善合成氨系统运行的稳定性、鲁棒性以及规模经济性。

总之，未来的化学工业在遵循绿色可持续发展原则的同时，必须兼容“知识创新、运营精良和客户关系”三大价值领域，创新管理模式，甚至是制造模式，无疑，基于现代信息技术的智能制造将成为化学工业新制造模式的重要发展方向。如图4.2所示为以多价值领域融合为特征的化学工业业务模式。

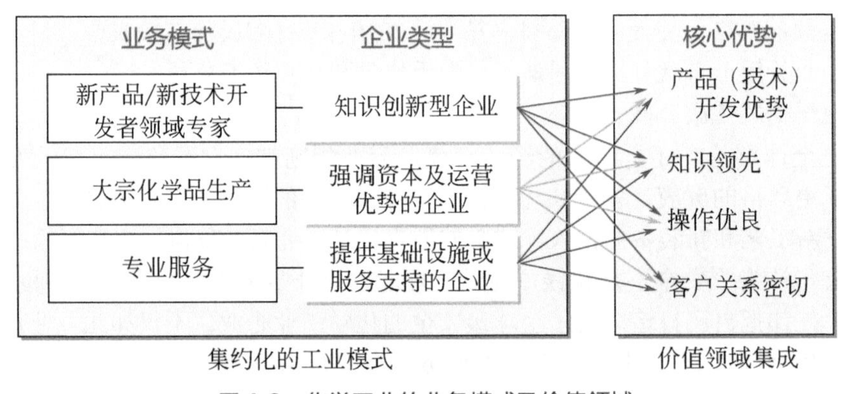

图4.2 化学工业的业务模式及价值领域

4.2 化学工业对智能化技术的应用需求

一直以来，化学工业都在主动应用信息技术提高过程效率，较早就实现了生产过程自动控制，提高了化工生产的稳定性、安全性、规模化和盈利水平。当前，现代信息技术支持下的智能制造模式，对于化学工业而言，是又一次的探索、发展和挑战。但是，由于行业自身的技术经济特征和工程技术发展需要，化工行业智能制造必然有自身鲜明的特点，所以，应该充分研究化学工业智能化技术应用的背景，科学构建其智能制造基础。

① 工艺是化工生产过程的重要核心，工艺路线的优劣从根本上决定了产品性能和成本的竞争性。因此，在工业层面上，工艺控制的鲁棒性及优化是智能制造的重要任务。但是，化工工艺是由热力学、反应动力学和流体力学等理论机理决定的，知识体系相对完整，比如炼化、合成氨等大型化工装置的机理模型已非常成熟，因此“只关心是什么，不关心为什么”的机器学习技术和人工智能技术在化工领域有其严重的局限性，甚至有观点认为，在流程行业的工艺优化领域不存在人工智能技术的发展空间。但事实上，在DCS和装置实时数据基础上的黑箱模型如果与机理模型相结合，将构成工艺动态优化的基础。

② 化学工业属于设备密集型行业，“安稳长优满”是实现经济效益的重要影响因素，也是决定生产安全的关键因素。人工智能技术在设备状态评估、设备预防性维保等方面有很好的应用。其中，设备和工艺异常征兆的提取、描述、评价，以及故障树的自动建立是关键技术，也是实现完全无人化智能生产的前提条件。但在装置平稳运行下，运行数据会大量重复且分布稳定，在数据预准备阶段可能会误将偶发的异常数据剔除，从而错失发现异常的机会。因此，对离散数据的特殊关注以及相应的处理技术的发展，是化学工业领域大数据技术应用的重要特点。

③ 化工生产过程由DCS实施严格控制，在控制参数中已将机械、材料、物理、化学、热力学、动力学和传递等多种因素关联耦合在一起，有很强的机理性。但是，化工过程很复杂，有许多现象还不能用机理模型准确描述，比如工业放大效应、机械应力变化、原材料质量状况，对这些情况还需要试验或经验的积累和总结。因此，基于领域知识的白箱模型和基于大数据的黑箱模型结合，是实现化工知识自动化的有效路径。

④ 相较离散行业，化工生产的流程较长，包括原料准备、化学反应、分离提纯、包装、仓储等连续或间歇过程，有固、液、气等多种物流形态，有非常复杂的工艺，也有很简单的工艺，是否采用智能化技术及其应用的程度由技术成熟度和经济效益评价综合决定。比如，一些非关键过程，如果传统技术比智能化技术有更好的投入产出时，采用传统技术或者人工控制是更好的选择。但是，这种情况并非一成不变，当前存在着人工成本逐渐上升、技术成本逐渐降低的趋势，因此智能技术的覆盖面将会越来越大，智能化水平也会越来越高，这是一个循序渐进的过程。

⑤ 智能化的目标是提高过程控制能力、提高决策科学性，生产过程智能化和无人化不是智能制造的唯一目标，智能制造的目标是要使整个系统自动运行在最佳的、平稳的、安全的状态下，使原料、能源和资产的利用率达到最优。这涉及了基于供应链协同优化和管控一体的先进控制问题。因此，优化模型必须考虑生产能力和环境条件的强约束性，这是化工行业与离散行业在进行商业智能分析、市场个性化特征分析以及建立过程柔性化模型时的重要差异。

4.3 互联化工

4.3.1 互联化工的概念

化学工业通过物质和能量的可控转化和传递来实现材料的设计和制备，以及能源和资源的大规模转化，涉及从材料、过程到系统和产品的宽广领域，物质能量的传递和转化是化学工业的基本特点。自18世纪中叶现代化工诞生以来，对化工过程的认识是逐步提高的。1915年，美国学者A.D.利特尔首先提出了“单元操作”概念，大大促进了化工过程技术的发展；20世纪50年代，“三传一反”理论的提出，开启了化工过程的第二次大发展。随着化工过程不断的大型化和复杂化，人们逐渐认识到，化工过程具有的多相性、非线性、非平衡、多尺度和多时空域等特性，把对多尺度机制的认识和调控作为化工行业和复杂系统研究的方向，实现化工过程多尺度下的互联、开放、协同与智慧是科学研究和产业发展的关键目标。“互联化工”的概念与模型正是基于化工制造多尺度互联与协同特点提出的。

互联化工基于绿色化学、人工智能技术，融合现代管理思想与模式，实现从智能化产品、绿色制造、资源最优配置，到面向产业链的协同，生产组织从业务集中型升级为多元价值融合型，能适应更严苛的环境与安全要求，以及更多变和多样化的市场需求。图4.3为“互联化工”的宏观体系。

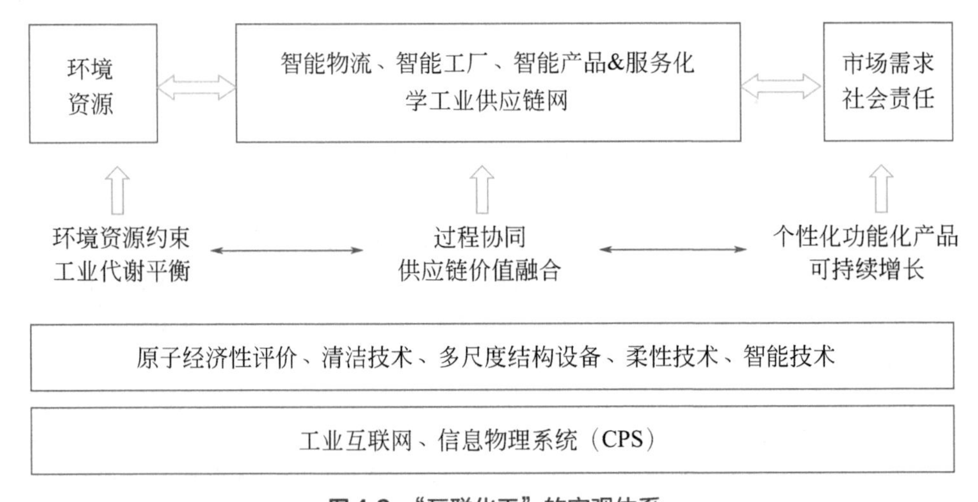

图4.3 “互联化工”的宏观体系

由图4.3所示，互联化工在由工业互联网和信息物理系统构成的计算技术平台上，将物联网、云计算、大数据等新一代信息技术贯穿于产品设计、生产、管理、服务等各个环节，是一种将泛在感知、智慧决策、精准控制、自我学习与自我进化深度融合的先进制造过程、系统和模式的总称。

（1）“互联化工”首先是互联的

Villermaux于1996年在全球化工大会上提出，化工过程包含有同时发生在很宽时尺度和空尺度上的现象，从分子振动的纳秒尺度至污染物消失所需长达世纪的时尺度，把化工分为了纳尺度（分子过程、活化点）、微尺度（粒、滴、泡、旋涡）、介尺度（反应器、换热器、泵等）、宏尺度（生产单元、工厂）、宇尺度（大气、海洋、土壤等自然环境）等五个尺度。因此，化工过程的多尺度问题是指化工过程在上述多个尺度间的耦合关系以及物质/能量/信息在不同尺度间传递互通的机制问题。从制造角度看，从产品设计到工艺研发，到生产制造出市场终端消费品，也可把化学工业分为分子尺度、单元尺度、过程尺度、工厂尺度、园区尺度及产业链等多个尺度，图4.4所示为化学工业的多尺度、多维模型。

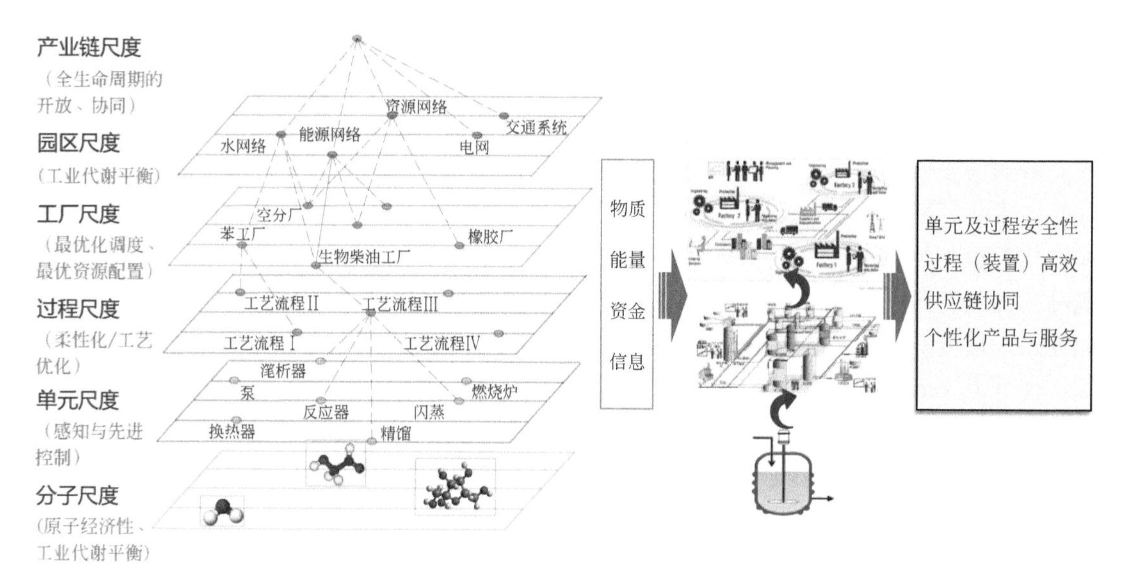

图4.4　化学工业的多尺度、多维模型

对于其中的各单一尺度，都可以从物质、能量、资金和信息等多个维度进行全方位的描述。比如，在原子尺度，除了可以用分子结构、第一性原理、统计热力学、反应机理等理论系统进行描述外，还可以从工业代谢平衡以及原子经济性等方面进行评价。然而，对于多尺度体系间的复杂的互联与耦合关系的研究，却存在极大的发展空间。比如，高分子材料成型加工领域，复合材料的配方、成型加工工艺、原位反应、玻璃化过程等，对于材料介观结构以及宏观性能的影响机理是一个涉及分子、介观以及宏观的多尺度问题。目前，仍然缺乏有效工具进行研究。因此，研究和认识各尺度的内在规律以及多尺度的时空结构及其传递与连通机理，是未来化学工业科学研究与工程科学研究的焦点，互联是化学工业制造模式未来的发展方向，多尺度和多维空间的互联构成了互联化工的基本特性，工业互联网的跨尺度连通性为“互联化工”提供了基础。

（2）“互联化工”是开放的

“互联化工”模式下，资（能）源、过程装置和化学品等通过互联网和物联网互通互联，实现企业、园区乃至整个产业链畅通的信息交流与共享，这意味着“互联化工”具有“开放”的特性。“开放”是指企业向供应链网甚至是产业链开放，通过分享信息、分享优势资源和价值来提升全产业领域的发展水平；同时，企业通过互联网向市场的多样化和个性化需求开放，以此提升对市场和客户的服务能力，创造新的价值领域，这将推动企业实现生产控制、业务流程与管理决策的变革。

化学工业是国民经济的基础性行业，宏观经济的周期性变化一直影响着它的产能需求与资源配置。因此，化工行业不得不周期性地在扩大产能与去产能间波动，与此同时，还面临激烈的市场竞争。面对市场竞争，低水平的保产降价是行不通的，企业需要以开放的态度面对经营环境和市场的变化，以开放和精准的方式聚焦客户的个性化需求，通过优质的产品与服务细分领域，靠创新形成的差异化特色和专精来化解市场波动带来的影响。

（3）“互联化工”的协同性要求

化工过程控制的首要目标是保证实现物质和能量转化的最佳工艺条件，如，特定单元操作或工艺过程的最佳温度、压力和浓度等指标。不难理解，稳定的单元操作和较优的过程时空结构有利于控制指标的实现。实际上，化工过程多尺度时空结构中的相关因素具有时间序列的动态特性和空间分布的非均匀性。例如，受反应器的结构特性（全混釜式反应器、管式反应器、塔式反应器、喷射反应器等）的影响，反应物的浓度场和温度场往往存在时空非均匀性，显著影响物质和能量的转化与传递，进而影响宏观尺度上的企业调度与计划、产品与服务，甚至波及更为宏观的市场供需平衡关系。工业互联网技术拓展了“单元操作”和“单元过程”的边界，通过整合资（能）源、化学品、装置、人和信息，构建既独立又互联互通的CPS。CPS通过泛在感知与广泛互联以及自控与自治功能，实现在单元与过程尺度上对工艺的精准调控，以保证微观尺度上化学反应的可控与有效。同时，在工厂尺度上完成各工艺过程与单元的资源最优化配置与调度，在园区与产业链尺度上协同产品与服务，最终实现资源平衡。互联化工各尺度间的调控互为条件且又互为目标，因此是协同一致的。开放性是实现多尺度的融合与协同的基础，而融合与协同则是开放性的最终目标。

（4）“互联化工”是绿色的

当前，化工企业园区化是行业开放与融合的一种具体形式，其目标是，通过构造园区尺度下的循环产业链，提升行业技术经济特性，推进从产品设计、生产制造、销售，直到回收处置利用的全产业链绿色化。江西的星火化工产业园形成了有机硅循环产业链，产业关联度达到75%以上，实现了末端封闭，通过合理的循环经济布局，在提升效益的同时降低能耗和污染。江苏中国化工新材料（嘉兴）园区以热电联产为核心和源头，构建从能源到基础无机化工、有机化工中间体再到油脂化工延伸的完整经济产业链，促进企业间、园区内和产业间的耦合共生，在减量化、再利用和资源化方面做出了很好的成绩。无疑，“互联化工”通过装置间、过程间、企业间和产业间的互联，有力地推动化工行业向绿色化方向发展。

（5）智能化是“互联化工”重要的技术特征

化工过程不论是研发还是运营，都需要通过多学科知识的交叉与融合，才能快速并精细化地处理各种实际问题。面对化工过程复杂的架构体系，传统的知识架构和知识发布系统已不足以支撑企业对资源高效利用、绿色生产、健康安全环境等核心技术的应用需求，迫切需要改变传统的通过漫长的经验积累和试错式研究与运控的方法，建立一种基于机理理论和数据驱动相结合的知识管理机制。

单元尺度和过程尺度是化学工业多尺度多层次结构的中心，对它们的认识在很大程度上决定了能否突破化学工业最关键的技术瓶颈。比如，化工企业不仅仅要解决面向供应链协同的单元或过程的控制策略问题，还要通过异常识别、故障诊断、预防性维护等技术手段解决装置运行的稳定性和鲁棒性问题。实践表明，传统的方法越来越难以胜任日趋复杂和多样化的化工过程系统，需要借助现代信息技术，建立起单元尺度和过程尺度下的自主感知、自主通信、自主计算、自主优化和自主控制能力。本质上，这是一种基于智能化技术的知识自动化机制。

在企业尺度上，智慧型的知识自动化工作机制有助于企业优化资金、材料、设备、人员，以及软能力的配置，并通过企业整体尺度上的组织机构及业务流的优化整合，加强供应链的融合性以及与上下游企业间的协同性，实现最优的市场服务能力和发展能力，图4.5反映了企业尺度上互联化工的热点问题。

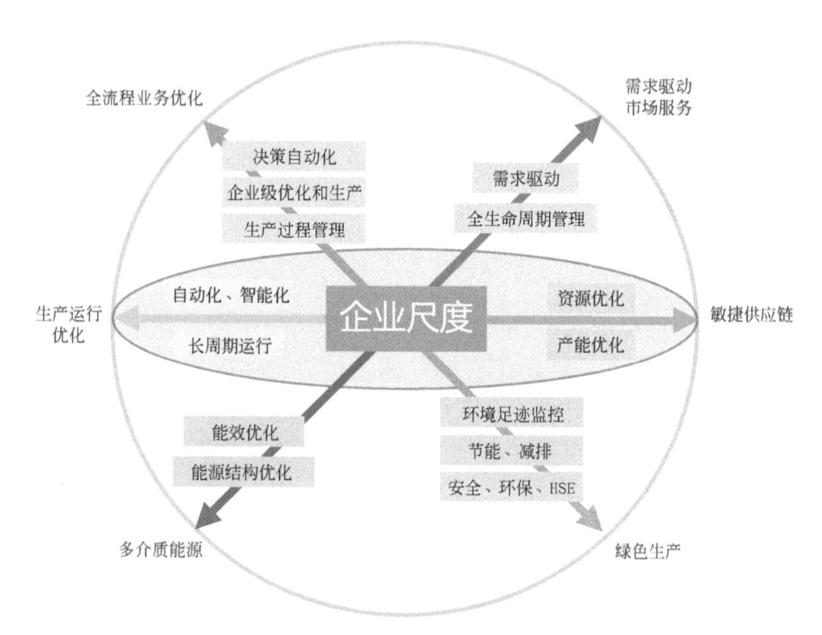

图4.5　互联化工企业尺度上的热点问题

另外，从园区尺度看，基于工业互联网构造园区产业链，可大幅提升园区在安全、环保、节能、应急等方面的响应速度和能力，提升监管效率和健康安全管理水平。可以说“互联化工”的目标是实现“智能产线-智能工厂-智慧园区-智慧产城-智慧产业链”的一体化，通过多尺度之间的无缝连接与协同联动，提升资源利用效率、绿色化、环境友好，推动行业可持续发展。

4.3.2　互联化工架构模型

化学工业由于其过程性特点，它的智能制造与其他行业相比存在差异性。它不仅关注产品和生产过程智能化，还强调体系的连续性和过程的“安、稳、长、优、满”。因此，化学工业智能制造是在全球化背景下，充分兼顾市场需求、股东价值与可持续发展等多方目标，以多尺度的广泛互联、开放、协同和智能化为特色，安全绿色的化学工业的新型制造模式。根据化学工业发展智能制造的背景、目标、实现路径及特点，我们将化学工业智能制造新模式称为“互联化工”。

互联化工综合绿色化学、人工智能、现代化的管理思想与先进制造技术，实现从最优化计划与调度，到面向供应链（甚至产业链）协同的控制，以及贯穿于业务与决策全过程的知识自动化机制，同时生产组织从简单的集中型转型为多元价值融合型，适应更严苛的环境与安全要求，以及更多变的客户需求。

互联化工着力于以下目标。

（1）由过程集成到面向多尺度互联的“供应链网”整合

随着绿色化学系统的边界不断扩大，原子经济性、无副产物和废物零排放正成为资源利用和环境保护的发展方向。单纯地考虑选择更高转化率的化学合成途径，或仅考虑实现工艺过程间或厂级的能量和物料集成已难以满足需要，还需要建立从原子水平到系统水平的全生命周期的经济与环境效应的综合平衡，也就是由过程集成到面向多尺度互联的“供应链网”的整合，这是“互联化工”的关键任务之一。

案例

四川大学化工学院的CCU技术将二氧化碳排放与磷化工废物处理相结合，实现了多领域的物料链整合，而过程强化和集成问题是实现其工业经济性的根本，工业互联网平台为跨产业、跨领域的整合提供了强有力支撑。

（2）规模化与柔性化兼顾

过程行业的发展一直存在两种趋势，一是规模化和集中度将越来越高，二是产品与服务越来越要求突出个性化。“互联化工”的目标就是让企业能敏锐地感知市场变化，从而迅速地进行正确调整，具体表现为，企业在发挥规模优势的同时，对终端需求有更强的敏捷性和柔性。工业互联网链接市场与制造，是实现上述目标的必要方法。比如，由于建材、汽车、包装、装饰等行业对玻璃制品功能的分工越来越细，使玻璃制造业对纯碱成分、晶型、细度分布的需求也更加细化。这就要求碱厂表现出柔性化能力，能及时调整生产组织与工艺系统，更好地适应市场需求。因此，“互联化工”不是要进一步扩大规模，也不是简单地敏捷制造升级，而是借助虚拟技术和智能控制，将化学工业从规模效益主导，向兼顾多品种、小批量和客户化方向平衡发展。

案例

中石化燕山石化分公司根据聚丙烯市场和聚丙烯生产企业原料变化的现实，改变传统的通过规模化生产来占领和影响市场的做法，树立新的管理理念，通过充分的客户个性化需求挖掘，并深化市场服务，在工业生产装置上实施柔性生产，同时开发出高附加值新产品，优化产品结构，优化企业资源分配，在满足市场和用户需求的同时，通过柔性化提升装置效率，增强企业竞争力和盈利能力。

（3）制造与服务相结合

互联网拉近了企业与用户距离，给企业经营理念带来变革，使“制造+服务”成为一种发展迅速的化学工业新业态，为优化产能布局、实现产业升级提供了一条有效途径。目前，石油炼化、化肥、塑料等在全球范围内都存在着产能分布不平衡、局部产能过剩的现象，影响了企业的盈利能力和持续发展能力。面对这一局面，企业只有面向市场、产业链向终端需求延伸，扩大价值领域，通过跨组织（研发、制造、供应、客户等）、跨制造模式（合成制造、共混改性、订单生产、批处理等）、跨目标（产能结构、现金流、成本与交货期等），以更贴近客户需求的产品和服务赢得优势。

案例

杜邦公司是福特汽车进行表面烤漆所用涂料的供应商之一，原本合作模式是以量计价，且获得了可观利润。但在合作中杜邦发现，福特公司原有的表面烤漆工艺会有30%的涂料进入到废气或废水中，没有得到有效利用，不仅增加了成本也带来了环境问题。杜邦分析此问题后，认为福特所需要的不只是涂料产品，还包括表面烤漆服务。据此，杜邦面向产品全生命周期，把涂料的制造以及使用中衍生问题的处理均定义为企业的核心能力，进而改变原来依涂料使用量进行计费的方式，创新性地以所完成的表面喷漆的汽车数量进行计费，这推动杜邦全面进入涂料应用环节，主动进行以提升效率和减少废弃物排放为目标的技术创新。最终帮助福特减少了50%的挥发性有机化合物排放量，减少了35%～40%的表面烤漆成本，而杜邦则成为了福特汽车所优先选择的涂料供货商，占有了北美区域市场50%的份额，并通过“制造+服务”的商业模式创新性地提升了竞争门槛，有效维持了市场占有率。

（4）智能工厂

大数据和人工智能技术正在改变化工生产制造过程，影响从产品研发、资源配置到市场服务的全业务流程，在企业尺度上形成一种新型的制造组织形式和技术体系，基于这一体系，设备层、控制层、调度层、管理层和决策层同步协同，并通过全面的自动化和智能化实现生产及经营决策优化，这就是智能工厂。智能工厂模型如图4.6所示。

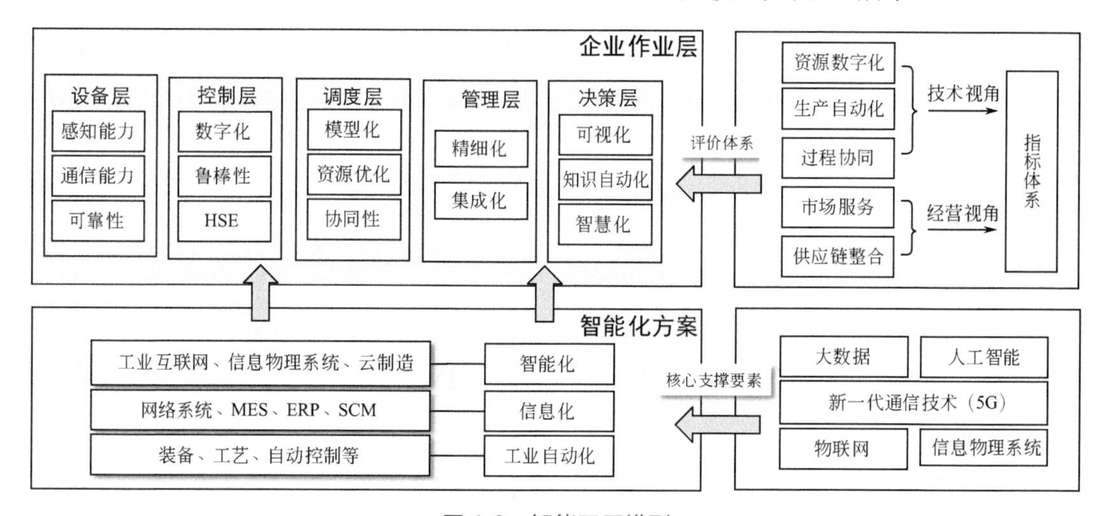

图4.6　智能工厂模型

智能工厂与数字化工厂是有区别的。数字化工厂以制造资源、生产操作和产品为核心，应用模拟仿真、虚拟现实（Virtual Reality，VR）和实验验证等技术将产品在生产工位、生产单元、生产线以及整个工厂中的所有真实活动虚拟化，是真实工厂的制造过程（如设计、性能分析、工艺规划、加工制造、质量检测、生产过程管理和控制）在计算机上的一种映射，对生产过程进行分析和优化。

智能工厂是在数字化工厂的基础上，将物联网技术、大数据和人工智能等多种系统融为一体，以减少生产线人工干预，提高实际生产过程的可控性和知识自动化水平。可以认为，数字化工厂是智能工厂的基础。化工行业智能工厂有几个关键要点：

① 智能工厂的基本特征包括数字化、可视化、模型化、自动化和集成化。只有将信息、经验和知识转化为数学模型，才能实现计算机的自动求解、自动决策（评价），并将决策（评价）自动传输给相关业务层，从而达到智能化，该过程也称为知识自动化。知识自动化将人们从重复性工作中解放出来，专注于创新和高附加值的活动，这是智能工厂的核心。

② 智能工厂在数字化工厂基础上，构筑完整的CPS和工业互联网平台，实现数字化系统与物理系统的同步，即数字孪生。

③ 化工智能工厂的基础单元是“智能单元”，包括智能单元操作和智能单元过程，“智能单元”有特定的作业类型及物流和操控属性。“智能单元”间可以自主并独立地完成信息通信和过程协同，以智能物联形成柔性化的组态结构。

④ 智能工厂的工艺系统有足够的灵活性和智能性，可智能编辑产品工艺、成本、物料流、HSE（Health，Safety，Environment，健康、安全、环境）边界以及可靠性等要素。

⑤ 智能工厂的运营优化不只是基于工厂尺度下的生产条件，而是实现面向多尺度融合的最优。

案例

九江石化在石化盈科的帮助下成功建设了智能炼化工厂，成为石化行业智能制造的示范性项目，其主要内容包括：

- 建设了企业级的具有生产优化、实时评价、效益预测功能的协同优化管理系统，使各业务环节协同、高效、有序、优化，提高了最优化配置资源的水平，取得了显著的经济效益。
- 充分利用中国石化50套催化装置约50TB的历史数据，开展装置报警分析，提高了装置运行报警的准确性，将关键报警提前了1~2min，为提升装置运行可靠性、规避安全风险争取了宝贵时间。
- 利用工业4G无线网和智能巡检设备，实现外操巡检数字化和内操巡检自动化，提高了现场处置效率，操作平稳率提高5.3%，操作合格率从90.7%提升至99%。
- 九江石化建立了污染排放监测点370余处、职业危害监测点770余处。实现了对企业现场作业、人员、环境三位一体闭环管理，通过“环保地图”实现实时监控、异常报警和自动推送。

（5）云制造

互联化工强调对象系统多尺度的连通性和协同性。云制造是“互联化工”在单元、工厂以及园区尺度实现资源共享与集成的典型应用模式，是一种基于网格化的、互联共享的、面向服务的智能化制造模式。如图4.7所示，云制造在工业云、工业互联网平台等信

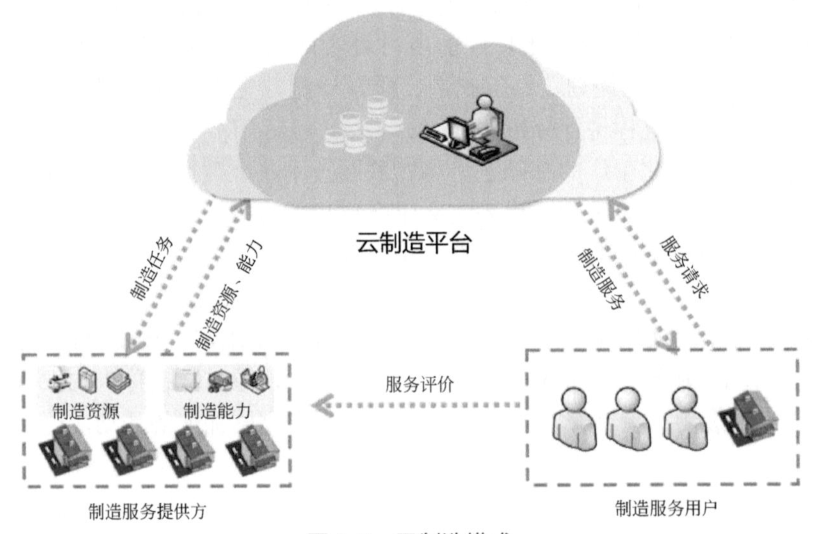

图4.7　云制造模式

息技术支撑下，将各类制造资源和制造能力数字化、网格化、共享化，实现资源与能力完全流通、集中的管理与调配，支持市场以最有效和最经济的方式获取所需优质资源与服务，包括知识技能、制造能力、质量保证以及产品与服务等。云制造模式有助于解决行业优化布局、资源优化配置、作业优化调度，以及技术、安全和市场等方面的问题，推动行业向集成、协同、敏捷、智慧和绿色化方向发展。

图4.8是基于本章前述分析及第2章中所讨论的智能制造的技术基础，构建的互联化工技术架构模型，其本质是基于工业互联网技术，在化工行业的多相、多尺度和多时空域条件下，符合行业特征和要求的知识自动化工作机制；其目标是提升行业安全性、协同性以及效率，推动行业绿色可持续发展。具体内容将在4.4节中详细介绍。

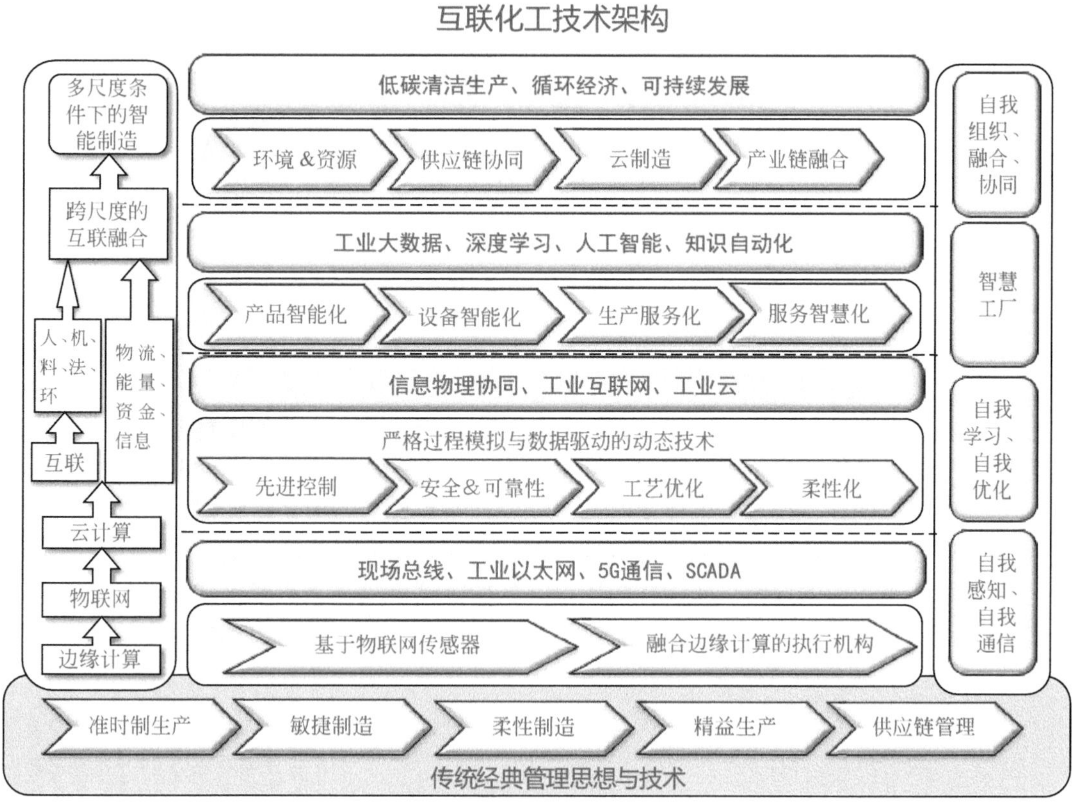

互联化工技术架构

多尺度条件下的智能制造
跨尺度的互联融合
人、机、料、法、环
物流、能量、资金、信息
互联
云计算
物联网
边缘计算

低碳清洁生产、循环经济、可持续发展
环境＆资源
供应链协同
云制造
产业链融合
工业大数据、深度学习、人工智能、知识自动化
产品智能化
设备智能化
生产服务化
服务智慧化
信息物理协同、工业互联网、工业云
严格过程模拟与数据驱动的动态技术
先进控制
安全＆可靠性
工艺优化
柔性化
现场总线、工业以太网、5G通信、SCADA
基于物联网传感器
融合边缘计算的执行机构

自我组织、融合、协同
智慧工厂
自我学习、自我优化
自我感知、自我通信

准时制生产
敏捷制造
柔性制造
精益生产
供应链管理
传统经典管理思想与技术

图4.8 互联化工技术架构

4.4 互联化工的典型业务场景与模式

互联化工作为化工行业智能制造的典型架构模型，其业务内涵的重点是基于化工行业的专业特征和应用模式，面向研发、设计、生产和经营等全业务范围和全生命周期，将大数据技术和人工智能技术与企业业务需求深度融合，实现纵横向的交错，及端对端的高度信息集成和知识自动化，以提升企业感知、管理、协同、优化和决策等关键能力，并使这些能力贯穿于企业产、供、销各个业务领域，如图4.9所示。

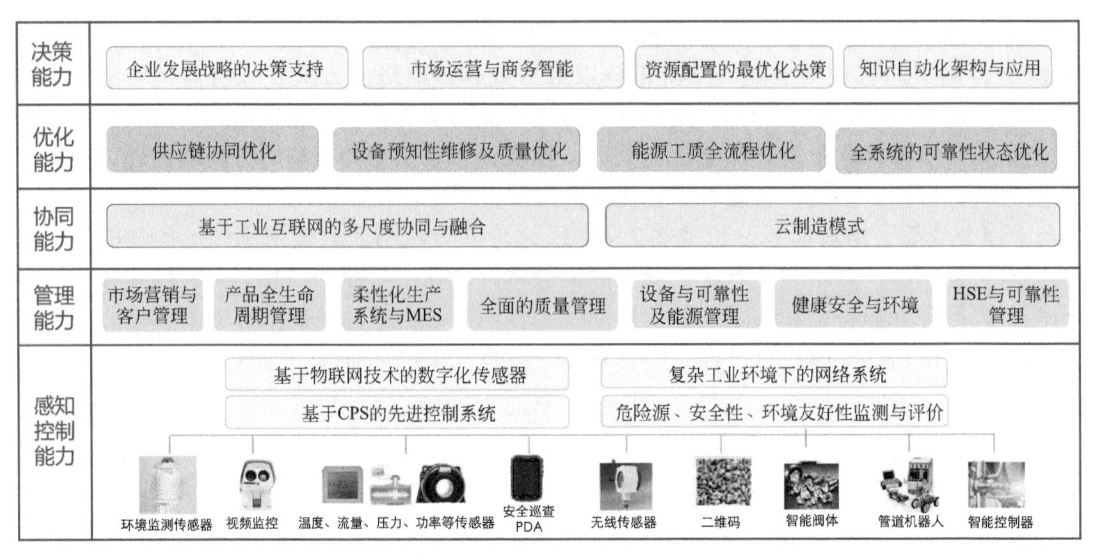

图4.9　互联化工构建于现代信息技术基础上的关键业务能力

4.4.1　绿色化的产品工程、工业工程与制造模式

化工行业要实现可持续发展，必须在绿色化以及循环经济的目标下，在产品工程、工业工程与制造模式等领域进行创新。原子经济性（Atom Economy）属于绿色化学范畴，是指在化学品合成过程中，其合成方法和工艺能把反应过程中所有的原材料尽可能多地转化到最终产物中，以提升化工过程在原子水平上的经济性。要实现原子经济性目标，可通过开发新的反应途径，或者用催化反应代替化学计量反应等。但是，大多数情况下，通过单一反应难以甚至不可能实现原子经济性，需集成多化学反应过程，把一个反应排出的废弃物作为另一个反应的原料，实现“封闭循环”的工艺系统，来实现化工生产零排放，这就是循环经济模式。循环经济对多个化工过程间的协同性提出了高要求，可以认为，未来任何先进的化工制造模式首先一定是多装置、多过程的互联与协同，需要从实现全工艺过程数据自动采集、过程自我评价、多尺度和多维度最优化控制出发，提升化工过程的柔性、鲁棒性和不同产品及不同过程间的协同性，因此，绿色化工和循环经济模式是互联化工的行业基础。

借助大数据技术，人们可以从更多角度精准描述物质与能量的转换过程，科学家和工程师们可以更好地规划研究方案，科学地分析和总结研究结果，精准高效地指导创新活动以及生产实践，这为化工行业的产品工程和工业工程创新提供了新的路径和工具。图4.10所示是化学工业面向全生命周期的产品工程与工业工程融合的一种架构模型。

① 在客户的个性化需求导向下，以并行工程的方式完成产品设计、工艺设计以及生产过程组织，实现企业经济及产品质量目标、资源优化配置和合同交付要求。其中，面向全部可选空间进行搜索的高通量方法帮助企业实现从分子设计开始的产品全生命周期管理。

② 制造中心需要基于工业工程原理对制造过程的人、设备、物料、能量、信息等要素进行组织与优化。在工业互联网平台上工业工程将产品设计并行化，在多尺度多准则下按需定制产品与服务、分发资源，从而显著提升资源配置效率以及整个制造系统的效率。

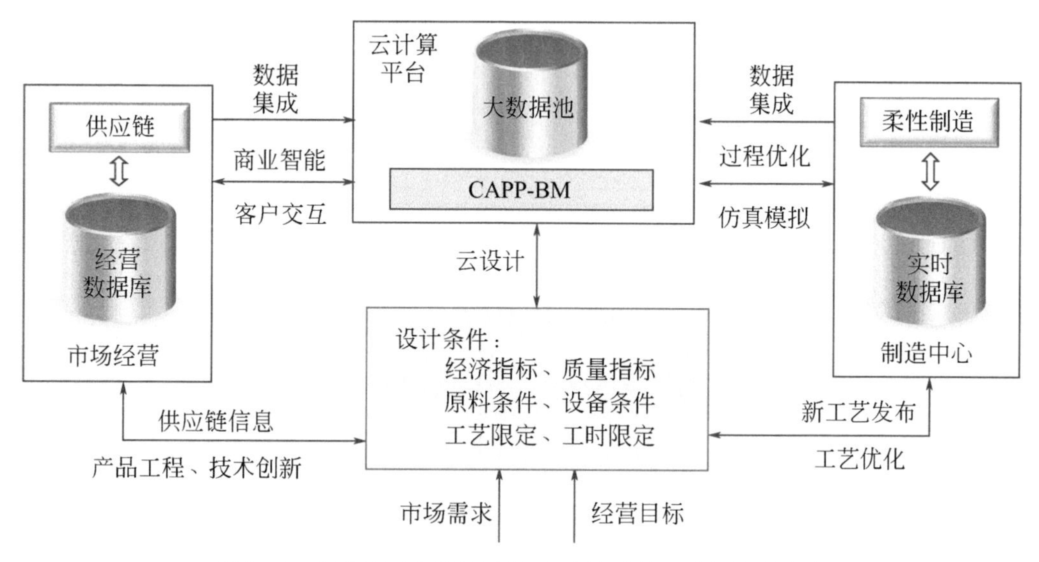

图4.10 互联化工之业务维度：产品工程与工业工程的融合

③ 基于市场环境数据的商务智能融入企业的产品设计及资源配置过程，可形成产品全生命周期的信息管理和服务，将传统的制造模式发展为“制造+服务”模式，并由此形成制造的新价值领域，重塑企业核心竞争优势。

④ 基于云计算的大数据池，实现全产业链的信息整合，提升整个市场系统与供应链及制造系统的协同性，这有利于实现循环经济模式，提升整个产品链的原子经济性水平。

案例

在新材料研究领域，材料基因组计划正将传统的实验筛选方法与大数据技术相结合，推动新材料的研发、生产与应用模式从完全经验型向理论预测型转变，融合物理模型、数学计算和材料学原理，建立材料的化学组成、微观结构、加工工艺、应用环境与宏观性能的关联模型，将材料性能的评价与优化覆盖其全生命周期。重庆国际复合材料公司建设基于材料基因组技术的高通量平台以提高浸润剂研发效率。其核心是充分发挥工业大数据技术的优势，将浸润剂研发由“经验指导实验”转变为“数值化预测-实验验证”的模式。重庆国际复合材料公司的浸润剂研发平台包含数据池、计算工具和高通量实验工具三大关键要素。数据池的数据涵盖了实验研发和工业生产数据，包括水性聚氨酯乳液的制备、浸润拉丝以及复合材料加工全流程。在此基础上，进而建立起机器学习模型，以深度挖掘聚氨酯膜的原料组成、工艺参数与玻璃纤维成品性能之间的模型与规律，从而指导聚氨酯膜和玻璃纤维产品的开发。

4.4.2 商务智能化与优化控制一体化

化工行业对装置及外供条件的依赖度较大，同时，生产过程的稳定性、均衡性、满负荷性又是影响其经营效果的重要条件，这是一对结构性矛盾。互联化工通过大数据分析准确刻画市场供需关系，挖掘客户行为准则与价值体系，建立客户需求驱动的供应链的逻辑与模型，帮助决策者在多准则、多约束条件下实现决策优化，如图4.11所示。

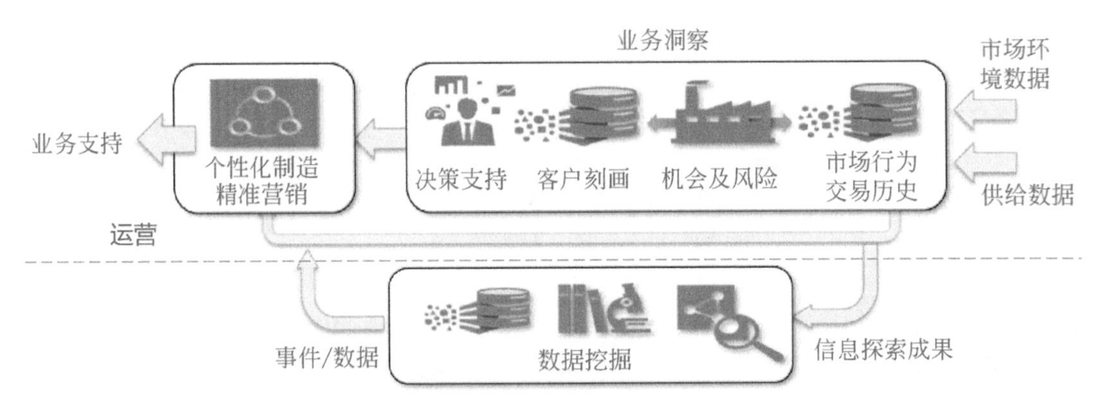

图4.11　互联化工之业务维度：商务智能

企业在生产经营中会产生无数的信息，如订单、库存、交易账目、服务交流记录及客户资料等，这些信息蕴藏了丰富的经营理念和市场规律。基于大数据的商务智能技术，充分挖掘数据资源，捕获信息、分析信息、沟通信息，发现过去缺乏认识或未被认识的数据关系，增进对市场需求及业务情况的了解，以在业务过程管理及发展规划上做出及时和正确的判断，帮助企业管理者做出更好的商业决策。也就是说，商务智能技术将实现客户刻画及需求分析、辨识商务机会及风险，然后科学决策，实现精准营销。

基于商务智能进行决策要综合企业外部环境和内部条件建立分析模型，以确定企业经营目标、方针和策略，其模型见表4.1。

表4.1　商务智能模型列表

<table>
<tr><th>序号</th><th>模块</th><th>模型</th><th>决策方向</th></tr>
<tr><td colspan="4">企业外部环境分析模型</td></tr>
<tr><td>1</td><td>政策环境</td><td>● 国家有关经济政策和法规，尤其是金融、产业、财税以及进出口的政策和法规</td><td rowspan="3">面向产品发展战略的决策。包括：品种单一化（多样化）发展战略；产品独特化（个性化）发展战略；经营多样化战略等</td></tr>
<tr><td>2</td><td>供应链模型</td><td>● 国际国内相关行业的市场行情，产量、价格模型
● 产品及服务的需求模型
● 主要原、燃、材料供应情况及价格模型</td></tr>
<tr><td>3</td><td>市场模型</td><td>● 市场面分布分析
● 市场产品竞争分析
● 价格变动对需求影响程度分析
● 开辟新市场分析</td></tr>
<tr><td colspan="4">企业内部条件模型</td></tr>
<tr><td>4</td><td>产品决策模块</td><td>● 产品寿命周期分析
● 产品市场容量分析
● 市场潜力模型
● 产品的竞争能力分析
● 产品销售增长潜力分析
● 产品获利能力分析
● 产品市场占有率分析
● 产品生产能力及适应性分析
● 产品技术能力分析
● 产品销售能力分析</td><td>面向企业生产方向的决策支持。包括：产品寿命周期评价、产品获利评价、产品销售增长率与市场占有率评价，以及产品边界收益评价等</td></tr>
</table>

续表

序号	模块	模型	决策方向
企业内部条件模型			
5	装置运行模型	● 原料评价及工艺适应性模型 ● 以效益最优为目标的工艺机理建模与数据驱动建模 ● 以效益与交付能力最优的装置运行控制的动态优化模型 ● 基于资源最优化配置的生产计划（调度）模型、交付能力模型 ● 以效益与交付能力最优化为目标的装置可靠性评价与安全模型	以市场服务和经济效益最大化为目标的卓越运营
6	销售决策支持	● 市场供需关系模型 ● 价格模型	价格政策、促销手段、渠道等
7	财务决策模块	● 投资经济效益分析模型 ● 投资决策模型 ● 利润率（销售利润率、投资收益率、成本利润率等）分析模型 ● 盈亏平衡分析模型 ● 质量成本模型	投资决策 资金筹措决策
8	客户关系	● 客户概要分析，包括客户的层次、风险、爱好、习惯等 ● 客户忠诚度分析，关注客户对某个产品或服务的忠实程度、持久性、变动情况等 ● 客户利润分析，分析客户所消费的产品的边际利润、总利润额、净利润等 ● 客户性能分析，分析客户所消费产品和服务的种类、消费渠道等 ● 客户未来分析，分析客户数量、类别等情况的未来发展趋势、争取客户的手段等 ● 客户个性化分析，分析客户对产品设计、关联性、供应链的个性化要求等 ● 客户促销分析，包括广告、宣传等促销活动的模型	营销4C（Customer，Cost，Convenience，Communication）理论，全面理解客户消费模式、消费行为以及消费体验，建立以客户为中心的营销模式、制造模式

在企业实际应用中，商务智能一般体现为在决策过程中开展定性和定量分析的辅助价值。在互联化工架构中，商务智能在数据仓库、OLAP（OnLine Analysis Processing，在线分析处理）、数据挖掘、模型及规则库等基础上，将OLAP多维数据分析与数据仓库的多维数据组织以及多样化的数据挖掘技术相结合，在数据、规则、模型、交互等系统集成的基础上形成知识自动化体系，实现客户个性化刻画、市场价值的挖掘与重塑，从而提升企业决策智能化和科学化水平。

化工行业商务智能的发展方向是客户个性化需求与装置运行特性融合，推动决策和控制模式的变革，这就是商务智能与控制优化（智能化）一体化的智能控制技术。智能控制技术在物联网、云计算、分布式技术和边缘计算等技术支持下形成闭环体系，可以适应生产环境的不确定性和市场需求多变性，能保证生产控制的全局最优、高鲁棒性、高柔性和高效率。智能控制技术强调通过融合既往的经验和动态的过程机理模型，实现化工过程的强化。基于智能模型的先进控制技术包括但不限于：模型控制、分级递阶智能控制、专家控制、人工神经元网络控制、拟人智能控制、故障诊断与控制优化一体化。这些控制方法各有千秋，实际工作中需综合运用，甚至结合传统的控制方法，以达到更佳的效果。信息物理系统所具备的自我感知、自我通信、自我计算、自我优化、自我控制等性能，集常规控制、在线工艺优化、异常识别、故障诊断、柔性化等功能于一体，使其成为互联化工未来非常有发展前景的智能控制技术。

4.4.3 面向供应链协同的柔性生产系统

相比传统的规模化运营模式，互联化工需具备更强大的能力，服务于客户的个性化需求，这要求生产系统是柔性的，能满足小批量、多品种、低成本和高质量的生产制造要求。可以认为，互联化工是一种柔性化的系统，所谓柔性化化工过程系统（Flexible Chemical Manufacturing System，FCMS），是由多个柔性制造单元构成的，能根据产品任务或生产环境的变化迅速进行调整，以解决多品种小批量生产模式中的效率瓶颈问题。FCMS有以下几种类型。

① 产品柔性　市场对化学品的需求向多样化方向发展，导致企业生产模式趋于精细化、多品种甚至定制化，这要求装置系统能够在市场需求变化后，快速重构且经济地生产新产品，同时，装置在产品更新后对原产品仍然有较好的继承和兼容能力。

② 工艺柔性　体现在，过程工艺在面对产品品种或原材料变化的情况下，仍具有较强的适应能力。

③ 装置柔性　需要生产不同产品时，生产流程可随产品变化而重组。通常按化工单元操作进行分类，比如，氧化、卤化、氨化、还原、缩合、分离。然后依据工艺需要进行组合，坚持易配、易装、易拆、易换的基本原则，尽可能以较少的设备生产多种产品。智能化的过程控制系统是实现多品种、系列化、灵活批量生产的关键。

④ 维护柔性　生产系统无明显瓶颈环节，具有在较低的能力冗余度下的自平衡与修正能力，同时，由于大范围应用智能传感器以及智能化的异常识别与故障诊断技术，生产系统可维护性强。

⑤ 批量柔性　生产系统不管是在大批量还是小批量规模下，均可表现出优秀的经济性，这在强调规模化生产的化工行业显得尤为重要。基于柔性生产计划和最优化调度的交货期与质量模型是实现批量柔性的关键。

⑥ 扩展柔性　可根据市场需要，快速并低成本地伸缩系统结构，以满足市场需求。

当前，在更高的环境要求和更高标准的工业代谢平衡和能质平衡背景下，“园区化、一体化、智能化和清洁化”成为了过程行业重要的发展模式。但在工业园区实践中，常常由于某一/几个企业出现经营困难或调整经营目标，导致园区尺度下的生产系统整合能力下降，能质平衡被打破，从而恶化企业乃至整个园区的经营环境，这是由于企业面对经营环境的柔性化程度不高的表现。对此，在企业及园区尺度上可以通过以下途径提升过程行业企业的柔性化水平。

（1）构建完备健全的供应链网络，将企业融入更健壮的供应链体系内

供应链（Supply Chain，SC）概念自20世纪80年代末提出，以特定产品为核心，关注从原材料供应、生产制造、运输到分销的整个物料“运动”过程的完整价值链，随着企业价值多元化以及供应链体系的日益复杂，供应链从单一核心的“单核结构”[图4.12（a)]成为无核心的“网链结构”[图4.12（b)]，“网链结构”是多条“资源-产成品-消费-废弃物-再生资源”的工业代谢链相互融合、相互协同形成的多节点的供应链模型，“网链结构”的无核也可认为是多核。

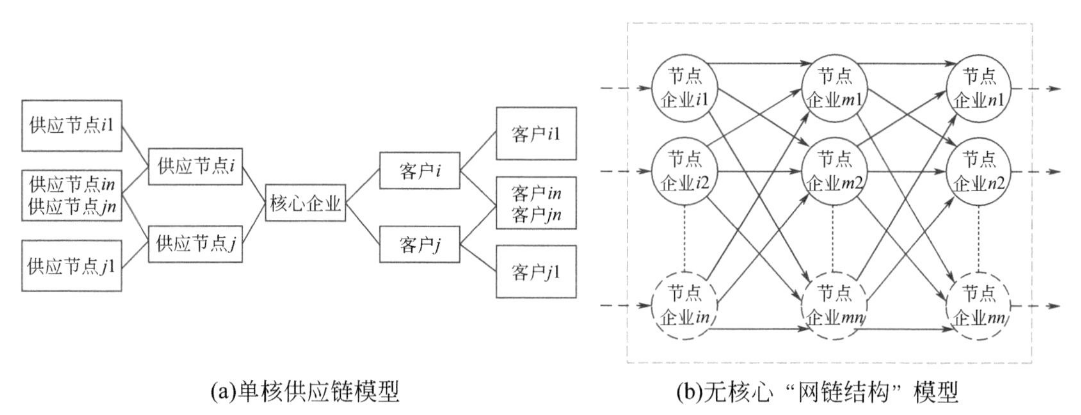

(a)单核供应链模型　　(b)无核心“网链结构”模型

图4.12 供应链模型

在供应链“网链模型”中，资源、加工、市场和环境等要素组成相互连接又独立的节点，节点间以契约方式连接成为具有一定柔性的耦合关系。耦合关系有多种类型，包括合作型、竞争型，以及既合作又竞争型。供应链网通过优化产品结构、原料选择、工艺路线实现资源与能源平衡，并整合市场供需及物流，实现整体经济效益最优和环境影响最小，同时，具有良好的抗风险能力。供应链“网链模型”无确定的核心企业，强调整体性和节点企业间的协同合作，稳定可靠的协同性是关键。

案例

嘉化能源，即国家级“中国化工新材料（嘉兴）园区”，坐落于浙江省嘉兴港区乍浦经济开发区内，以热电联产为核心和源头，构建起从能源到基础无机化工、再到油脂化工的产品线，形成了能源和化工融合互补的配套优势。由图4.13可见，热电联产是嘉化能源的业务核心，其主产品是蒸汽和电力。

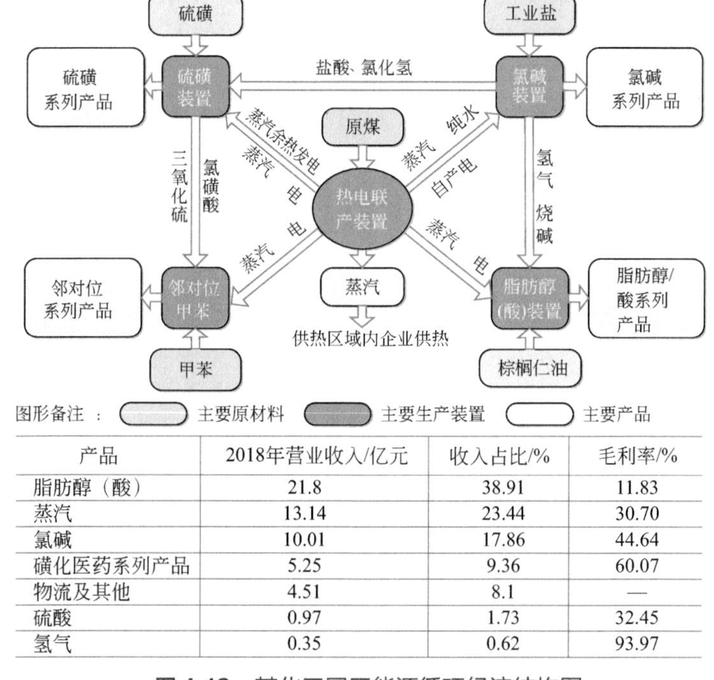

产品	2018年营业收入/亿元	收入占比/%	毛利率/%
脂肪醇（酸）	21.8	38.91	11.83
蒸汽	13.14	23.44	30.70
氯碱	10.01	17.86	44.64
磺化医药系列产品	5.25	9.36	60.07
物流及其他	4.51	8.1	—
硫酸	0.97	1.73	32.45
氢气	0.35	0.62	93.97

图4.13 某化工园区能源循环经济结构图

蒸汽通过公共管廊和集中供热管网等设施供应给区域内的化工企业，电力是氯碱生产的主要能源，自供电力显著降低了氯碱的制造成本；同时，磺化医药产品生产消纳了热电的副产物硫，脂肪醇（酸）生产的加氢工艺则充分利用了氯碱生产中富余的氢。这是一个“资源-产品-再生资源”构成的循环产业链，由于产业链的各个环节都得到均衡发展，成为了典型的无核心“网链结构”。

（2）提升企业间、系统间的协同制造能力

协同制造是基于敏捷制造、数字化工厂、供应链协同的生产制造技术，它打破时间和空间的约束，通过网络系统使整个供应链上的企业和合作伙伴共享资源信息、质量技术信息，以及生产经营信息，使企业间从传统的串行协作方式，转变成并行协同方式，以快速响应客户需求，提高设计和生产的柔性、缩短产品交付期。协同制造面向化学工业的多尺度和多层次，其内涵包括面向工艺的协同、面向生产过程的协同、面向成本的协同、面向资源配置的协同，目标是提高产品质量水平、可制造性、安全可靠性以及成本的可控性。协同制造有多种尺度下的具体形式，云制造是面向产业链、供应链尺度上的实践；微化工正方兴未艾，微单元间的协同性也是互联化工协同制造的典型应用模式。

（3）发展包括工业互联网、智能控制以及微化工在内的多样化技术体系

实现供应链网的最优化网络设计与协同制造，需建立一套包含商流、物流、资金流、信息流的多层面的模型体系与平台工具，为以规模化为典型技术经济特征的化工行业提供了新的、可行的柔性化路径，即装置与系统的微小化。

以微化工设备为核心的过程系统，能够在包括微米或亚毫米级的尺度空间下操作化工过程，通过减小体系的流动和分散尺度，强化混合、传递和反应过程，从而提高过程效率和安全性，具有安全性高、过程能耗低、可控性高、批量柔性强等优点。微化工技术作为一个新兴技术领域，在技术经济方面要具有与大装置同等的竞争力，必须注重于现代信息技术的结合，进一步在反应系统的结构优化和自动控制技术等方面展开研究，特别是要开发多装置的协同运行平台，如图4.14是微化工协同工作示意图。

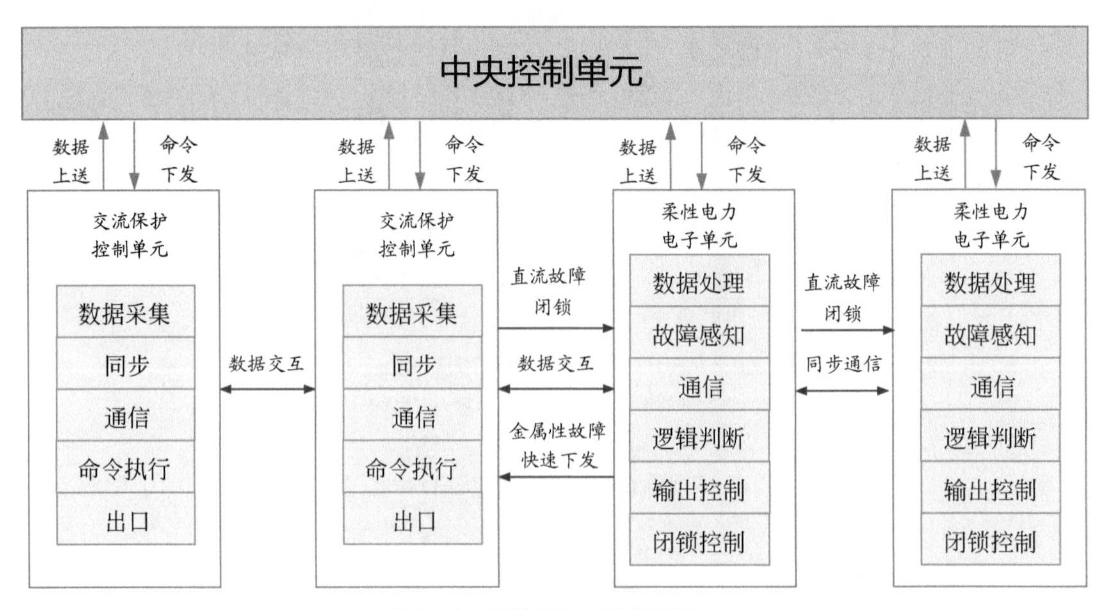

图4.14 微化工协同工作示意图

案例

微化工技术已取得一定的进展。美国康宁公司开发了千吨级精细化学品连续生产的微化工系统，德国拜耳公司的微化工技术在精细有机合成和纳米材料制备方面也得到了应用，中科院大连化学物理研究所开发了用于磷酸二氢铵生产的微化工技术，清华大学成功开发了通过膜分散微结构反应器制备单分散纳米碳酸钙的工业装置，已建成年产1万吨的微反应生产装置。另外，还有基于微反应器磷酸净化萃取技术的15万吨/年湿法磷酸净化（PPA）装置等。

事实上，适用于柔性化设计及运营的间歇式生产的过程行业企业很多，不同于连续化工过程和机械加工工业，它们具有生产工艺灵活、产品多样、操作柔性等特点，同时，装置和原料的交叉关联度高，健康安全环境的约束条件较多。柔性制造作为互联化工最重要命题之一，多尺度空间互联与协同条件下的生产工艺、控制理论以及设备设计等方面的研究工作还需进一步开展。

① 柔性化设计的理论和技术：包括连续体结构的拓扑优化技术、分布式柔性机构优化、开放式体系结构设计、仿真技术及数字孪生、工业大数据和人工智能等理论及方法。

② 生产组织及控制模式的理论和技术：包括操作单元重构理论、智能控制理论、系统扰动及再平衡的理论和技术等。

③ 制造资源控制管理的理论和技术：包括设备单元的调度技术、物料储运系统等。

④ 系统运行性能评价的理论研究：包括系统投资评估理论、调度算法、可靠性评价指标体系等。

4.4.4　基于可靠性管理和知识集成的质量管理体系

产品在其生命周期内的各个阶段都需进行特定的质量控制。实施全面的质量管理需要从多个视角出发，整体地运用系统的原理和方法，统筹人、机、料、法、环、测等相关要素，以取得质量控制活动的整体最优，这是智能制造的重要任务之一。为此，互联化工需要从系统级综合应用TQM技术、六西格玛质量管理体系、物联网感知技术、软测量技术、SPC（Statistical Process Control，统计过程控制）技术等，以全面提升产品在全生命周期中的质量感知能力和过程控制能力。

经过多年的发展，化工企业信息化的架构体系已基本形成，企业信息化系统采用的主层次结构为：DCS（分散式控制系统）-MES（制造执行系统）-ERP（企业资源计划）。集成化的质量管理体系是指将DCS、MES、LIMS、ERP等系统融为一体的企业级过程实时数据系统和业务系统，负责过程质量检验业务及企业整体质量水平的报告与评价。图4.15是涵盖企业全业务范围的质量活动图。

对化工企业而言，产品质量受人、机、料、法、环等多种复杂因素的影响，难以建立准确的模拟模型。互联化工基于大数据技术，可以从生产工艺、质量评价、作业流程、用户服务和财务核算等信息的关联中，按控制目标进行数据挖掘，建立准则和模型，对质量过程的可靠性和质量控制能力进行评价，为生产控制系统提供及时准确的质量警示，做到质量过程的可追溯性以及对不合格产品的事前预防和事中控制。如图4.16所示为质量系统结构关系图。

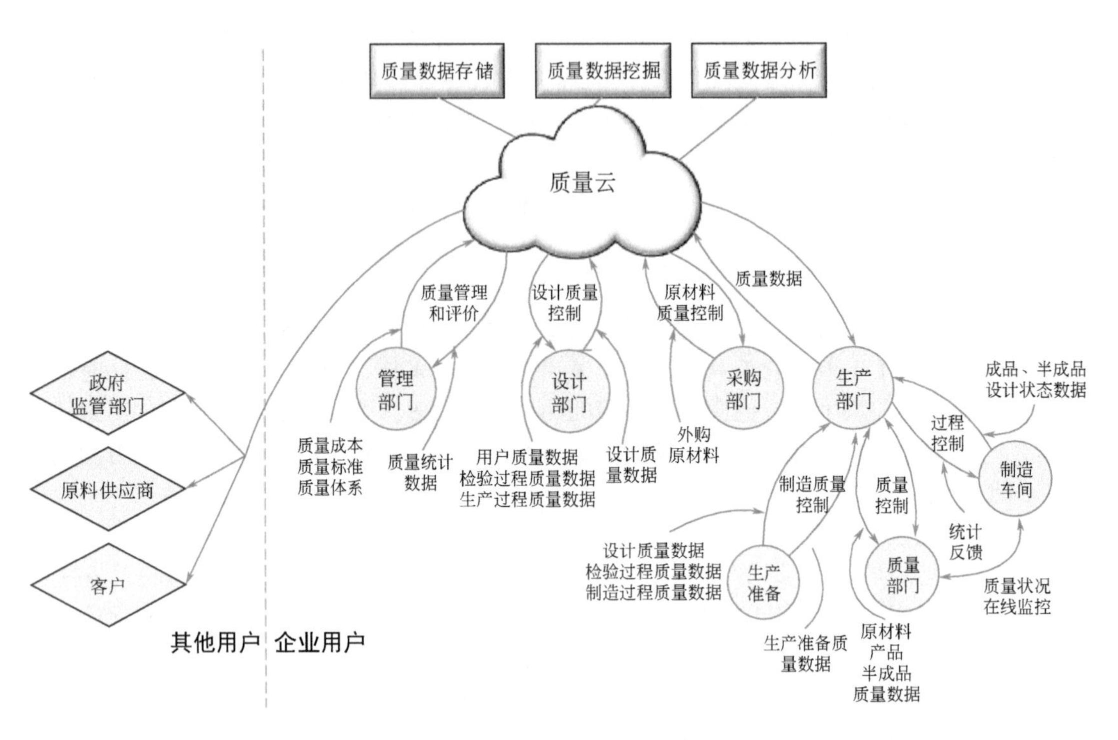

图 4.15　互联化工之业务维度：涵盖全供应链流程的质量活动

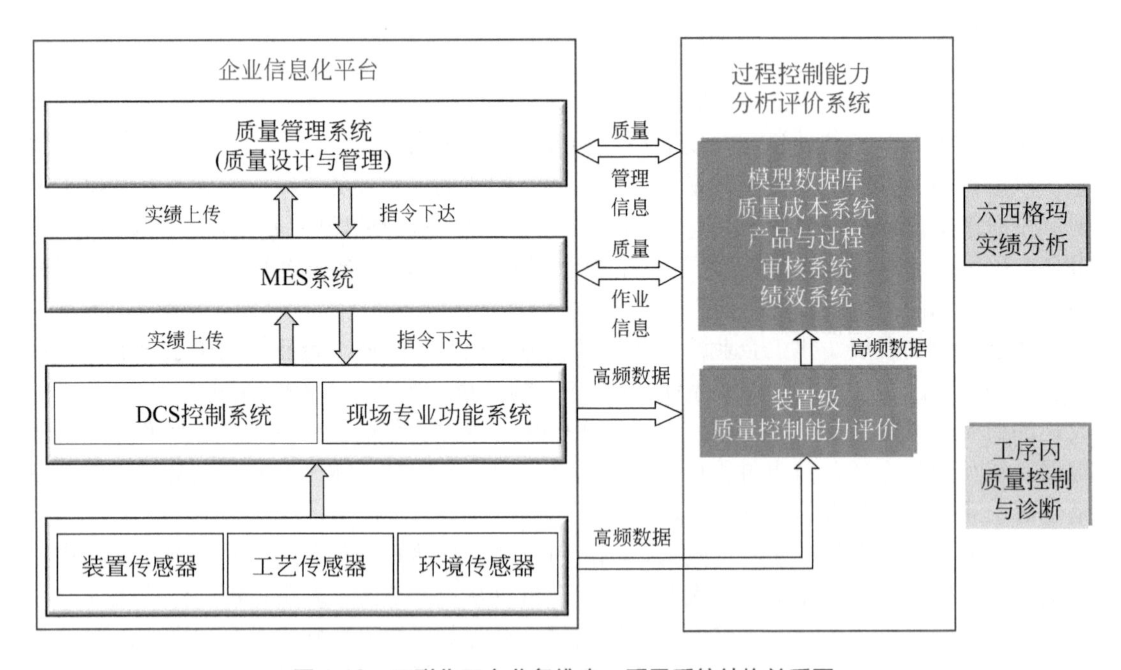

图 4.16　互联化工之业务维度：质量系统结构关系图

案例

四川大学与中国建筑合作，融合原料、设备、工艺、交付以及财务数据，打造了企业的工业大数据池，进而建立企业的系统控制可靠度-制品质量-成本模型，为企业质量成本的管理决策提供了依据。图4.17所示的成本-系统可靠度模型中，明确了企业制品成本与系统可靠度的最佳点。

500
450
400
350
300
250
200
150
100
50
0
成本/元
最小
x=0.972
y=213.8973
0.5 0.55 0.6 0.65 0.7 0.75 0.8 0.85 0.9 0.95 1
系统可靠度

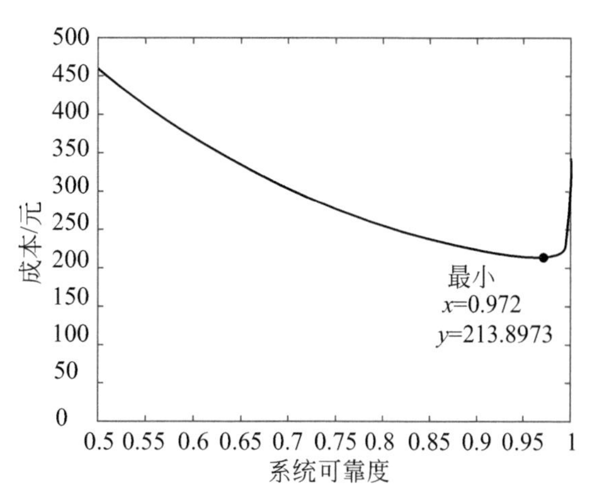

图4.17　成本-系统可靠度曲线

该模型将水泥制品的强度、变形和耐久性等作为质量表征指标，将原料质量、配比、加工条件、后期养护以及时间等作为质量影响因素，表达如下：

$$S=f(Q_i, W, Z_i, E_i, T)$$

式中，S为水泥制品的质量评价指标；Q_i为原材料质量；W为配比；Z_i为加工工艺；E_i为后期养护；T为时间。水泥制品的质量强度有一个成长周期，面对复杂的材料构成、加工条件以及后期养护，系统控制可靠度-制品质量-成本模型突破传统的水泥制品质量管理模式，进行了基于大数据的预测和优化管控，从根本上提升了企业质量过程能力。

4.4.5　智能化设备与设备全生命周期管理

化学工业属装备密集型行业，互联化工的基础是装备智能化。智能化装备要具有感知、通信、计算、控制和自我优化能力，同时，还要根据化工企业生产管理特点，按产能优化配置、运营维护、可靠性评价、设备更新决策分析等建立设备全生命周期运管模型，从设备维度提升企业安全生产、质量可靠性以及生产保供能力。为此，互联化工需要从设备技术指标、经济指标以及健康状态指标等方面系统地分析和建立设备效能评价体系，构建基于工业互联网的智能化设备系统模型，在实时感知、知识精准发布和在线动态监控方面综合提升企业设备管理水平。图4.18所示为智能化设备管理模型，其中，设备预测性维护是设备全生命周期智能管理的重要一环。

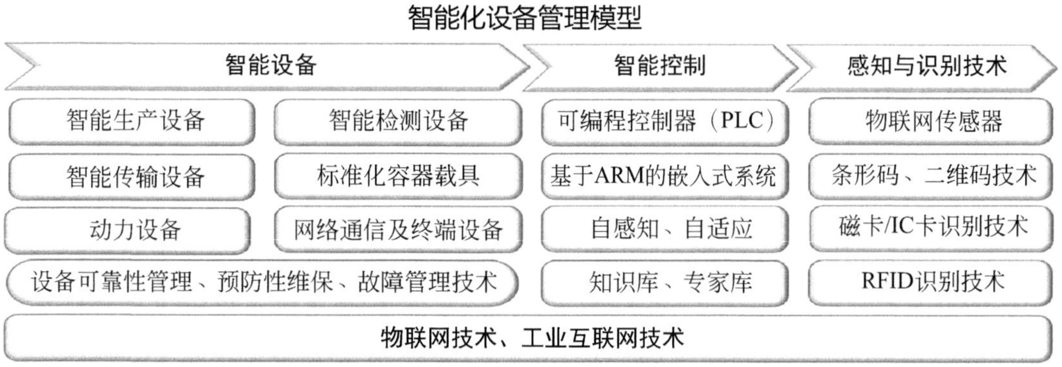

智能化设备管理模型
智能设备
智能控制
感知与识别技术
智能生产设备
智能检测设备
可编程控制器（PLC）
物联网传感器
智能传输设备
标准化容器载具
基于ARM的嵌入式系统
条形码、二维码技术
动力设备
网络通信及终端设备
自感知、自适应
磁卡/IC卡识别技术
设备可靠性管理、预防性维保、故障管理技术
知识库、专家库
RFID识别技术
物联网技术、工业互联网技术

图4.18　互联化工之业务维度：智能化设备管理模型图

化学工业的智能设备包含大量微控制单元，兼具传感和执行功能，在微控制单元的协助下，设备能实现对内部工况及外部环境变化的实时感知。感知数据经网络通信传输至数

据存储中心，然后，按实际需要调用相应的模型（如设备运行控制模型、故障诊断模型、成本模型、设备运行评价与更新模型、企业生产经营决策模型），实现在线或离线数据处理，形成控制策略或指令，最后，经知识发布平台发布至过程控制系统中。图4.19是基于装置自学习的异常诊断与控制优化原理图。图4.20为智能设备模型，该模型在工业互联网的基础上，综合了资产管控、装置协同、运行优化以及故障识别与诊断。

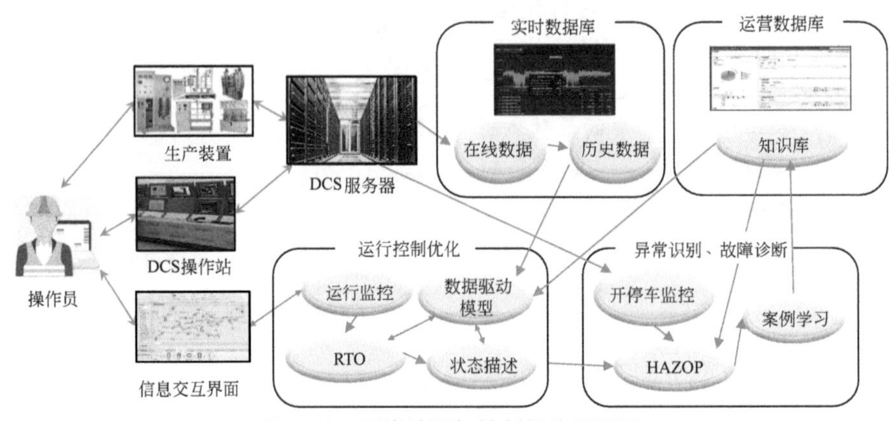

图4.19　异常诊断与控制优化原理图

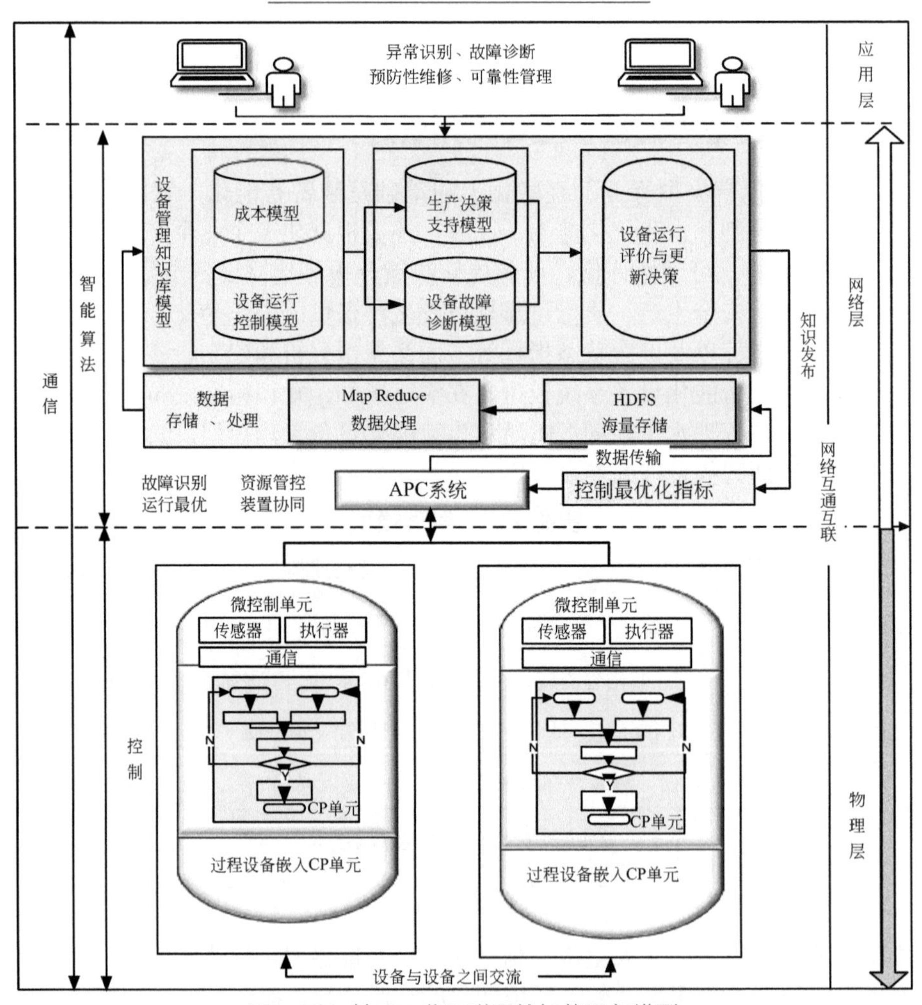

图4.20　基于工业互联网的智能设备模型

可见，智能设备具有从自我感知、自我分析到自适应和智能控制与决策的功能。建立设备运行评价与更新模型，需要系统地梳理设备全生命周期的运管需求和运管模式。建立科学的设备效能评价指标体系，要涵盖设备技术指标、经济指标以及健康状态评价指标，构建基于工业互联网和装置智能化的智能化设备系统模型，全面提升企业设备智能化水平和运管水平。当前，人工智能技术已成功应用于设备管理的以下两个方面。

① 设备故障预测　基于历史数据建立设备失效模型和检测策略，实时监测设备运转，及时对符合设定策略的监测信息进行分析预警，防止因不可控的故障停车造成的意外损害。

② 设备预防性维护与维保周期优化　物联网技术应用于化工企业可提升企业对动力网络、物流网络、设备工艺系统以及环境系统的感知能力，通过实时分析感知数据，建立异常监测模型，在发生设备故障前发出警告，避免重大安全事故和非计划停产损失，这就是设备的预防性维护。同时通过对设备运行的大数据分析，找出设备最佳维保周期，优化维保作业计划，减少设备非计划停产损失，并提升设备长周期稳定运行的能力。图4.21为设备预防性维护与维保周期优化模型图，模型的核心是基于数据挖掘技术的异常识别模型，包括时序分析、伴随概率、故障（异常）表征与统计、关联规则等技术。

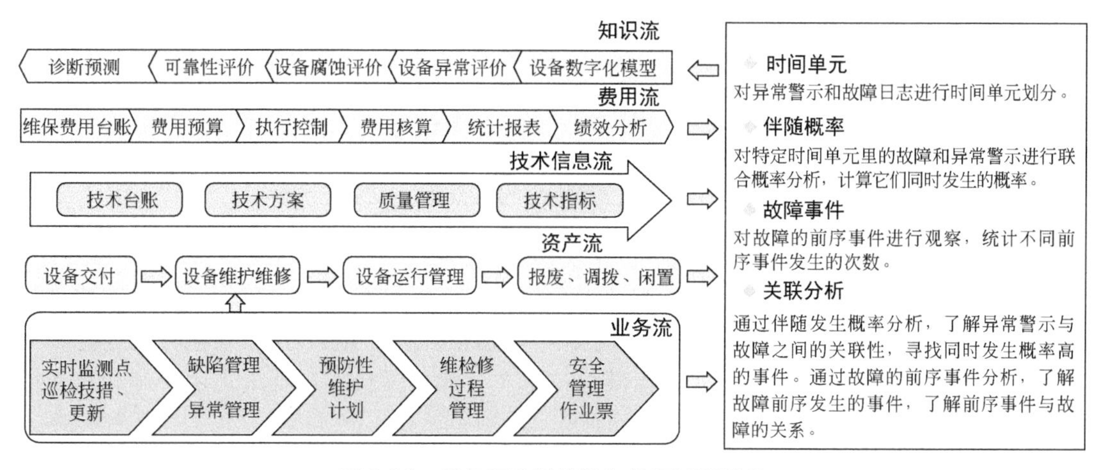

图4.21　设备预防性维护与维保周期优化

案例

挪威石油公司（Statoil）通过设备智能化升级实现了设备故障预测。Statoil基于历史数据建立设备失效模型和检测策略，实时监测设备运转，当设备检测状态与设定策略吻合时及时进行预警，这有效地减少了由于超负荷运转导致的故障停机。同时Statoil通过对大量设备运行数据进行分析，找出设备最佳维保周期，以优化维保作业，减少设备维保停机带来的损失。通过设备智能化及设备预测性维护技术，公司将整个挪威大陆架潜在效益提高了400亿美元，其中因延长设备稳定运行周期、提高产量的贡献率占70%，降低成本占30%。

4.4.6　制造执行系统

制造执行系统（MES）是面向车间执行层的生产信息化管理系统，上接企业运营系统（ERP系统），下接现场的程控器、数据采集器、条形码、检测仪器等物联网设备，是生产现场生产信息与经营管理层决策信息上传下达的关键节点，其重点是优化生产计划和生产调度，强化过程监控及计划执行功能。其中，基于工业物联网平台的数据采集接口规范和SCADA系统的应用是互联化工优化MES需要解决的重点问题。化学工业企业的MES结构如图4.22所示。

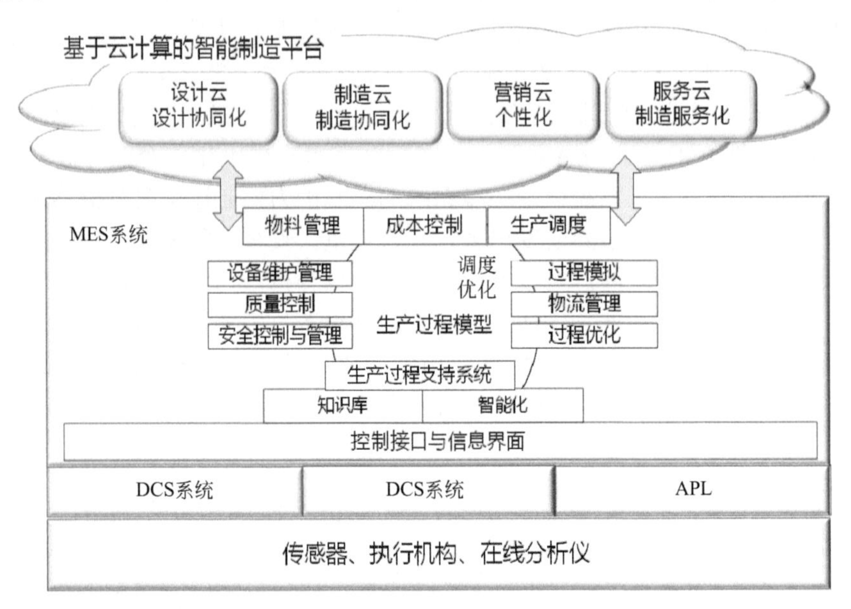

图4.22 互联化工之业务维度：过程行业企业的MES结构

化学工业面向智能制造的MES有以下关键技术。

① 生产过程数据挖掘与知识获取技术，包括，面对复杂反应过程体系的仿真模拟技术，基于大数据技术的统计分析方法、机器学习及深度学习方法、人工智能方法等。

② 生产计划、调度、调优的流程模拟技术及智能调度技术，基于工艺目标和技术经济指标的在线优化技术。

③ 基于大数据技术的在线异常识别和故障诊断、预报与运维技术、模块化智能体技术，包括生产过程安全运行智能体、故障诊断与预报智能体、异常工况处置智能体等。

④ 统计过程控制与统计质量控制［SPC/SQC（Statistical Quality Control）］技术。

案例

石油炼化企业的产品质量一般以产品中的有效成分或杂质含量进行表征，比如表示汽油质量的汽油标号就是实际汽油的抗爆性与标准汽油的抗爆性的比值，标号越高抗爆性能就越强，成本也越高。但汽油标号并不是越高越好，需要根据汽车发动机的压缩比合理选择标号，可见，汽油质量的过盈与不足不仅不利于企业自身的经济效益，也不利于产品使用性能的发挥。因此，基于SPC/SQC的质量卡边控制显得非常必需，也很重要。

对于炼化企业，汽油生产加工一般受原油性质、设备性能、过程控制等因素影响，为消除生产过程中不可预见因素的影响，企业需要在质量保证成本与质量损失成本间寻求平衡，常常扩大质量可调空间，从而增加了质量保证成本，造成效益损失。例如，为确保汽油出厂质量合格，在汽油调和过程中通常人为使得辛烷值指标高于国家标准，这对产品质量卡边控制带来了挑战，企业需要在产品质量的保证性与企业效益间建立平衡，而产品质量卡边的控制范围则尤为关键。工业大数据和人工智能技术为精准化的产品质量卡边控制创造了条件。在中石化，工艺人员可依据MES和DCS中的上游工段运行监测数据及分析检验数据，对下游工序进行在线预测，并优化控制，使产品质量指标更趋于理论最优值，提升产品的质量效益。例如，中石化某炼化厂经MES的在线动态优化分析，将100万吨/年催化裂化装置的汽油干点由198℃卡边控制到202℃（国家标准要求不大于205℃），使得产量提高了1.0~1.5t/h，新增价值达800万~1000万元/年。

4.4.7　能质网络集成管理平台与优化运行

高效的能质管理是互联化工降低综合能耗的重要路径。全面采集能耗监测点（包括变配电、照明、空调、电梯、给排水、热水机组和重点设备）的能耗和运行信息，建立涵盖能源使用、能源回收和转换输配环节的动态平衡关系模型，形成能耗分类、分项和分区域的统计分析，评估生产系统、能源系统的能效和流程综合效率，以对能源进行最优化协同和调度，实现能源的优化使用。

可见，化工企业能源管理涵盖企业生产经营全流程的能源消耗及损耗，管理对象包括煤、天然气、石油等一次能源，也包括蒸汽、水、煤气、瓦斯等二次能源。能源管理平台需要收集与管理能源全流程信息，实现对水、电、气、热以及新能源等能源介质的数据采集、通信存储，分析预测和优化节能，并实现对能质管网的监测、分析和诊断，保证管网传输的高效性。

化学工业能量流贯穿于能源的使用、回收和转换输配三个环节，不同环节能源介质的表现形式不同。能量流网络信息模型的完整描述包括，主生产工序的能量流模型、分介质能量流网络模型和能量流网络集成模型。其中，主生产工序的能量流模型描述各生产工序能源使用和回收情况，分介质能量流网络模型描述各种能源介质的产生、转换、输配情况，能量流网络集成模型则将能源的使用、回收、转换输配三个环节能源信息关联起来，形成多种能源介质间的调控。图4.23是能源使用、回收、转换输配模型之间的信息流和控制流示意图。

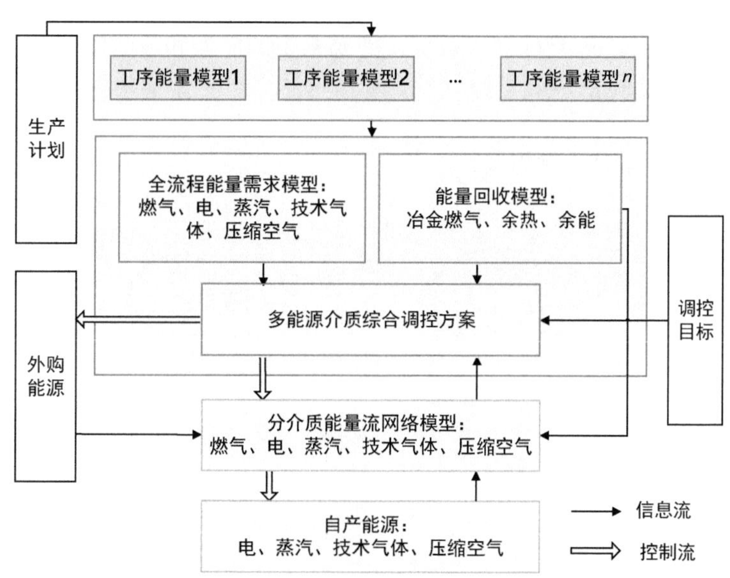

图4.23　能源使用、回收、转换输配模型之间的信息流和控制流图

图4.24是一个智能化的能量管理平台。平台功能首先要满足能源供应、生产、输送、转换以及消耗管理流程的标准化和规范要求，广泛利用智能化的数据采集技术，将所采集的数据汇集到能源数据池，通过数据挖掘、人工智能等技术手段实现能耗分析和能源评价，进而实现对能源核心业务各个环节的精细化管理，包括最优化能源管理方案的制定、下达、运行、跟踪、统计和评价分析。

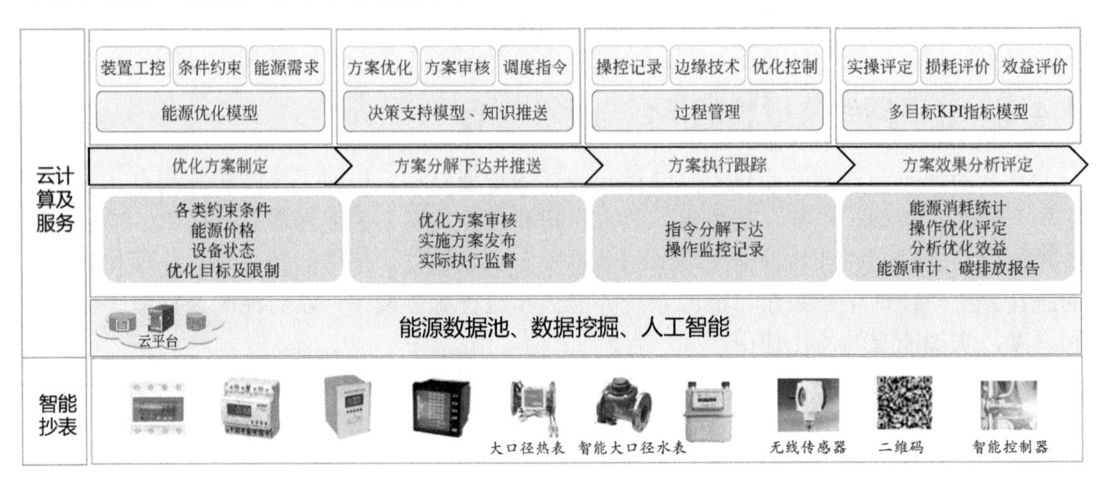

图4.24 互联化工之业务维度：能源管理平台

在化工企业能源管理业务中，蒸汽、动力以及水网络等公用工程是其中的重要环节，需要充分考虑现场设备的工艺约束条件和公用工程的成本费用因素，科学建立公用工程系统模型，以确定最经济的公用工程系统运行方案。另外，氢系统的管理也是一些化工企业能源管理的重要内容。提高氢系统管理水平，需要以整体运行最优、资源优化配置为目标，完善监测与优化调度机制，实现氢系统的在线监测、氢成本核算、操作优化指导以及最优化调度。

图4.25所示为能质网络集成与优化运行的模型图，该模型针对能源的使用描述了由生产需求驱动的动态优化调度与平衡的关系，优化调度综合了能源需求、平衡分析与评估、专家规则等信息与知识。基于对生产系统、能源系统的能效和流程综合效率的评估，为能源系统优化和控制策略提供决策支持。

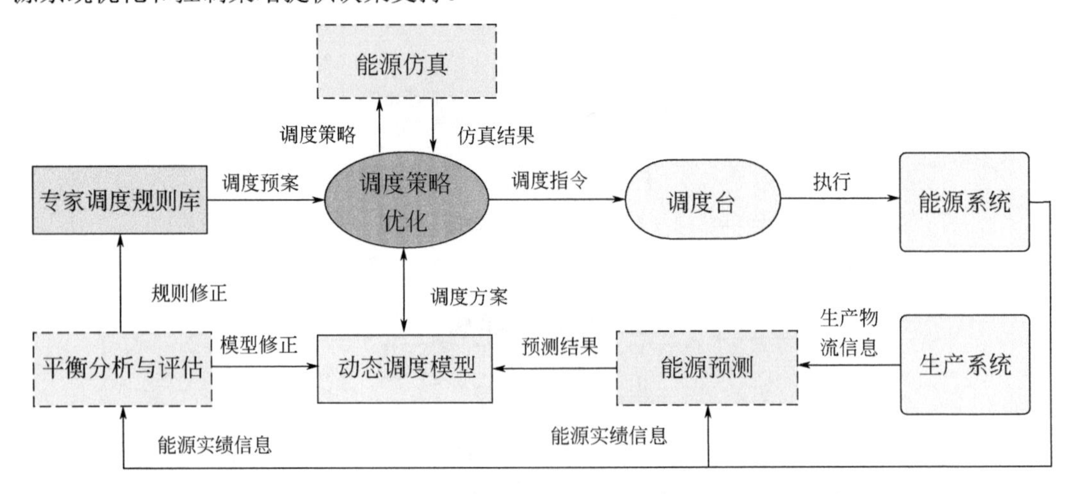

图4.25 能质网络集成与优化运行

另外，提升能质网络感知水平还有助于强化设备运行管理，比如，通过感知设备能耗的突发波动，监测及评价工艺异常或设备故障发生的概率，以便采取预防性措施。

4.4.8 健康、安全、环境管理

化工过程高温、高压、深冷、真空等严苛的生产工艺，以及原料物和产品具有的挥发性、易燃、易爆、易致毒等特性，使得环境与安全问题成为关乎化学工业健康发展的核心问题，这对人员培训、工艺控制、设备维护和运行监控提出了高要求，如何充分利用现代科学技术成果，让化工行业从根本上改善健康、安全、环境（HSE）状况。环境和安全问题对行业发展的掣肘是当前很重要的技术创新领域，是互联化工的重要任务之一。

事实上，在化工安全管理领域，国内外许多大型企业都建立了科学、完备的安全管理体系，且形成了目标一致、要素相近、模式各有特色的庞大体系架构，典型的有壳牌模式、杜邦模式、摩托罗拉模式。但化工行业的安全管理状况并未得到根本性扭转，分析其原因，除了企业的安全意识不到位、管理执行能力欠缺外，还存在在过程装置失效机理、装置运行在线监测和危险源辨识与可操作性评估理论方面的研究薄弱、平台落后等问题。另外，企业安全管理人才与资金投入不足也是其重要原因。

互联化工充分利用现代信息技术的发展成果，特别是工业互联网、工业大数据和人工智能技术，提升化工行业安全管理水平。互联化工把安全技术分为两大领域：全生命周期的化工过程安全管理，多尺度互联机制下的动态安全监控与决策机制。对这两大领域的具体诠释如下。

（1）全生命周期的安全管理

图4.26展示了化工流程全生命周期内的主要过程安全技术，安全信息在各项安全技术之间传递和共享，工业大数据和高性能计算技术为之提供了强大的效率保证。在产品研发阶段，设计人员可利用已有的海量化学品数据库和深度学习技术对化学品的安全风险进行预测分析。一方面，设计安全并智能的化学品；另一方面，化学品的安全风险信息为过程安全设计提供依据，帮助设计人员使用更加稳定、可控、有柔性的方案。安全设计信息还进一步被应用于各类工艺危害分析（Process Hazard Analysis，PHA），解决动态风险评估，提升智能报警与异常诊断的实时性和准确性。

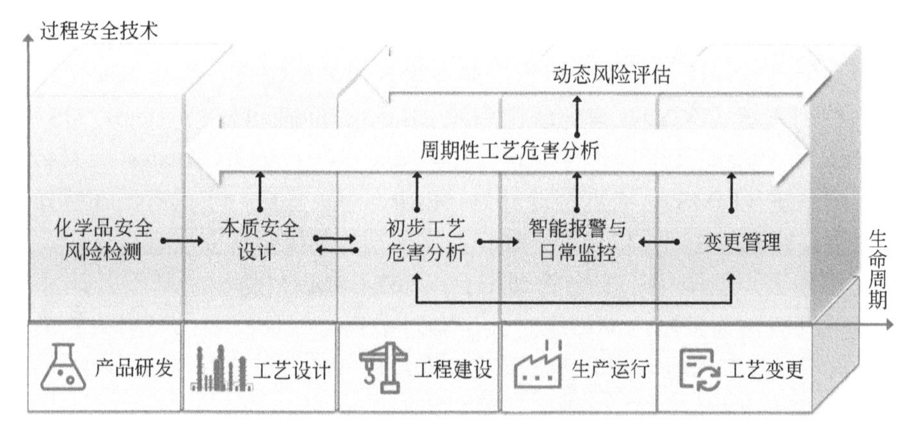

图4.26 化工流程全生命周期过程安全技术

(2) 多尺度耦合互锁机制下的动态安全监控与决策

在化工流程的全生命周期中，原料、设备、工艺等都不可避免地会发生变更，而每一次变更都伴随着安全信息的变化。因此，完善的变更管理机制是实现安全水平持续提升的重要保障。图4.27所示是互联化工多尺度耦合互锁机制下的动态安全监控与决策模式。这是一种在安全、环保、质量、交期、效益等多准则、多目标下的安全评价与控制决策融合的一体化模型，与传统的只强调单元变量是否超阈值的化工过程安全评价方法，有着本质差别。

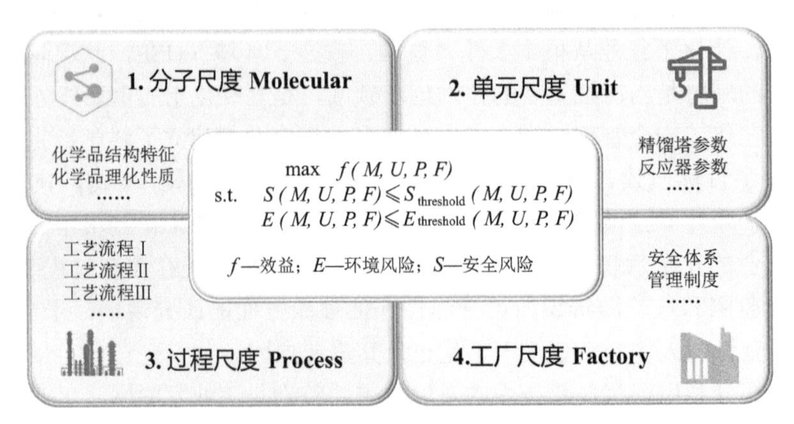

图4.27　多尺度耦合互锁机制下的动态安全监控与决策

互联化工的安全与环保边界，由分子尺度的化学品特性、单元尺度的设备运行状态、过程尺度的生产工艺条件，以及工厂尺度上的安全体系与过程管理协同耦合决定。有弱中心化、联锁互动、安全自适应的特点。当安全与环境风险逼近乃至可能越过边界时，决策机制将从分子到产业链角度提供多尺度的决策控制方案，实现安全管理与控制优化的一体化，降低安全与环境风险。因此，互联化工充分考虑各种安全要素（包括工艺控制的鲁棒性、机电设备的稳定可靠，员工的安全意识、规范操作以及必要的安全防护），广泛应用物联网技术和各类感知技术，全面提升过程监测能力和风险评价能力，对复杂装置的异常状况进行超早期预警，从而提高化工过程的本质安全水平。图4.28是互联化工模式下的健康安全环境系统架构。

四川大学互联化工研究中心推出了基于工业互联网的能源化工安全管理平台（IIoT-CSMP）。平台以物联网（IoT）、工业互联网、工业大数据和人工智能技术为依托，从物料性质、设备性能、过程控制、生产组织、业务模式等方面出发，综合工业现场的感知系统、分散式控制系统（DCS）、安全联锁系统（Safety Interlocking System，SIS）、制造执行系统（MES）、危险源及可操作性分析（Hazard and Operability Analysis，HAZOP）、实验室信息管理系统（LIMS）、企业资源计划（ERP）等，形成一个具有泛在感知、在线安全评价、安全事件应急处理，以及安全知识共享等功能的综合性安全管理平台。

在应用层面上，能源化工安全管理平台（IIoT-CSMP）是一个基于云计算的服务平台，通过工业互联网连接网内的所有企业，实时采集与绿色安全生产相关的工业现场数据，上传云端形成大数据池以利分析。采集数据包括：

① 工业现场安全数据；

② 环境监测数据；

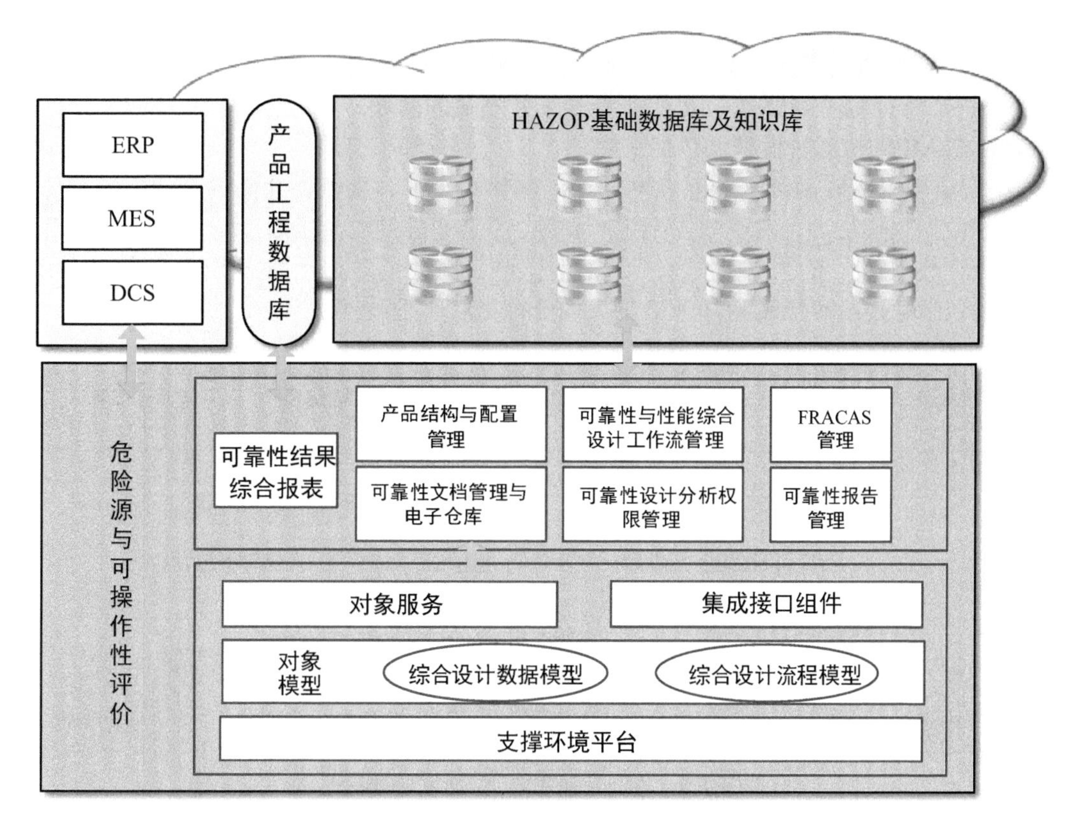

图4.28　互联化工之业务维度：健康安全环境系统

③ 重点监管的化学品的运输存储及使用的全生命周期数据；

④ 与绿色安全生产密切相关或有重大影响的重点装置的运行数据。

基于云端海量的工业大数据，IIoT-CSMP应用过程机理模型以及大数据驱动模型等技术，建立企业安全评价模型，综合人工智能技术进行分析，揭示特定企业和特定装置的安全运行规律和规则，明确安全生产边界，支持在线安全评测与应急处置。通过云端形成可共享的安全知识，实现提早发现安全隐患、安全风险评估、预警，并基于安全预案及时进行处置的目标。主要的功能包括：

① 从装置运行的机电监测数据、视频音频等数据出发，发现潜在危险性和不稳定性，及时捕捉偏离的发生，追踪偏离发展过程，并根据其程度与影响大小，科学确定消缺措施。

② 在线监测企业安全生产状态，评价安全风险程度，对出现的安全隐患及时进行安全报警以及应急处置措施。

③ 根据设备可靠性状态和设备性能变化规律，在设备管理条例和安全管理体系下，帮助企业更科学合理地制定设备维修（保养）计划，保障通过设备预防性维保，以有效改善设备可靠性。

④ 对企业设备维保检修过程进行指导，帮助企业拟定设备维保及检修措施，克服企业在设备检修施工中只注重检修进度而忽视过程安全的问题。在检修方案和检修过程中全面采用HSE的危险辨识及安全评价技术进行危害识别、风险评估，并进行环境影响识别与评价，减少维保施工对环境的影响和对人身健康的损害。

⑤ 通过云端充分的安全知识与安全案例分享，缓解或根本性改观化工企业在设备科学维护和安全与环境监测等方面高水平专业人才不足的问题。

IIoT-CSMP的核心价值领域包括：

① 广泛应用物联网和工业互联网技术，强化对生产、物流、仓储等工业现场与环境的感知和数据采集能力，实现与安全生产和绿色生产相关的大数据集成。这是在广域环境下，实现在线监控、安全风险评价、可操作性分析以及应急处置预案制定与发布的技术基础和能力保障。图4.29所示为基于工业互联网的安全管理平台。

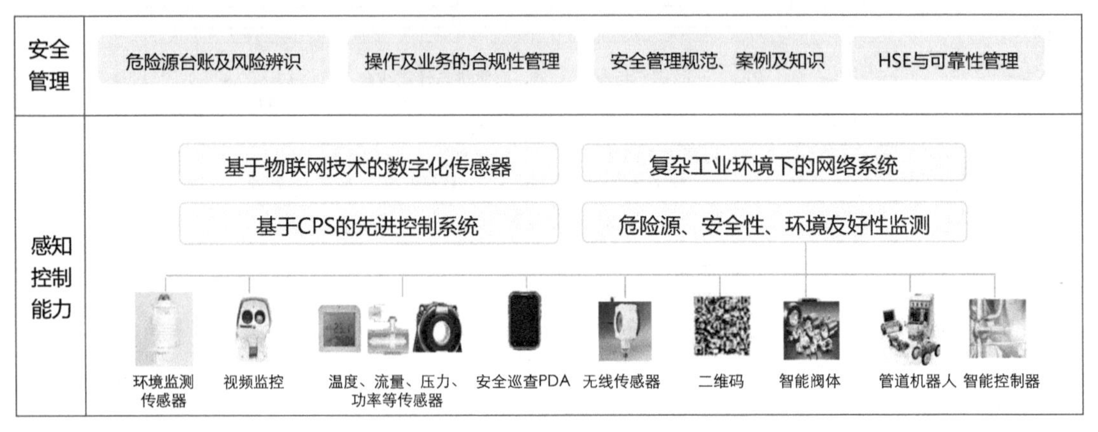

图4.29 基于工业互联网的安全管理平台

② 运用数据挖掘技术和人工智能技术，建立危险源属性数据（包括危化品和重点装置）、装置运行实时数据、组织架构与业务管理，以及装置预防性维保策略间的关系模型，将安全风险管理与企业组织架构、制度以及日常运维相结合，把安全管理从制度保证的静态模式转换为知识集成的动态预制模式。

IIoT-CSMP在GB 18218—2018《危险化学品重大危险源辨识》标准基础上，将危险源辨识分为三类：

第一类是能量或危险物质意外释放后可危害环境及生命的危险物；

第二类是人、装置、环境等安防措施失效或损坏后可能造成危害的装置和设施，也可以是操作人员的能力不匹配，或业务执行失当、业务监管不到位使得装置和设施成为危害源；

第三类是国家规定的需重点监管的重大危险源。

IIoT-CSMP对第一类和第二类危险源的辨识及风险评价建立在装置运行状态基础上，设备与装置的可靠性在线评价是核心；而第三类重大危险源管理原则是实时监测系统内存在的，或异常情况下积蓄的危险物数量，当数量积蓄逼近警戒量时，会被判定为存在重大风险，需及时预警并处置。因此，IIoT-CSMP的危险源辨识及可操作性评价是建立在工业互联网对生产装置及过程的强大感知能力和实时通信能力基础上的，是面向过程并实时在线的评价过程。

关键人工智能技术包括“安全检查表（Safety Checklist，SCL）”“事故树分析（Fault Tree Analysis，FTA）”“基于本体论的知识描述”等定性评价方法，也包括基于装置和过程运行实时数据的可靠性、安全性分析，基于物质参数的危险度分级法等定量评价方法。

③ 基于云计算平台和大数据技术解决企业安全知识学习与知识共享难题，提升知识发布效率，为广大化工企业的安全管理提供可行的、经济的、随时可获的在线安全服务。特别是中小型化工企业基于IIoT-CSMP平台，可以通过购买服务的方式使用平台资源，以较低的成本实现企业相关数据资源的整合、知识获取和决策支持，从根本上提升安全管理能力。图4.30所示为基于云计算的安全共享服务平台。

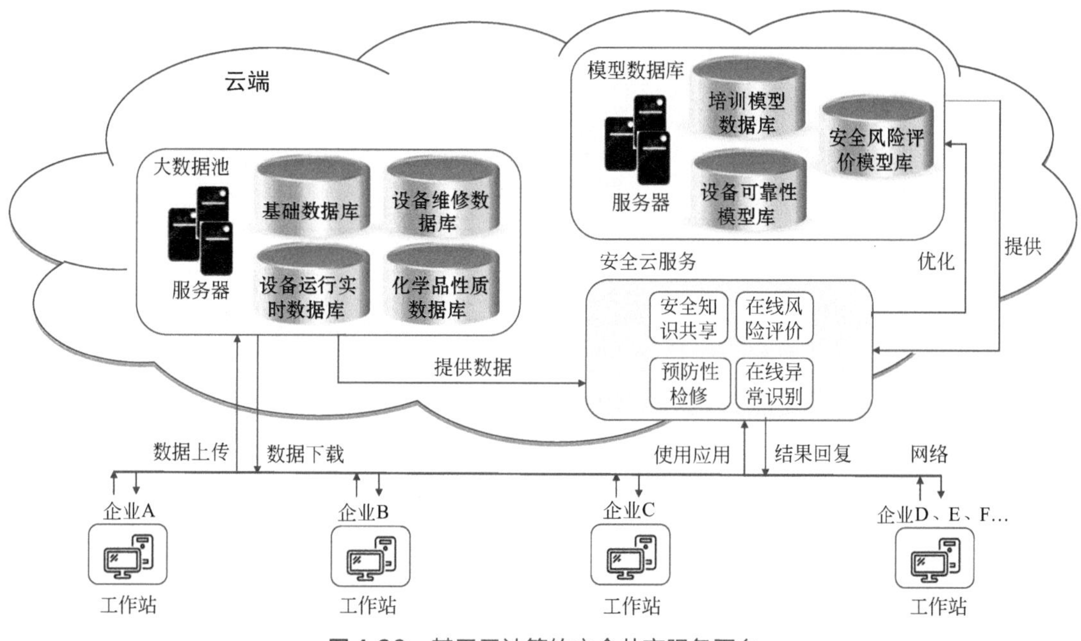

图4.30 基于云计算的安全共享服务平台

④ 能源化工企业实现绿色安全生产是关系到人民群众生命财产安全的大事，不仅要求企业自身从根本上提高安全生产的意识和安全管理水平，同时，也是政府相关部门安全生产监控的重点领域。能源化工安全管理平台实时监控企业安全生产隐患，科学制定安全应急处置预案，发布安全生产规范与知识，可成为政府相关部门履行安全管理职能的有力支持。

案例

中石油根据石油炼化企业生产运营特点及存在的诸多安全隐患和管理上的问题，提出了基于设备管理的HSE（健康、安全、环境）管理模式。该模式以整个生产过程为对象，具有与计划层和控制层保持双向通信的能力，收集生产过程中大量的工艺实时数据和设备运转实时数据，并且对实时事件进行处理，对生产信息进行跟踪、监控，并对其实时性能状态完成评价和报告，将设备管理与企业安全管理相融合，实现对企业安全的实时评价。其中，设备可靠性安全评估是基于生产工艺实时数据、设备运转数据和设备基本技术台账等数据的知识挖掘，体现了化工企业由健康、安全、环境及效益综合评价为出发点的知识发布驱动或执行驱动的思想，实现信息、知识挖掘、可靠性评估和生产过程管理信息的集成。化学工业基于设备管理的HSE管理系统设计方案如图4.31所示。

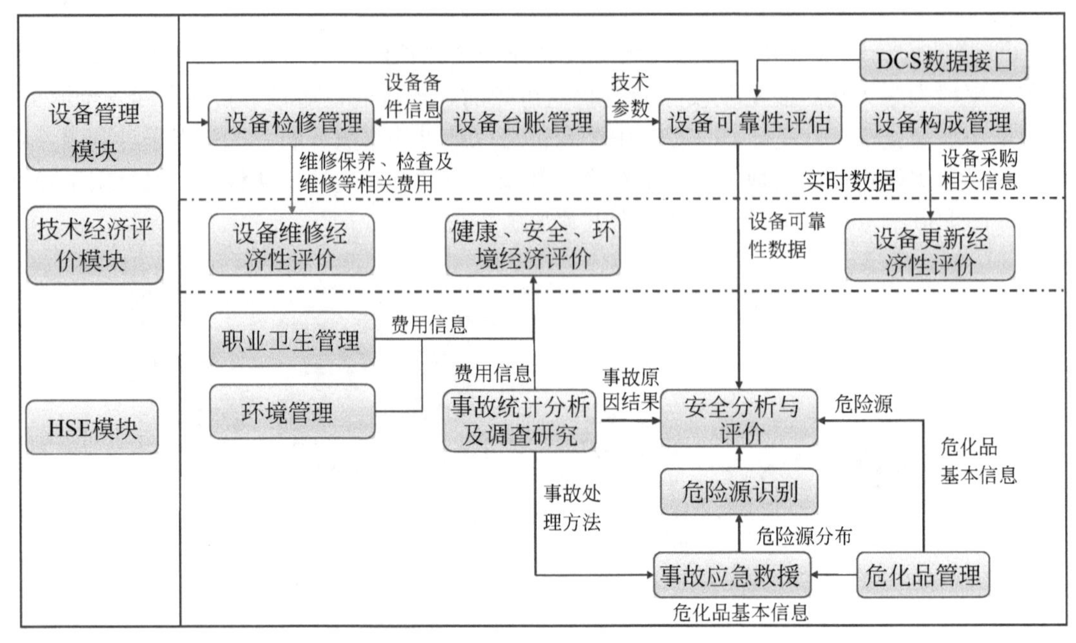

图4.31 基于设备管理的HSE管理系统设计方案

4.4.9 知识体系与知识自动化

化学工业是知识密集型行业，具有知识多样性、耦合性和动态性特征，相应的，其知识表达模型也具有定常态多重性、定常态稳定性，以及复杂的时间序列结构等特点，显著区别于离散行业的知识模型。特别是，大型化工企业以产促销的生产经营模式使市场需求与生产过程控制高度协同，这是互联化工实现科学化决策所关注的重要问题，由单元生产过程和市场需求协同作用驱动决策流是行业知识管理的典型特点。

4.4.9.1 化学工业企业的知识内涵

化学工业企业的知识管理贯穿于企业全部的经营活动之中，涵盖客户资源、营销、生产、采购、库房、质量、工艺、设备、计量、控制、财务、科研、售后服务、行政事务等各个领域。化学工业企业的知识模型包括以下几个方面。

（1）决策模型

化工企业普遍存在着生产能力有限性特点，化工生产过程对装置及外供条件的依赖度较大。同时，生产过程的稳定性、均衡性、满负荷性又是影响其经营效果的重要因素，这是一对结构性矛盾。如何在有限资源的约束下实现最优化生产调度，获得最大化的经济效益，决策者的经验与智慧的模型化是关键。

（2）新产品、新工艺开发与工程设计

实验研究、实践经验总结以及严谨的理论推导，都在化学与化学工程的发展中扮演了重要的角色。在信息化条件下，人们可借助大数据技术，从更多方面刻画物质与能量的转换过程。化学理论科学家与工程师们需要更进一步思考如何更好地规划实验方案，如何更科学地分析、总结实验结果，如何更好地支持理论推导，如何更好地发展理论并有效地指导生产实践等问题，这些都是化学工业知识管理的核心。

（3）平滑且动态优化的制造过程

工艺流程中装置运行的可靠性、外供条件的稳定性、催化剂的活性、用户对产品要求的差异性，决定了化工生产过程的动态特点。由于环境参数变化引起的工况调整甚至会使其远离设计的工艺控制条件。因此，要实现化工均衡生产就必须建立多种工况条件下满足一定优化目标的平滑且动态优化的模型系统与工艺参数体系。

（4）健康、安全、环境评价体系

化工生产过程的健康、安全、环境（HSE）问题是制约行业发展的重要因素，建立基于健康、安全、环境诉求和企业效益最优化的可靠性安全评价模型以及过程技术经济评价模型，在线完成生产系统运行的可靠性状态和安全等级评价，提出适当、可靠、经济的应急措施规划，形成优化控制策略，将化学工业中的安全管理从原来的信息集成反馈模式转化为知识集成预制模式。

（5）故障诊断与恢复

生产设备出现故障后，快速完成故障的定位、评估、分类，提出适当的解决方案，将这一过程从单纯的经验判断、仪器监测，进一步发展到智能化、程序化和自动化，是化工企业设备管理的重要任务。

（6）设备保全与更新

化工企业的生产取决于设备运转的可靠性，综合设备机械性能、工艺参数、操作规范、润滑保养、生产能力、维护成本等因素，建立设备评估模型，使设备管理达到科学化、经济化的新高度。

（7）市场营销与客户关系

数字化模拟产品的市场供需平衡，准确刻画用户的行为准则与价值体系，实现商业智能化，在市场的竞争中取得主动的地位。

（8）生产力要素的重构与协调

化工企业的生产组织应充分融合人的智慧、灵活的组织机制、柔性的生产方式、快速的市场反应，以实现人、生产工具、劳动对象的高度协同为目标，建设高效的信息化支撑平台与知识共享机制，有效进行知识发现和创新，最终实现知识JIT（Just In Time）机制。

4.4.9.2　化学工业企业的知识模型表达

知识管理（KM）的关键是建立知识模型。由于化工行业生产的连续性特点，企业常常采取以产促销的生产经营模式，使市场需求与生产过程的高度协同成为科学化决策的出发点和知识管理的核心，也使化工企业与离散性企业的知识模型有不同的表达形式。表4.2对连续生产和离散生产企业在价值领域的差异进行了总结。

表4.2　连续生产企业与离散生产企业比较

序号	项目	连续生产	离散生产
1	产品类别	固定品种，大批量，生产过程控制是企业实现经济效益的关键	不固定，多品种，小批量。产品设计是企业经济效益的关键
2	生产经营方式	保证生产稳定前提下的以产促销。同步、串行生产，生产过程柔性低。按计划进行，生产调度复杂性低	以销定产。并行、异步生产。生产过程柔性高，按订单和交货期组织生产，调度复杂

续表

序号	项目	连续生产	离散生产
3	关键技术	大批量、大装置要求生产稳定，强调过程控制技术，控制变量耦合严重	设备控制参数由设计决定，物料物性影响小，控制量相互独立
4	生产物料	存在液、气体形态，物料连续、流动，基本无在制品库存	固体形态，单件或多件搬运，需要合理的半成品、在制品库存
5	生产过程模型	流体动力学、热力学、反应动力学、经验方程、回归模型	离散时间动态模型、极大极小方程、Petri网
6	优化目标	均衡生产、安全、低耗、高产、优质	缩短供货周期、提高设备利用率
7	设备	面向特定产品、特定工艺，冗余度低	通用设备，适用面广，冗余度高
8	环境及安全	安全和污染控制要求高	安全和污染控制问题难度相对较低

化工行业的知识模型有不同的分类，按知识的衍生过程及其特性可将知识分为静态性知识、策略性知识和推理性知识三类。

① 静态性知识　包括基本资料、事实、状态、环境等，也包括概念和定义。企业经营环境、装置参数、工艺条件、生产过程数据、设备故障征兆、生产配方（BOM）、原料物性、质量标准等均为静态性知识，基础资料库与事务库构成了静态知识库。

② 策略性知识　包括有关规则、操作、方法和行动的知识。如，市场供需关系模型、生产经营规划策略、基于市场变化的最佳产品结构、设备更新决策、工艺参数的在线调控、生产过程模拟与分析等。模型库和策略库构成了策略性知识库。

③ 推理性知识　基于前两类知识的知识重组、推理和控制策略，包括基于特定环境下的模型识别、模型衍生、检索规则、学习法则等。动态规则、语义约束与限制条件构成推理性知识库。

另外，基于化工过程的工艺特性和管理需求，也可将化工知识模型分为动态过程模拟、过程控制、技术经济评价及决策模型，它们构成了由事务驱动的过程性知识模型架构，如图4.32所示。

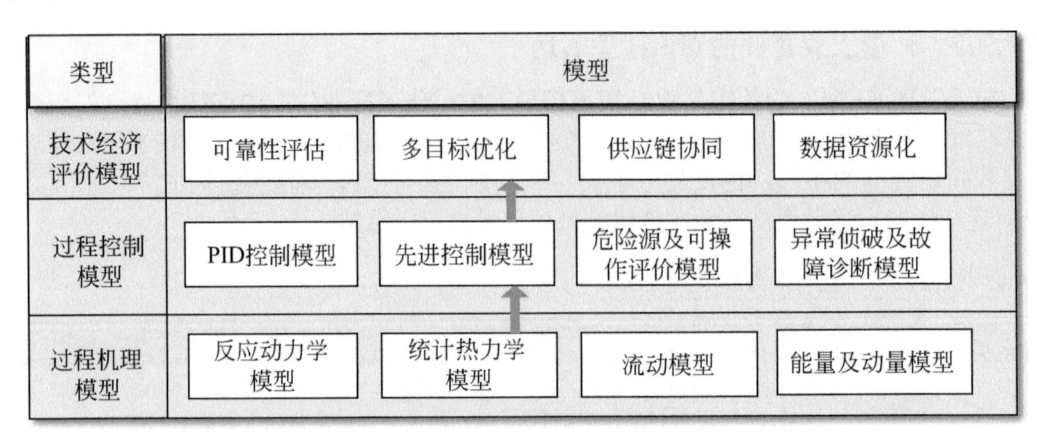

图4.32　化学工业多层次知识模型结构

在图4.32的知识模型中，同一层级以及不同层级间的知识有强耦合性，且综合了显性与隐性知识的多种形式，其数学表达式、边界条件和算法描述是模型建立的难点，在大数据技术基础上的人工智能算法和灰色关联模型可以拓展模型建立的途径。

无论以什么原则对知识模型进行分类，知识管理的目标都是要建立统一的、易识别的、易被计算机处理的知识表达模式，这是化工行业实现智能制造的基础。从应用需求出发，可以将图4.32中的模型表达如下。

（1）生产过程的动态模拟模型

化工企业大多为连续性生产，一般经过原料制备、反应以及产品分离等多个单元过程，动态特性是其与离散性生产过程最基本的区别之一。对这样的系统进行设计、操作、控制、调优，必须建立基于其动态特性的过程模拟模型。模型的建立有多种方式，包括：统计模型、确定性模型和半经验模型。

以具有普遍意义的连续搅拌反应器为例进行说明。对象过程模拟模型由各组分质量守恒和反应区能量守恒式构成：

$$V\frac{\mathrm{d}c_i}{\mathrm{d}t}=F(c_{i,\mathrm{f}}-c_i)+VR_i \qquad (i=1,2,\cdots,M)$$

$$V\rho C_p\frac{\mathrm{d}T}{\mathrm{d}t}=F\rho C_p(T_\mathrm{f}-T)-UA(T-T_\mathrm{c})+V\sum_j^N R_j(-\Delta H_j) \qquad (j=1,2,\cdots,N) \tag{4.1}$$

式中，V、F分别代表反应区容积和加料容积流量；c_i、$c_{i,\mathrm{f}}$分别代表反应器内和加料中的第i组分的浓度；t代表时间；T、T_f分别代表反应区内和加料混合物的温度；U表示反应物与冷却介质之间的热交换的总传热系数；A代表总传热面积；T_c表示冷却介质的平均温度；ρ、C_p分别代表反应混合物的平均密度与比热容；$(-\Delta H_j)$表示第j个反应的热效应；R_j表示第j个反应的速率；R_i表示因反应引起的第i个组分浓度的变化速率。模型（4.1）是根据过程的质量守恒与能量守恒原理建立起来的确定性模型。

（2）生产过程的成本模型

产品市场的竞争，归根结底是质量与成本的竞争。连续生产过程的大装置和大物流要求工艺稳定。由于控制技术和生产工艺限制，质量的完全稳定往往难以实现，会使产品质量与成本失去均衡。因此，通过科学的配料及工艺控制来稳定质量、控制成本是生产过程知识管理的首要任务。建立基于过程工艺和质量标准的成本模型如下：

$$C_\mathrm{u}=[\sum(C_im_i)a/q+b]c \tag{4.2}$$

$$\text{s.t.}\ \ m_i=f(P,F,\mu,E,Q,S)$$

式中，C_u是单位产品制造成本；q是产品生产数量；m_i是原材料的消耗数量；C_i是原材料的单位成本；a是生产损耗系数；b是制造费用参数；c是成本差异因子。

函数$f(\cdots)$是原材料的消耗数量m_i与过程工艺的关联表达式。离散性生产过程往往有确定的BOM（物料清单），其物料消耗函数f（…）表现为与BOM相关联的线性关系。而连续生产过程BOM受诸多因素影响，往往不能确定。

物料消耗函数f（…）由模型（4.2）综合决定，其中：

P为成品或半成品属性，包括生产能力、处理时间等。

F为生产配方，包括原料种类、数量、来源、质量要求、转化率等。

μ为工艺过程，指生产过程中输入、输出和操作参数等，包括反应温度、风量、压力、反应时间、进料次序、设备参数等。工艺过程具有动态特性，模型（4.2）是成本模型的基本关联模型。

E为生产设备，指生产中的设备条件。包括设备类型、材质、控制点、控制方式等。

Q为质量，指原料、半成品、制成品的完整质量指标体系及关联关系。

S为安全，指原料、半成品、制成品、废物及过程中的安全性措施与保障。

（3）动态优化的控制模型

离散生产过程主要通过位移、角度等作为控制量进行物理加工，设备控制参数由设计决定，不受物料物性影响，而且设备间独立性强，因此，生产过程中控制相对简单。但连续生产企业装置运行的可靠性、外供条件的稳定性、用户对产品供货周期的要求，以及环境参数变化均会引起工况调整，因此实现均衡的生产必须建立多种条件下的动态优化模型与工艺参数体系，模型表述如下：

$$\max F = F(\overline{w}) \tag{4.3}$$

$$\text{s.t} \quad \sum_{i}^{N} \sum_{i}^{M} (\chi_{i,t}^{\mathrm{d}} - \chi_{i,t}^{\mathrm{c}})^2 \leqslant \xi$$

$$\frac{\mathrm{d}\chi_i^{\mathrm{c}}}{\mathrm{d}t} = f(\chi_i, w_i)$$

式中，$\overline{w}(w_1,w_2,\cdots,w_n)$为操作或控制参数；$\chi_{i,t}^{\mathrm{d}}$为第$i$个状态变量在$t$时刻的采集数据；$\chi_{i,t}^{\mathrm{c}}$为第$i$个状态变量在$t$时刻的模型计算值；$\xi$为控制反馈精度。max$F$为系统控制评价函数，即经济效益最大，当然也可以是成本最低：minC_{u}。在实际的控制策略中，系统评价函数也可以是工艺质量指标或企业经营决策指标。$f(\chi_i, w)$为生产过程模拟模型。模型（4.3）具备与模型（4.1）相同的动态特点，由于还有M个离散时刻的状态变量和控制参数的采集与输出，在模型描述上需兼顾其结构化的特征。

（4）设备保全与更新

由于异步、并行的生产方式和较高的设备功能冗余度，离散生产过程有较大的能力空间，设备故障对交货期的影响相对较小。而同步串行的连续生产化工企业，生产设备运行的可靠性、满负荷性则会对企业生产产生重大影响。建立以设备运行综合效益为评价目标的设备运行模型，如式（4.4），能综合设备机械性能、工艺参数、操作规范、润滑保养、生产能力、维护成本等要素，使设备管理、运行控制融入企业整体经营决策之中。

$$P=f(Q, C, D, E, M, K) \tag{4.4}$$

式中，P为设备运行综合效益；Q为设备产能；C为运行成本；D为设备运行状态（包括设备原始运行数据）；E为运行控制专家知识集合；M为设备状态诊断方法集合；K为诊断知识集合。模型（4.4）包含了由数据集合构成的显性知识表达，以及反映各相关环节相互关联的规则与数学表达式的隐性知识表达方法。对过程系统而言，设备运行成本与产能、设备运行状态之间存在关联，设备运行状态可以表述为系统功能可靠度（R_{f}）的函数。

$$R_{\mathrm{f}}=M_{\mathrm{f}}D_{\mathrm{s}} \tag{4.5}$$

式中，M_{f}是过程系统的开工率；D_{s}是系统的平均满额率。要提高系统运行的可靠度，需延长设备平均故障周期，缩短故障诊断时间，因此故障诊断是设备运行管理的一个重要环节，也是化工企业重要的知识管理领域。建立基于“if then”规则的故障树，是一个可行的方案，除此之外也可采用模型识别诊断方法，以及灰色诊断、模糊诊断、专家系统诊断、神经网络诊断等方法。

（5）客户关系模型

在市场经济环境下，根据产品的市场特性，模拟其供需关系，掌握用户的价值体系与模式，是企业经营决策的出发点，建立客户评价模型如下：

$$v=f(C, K, P, R) \tag{4.6}$$

式中，C表示客户方便性；K表示亲近度；P表示服务个性化；R表示反应及时性。对于客户价值的发现和提炼需要在日常营销过程中进行不间断的知识积累，基于关系数据模式的数据挖掘技术在客户关系的知识发现中有重要的实际意义，建立多种行为模式与价值取向的关联规则是一个有效的方法，基本关联规则表达如下：

$$A_1 \wedge \cdots \wedge A_m \Rightarrow B_1 \wedge \cdots \wedge B_n \tag{4.7}$$

模型（4.6）、（4.7）中包含了静态的业务数据与隐性的关联规则表达模式，也可以是其他基于人工智能方法的模型表达式。

（6）生产经营决策支持模型

过程企业的生产能力由装置限定，生产过程对装置及外供条件的依赖度较大，以经济效益为目标函数，能力约束条件下的最优化产品结构的决策模型如下：

$$\max P=F(w, x) \tag{4.8}$$

$$\text{s.t.}\quad f(w, x, z)=0,\quad c(w, x, z)=0,\quad h(w, x)=0,\quad g(w, x)\geqslant 0$$

式中，P是企业经济运行效益；w是决策变量向量；x是状态变量向量；z是生产过程各单元内部变量向量；F是决策目标函数；f是工艺描述方程，见模型（4.1），其中的决策变量选择流量、浓度、混合温度等；c代表分步成本方程，见模型（4.2）；h代表设备能力、市场需求以及外供条件构成的等式约束方程；g为不等式约束方程，见模型（4.3）、（4.4）、（4.6）、（4.7）。模型（4.8）将企业经营决策建立在生产过程基础上，反映出连续性生产决策由市场需求与生产过程控制共同驱动的特点，这是化工过程模型与离散性生产模型的重要区别。

4.4.9.3　化学工业企业知识管理的价值

通过大数据技术强化虚实协同是实现智能制造的重要途径之一，知识管理（Knowledge Management，KM）可以对决策辅助、业务管理、HSE、能源管理等起到重要作用。过程行业知识体系的价值体现在以下三个方面。

① 涵盖设计、装备和工艺等数据模型的知识体系，在制造系统设计阶段就建立数字化模型，完成产品全生命周期的数字仿真，支持对生产过程的状态预测和评价，包括对工艺、交期、成本、能耗及设备的精准分析与优化。

② 生产运营过程中，实际生产过程与数字化虚拟系统在线交互数据，从而基于特定的知识模型，全方位、多角度展示生产作业过程。由于数字系统全透明并无限接近于真实工况，因此，知识系统可全面、精准地评价生产过程，提升企业先进制造能力水平。

③ 在数字孪生系统中，由于实际生产过程的大数据的导入，使得虚拟仿真系统可通过优化的控制方案及经验累积，持续充实和完善知识系统，增强企业管理决策与生产控制水平。

4.4.9.4　过程行业的知识自动化

知识管理的目标是使人（知识管理的主体）能够快速而准确地访问到所需要的信息和

知识。然而在化工企业生产中，虽然自动化技术已经发展到一定水平，但是在复杂分析、精确判断和创新决策等方面还需要依赖人的知识型工作，人的知识型工作成果和自动控制系统只能依靠人机接口交互，这是一种非自动化的运行机制，这要求人能主动地、有意识地、合理并高效率地使用知识载体（文档）。但是，由于存在着人的个体差异，知识管理没有达到理想效果。对此，互联化工在现代信息技术的基础上建立一种新型的知识管理机制，即知识自动化机制。

化工行业知识自动化技术的典型应用模式是建立一种面向人、机、物的开放性平台，即信息物理系统（CPS）平台。CPS将人的知识型工作、智能技术（计算、通信和控制）等与工业过程相结合，具有全面与灵敏的感知、可靠与安全的传输、自主与高效的计算能力。其中，包括人机物动态模式分析技术、预测与决策技术、故障预警、自诊断、自修复与系统自重构技术，以及全过程优化运行技术等，可实现之前只有知识型工作者才可以完成的复杂分析、精确判断和优化决策工作。简单地说，知识自动化将人的智能型工作向自动化延伸，采用机器实现基于知识自动处理的建模、控制、优化及调度决策，是一种新型的自动化系统理论、方法、技术和应用。图4.33是面向智能制造的知识自动化机制。

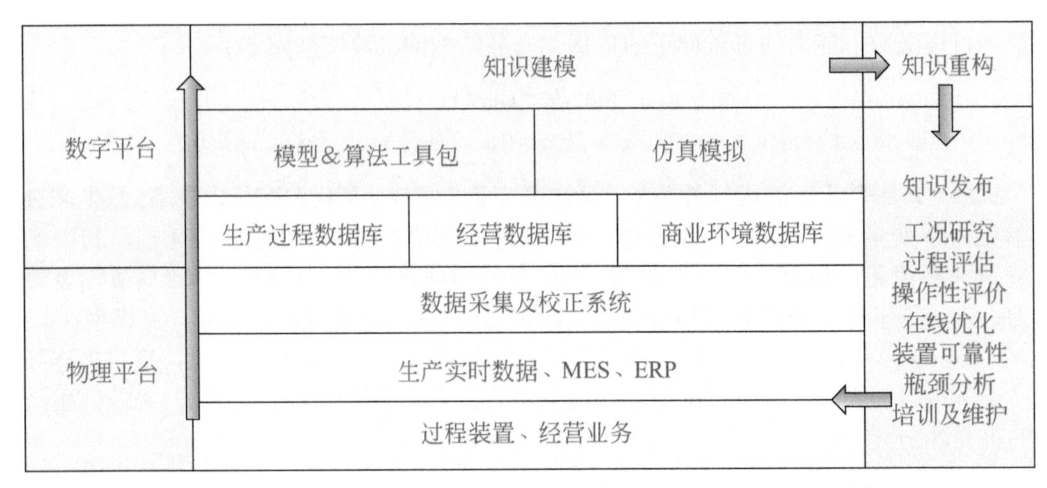

图4.33　互联化工之业务维度：面向智能制造的知识自动化机制

企业在生产经营中涉及的知识源包括数据知识、机理知识、经验知识等，各自的表现形式不同，包括规则、语义网络、公式、模型和方程式。实现知识自动化需要解决知识的多样性、多维度和多时空尺度带来的一系列挑战。比如，如何将具有不同特征的单元操作和单元过程的工艺机理、装置性能、控制组态、生产工况、计划与调度，以及生产经营决策的知识提取并表示出来；如何将在多时空特性下的知识融入统一的知识库模型中。另外，在大数据环境下，由于工业大数据的固有特性，以传统方法挖掘的价值十分有限，需要研究多类型面向工业知识的灵敏感知、高效获取和深度分析的方法，将隐性知识显性化。

在工业互联网背景下，信息物理系统（CPS）是实现知识自动化的重要平台之一。基于CPS的知识体系，综合应用过程模拟、数字孪生和大数据技术，强化知识的灵敏感知能力，提升知识自动挖掘和关联知识提取的水平，构建起企业“多准则、多尺度”下的面向装置、企业以及整个供应链的实时动态模拟模型和决策模型。这无疑降低了决策的非结构化程度，有助于解决化工企业复杂的经营决策问题和生产控制问题。比如复杂条件下的控制策略、过程扰动、设备可靠性、环境与安全以及技术经济评价等问题。化工行业基于知识自动化的CPS架构将在下一章详细叙述。

本章要求

- 熟悉化学工业的发展目标以及面对的挑战
- 掌握互联化工的概念、内涵与架构模型
- 熟悉互联化工的典型业务内涵与关键技术

思考题

4-1　化学工业发展的挑战是什么？

4-2　化学工业打造智能制造的行业需求有什么？具有什么特点？

4-3　化学工业智能制造与其他行业智能制造模式的区别是什么？

4-4　互联化工的概念是什么？具有什么特点？互联化工的多尺度的含义是什么？

4-5　互联化工“互联”的含义是什么？

4-6　智能技术对互联化工的意义是什么？

4-7　智能化设备的结构是什么？设备预防性维护与维保周期优化的原理与方法是什么？

第5章 互联化工的关键信息技术

本章内容提示

石油炼化企业实施以经济效益最大化为目标的敏捷生产，需要把握好原油及产品价格的市场行情、装置运行及可靠性、企业资源配置与优化等，它们是不同尺度上的问题。以计划排产为例，调度人员综合国际油价趋势预测、原料油的馏分价值评价以及装置能力，实现最优化的资源调度与生产。油价的变化与国际政治经济大势相关，而原料油的馏分价值则取决于分子层面上的原油性质表征。因此，互联化工必须借助最新的信息技术成果，解决这类跨尺度的技术经济问题。

事实上，多尺度是互联化工的典型问题，需要解决分子、单元、过程、工厂、园区及产业链等多空间尺度上的耦合关系，以及物质/能量/信息跨尺度间的传递效率。同时，绿色可持续发展、特别是安全问题也构成了互联化工的核心问题。解决上述问题，必须将现代信息技术与化工特定的领域知识进行紧密结合。因此，本章将面向过程行业领域的关键问题，基于其专有的知识体系，系统地介绍互联化工关键的智能化技术架构与应用模式，内容包括：

- 互联化工核心领域的技术体系
- 互联化工的数字化技术架构及数字驱动模型与机理驱动模型
- 互联化工的工业互联网技术架构与信息物理系统
- 面向互联化工的智慧化单元技术
- 智能控制技术的概念、模式与应用

互联化工是复杂的系统工程，需要从化学工业的技术经济特性、自动化和信息化基础、精益化柔性化目标以及投资收益等多个方面进行综合分析、统一规划，才能真正夯实互联化工基础、优化互联化工技术架构及实现路径，本章就互联化工的关键信息技术进行介绍。

5.1　互联化工的数字化技术

物联网技术奠定了企业数字化基础，而从数字化发展到智能化需要运用数据挖掘和人工智能等关键技术，建立基于大数据的知识管理机制，解决好多尺度的互联、集成、控制、优化和决策问题。数据挖掘从企业日常运营数据中提取特征信息，通过学习形成经验、规则和知识，进而实现智能优化的生产过程控制和资产运营模式。互联化工数字化技术的目标是基于数据驱动模型和机理模型实现化工过程的知识自动化，如图5.1所示。

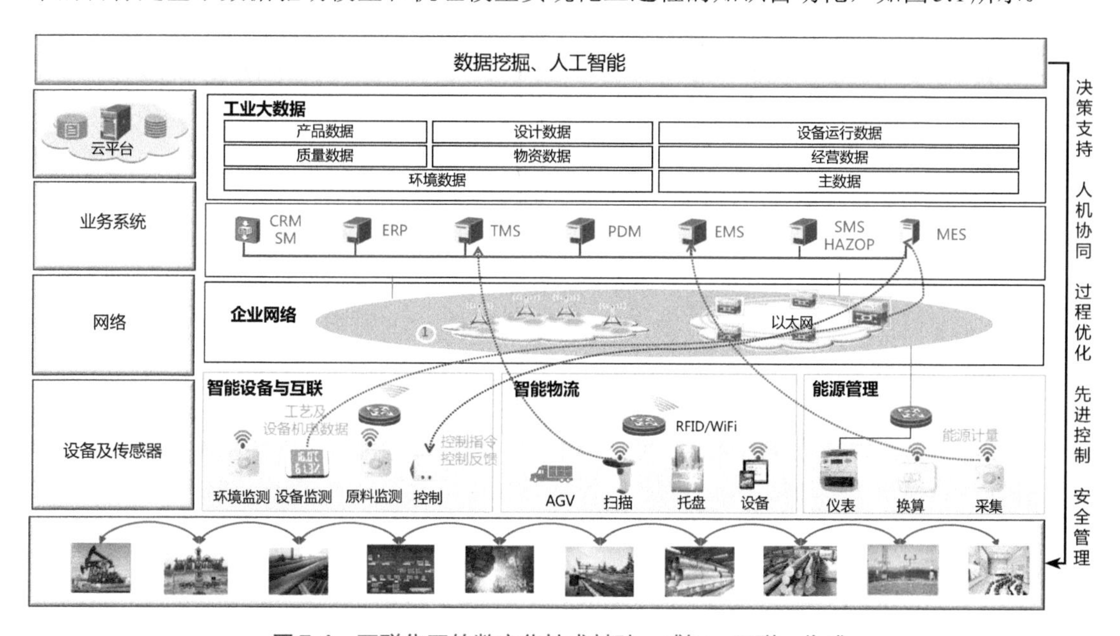

图5.1　互联化工的数字化技术基础：感知、互联、集成

5.1.1　互联化工的数据架构

构建一个支持泛在感知的生产环境，将传感器、智能硬件、控制系统、计算设施、信息终端等通过工业互联网和CPS连接成一个智能平台，实现设备层、控制层、调度层、管理层和决策层的互通互联，从而推动企业、人、资源、设备和服务融合，将虚拟世界与物理世界一体化，这是建设企业关键能力的基础。显然，数字化和数据集成是互联化工的关键基础，如图5.2所示。其中涉及的数据维度包括，基于工业互联网平台的数据基础设施层、数据源层、数据处理层以及数据分析展现层等层级。

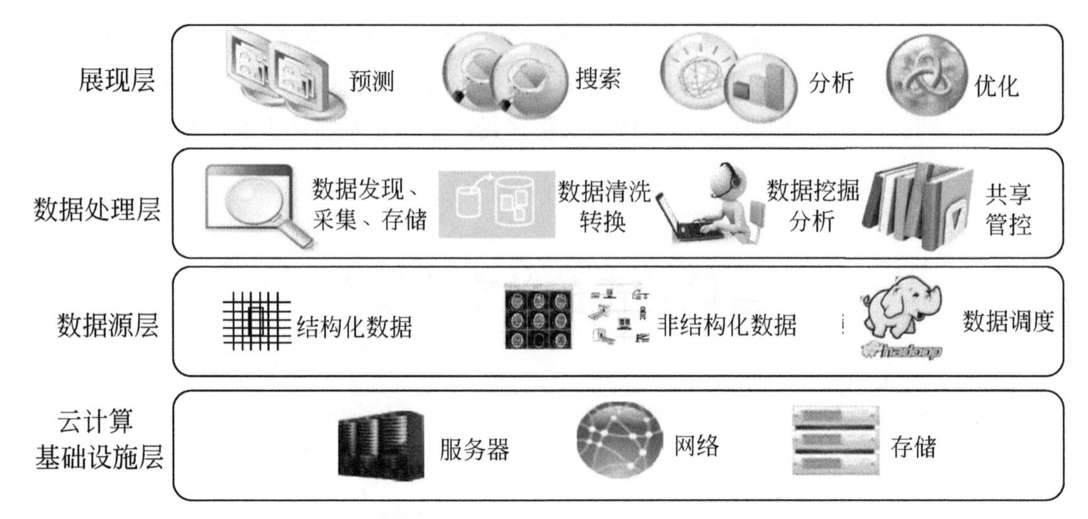

图5.2　互联化工的数据架构：数据综合和数据集成

化工生产制造过程包含复杂的物理化学反应，多工序间高度耦合，由于过程数据和信息的多维性、多层次性，操作人员难以敏锐地洞察到制造过程的细微扰动，更不用说对全局的动态性变化的捕捉，因此，很难实现全局动态优化。正如Y.Gil等在Science发表的论文所指出的，这是化学工业发展的瓶颈。由此，发展人工智能技术，以代替人类知识工作者基于经验的工作模式成为了行业发展的新要求。但由于化学工业的复杂性，人工智能技术应用于互联化工领域还存在挑战，比如：

● 如何建立工业互联网平台下的生产工况以及生产环境的表征体系，以便更有利于智能算法解决复杂信息环境下的关于控制和决策的关键问题；

● 解决多过程、多工序耦合以及多目标下的协同优化问题的智能算法；

● 面对完整供应链、企业或单元操作的多层次决策对象，以及年、季、月等多尺度决策空间的决策问题。

总之，作为流程制造业的化学工业与离散行业不同，应用人工智能技术需要从过程感知、并行计算、知识自动化、自主控制以及动态优化决策等方面，充分融合过程机理模型与数据驱动的智能模型，才有可能实现感知、认知、决策和执行能力的全面提升，面向互联化工的数字化技术是智能技术在互联化工领域应用和发展的基础。

5.1.2　数据驱动的数字化技术

互联化工的多尺度集成、协同和敏捷等特性是实现多品种、灵活组批和生产单元柔性重构的重要技术基础。现代信息技术为面向智能化的产品工程和工业工程奠定了计算技术基础，但是，化工过程是一个多尺度复杂系统，存在多准则下的优化目标间的协调问题。比如，提高过程效率、绿色化和可持续发展目标的协调问题，大数据技术为解决复杂过程开辟了新的技术途径，这就是基于大数据的过程数字技术，包括：

① 柔性化设计理论和技术：包括过耦合条件件下基于学习的过程机构的柔性化设计、面向供应链的开放式体系架构设计、数学规划和人工智能。

② 生产组织及控制模式的智能化理论和技术：包括面向供应链全局优化的操作单元重构、智能控制理论、系统扰动评价及再平衡技术。

③ 数字孪生技术：数字孪生技术在虚拟空间中完全映射现实中物理设备运转的实时状态，是过程柔性化与优化控制的重要的数字技术之一。互联化工的数字孪生技术需面向多尺度问题，将数据驱动下的规则、知识与基于机理的装置运行模拟模型相融合，这是化学工业与离散行业数字孪生技术的重要区别。

④ 异常识别和诊断技术：化工过程的安全与可靠性始终是决定互联化工成败的关键，异常识别和诊断是提升化学工业安全与可靠性的重点技术领域。物联网和信息物理系统有助于全时空范围内的过程状态在线监控，并基于完善的知识体系实现高效的异常侦破。

⑤ 多尺度多目标优化的数字化技术：反应过程分子模型、装置特性模型、过程综合模型、供应链模型、客户需求模型等深度融合的面向价值链全局协同并优化的数字化技术。

⑥ 平台化技术：智能制造系统包括装置平台和数字化平台，工业互联网和信息物理系统从不同的尺度整合并协同一致。作为工业互联网基本功能单元的信息物理系统，其平台化技术的首要目标是实现数字化，数字化是智能化的基础，这体现了现代信息技术条件下软件决定硬件的发展趋势。石化盈科与华为共同打造了面向石油化工行业的工业互联网平台——ProMACE。ProMACE基于华为公有云架构，在智能工厂、智能油气田、智能研究院、智能物流等领域开发了几十种智能化应用，形成了工业物联、工业数字化、工业大数据和工业AI四项核心功能，并正逐步扩大其在石油化工领域里的数字化生态系统。就化学工业而言，下列环节对平台化技术提出了明确需求：

- 工厂总体设计、工艺流程及布局的数字化应用；
- 对物流、能量流、物性、资产的全流程全生命周期监控；
- 智能化控制技术；
- 制造执行系统（MES）；
- 过程监控与安全生产。

5.1.3　基于过程机理的流程模拟技术

流程模拟（Flowsheeting Simulation）随着信息技术在化学工程领域的广泛应用而产生，它通过建立或应用能够准确描述特定化工过程的数学模型，由计算机求解，得到该过程的全部信息，如物流组成及状态，各单元设备状态变量。流程模拟的数学模型由物料平衡、能量平衡和相平衡方程组成。因此，通俗地讲流程模拟就是对流程用计算机进行严格的物料和能量衡算。化工过程系统比较典型的模拟可分为三个层次：分子模拟、单元操作模拟和流程模拟。

流程模拟是实现化工过程合成、分析和优化最有用的工具。在智能化应用领域，流程模拟有以下七种用途：

① 合成流程　有经验的设计人员常通过探试规则合成初始流程。不同的探试规则可生成多种流程方案，并由设计师通过经验来判别流程优劣。而流程模拟系统可借助大量理论计算和对设计人员经验的学习，快速找到最优的流程。

② 工艺参数优化　由于石油化工系统庞大而复杂，其流程系统数学模型的方程数和变量数均较多，求解这样的模型非常困难。流程模拟系统通过交替使用模拟模型和优化模型可便捷地计算求得系统最优工艺参数。

③ 消除瓶颈　由于原料、公用工程条件或产品数量、质量要求的变化，或由于原设计考虑不周等原因，可能使已建成的系统中有某一设备成为瓶颈，在新的条件下再进行流

程模拟以及设备能力衡算，可以提出消除瓶颈的合理方案。

④ 研究一些具体的设计问题或操作问题　可以认为，流程模拟系统是一个具有各种单元设备的实验装置，能得到在一定的物流输入和过程条件下的输出，通过这样的研究可为设计者和操作者提供可行的解决方案。

⑤ 灵敏度分析　设计所采用的数学模型的参数和物性数据有可能不够精确，在实际生产中由于受到外界干扰，参数可能会偏离设计值。因此，要设计一个可靠的、易控制的系统必须研究诸多不确定性因素对过程的影响，并预先制定应对措施，这就是参数灵敏度分析。流程模拟系统是进行参数灵敏度分析最有效、最精确的工具。

⑥ 参数拟合　流程模拟软件的数据库都有很强的参数拟合功能，输入实验或生产数据并指定函数形式，模拟流程软件就能回归拟合出函数中的各种系数。

⑦ 系统优化及优化控制　流程模拟优化可分为离线模拟优化和在线模拟优化两种，离线模拟优化有一定的局限性，只能用于指导或培训；在线模拟优化一般与生产控制系统相连，为应对生产中操作条件的变化，实时地找出最佳操作条件，动态调整生产控制参数，以达到平稳生产的目的。在线模拟优化系统一般由三个层次组成，结构如图5.3所示。

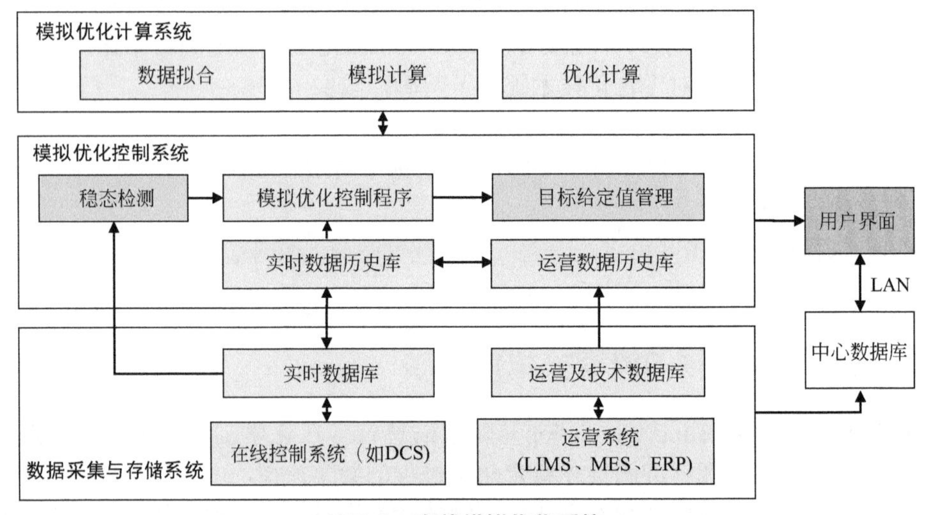

图5.3　在线模拟优化系统

第一层为数据采集与存储系统，实际工作中，在线模拟优化过程随时都要进行数据筛选和状态检测，以确定生产操作的稳态性、装置运行状态以及控制器状态，一般包括工艺控制系统（如：DCS）、实时数据库以及实验室及业务管理数据库系统等。本系统为模拟优化作基础准备。

第二层为模拟优化控制系统，由模拟优化控制程序、数据管理系统、目标设定值（组态）管理系统、稳态检测系统和历史数据库组成。负责DCS实时数据层与模拟优化计算层的接口和优化结果的自动控制。一般而言，模拟优化控制过程有闭环控制和开环指导两种形式。在闭环控制模式下，经优化后的设定值（组态参数）会自动反馈到DCS。如果要实施化工过程先进控制系统，闭环控制模式是一种可选模式。在开环指导模式下，优化后的设定值（组态参数）不会自动传递至控制系统，而是当作指导信息提供给工艺工程师参考，工艺工程师可据此决定调整设定值（组态参数）的时间和方法。

第三层为模拟优化计算系统，它将建立模拟优化所需的各种工艺模型，然后进行模拟优化计算，得出最佳操作条件，保证最佳的企业经济效益。模拟优化运算结果存储在模型数据库中，用户可以随时通过图形界面进行查看。

总之，计算机仿真（数字孪生）、过程建模和动态模拟是互联化工的关键技术基础，它们将与大数据驱动的人工智能技术共同推动智能优化决策系统和装备自主控制系统的发展与应用，最终使化工企业由ERP-MES-DCS-I/O构成的四层信息结构衍变为人机合作的两层智能化结构，如图5.4所示。

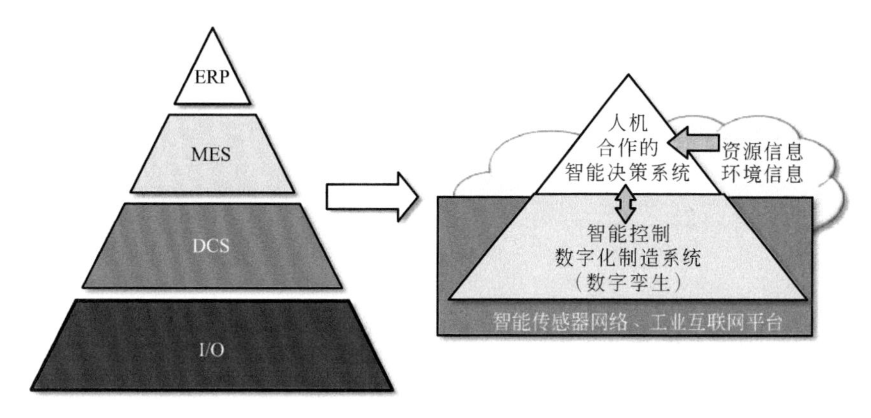

图5.4　企业由四层信息结构转变为两层智能化结构

5.1.4　互联化工的数据安全技术

数据是互联化工智慧化的源泉，互联化工的数据管理不仅包含下位机系统的实时运行数据，还包括面向供应链的生产经营业务的上位机系统数据。如来自ERP、MES、DCS、LIMS、QHSE系统的设计、工艺、制造、仓储、物流、质量、人员等业务数据。图5.5所示是化学工业企业数据管理示意图。

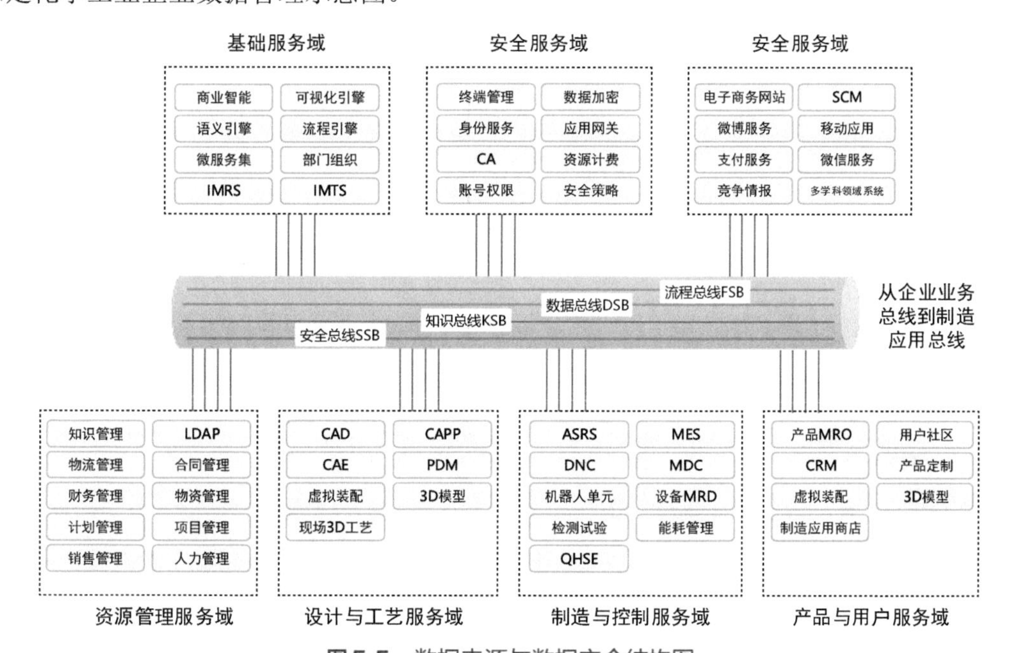

图5.5　数据来源与数据安全结构图

由图5.5可见，由于各业务环节均采用了更多的基于物理网技术的智能装备和智能系统，图5.6所示的工业安全体系将面对更加复杂的安全环境与挑战，这给企业带来了新的安全隐患和风险。因此，互联化工将数据的管理与安全作为一个专门的领域予以重视和规划。

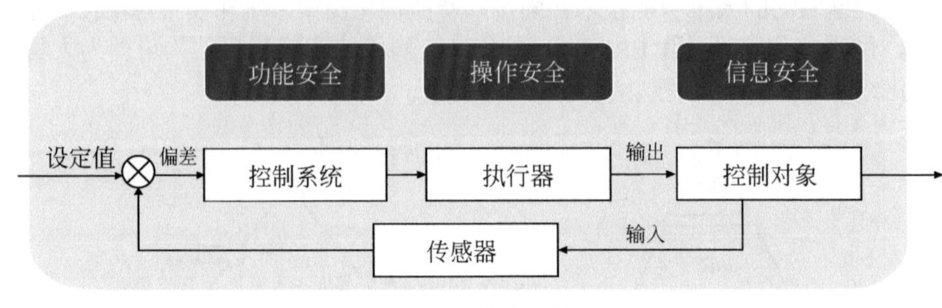

图5.6　工业安全体系

5.2　面向互联化工的工业互联网架构

工业互联网连接设备层、控制层、调度层、管理层和决策层，通过自动化和智能化技术，提升资源配置、市场营销、生产调度、过程控制，以及环境与安全管理的效率。构建化工行业工业互联网，首要任务是通过数字化系统与装置设备的深度融合，实现单元操作智慧化。

同时，为实现产业链整合，化学工业通常通过工业园区的建设，组成一个有计划的物质和能量交换的工业系统，实现能源和原材料消耗以及废物排放的最小化。为此，企业必须将企业财务评价与绿色可持续发展原则高度统一，对企业而言，这无疑是巨大的挑战。所以，企业不能只是关注工业园区内的集成，还要着眼于全球化条件下的产业链和价值链的整合，建立面向供应链网的、全生命周期的物料和能量平衡，以提升整体的均衡发展能力。为实现这一目标，需要建设工业互联网进行全面的信息捕获和实时共享。其逻辑架构如图5.7所示，该架构基于云计算，将信息集成从单元级扩大到产业链网全域，强调网络系统与物理系统融合以及多尺度、多维度的协同。

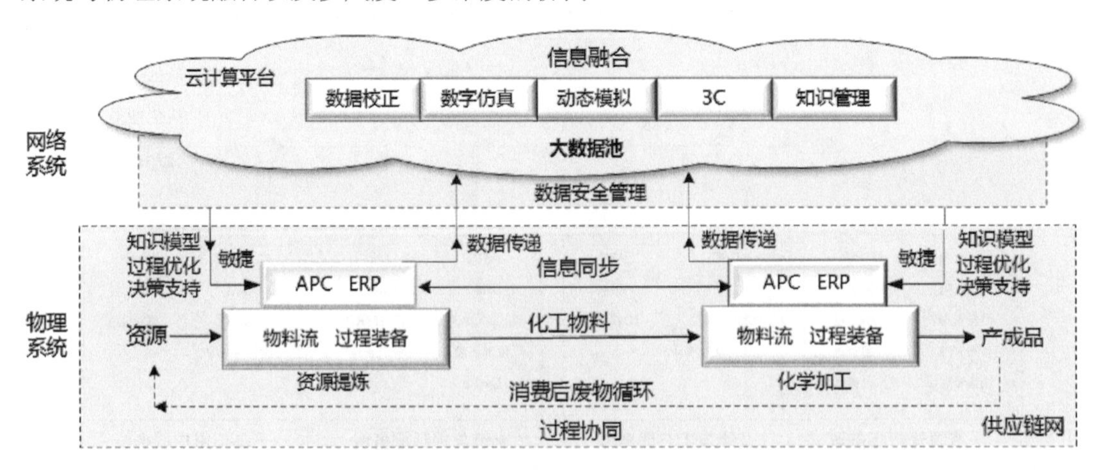

图5.7　化学工业的工业互联网逻辑架构

互联化工的工业互联网架构有如下特点。

① 工业代谢平衡（Industrial Metabolism Balance）　化工过程的工业代谢以环境平衡和可持续为目标，工业互联网面向化工行业的多尺度体系构建物料平衡模型，实现资源从提炼、加工到消费变废的整个过程中的物质和能量平衡。化工生态园区是实现工业代谢平衡的有效途径，工业园区可利用产业整合和组织架构的优势，建立园区级的工业互联网架构体系，通过企业间的协同，在实现工业代谢平衡的同时满足所有企业财务评价要求，实现园区的均衡发展。

② 兼顾敏捷与平滑（Agile & Smooth）的动态特征　基于工业互联网平台，从经营决策到过程控制均能实时应对供应链上任何市场需求和资源供给的变化，迅速通过科技创新、模式优化、流程重组，满足市场的要求。同时基于大数据技术的预测模型使企业不论市场和其他外部扰动如何，都有能力对产业、技术、市场和生产过程进行控制，保持供应链网始终处于均衡状态。

③ 实现生产设备、生产流程和物流系统、IT系统（分散式控制系统DCS）、生产和服务人员、供应链/合作伙伴及客户之间的广泛互联，实现协同制造、资源协同调度及供应链协同。

④ 面向大数据集成的四流合一　工业互联网平台具有工业数据采集、数据分析、数据共享等功能，并推动资金流、物质流、能量流和信息流四流合一。钱峰提出了如图5.8所示的化学工业互联网四流合一结构图。

图5.8　化学工业互联网四流合一

- 基于资金流集成重塑企业供应链和产业链整合能力，以主动响应市场变化，实现精准决策。
- 基于物质流集成重塑生产价值链，从强化制造单元的价值链入手，直至达成供应链级的优化。
- 基于能量流优化的能源安全环境，提升绿色、低碳以及清洁生产水平。
- 基于信息流集成强化过程感知和信息处理能力，推动行业生产和营销模式的变革。

⑤ 工业云平台　云计算基于多信息源、多核处理、虚拟机、分布式计算和快速部署、

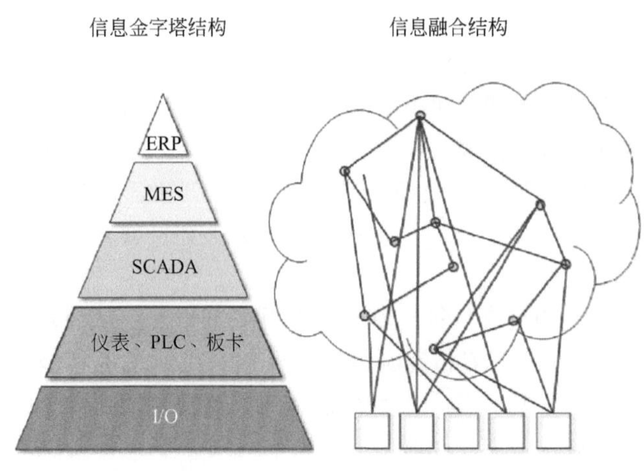

图5.9　基于自动化的信息结构与基于工业云的信息融合结构

高性价比等特点，推动大数据和智能技术的应用。工业云平台的信息深度融合可更好地满足工业互联网多源、多场景和多目标的应用需求。如图5.9所示，工业云平台下的信息融合结构与自动化条件下的信息金字塔结构有显著差异。工业云平台的信息外包及共享性也可对企业业务及知识理念产生重大影响，需建立全新的数据资源意识和数据安全意识。无疑，这需要更专业的规划和持续的模式创新。

5.3　面向互联化工的信息物理系统

由3.6节CPS的概念、目标和技术特征看，构建面向互联化工的CPS，可为化工企业研发设计、生产制造、供应链管理、产品与服务等业务提供重要支撑。

5.3.1　互联化工信息物理系统层级划分

结合互联化工的多尺度特点，互联化工CPS分为单元（装置）级、企业（过程）级和系统（供应链）级。

① 单元级CPS是以单元操作和单元过程为对象，将现场传感器、控制系统、嵌入式计算设施以及现场信息终端等集成为智慧化单元，实现实时优化（Real Time Optimization，RTO）、先进过程控制（APC）、装置异常处置等单元级功能。单元级CPS与传统先进控制的差异是CPS装置与上下游工艺装置互连互通，并基于充分的信息交互与共享，因而具有一定的自治能力，如自主通信、自主优化、自主控制、自主学习。单元级CPS将在5.5节中详细介绍。

② 过程级CPS是以企业或工艺系统为对象，借助工业互联网平台，整体贯通工艺系统中所有的单元级CPS，全面感知物理系统并集成信息系统的各类信息，建立全流程机理模型和数据驱动模型，通过单元级CPS以及处于分布式控制下的闭环工艺系统，实时分析并科学决策，实现所有工艺装置的协同与优化控制，同时集成生产管控、能源管理、设备管理、安全管理和环保管理等过程级CPS的功能，构建智能工厂。

③ 系统级的CPS是企业面向供应链进行集成和优化的智能化系统平台。企业感知市场供需关系的变化，及时调整销售计划、采购计划、生产计划和调度方案，方案自动分解并下发到过程级CPS和单元级CPS装置，实现供应链协同条件下的实时优化和先进控制的集成应用。系统级CPS向供应链开放，面对多样化的异构数据，基于数据整合技术保证数据的准确性和一致性，并通过时间序列控制、稳态检测等技术提高系统级CPS的优化结果

在装置控制层面上的可行性。

互联化工信息物理系统的单元级、过程级和系统级整体贯通，结构如图5.10所示。

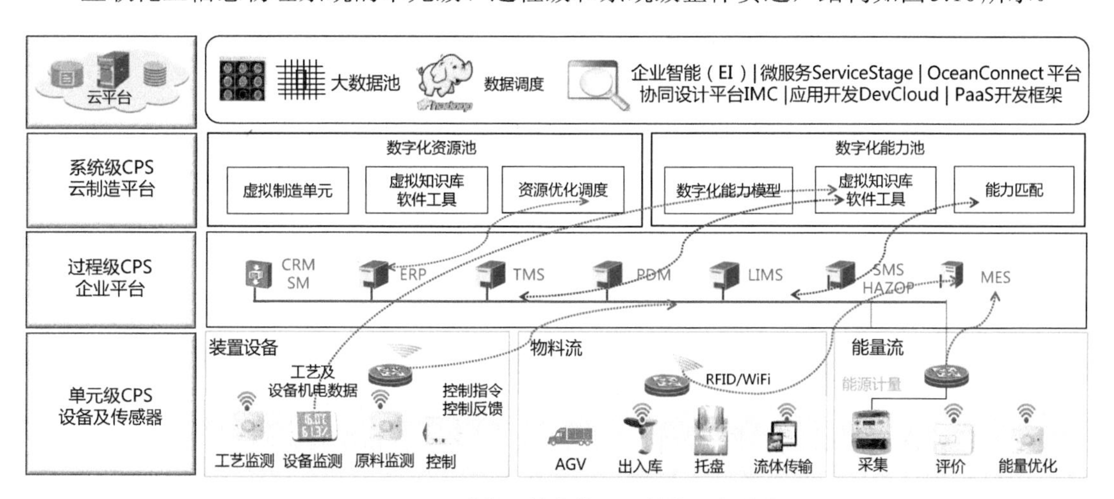

图5.10 互联化工信息物理系统的层级结构

5.3.2 互联化工信息物理系统的技术特征

信息物理系统（CPS）是石油化工行业智能化建设的基础设施，石化盈科作为中国石化旗下的专业智能化公司提出了行业CPS的技术方案，他们认为化工行业的CPS以数据和模型为驱动，具有信息物理实时监控与自动化控制、信息集成共享和协同、综合仿真以及全局优化等功能，体现出全面态势感知、边缘计算与云计算相结合的并行计算、数据孪生、知识自动化等四个技术特征。应该讲，面向互联化工的CPS既具有CPS的共性技术特征，也有基于互联化工自身特点的特有的技术环境，特别从以下三个方面反映出来。

① 装置性是互联化工的典型特征，装置本身对于生产工艺、生产规模、生产安全、环境及健康等具有重大影响，需要对装置类型、空间构造、连接方式、材料与防腐以及运行性能等进行模型描述，这是互联化工CPS的重要内容，一般通过工厂模型、装置设计模型、配管模型等进行描述。

② 对装置中所发生的物理及化学过程进行基于机理的模型描述。过程机理模型是对实际反应过程、传递过程、流动过程直接的数学描述，是过程本质的反映，机理描述模型包括能量传递、动量传递、质量传递、反应动力学、流体动力学模型等，这是化工过程系统相较于离散系统的重要知识特征。同时，机理描述模型与装置描述模型强耦合。

③ 除了机理性描述外，对装置中发生的物理及化学过程还需要建立基于数据驱动的描述模型，即根据装置运行的实时数据通过回归拟合和神经网络等多种方法建立数学关系式，这种描述模型也称为黑箱模型。为提高模型准确性和解释性，黑箱模型常常与机理模型结合建立混合模型。混合模型是对实际过程的抽象概括和合理简化，可有效解决过程中不确定和复杂因素的影响，混合模型常用于反映装置实时运行状态的动态建模。

④ 系统运行的稳定性和控制鲁棒性是互联化工关注的重点领域，是有别于离散行业的重要挑战，互联化工CPS非常强调通过数据库、规则库、模型库、知识库的有效整合及协同应用形成“工业大脑”，从而形成并逐渐提升其自学能力、自治能力，乃至自我进化能力。

5.4 智慧化单元操作与单元过程

化工生产的基础单元是单元操作和单元过程。所谓单元操作，是指化工生产工艺中所包含的物理过程，比如分离、结晶、蒸发、干燥等，实现这些过程的设备体现出特定的物理学规律，结构相似、功能相同，这就是单元操作。而化工单元过程也叫化工单元反应，是具有共同化学变化特点的基本过程。提升单元操作与单元过程的感知和控制水平，由自动化升级为智能化是互联化工在单元尺度上的重要任务。

5.4.1 基于信息物理系统的智慧化单元架构

化工单元操作与单元过程的控制涉及控制执行策略、指标参数设定、过程监测与评价、控制指令发送与反馈等环节。目前，操作控制的主流技术基于离散控制技术的、局部优化的。面向互联化工的智能化单元操作与单元过程是立足于实现柔性化过程、面向供应链整体优化，具有自我感知、自我控制、自我优化能力的集成系统。

图5.11所示是基于信息物理系统（CPS）结构的智慧化单元操作与单元过程，CPS利用物联网的过程感知、信息传递和信息处理技术，精准监测、描述并智能控制生产全过程。同时，操作单元与基于云端的生产调度、技术以及客户服务等单元间实现实时通信，在工艺、质量、环境安全等约束条件下进行操作优化。基于过程尺度、企业尺度以及园区尺度上的工业互联网平台，各单元的生产操控系统、工艺系统和业务系统相互通信、协同，实现多准则下的最优化目标。

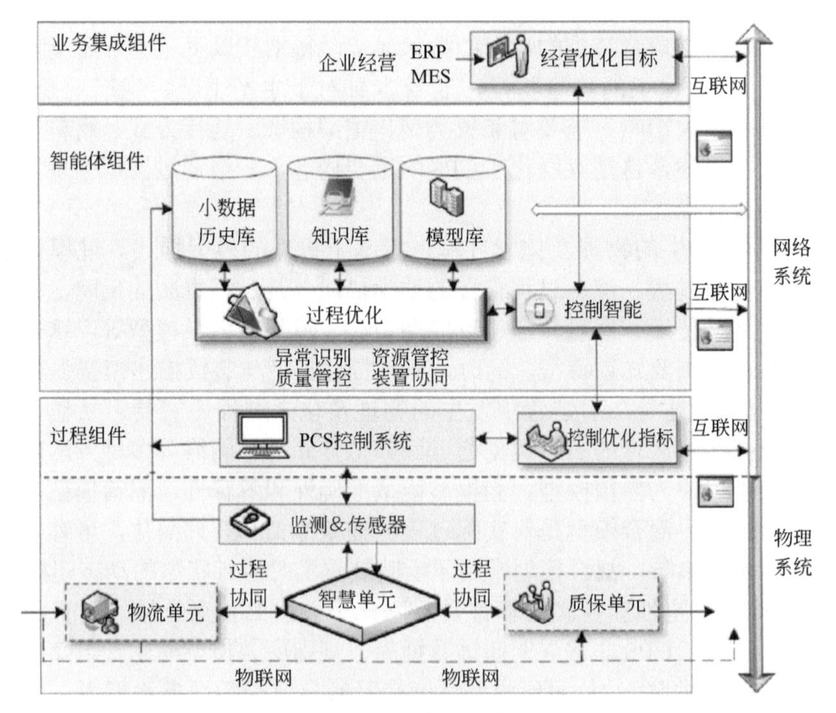

图5.11 基于信息物理系统（CPS）结构的智慧化单元

5.4.2　智慧化单元的控制过程

一般而言，CPS从对物理实体的状态监测到实现智能控制由五个环节构成，分别是：状态感知、实时分析、科学决策、控制执行、自学习自进化。

① 状态感知　生产制造过程中会产生大量的数据，状态感知通过传感器、物联网等数据采集技术，将蕴含在物理实体运行中的数据不断地传递到信息系统中，使物理实体的状态以数据形式变为“可见”。状态感知是对数据的初级采集加工，是一次数据共享的起点。

② 实时分析　是感知数据转化为认知信息的过程，通过赋予原始数据特定的物理意义，挖掘物理实体状态在时空域和逻辑域的内在因果性或关联性。当然，数据并不一定能够直观地体现出物理实体的内在联系，这需要利用数据挖掘、机器学习等方法对数据进一步分析，使得数据不断“透明化”，转化为更直观、可理解的信息。

③ 科学决策　决策是在一定的约束条件下，为了实现可以明确描述的目的而做出的决定。决策的依据是积累的经验、对现状的评估和对未来的预测。CPS依据实时分析结果，综合经验与规则形成决策，以对物理实体实施控制。最优化决策是CPS的关键任务，取决于CPS是否提取了相关模型、规则以及知识。

④ 控制执行　在信息系统分析并形成的决策最终将会作用到物理实体，而物理实体则以数据形式接收信息系统发布的决策指令，并通过执行机构形成对物理实体的行为控制。

⑤ 自学习自进化　CPS在感知与数据分析过程中，物理实体状态的隐性数据转化为显性数据，显性数据经分析处理成为信息，信息通过决策判断和控制，反馈和验证后转化为有效知识，并固化在CPS知识库中，这就是CPS的自学习机制。CPS自学习过程的目标是，更精准的决策控制和更高效的物理实体运行，伴随着系统的每一次决策与操作控制，持续改进，这就是CPS的自进化性。

5.4.3　智慧化单元的性能特点

智慧化单元操作与单元过程具有以下特征。

① 具有3C属性　即控制（Control）、通信（Communication）和计算（Calculation）。控制，通过对信息的处理、管理，使信息系统和物理对象按期望的模式运行，提高信息服务的可靠性；通信，将一系列计算系统连接起来，同时将物理装备和物理过程相连以增强单元运行的可靠性和功能；计算，物理组件上嵌入式系统的计算能力，能够将“被动的”物理数据转换为“主动的”决策信息。3C属性使智慧化单元具有了自治性、协同性以及智能化特性。

② 自治性和协同性　每个智慧化单元都可以对其自身的操作行为作出规划，对生产任务和生产环境的变化作出反应，达到行为可控；同时，智慧化单元还具有合作性与协同性，每个单元可以请求其他单元协同执行某种操作，也能够对其他单元提出的操作申请提供服务。

③ 智慧单元充分融合了虚拟制造及数字孪生技术　虚拟现实技术是以计算机为基础，融信号处理、动画技术、智能推理、预测、仿真和多媒体技术为一体，借助各种音像和传感装置，以数字化形式准确展示现实过程和物件的技术。而数字孪生技术是充分利用机理模型和数据驱动模型的数字化仿真过程，是在数字空间中完成的对物理对象和物理过程的映射，可实时并准确反映实体对象的全生命周期过程。数字化桌面装置和数字化桌面工厂

是虚拟制造及数字孪生技术的典型应用。

④ 具有智能特性　智慧单元具有一定的推理和判断能力，这也是它具有自治性和协同性的原因。但机器智能是一个发展的过程，在相当长的时期内智慧单元是由具有一定智能功能的机器和人类专家共同组成的人机一体化智能系统，在制造过程中能通过智能活动（如感知、分析、推理、判断和决策），解决控制决策的制定、生产工艺的优化、异常的识别与诊断等。因此，智慧单元的智能特性把生产控制自动化的水平提升到了新高度。

⑤ 柔性化且作业精良　智慧化单元操作是一个基于数字技术和知识管理的智能化平台，通过柔性化的流程结构、控制组态、精细管理和精良操作，帮助企业实现最合理的成本和最优的质量。

5.5 智能控制技术

5.5.1 互联化工的智能控制要求

传统控制理论的前提条件是利用数学公式对被控对象的动态行为进行严格刻画，建立基于微积分理论或线性代数或矢量分析的数学模型。因此，传统控制方法也被称为“基于数学模型的方法”，对那些能够以准确的数学模型进行描述的对象行为，传统控制理论非常有效。

随着工业生产的范围和规模的不断发展和扩大，越来越多的被控过程和对象的精确的数学模型难以建立，这对基于数学模型的传统控制理论提出了挑战，具体表现在以下三个方面。

① 不确定性　控制对象和环境存在不确定性因素，这些因素会随着环境、工况、空间和时间产生难以精确预测的变化。同时，在化工过程中，对象与环境之间还存在强相互作用，这种强耦合关系或无法建模，或即便能建模，所建模型也可能超出鲁棒或自适应控制范围。

② 复杂性　多尺度、多准则目标下的控制系统往往高度复杂，表现在以下四个方面：

● 控制对象的子系统和环节种类繁多，层次各异，系统结构和参数体现出高维性、时变性、突变性和随机性等特点；

● 环境因素复杂，环境干扰有多样性、随机性特性，有时还是高强度的；

● 传感器、执行器数量多，且分散；

● 信息结构复杂，多重的系统状态变量，还常常具有典型的耦合性，数据处理量庞大，算法复杂。

③ 最优化要求　在多准则目标下，化工过程控制有多样化的、高性能的控制要求和形式。最优化控制已不仅仅局限在对生产过程的控制，而是把生产与经营管理融合，实现管控一体化，目标兼具安全生产、产品质量、生产成本和能耗、良好的服务和产品个性化。在实际工作中，多样化的控制要求经常相互矛盾，决策信息分散、分级，难以综合，这对有效的信息综合和快速的优化决策的实现是一个挑战。图5.12所示是化工企业面向管控一体化的分层结构，其复杂的多级架构体系、过程系统的不确定性，以及最优化控制

要求对传统控制理论提出了挑战，促使人们去探索控制理论的新途径，提出了智能控制。

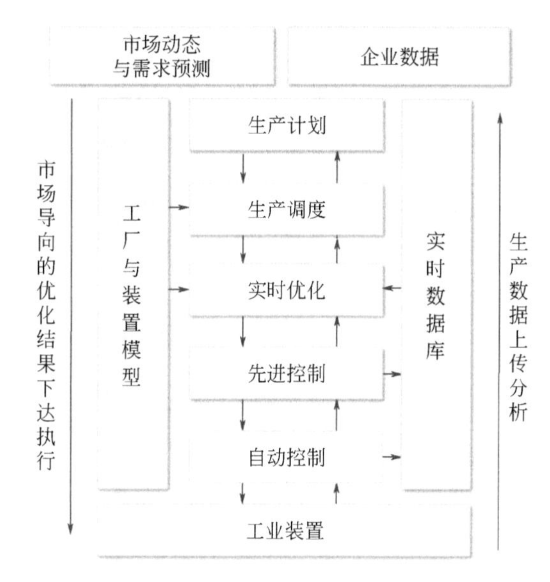

图5.12　化工企业面向管控一体化的优化分层结构

5.5.2　智能控制技术

智能控制技术（Intelligent Control Technology，ICT）是以自动控制为基础，并不断地吸收运筹学（系统论）、信息论、计算机科学、模糊数学、仿生学以及控制论等学科的思想、方法和新的研究成果，特别是将自动控制技术与人工智能相结合以提升其解决复杂问题的能力，比如提高控制的鲁棒性与效率等。智能控制技术属于多学科交叉融合的技术。中国学者蔡自兴提出了如图5.13所示的智能控制的四元论结构，他认为，智能控制是自动控制、人工智能、运筹学和信息论的交集。

图5.13　智能控制的四元论结构

基于人工智能技术，专家控制系统、模糊控制、神经网络控制、混沌控制、群集智能控制、智能算法等理论和技术被应用于系统运行控制中，使控制系统具有了智能的信息处理、反馈和控制决策能力，可在复杂环境中减少人为干预，甚至通过自主感知、自主分析和自主决策，在无人为干预情况下自主地驱动控制机构实现其最优化控制目标。人工智能技术的应用主要体现在：

① 利用神经网络等智能算法对控制对象进行动态环境建模；

② 利用传感器融合技术来进行信息的采集、预处理和综合；

③ 面对复杂问题，提炼专家规则，建立专家系统作为反馈和评价机构，选择较好的控制模式和控制参数；

④ 对于复杂系统，利用模糊集合决策选取最优控制路径，规划控制动作；

⑤ 利用机器学习的学习功能和并行处理信息的能力，对可能残缺不全的信息进行在线识别和处理。

智能控制技术的典型应用形式是智能控制系统，以实现特定的控制任务为目标，其一般结构如图5.14所示。

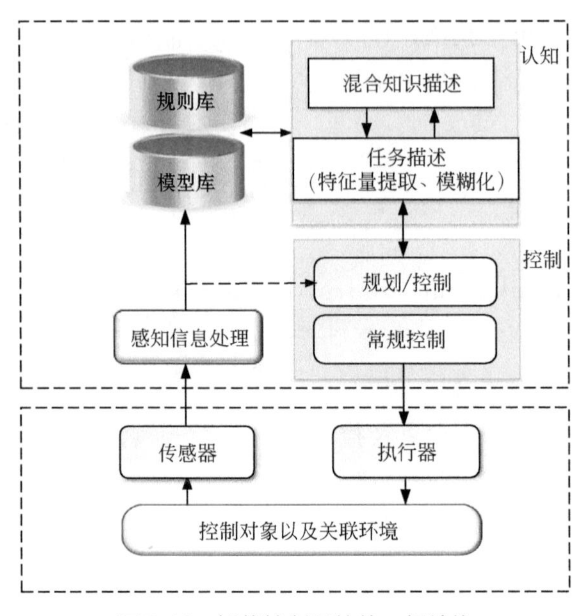

图 5.14　智能控制系统的一般结构

其中：

① 对象——控制对象，有时也包括与控制相关的外部环境。

② 感知信息处理——将传感器传送的数据进行处理，并在过程中同步完成对象描述模型的辨识、整理和更新控制，相关模型在前面进行了介绍。

③ 模型库/规则库——接受、存储并管理模型、规则以及数据，并从认知/控制环节中获取反馈，以持续地完善模型。

④ 认知——接受任务描述，提取任务特征量或模糊化处理，基于模型库完成混合知识描述，做出状态评估和控制策略建议，送至规划/控制部分。认知能力是智能控制技术的关键能力。

⑤ 规划/控制——是整个系统的执行机构，它根据给定任务的要求、反馈信息及状态评估和策略建议，进一步完成推理决策和动作规划，最终产生具体的控制指令。控制指令通过常规控制器和执行器作用于控制对象。对于简单的或线性的控制需求，可以从信息处理直接进入到控制环节。

5.5.3　智能控制技术的模式

智能控制模式包括：

① 基于模糊逻辑的智能控制，是一种以模糊数学的理论和方法为理论基础的控制模式。模糊逻辑控制用模糊语言定量或定性地建立对象模型，这被称为模糊化过程，目的是简化被控对象特征量的复杂性。同时，以确定性规则描述系统变量间的关系，而不依赖于精确的数学模型。因此，模糊逻辑控制特别适用于非线性、时变、滞后和模型不完全系统的控制。

模糊逻辑控制的核心是模糊控制器。模糊控制器是语言控制器，是一种较理想的非线性控制器，具有较佳的鲁棒性、适应性及容错性。

② 基于专家系统的智能控制，这是一种利用专家知识对专门或复杂的问题进行描述的控制系统。专家知识常常体现为特定的规则和策略，比如“if…then…”。专家控制系统的关键在于专家知识的提取，由于系统控制环境和需求是动态变化的，因此，专家知识也应该是一个持续提取和完善的过程，需要建立起持续学习机制。

③ 基于神经网络的控制方法，这种控制技术模拟人类大脑神经元思维模式，按一定的拓扑结构进行学习和调整，具有并行计算、分布存储、可变结构、高度容错、非线性运算和自学习等特性。这些特性，特别是自学习特性是人们长期以来不断努力想赋予控制系统的特性。神经网络在智能控制的参数、结构或环境的自适应和自学习等控制方面具有独特的能力。

控制系统的自学习过程，实质上是一个不断尝试和总结的过程。在实际应用中，为达到更好的效果常将多种学习方式进行结合。以遗传算法为例，其作为一种模拟生物进化模式的随机优化工具，具有并行计算、快速寻找全局最优解的特点。在实际应用中，常将之与其他技术混合使用，比如与人工神经网络融合形成混合算法，用于解决控制参数、结构或环境的最优控制。

④ 组合智能控制系统，其目标是提高控制系统整体优势，将智能控制与常规控制模式有机组合，取长补短，以期获得高性能智能控制系统。如，PID模糊控制器、自组织模糊控制器、基于神经网络的自适应控制系统、重复学习控制系统等。

5.5.4　智能控制技术应用

在化工行业中，智能控制技术主要应用在以下几个方面。

（1）单元级智能控制

单元级智能控制是指将智能技术引入工艺过程中的某一单元进行控制器的设计与智能运行。应用热点是智能PID控制器，因为它在参数的整定和在线自适应调整方面具有明显的优势，可用于控制一些非线性的复杂对象。

中石油大庆炼化厂在油品调合的过程中成功使用智能控制提高了石油调合的精度。首先基于神经网络技术建立石油调合预测模型，对汽油指标参数进行控制预测和推算，进而利用参考轨迹分析、反馈矫正等方法和技术，将预测结果与实际生产数据进行滚动比较分析，得出优化控制策略和控制指令，通过在线管道油品调合系统实施，实现了石油生产过程中对油品调合的智能控制，在线保证了油品调合质量。

（2）过程级的智能控制

生产过程的智能控制不仅仅指单元级智能控制，还包括过程级的智能控制，其目标是在满足企业经营指标要求的前提下，实现整个生产过程工艺的控制优化，对此，装置之间的工艺协同和能力协同是控制的重点。

镇海炼化针对乙烯装置实施了闭环实时优化。以装置经济效益最大化为目标，基于机理模型，将乙烯装置闭环实时优化（RTO）与先进过程控制（APC）集成应用，实现了计划、调度、优化、控制的整体贯通。系统每3h自动优化计算一次，可同时优化操作变量81项。经过实际比对测算，装置的裂解深度、稀释比、原料配比、能耗等关键指标均能按最优化目标实现控制，每吨乙烯降本增效20元以上，经济效益显著。

另外，大庆石化60万吨/年乙烯装置，全系统的装置设备共计692台，652个控制回路，测量点15520个，采用的是Robust-IC（Inventory Control，库存控制）全流程智能控制系统。累计采集了装置百亿级生产过程数据，结合智能建模、模糊控制和专家系统等技术，建立了全流程652个对象模型库，共计563328个模型，模型精度达95%。其中的脱丁烷塔灵敏板温度串级控制，为实现稳定控制，减少对下游工艺的影响，智能系统采取串级优化控制策略，针对液位测量值、设计值间偏差与约束条件，实时优化调整液位控制器的比例积分参数，实现了稳定控制。图5.15是脱丁烷塔ET3461的灵敏板温度串级控制曲线优化前后对比，效果显著。

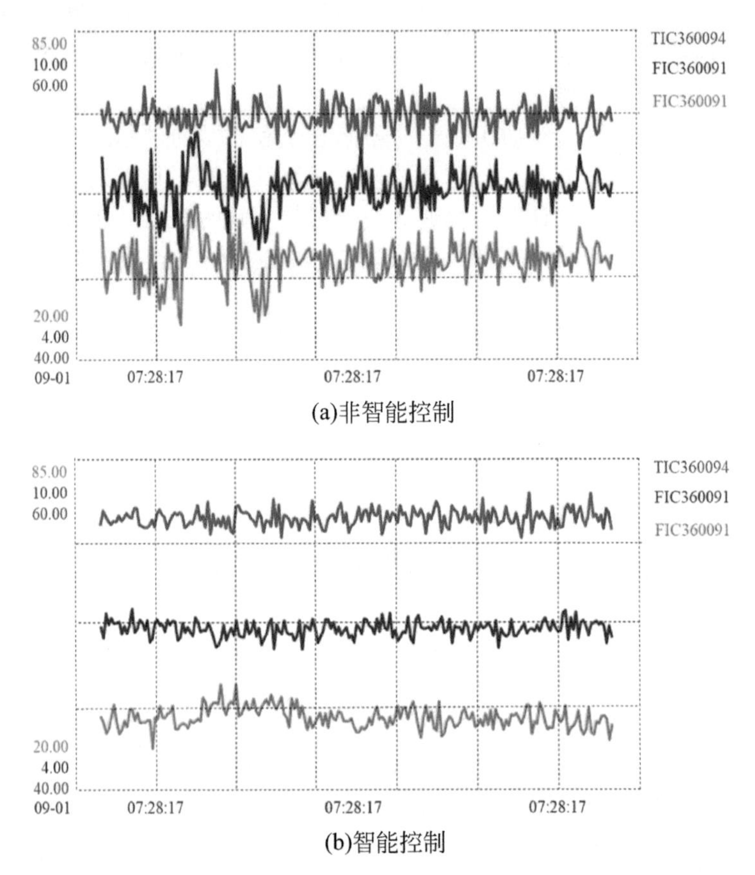

(a)非智能控制

(b)智能控制

图5.15 脱丁烷塔ET3461的灵敏板温度串级控制优化前后曲线对比

（3）改善控制鲁棒性和稳定性

化工生产过程中，控制的精准性、鲁棒性及控制结果的稳定性往往受制造环境、装置、物料和控制参数等条件的影响。当条件出现变化时，控制系统能否及时识别并进行相应的调整，对生产运行的稳定性、鲁棒性，以及产量和质量有很大影响。因此，智能控制系统需要通过过程感知和信息的及时处理，快速识别异常状况，准确评价影响，并调整控制策略。

但是，在多数场景下，制造环境、装置、物料等条件与最优化的控制参数设定存在复杂的非线性关系，传统机理模型常常难以满足精确描述的要求。而人工智能技术从历史数据处理，结合机理模型，可建立更精确的对象描述模型，从而预测环境条件变化对控制质量的影响和进程，测算控制参数对控制效果的改善程度。此外，控制系统还能从控制参数与控制鲁棒性之间的复杂因果关系中抽取过程知识，丰富和完善智能控制的知识库和模型库。

（4）动力系统中的智能控制

过程企业动力系统的运行、控制和维护是一个复杂的过程，是企业降低温室气体排放、实现绿色生产的关键。将人工智能技术引入到电气设备的维保、运行控制以及故障诊断中，取得了良好的效果。

压缩空气是化工企业最重要的源动力。目前，工业企业压缩空气系统普遍存在压力波动大、效率低、能耗高等问题。学者们研究了空压机集群智能控制技术，通过配置完善的传感器网络，在线收集压力、流量、温度、露点、电机功率和频率等数据，开发了以蚁群算法为核心的优化调度算法，在低用气需求时自动强迫电机卸载或停机，并启动适合的压缩机进行供气，实现了机组节能运行。

近年来，智能控制技术在国内外已有了较大的发展，已进入工程化、实用化的阶段。随着人工智能技术、计算机技术的迅速发展，智能控制作为一门新兴的理论技术必将迎来它的发展新时期。

本章要求

- 了解互联化工核心领域的技术内涵
- 了解互联化工的数字化技术架构，掌握数字驱动模型与机理驱动模型的概念、原理与基本方法
- 掌握互联化工的工业互联网技术架构、特点
- 了解面向互联化工的信息物理系统的概念、特点与层次结构
- 掌握智慧化单元技术的架构、特点、技术与应用模式
- 了解智能控制技术的概念、模式、技术基础与应用

思考题

5-1　互联化工核心领域技术有哪些？

5-2　互联化工数字化技术的特点是什么？

5-3　面向互联化工的工业互联网的架构特点是什么？

5-4　面向互联化工的信息物理系统有哪几个层级？它们间的互联模式是什么？

5-5　信息物理系统的结构如何？信息物理系统与云计算、边缘计算的关系是什么？

5-6　互联化工智慧单元的特点与结构是什么？试以一个单元操作实例建立其智慧模型。

5-7　试建立上题中智慧单元的智能控制模型。

第6章 云制造——互联化工的跨尺度模式

本章内容提示

中石化的主营业务涵盖多个业务板块，包括石油、天然气的勘探开采与炼制，石油化工、天然气化工、煤化工、新能源、石油石化系统工程承包和劳务输出等，是一个非常复杂的产业链体系。对中石化而言，如何在各业务板块间整合供应链、构建统一的知识系统、优化资源配置，以开放和协同强化全产业链的集成优势，是企业的关键任务，这需要建立企业多产业协同、多尺度融合的智慧化运营模式和平台。

云制造以其开放性与协同性的特点，成为互联化工在供应链尺度上的典型运营模式，以提升企业面向产业链的资源整合与协同制造的能力。从概念上讲，云制造是基于工业互联网平台的跨时空域的新型技术架构以及商业模式，通过最优化配置硬制造资源与软制造资源，实现企业资源的整合和高效利用，本章将对此予以介绍，内容如下：

· 云制造的基本概念与架构模型
· 云制造的支撑技术体系
· 云制造的数字化模型、QoS评价与算法
· 云制造的业务模式与实践

在制造业服务化发展趋势下，企业如何整合和规划制造资源以满足客户个性化需求是智能制造的重要命题，这涉及企业对制造资源如何进行描述、评价、共享发布，以及如何将资源转换为企业的竞争优势和财务收益，乃至进而把服务型制造升级为服务化制造的一系列技术以及企业发展战略的相关问题。云制造（Cloud Manufacturing，CMfg）模式正是在这一背景下提出的。

云制造最早在2010年由中国学者李伯虎首次提出，近年来随着工业互联网技术的推广应用，云制造的概念、系统结构、主要特征、关键问题以及行业实践等都取得了显著进展，是大型集团化企业强化资源优势的重要制造模式，也是中小型企业弥补人才、知识与资源不足的有益平台。

石油化工、钢铁、建材等以装置密集性和规模化为技术经济特征的流程制造业正面对更多的产品个性化挑战。企业为应对市场需求，需提高服务水平、优化资源配置、强化知识共享能力。对此，云制造模式可帮助企业解决创新能力、产能布局、资源配置、设备运维和过程优化等难题。云制造正成为互联化工联结并集成过程层、企业层、园区层以及产业链层级的跨尺度新模式。

6.1　云制造概述

6.1.1　云制造的概念

云计算以互联网技术为基础，通过云平台把大量的高度虚拟化的计算资源集中管理起来形成一个大的资源池，用以统一地提供计算服务。可见，云计算实现了计算资源的共享。云制造则是在云计算基础上，将共享资源范围扩大至制造资源和制造能力，以实现制造资源的统一管理和按需发布。

云制造是指将网络化制造和服务技术同物联网、边缘计算、云计算、云安全、高性能计算等技术融合，对制造装备、产能、管理能力、制度与文化、知识和数据等制造资源进行数字化、网格化和共享化，使之能自适应地实现基于云的服务分发和使用，最终实现制造资源和制造能力的统一集中管理和调配，从而为制造各相关单元提供全生命周期的、可随时获取的、按需使用的、安全可靠的、质优价廉的制造资源与多样化服务。制造资源与服务的内容包括知识技能、制造能力、质量保证以及其他全生命周期的各类服务。

云制造的基本实现条件是，所有制造相关的组织间通过物联网/互联网实现彼此感知、互联及相互作用。因此，其技术应用和资源整合的外延范围比单一企业的智能制造更广泛，涵盖资源和服务供给与需求的各个方面，真正体现互联网时代的互联化、服务化、协同化、个性化、柔性化和社会化特征。所以，云制造被认为是智能制造的高级形式。

根据云制造各方所扮演的角色不同，分为制造商、用户和云制造平台三类。

① 制造商是为用户提供制造资源和服务的企业，制造商的制造资源和制造能力以数字化形式封装纳入云端制造资源池，包括，装置设备、材料和人员等制造资源以及产品交付能力、质量保证能力、管理能力和研发能力等制造能力。云制造平台对之进行评估、匹配和调度，调度结果发布给制造商和用户。制造商收到服务任务后，通过线上、线下的形式实现服务交付。交付完成后，用户对制造服务进行综合评价，形成反馈机制，以利持续改进。

② 用户是根据自身需求向云制造平台提出制造服务请求的组织或个人，既可以是市场终端顾客，也可以是对制造服务有需求的其他制造商。总之，用户是制造服务的需求方和接收方。

③ 云制造平台承担云制造各功能层级的日常运行管理和维护工作，完成制造资源池的管理、制造服务的接入和交付等功能。用户向云制造平台发出制造服务请求，明确其需要的服务时间、服务项目、内容、技术指标、质量要求以及交付项。云制造平台对用户提出的服务请求进行分析，按类型分解为由若干子任务构成的任务资源集，然后在制造云平台的资源池里搜寻并匹配合适的资源与能力，进而根据用户的个性化服务需求制定服务任务组合方案，任务方案既满足用户需求又实现制造资源配置效率最大化。

6.1.2 云制造的服务对象

云制造基于“制造即服务”（Manufacture as a Service，MaaS）理念，将大量分散的制造资源整合并按需分发，是一种面向客户的、服务化的、多主体协同的制造模式。云制造一般有两类服务对象，即制造企业和产品用户。

① 制造企业　云制造通过云共享提供一种全新的产业生态环境，突破企业自身在资源和能力上的束缚，实现面向全域环境的资源与能力的互联，使企业可以通过网络按需获取和配置所需要的制造资源和制造能力，或按需提供制造资源和制造能力服务。

② 产品用户　云制造面向产品全生命周期，产品用户是其服务的重要对象，用户可以是企业也可以是个人。比如，企业利用物联网技术实现对所提供产品的实时状态感知与管理，同时为产品用户提供远程维护诊断等定制化增值服务。

云制造服务内容包括云制造能力服务和云制造资源服务两类，下面分别进行介绍。

6.1.3 云制造能力服务

云制造能力服务内容可归纳为规划服务、设计服务、数字服务、管理服务、运营服务和整合能力等。

（1）规划服务

云制造服务平台将模型、算法以及相关软件系统封装为云服务，提供可供用户进行成本、进度、风险评价与辅助决策的模型库、知识库和数据库，帮助用户对产品概念、规划方案的可行性与预期效果进行论证分析，甚至企业用户可直接在云制造平台中按需购买第三方规划服务。

（2）设计服务

产品设计过程常用的三维可视化以及复杂的分析计算等往往要求具有高效的计算条件。云制造平台整合高效能计算资源，将CAD、CAE等设计软件和功能封装为云服务，动态构建相应的渲染和分析支持环境，以批作业或者虚拟桌面等方式提供给用户进行产品设计。云制造平台还可提供设计能力服务，企业可以将外观设计、子系统设计等外包给平台中的专业设计方，这也被称为众包设计服务。云平台的众包设计社区已可整合全球范围内的专业能力，以协作的方式为用户提供高品质设计服务。

（3）数字服务

建立数字模拟模型需要大量计算资源和专业知识的支持，云制造服务平台可根据数字建模需求动态构建虚拟环境，将计算能力、软件系统、模型和数据等封装为云数字化服务，支持用户以较低的成本实现数字化应用。

（4）管理服务

云制造服务平台能够提供基于云的客户关系管理（CRM）、供应链管理（SCM）、企业资源计划（ERP）等资源和能力服务，用户可以根据自身的管理需求定制个性化的业务流程和管理架构。基于云制造平台的管理服务与传统的企业信息化比较，前者能更好地实现企业外部协作与内部管理的协同以及核心业务无缝衔接，这有助于企业构建虚实结合的数字化企业联盟和高效供应链。

（5）运营服务

运营服务是云制造平台重要的用户服务内容，包括产品运输、安装调试、性能改进、维修保养、应用培训以及金融增值服务等。其中，既有资源服务也有能力服务。常见的云制造运营服务形式有APP下载、数控装备编程、设备融资租赁以及设备（产品）维修保养服务等。设备维保服务既面向制造企业也面向终端用户，服务内容包括日常维护、异常（故障）诊断/修理、备品备件优化供应、设备回收再利用等。

（6）整合服务

整合服务体现为技术层面和供应链层面的综合服务能力。技术层面上，基于云制造平台的应用系统集成、数字化协同技术、多目标多准则的模型优化以及数据驱动工作流等数字化技术均可有效提升企业制造效率与服务能力。在供应链层面上，云制造是一个多尺度的整合平台，通过广泛互联跨越多企业主体的制造单元和供应链，实现对平台内制造资源和能力的实时感知、动态评价以及优化配置，从而整体提升平台用户与供应商双方面的运营效率。

6.1.4 制造资源服务

制造资源按其形态分为硬制造资源和软制造资源两类，如图6.1所示。

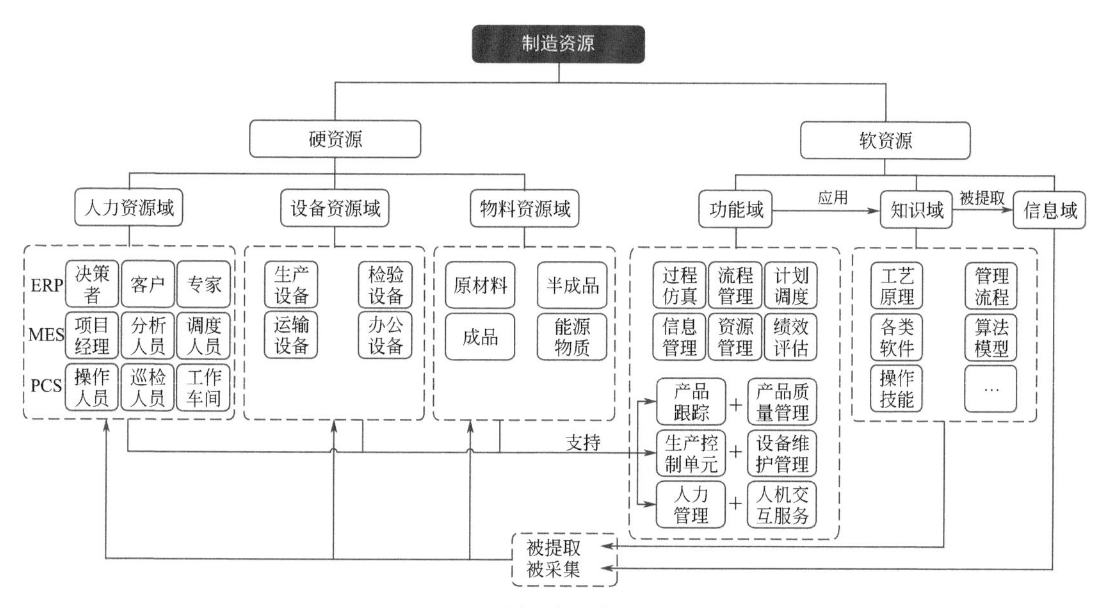

图6.1 过程行业制造资源

硬制造资源包括机械、设备、物资、人员等有确定物理形态的资源，软制造资源包括各种制造模型、企业组织架构、知识库、数据信息及软件系统等没有物理形态的资源类型。传统管理模式中，资源优化配置的思想和目标往往只强调硬制造资源，忽略软制造资源。基于云制造平台的资源服务则把提高包括硬制造资源和软制造资源的配置效率作为同等重要的核心任务，这是云制造资源服务与传统模式的重要区别。云制造资源服务有制造服务与创新服务两种形式。

（1）制造服务

生产制造是一个综合性过程，需要多种硬制造资源和软制造资源的配合。云制造服务平台根据用户对制造服务的需求，快速构建数字化工艺系统，其中既包括物料、设备以及人员等硬制造资源，也包括MES、实时数据库、关系数据库和知识库等软制造资源。云制造服务平台对硬制造资源和软制造资源进行综合评价与配置，以达到最优化服务调度的目的。云制造平台的制造服务还包括诸如生产物流跟踪、设备状态采集、最优化组态和控制等云服务，辅助用户对生产工艺过程实现监控与管理。此外，用户还可以利用云制造平台对生产制造业务进行外包，而自己只重点关注市场或产品设计。这种模式与OEM（Original Equipment Manufacturer，委托制造商）有类似之处，也有重要的区别。其区别在于，云制造平台更加开放，可以动态测评制造单元的运行效率与成本，同时，还通过知识自动化机制向制造单元随时分享最优的制造技术与工艺，保证用户得到最佳的质量、最低的成本和最可靠的交货期。

（2）创新服务

产品创新需要进行大量的实验与试制，云制造平台分享实验平台、设备以及检测仪器等硬制造资源，同时，还根据实验所需的软硬资源建立数字化实验室，封装多种可支持实验分析的软件系统、模型和算法，为用户提供全方位的创新资源服务。对于某特定的行业或领域来说，创新知识具有一定的共性和共同价值，通过云制造平台分享相关知识，可弥补企业创新人才与资金的不足，提高企业创新能力，并显著降低创新成本。当前，大数据分析是创新服务重要的增值内容之一。如果企业用户将此外包给云制造平台中的专业能力服务来完成，可帮助企业快速跟上日新月异的计算技术的发展，以较低成本推动知识自动化。

6.2 云制造架构

从供应链宏观层面看，云制造平台借助物联网传感器、网络通信系统、计算资源等实现生产设备、用户和信息资源的整合，共同组成大型CPS。从装置系统局部看，装置设备通过通信系统接入云制造平台，与平台内的其他制造（服务）企业和用户实现联通，收发制造服务请求、共享过程数据乃至过程知识，达到按需生产、协同生产的目的。可见，云制造平台内的生产与服务装置具有信息系统与物理系统深度融合的特点，是典型的CPS。因此，云制造平台与CPS结构类似，包括数字化资源层、核心功能层、应用层和服务层，如图6.2是过程行业企业的云制造架构。

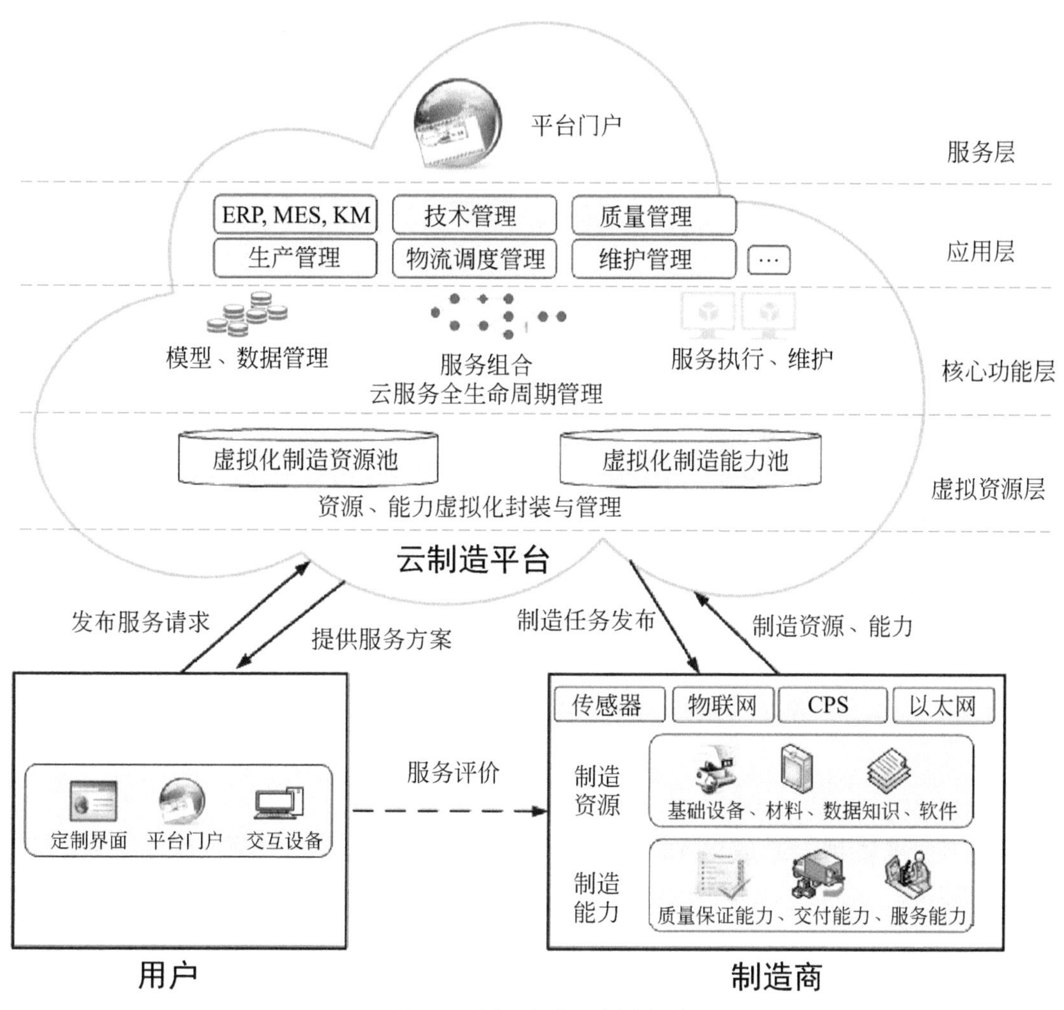

图6.2　过程行业云制造架构

（1）虚拟资源层

虚拟资源层采用云服务定义技术和虚拟化技术，将制造商的制造资源和制造能力数字化，映射为虚拟化资源描述模板，并分别封装在云端的虚拟化制造资源池和虚拟化制造能力池中，以实现其存储、检索、发布、迁移和改进，以及制造服务的发布、分解、配置和服务跟踪等功能。此外，虚拟资源层还为虚拟化资源提供全生命周期管理。

（2）核心功能层

核心功能层是提供云制造服务的功能层，承担模型与数据管理、服务组合管理等功能。核心功能层基于资源池、知识库和模型库实现跨领域的知识融合与集成，并面向服务需求和服务最优化组合进行知识推理与重组。

在服务组合过程中，当云平台接收到用户提出的服务需求后，自动将服务请求进行分解，搜寻匹配的可行服务方案，再采用智能算法进行优化选择和组合，形成最终服务方案并发布给制造商实现交付。可见，服务组合优化的核心是采用智能算法为用户优选出满足用户和制造商双方面需求的服务方案。图6.3是云制造平台核心功能层的功能示意图。

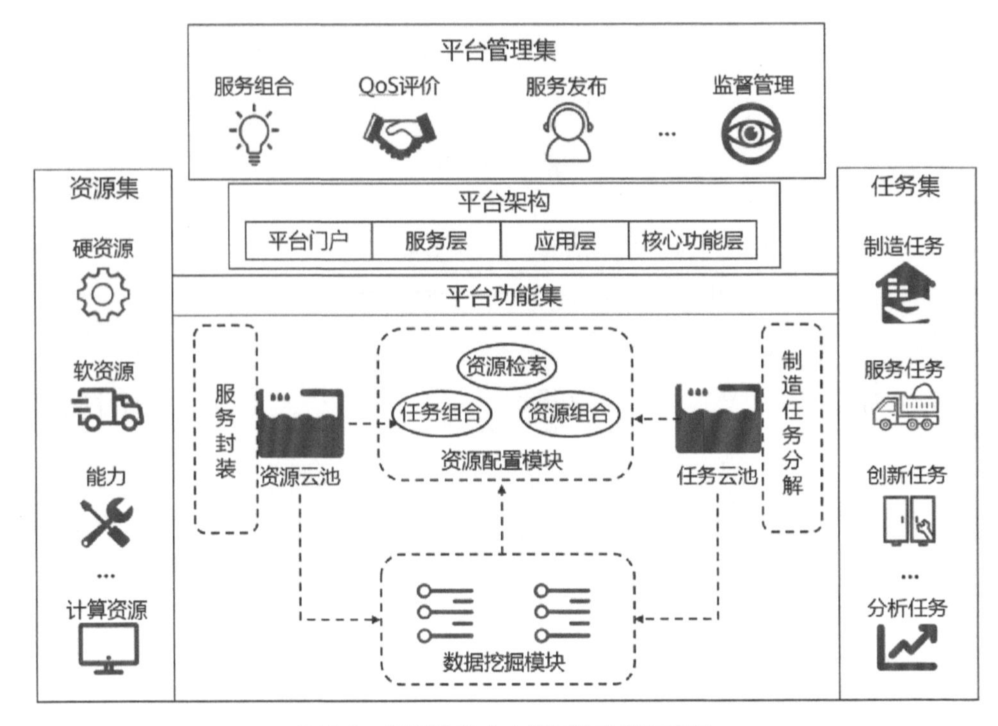

图6.3 云制造核心功能层的功能示意图

（3）应用层

应用层是为制造企业和用户等各类终端用户提供设计、生产、运输、维护等行业应用服务，以及企业资源计划（ERP）、制造执行系统（MES）、分散式控制系统（DCS）等软制造资源服务。

（4）服务层

服务层是云制造平台为用户提供服务的窗口，用户通过终端交互设备、用户界面和平台门户访问并获取平台中的各类制造服务。交互设备有PC终端、移动平板电脑、手机等，用户界面包括Web模式、客户端模式和远程软件模式。平台门户是用户登录访问相应系统和服务的入口，可以是浏览器，也可以是各类终端上安装的客户端APP程序。

6.3 云制造的支撑技术

云制造模式的支撑技术系统包括物联网技术、数字化技术、服务化技术、协同化技术和智能化技术等。

（1）物联网技术

实现制造资源和制造能力共享服务的重点是制造资源及能力的感知、接入、网络传输、海量数据的高效分析与处理等，物联网技术为此提供了基础性的技术支撑。在云制造环境中，物联网连接大量的制造资源，时刻产生各类感知数据，随着云制造平台规模的增长，这些感知数据的规模将呈爆炸式增长趋势。高效地采集与处理这些海量数据是物联网技术应用于云制造平台的核心价值。与互联网大数据相比，处理工业环境和云制造模式下的工业大数据对物联网技术应用有新的要求，包括异构实时感知数据在线处理技术、工业大数据存储技术、低延时网络环境下的边缘计算技术、数据挖掘技术等。另外，云制造平台上物联网技术的应用相较于普通工业场景下的应用也有其自身特点。

① 去中心化架构　云制造架构中的制造资源是离散分布的。具有以下特点：去中心化结构，无固定网络中心节点，业务模式高度柔性化，无确定边界，依据需求变化进行动态重构并最优化部署。

② 端对端通信　在云制造平台上，用户与服务供给方握手后，形成M2M（Machine to Mathine）、M2U（Mathine to User）间高速通信通道，直接进行数据和信息交互。同时，从各节点采集的数据也会通过多层网关和路由器传输到云端服务器或云平台存储并整合。未来具有高可靠和低延时特性的5G网络可为云制造平台通信提供更高效的技术支撑。

③ 工业云　工业云是云制造的基础性设施。为科学评价制造资源、优化资源配置与制造（服务）过程、提升服务质量并可全周期追溯，会在工业云端存储制造服务的市场供需数据、服务过程实时数据、装置数据等，构成资源数据池和服务数据池，这为实现云制造的知识自动化和智能化奠定大数据基础。

④ 分布式计算系统　物联网技术将分布式系统综合后构建为虚拟化的制造云，云制造的计算资源层一般为多种形式的分布式计算系统或服务器集群，是设备状态和运行过程数字化镜像和模型的计算资源系统。

⑤ 微交易集合　为了降低通信成本，云制造数据采集策略一般是首先在本地节点系统地收集和存储数据，然后定期唤醒节点进行数据传输和处理，这在数据通信方面就形成了微交易集合，可有效降低数据通信和处理成本。

⑥ 第三方接入并交易　云制造常常需要接入第三方系统以完成经济交易，比如商业系统、财务系统以及支付系统，物联网技术需完全满足第三方接入的安全要求。

（2）数字化技术

云制造数字化技术的任务是对制造资源和能力进行描述、创建、存储、搜索、评估、匹配和数字化交付。典型技术有，各类设备的数字化模板或镜像描述，制造资源从物理态向数字态的迁移技术，基于市场供需关系的动态数字化制造资源和制造能力池等。云制造的数字化技术将在6.4节展开讨论。

（3）服务化技术

服务化技术是将智能匹配技术和优化组合技术进行结合，以提高服务需求与服务供给间匹配计算的准确性和效率。云制造的服务组合优化和资源调度由基于知识库和调度规则集驱动，通过建立综合服务性能的模型系统来实现服务质量和性能的估算与评价。图6.4是云制造服务优化组合及资源调度流程示意图。

（4）协同化技术

云制造是多主体协作的数字化制造系统，通过协同化技术可基于市场需求和任务分解技术，找到并匹配最优的多主体的制造资源和制造能力，制造资源的聚合和分拆技术是实现数字化制造系统协同的基础性技术。另外，面对复杂的多样化需求，敏捷重构数字化制造系统是提升其动态协同能力的可行路径，可以通过多主体电子协议动态变化技术，以保证数字化的业务流程与业务需求的协同性和一致性。

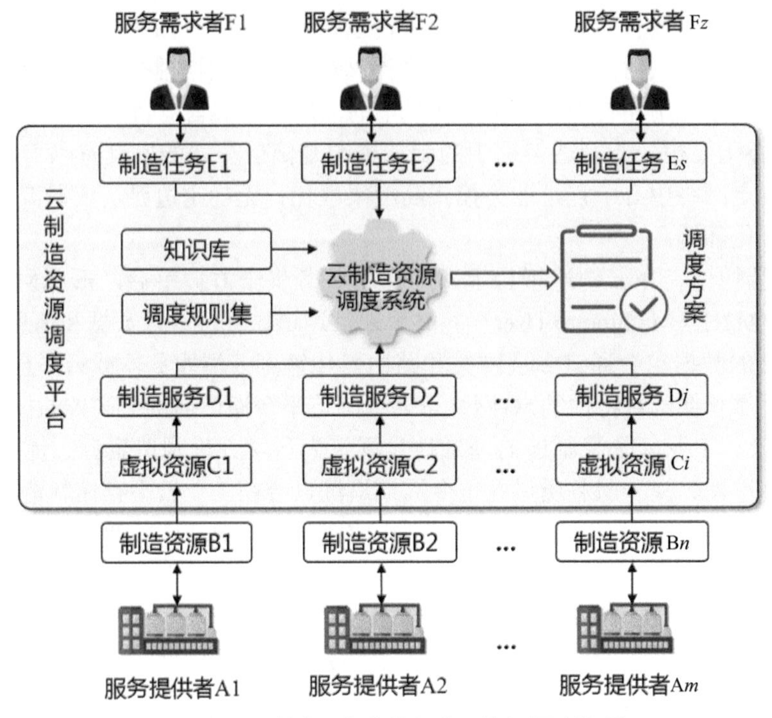

图6.4 云制造服务优化组合及资源调度流程

（5）智能化技术

智能化技术通过跨领域知识的集成来构建基于多智能体的云制造业务模型，其中，各类知识由人工或自动的知识获取技术来收集，需要对知识进行统一建模和表达，建立分布式跨领域的知识库进行统一的存储和管理，并进一步通过智能技术为制造服务全生命周期提供相关知识的融合、推理、运算演化和组合集成等服务。

（6）安全技术

云制造是以网络化、共享化和协同化为典型特点的制造模式，面临多种网络安全威胁。其危害性远远大于社交互联网被攻击的危害，也大于线下管控模式下企业所面对的安全危害，甚至，任一节点遭受的攻击都有可能恶化为整个制造系统的崩溃。因此，云制造的安全技术尤为重要。云制造安全技术不仅包括生产制造相关的安全认识、安全制度，以及安全管控模式，还包括网络安全技术，特别是网络通信内容的有效性和合法性管理。

6.4 云制造的数字化模型

云制造是在现代信息技术基础上发展起来的新制造模式，云计算、互联网、物联网、服务计算、智能科学、高性能计算、建模与仿真、大数据构成了它的数字化技术基础。具体体现在，云制造平台的基于数字技术的结构、组织、标准和规范，以及制造资源共享与集成、资源服务交易、商业运行与应用。

6.4.1　云制造的数字化核心技术

为实现制造资源和能力的按需定制和部署，制造服务的多维匹配、服务组合、优化部署以及目标物理设备的远程激活技术等构成了云制造的数字化核心技术。另外，高效运行的云制造平台还需要对资源与服务的定制、发布、交易、调度、执行、结算等全过程进行全周期管理。因此，数字化技术不仅要对服务状态和过程进行在线监控、动态部署和迁移，还要基于历史数据，建立全面的服务质量及性能的预测模型，支持多准则最优服务组合，开发高效算法实现制造服务的动态优化调度。图6.5是制造资源数字化技术框架。

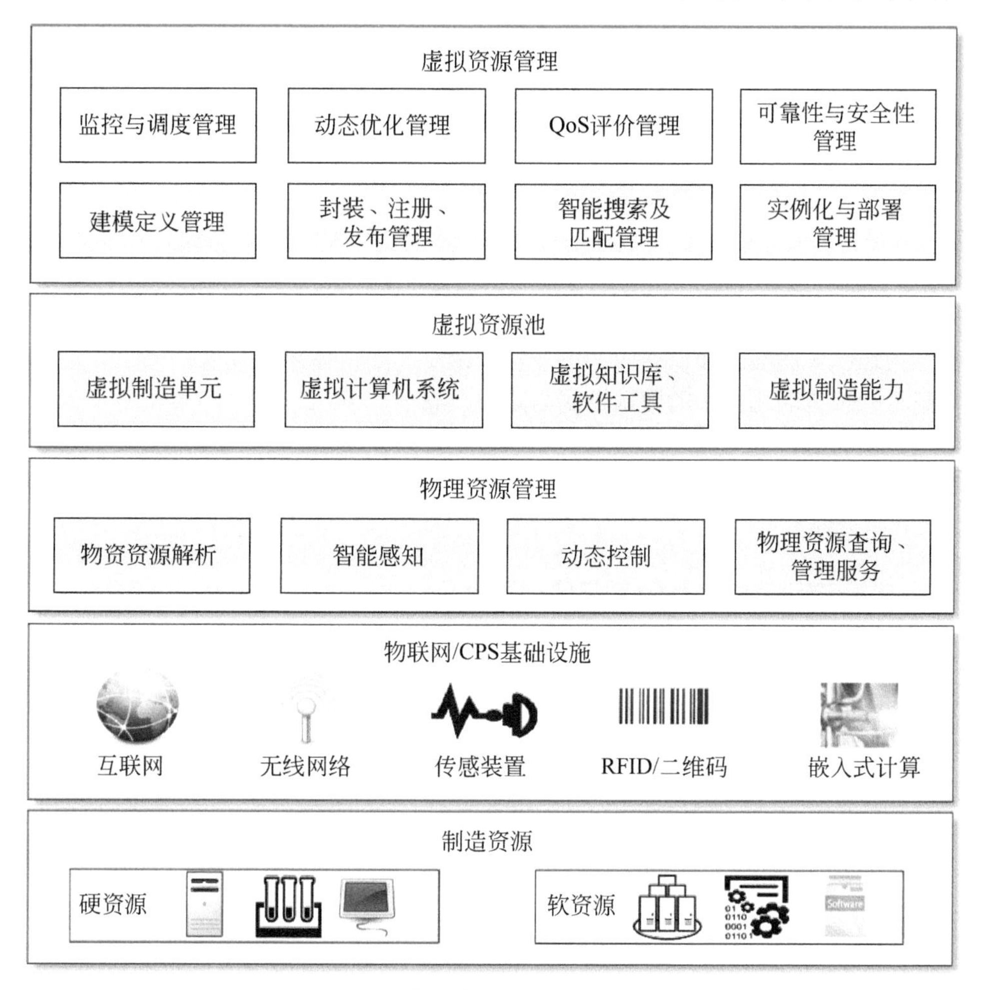

图6.5　制造资源数字化技术框架

云制造的数字化核心技术包括：

（1）制造资源和能力的感知与接入技术

云制造平台对各类制造资源的性能和状态实现智能感知并实时接入，包括：

- 可对制造资源和能力进行实时感知和智能接入的传感器与装置；
- 支持制造资源和能力互联共享的网络构建、集成以及用户接入技术；
- 分布式异构制造资源和能力的集成技术；
- 云制造平台运营的动态数据采集、分析与处理技术。

（2）制造资源和能力的数字化描述与封装

对各类软/硬制造资源和制造能力的性能以及状态的数字化描述、模型、评测技术，包括：

- 软/硬制造和制造能力的数字化描述技术；
- 支持语义的描述模型及其构建技术；
- 制造资源和制造能力的数字化封装与发布技术，以及多视图模型；
- 制造资源和制造能力面向网络共享的存储和发布工具；
- 面向多类型用户的制造资源与服务资源的普适可视化技术。

（3）制造资源和制造能力的服务化技术

制造资源和能力数字化模型的服务化技术包括：

- 面向用户的制造资源与能力的多维展示技术以及按需使用技术；
- 云制造平台中服务任务的构建、分解、协同调度与优化配置技术。

（4）数据、模型和知识的管理技术

云制造平台的底层是工业大数据平台，面向多业务主体、多业务模式、多知识领域的知识发现、存储、发布是云制造的重要特点和核心优势，相关技术包括：

- 工业大数据管理技术，以及基于工业大数据的模拟、评估与预测技术；
- 多领域、多层级的知识获取，以及基于语义的知识描述与应用；
- 基于知识自动化机制的数据挖掘与知识发布；
- 面向工业的、满足低时延要求的知识自动发布技术。

总之，云制造平台基于上述数字化核心技术优势，可形成自治的、自维护的和动态扩展的云制造服务体系。

6.4.2 制造资源与能力的数字化描述

资源数字化技术的首要任务是将各种分散的、可外供的制造资源和制造能力进行服务描述和数字化封装，从而在云制造平台上形成需要者可以随时检索与评判，并按需选择和获取的制造服务。

对制造资源的服务模式和服务场景进行分析，建立起标准化和规范化模型，可以采用语义建模方法，将人员团队、知识技能、成功案例和资质荣誉等信息进行综合，形成多维的语义模型。下面是制造资源和制造服务的一种模型表达式：

```
MR={ URI,                  // 物理制造系统的统一标识，属性数据可以从RFID数据
                              服务器中读取
Basic profile,             // 描述制造资源的基本信息，包括资源名称型号、用途、
                              资源提供者、服务计价等
Function descript,         // 资源的功能型描述
unFunction descript,       // 资源的非功能型描述
State matrix,              // 资源的状态信息，可以描述资源目前的使用状态，如：
                              待分配、服务中、服务完成、维修、无效等
ManuTasks                  // 记录具体制造（服务）任务和制造（服务）计划
    };
```

上述描述模型可采用基于本体、基于工作流和可扩展标记语言方法进行描述。本体描述方法包括资源描述框架（Resource Description Framework，RDF）和Web本体语言（Web Ontology Language，OWL），可扩展标记语言（Extensible Markup Language，XML）格式有Petri网标记语言。标准并合适的制造服务描述会更有利于形成规范的资源池并指导云制造服务的组织和管理。因此，需要根据不同的资源与服务类型有针对性地选用相应的描述法，基于知识框架的RDF表达法适合于制造资源类的描述，OWL表达法则适合制造服务类的描述，基于XML格式的Petri网标记语言则对服务流程的工作流描述更适合一些。图6.6是制造资源和制造能力的数字化封装模板。

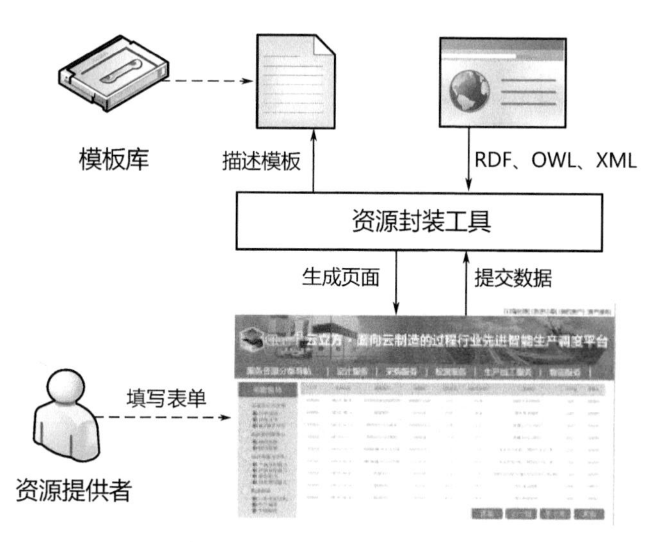

图6.6 制造资源和制造能力数字化封装模板

6.4.3 能力评价模型

云制造平台要共享企业制造能力，首先需要建立其能力模型，并进行综合能力评估。制造能力模型包括三个部分：模型要素、关联关系和综合评估。

① 模型要素是制造能力的核心。企业制造能力要素包括以下方面：产品交付能力、质量保证能力、管理能力和技术研发能力。产品交付能力用以衡量企业面对客户个性化需求能否及时可靠地提供制造服务或产品。如，产品和服务的交付准时性、企业产能保证、物流水平、资源周转、生产周期及物料库存量等；质量保证能力代表制造企业的质量管理水平，包括，工艺成熟度、原材料质量水平、产品质量的可靠性及稳定性等；管理能力则通过财务及经营风险、客户满意度等级、管理节点流程及企业信息化程度等指标来衡量企业的管理水平高低；技术研发能力是表征企业综合创新性和研发水平的评价指标，包括技术方案、创新资源投入、新产品获利能力等。

② 关联关系是指制造能力各要素及其指标之间的逻辑关联关系，包括内部关联关系和外部关联关系两种。内部关联关系指制造能力形成过程中内部能力要素之间的组织及约束关系，如实例、顺序关系等；外部关联关系指云制造平台中不同主体制造能力之间的关联关系，如功能相似、结构相似和需求相似关系等。

③ 制造能力综合评估分为主体评估、交易评估和服务质量（Quality of Servise，QoS）评估。主体评估是制造商和用户对制造能力的评估，主要指产品交付及时性和服务评价等；交易评估是对整个服务过程的评估，包括风险性评估和协作过程评估；QoS评估则对制造能力进行多方位的评估，包括质量保证能力、成本价格等。图6.7所示为制造能力综合评估的层次模型。

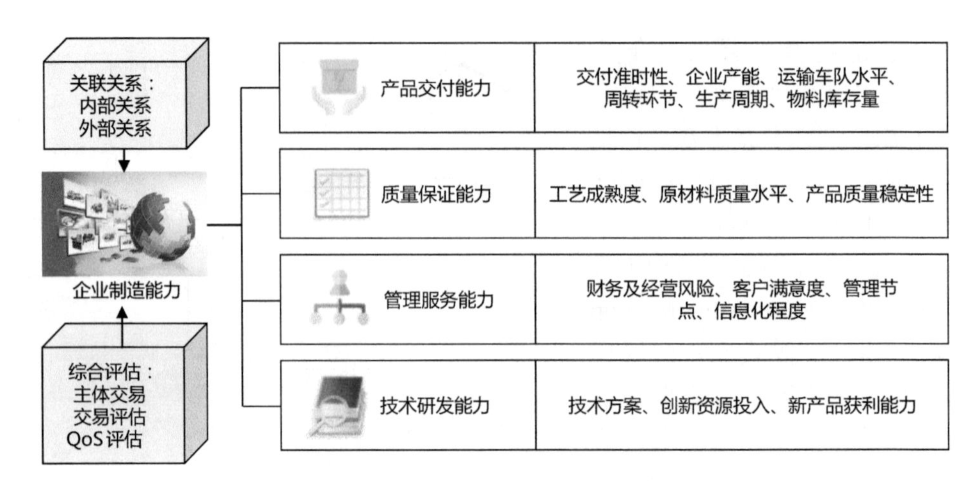

图6.7　制造能力综合评估的层次模型

6.4.4　服务组合优选算法模型

服务组合技术是将智能匹配技术与优化组合技术结合，对云制造能力和服务进行组合并优化调度的计算技术，可以提高服务需求与服务供给间匹配计算的准确性和效率。服务组合技术包括服务综合性能计算模型，其作用是进行服务质量和性能的估算以保证制造服务质量（QoS）更好地满足客户需求。图6.8是云制造模式下的服务组合优选算法示意图。

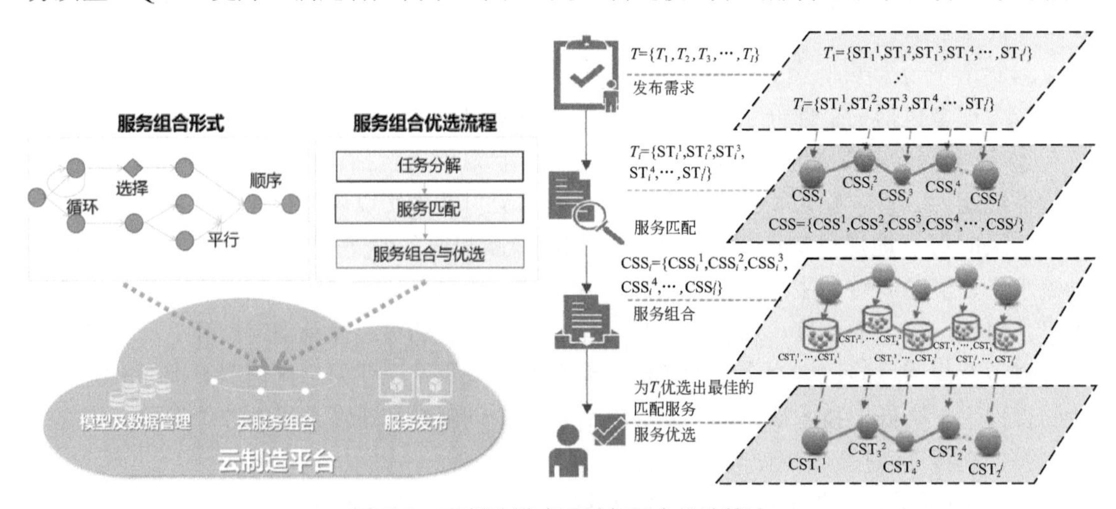

图6.8　云制造模式下服务组合优选算法

图6.8中，服务请求方提出的任意请求T_i（i=1，2，…，I）中包含有j个子任务ST_i^j（i=1，2，…，J），即$T_i=\{ST_i^1, ST_i^2, ST_i^3, \cdots, ST_i^J\}$。云资源池中的服务供给$CSS_i$：$CSS_i=\{CSS_i^1, CSS_i^2, CSS_i^3, \cdots, CSS_i^j\}$与$T_i$匹配，所有的子任务$ST_i^j$都有多个候选服务可供选择，表示为$CSS_i^j=\{CST_1^j, CST_2^j, CST_3^j, \cdots, CST_k^j\}$，$k$为云制造服务中的候选服务集合数。在组合优选过程中，每个云服务CSS_i^j都可有一个或多个子服务CST_k^j与之对应，所以服务组合存在多种可能性，在云服务组合过程中，需要在一定的边界条件下优选出最佳服务组合。

设定云平台收到服务请求集T（Task）=$\{T_1, T_2, T_3, \cdots, T_I\}$，共有$I$个订单需求，其中任意请求$T_i$（$i$=1，2，⋯，$I$）对服务存在相关的服务质量要求，用$Q(T_i)$表示。不同服务请求的QoS指标可以不同，以制造服务的关键要素交付期、成本、质量和制造能力为例，见表6.1。

表6.1 制造服务的QoS指标含义

QoS指标	含义
交付期	完成整个服务请求的时间，包括整个生产准备时间、加工时间和运输交付时间
成本	产品及服务的报价，指服务请求者获得服务所需支付的价格
制造能力	制造企业在一定时期内满足市场需求的综合能力，综合反映企业装置产能、材料组织、质量技术以及产品运输等方面的能力
质量	产品的质量合格性、稳定性

设定交付期、成本、质量和制造能力在QoS评价中对应的权重分别表示为w_1、w_2、w_3、w_4，权重之和为1，即

$$Q(T_i) = \{q^1(T_i), q^2(T_i), q^3(T_i), q^4(T_i)\}$$

市场对制造服务的需求有四种组合形式的模型结构：顺序、并行、选择和循环结构。经过转换，它们均可解构为顺序结构。假设资源池中的某一服务被调用，表示为x_k^j=1，未被调用的服务表示为：x_k^j=0。顺序结构的四种QoS表达如表6.2所示。其中交付期和成本为线性加和性指标，制造能力为最小化值指标，即整个过程的能力值由所有制程中制造能力最小值决定；质量是累乘性指标，即所有制程的质量保证能力值的乘积代表全过程的质量保证能力值。

表6.2 顺序结构的QoS结构表达

指标	QoS表达
交付期	$q^1(\mathrm{CSS}_i)=\sum_{j=1}^{J} q^1(\mathrm{CST}_k^j)\times x_k^j$
质量	$q^2(\mathrm{CSS}_i)=\prod_{j=1}^{J} q^2(\mathrm{CST}_k^j)\times x_k^j$
成本	$q^3(\mathrm{CSS}_i)=\sum_{j=1}^{J} q^3(\mathrm{CST}_k^j)\times x_k^j$
制造能力	$q^4(\mathrm{CSS}_i)=\min\left[q^4(\mathrm{CST}_k^j)\right]\times x_k^j$

无疑，交付期和成本的指标数值越大，QoS越差；而质量和制造能力的指标数值越大，QoS越好。为了避免各指标数值和量纲大小对服务评价模型产生影响，一般需要对指标数据进行标准化处理，比如离差标准化方法。以服务组合综合评价指标值最大建立服务最优模型综合函数，可表达为：

$$\max \widetilde{Q}(\mathrm{CSS}_i)=\widetilde{q^1}(\mathrm{CSS}_i)\times w_1+\widetilde{q^2}(\mathrm{CSS}_i)\times w_2+\widetilde{q^3}(\mathrm{CSS}_i)\times w_3+\widetilde{q^4}(\mathrm{CSS}_i)\times w_4$$

由于广泛的互联性，单一制造服务无法满足用户复杂多样化的制造需求，所以云制造服务组合优选问题一直是应用和研究的热点，其重点是云服务组合的建模与评估方法，以及在云服务组合模式下解决服务优选问题的智能算法问题。基于大数据的智能算法被应用到服务组合优化问题中，提升了解决大规模、复杂的服务组合优化问题的能力，也推动了云制造模式的应用。比如，基于蚁群算法的服务组合优化模型，基于模拟退火算法（Simulated Annealing，SA）的服务组合优化模型等。图6.9是云制造模式下QoS评价模型。

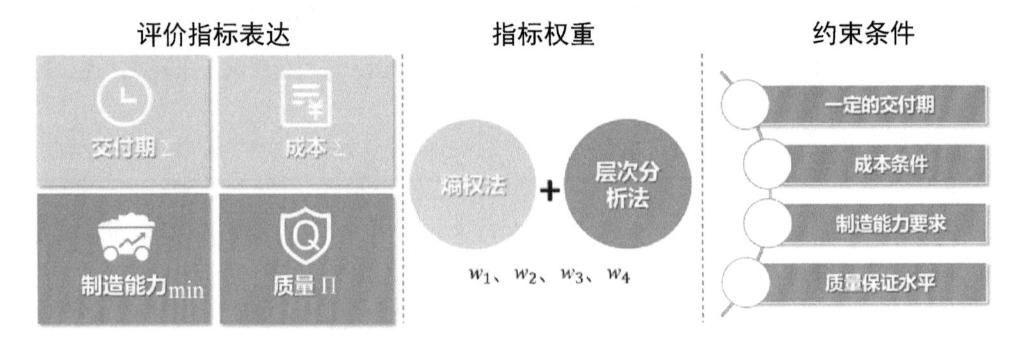

图6.9 云制造模式下QoS评价模型

6.5 云制造安全技术

除了网络通信安全技术外，云制造平台安全技术更重要的是内容的有效性和合法性验证与管理。四川大学提出了由广域区块链和局域区块链构成的云制造双层区块链安全技术架构模型，该架构完全嵌入云制造体系中以提升其安全性。

广域区块链完全覆盖云制造平台，解决平台层面的安全问题。如，用户与制造商之间的通信、交易与账单等方面。局域区块链则部署于制造商内部，一是解决制造商与云制造平台交互的安全性，保证生产指令下达及生产数据回传的准确安全；二是解决设备间点对点的通信安全，即M2M的安全保证。广域区块链与局域区块链间则间接进行数据交互，服务任务会经广域区块链验证后下发至局域区块链，验证无误后发送至装置进行生产。同时，制造过程数据经过区块链安全加密后会定期上传至云制造平台。云制造的区块链安全技术架构模型如图6.10所示。

为保证安全性，云制造平台还会采用会员身份验证机制，规避非注册会员进入系统的目的和行为的不确定性所带来的风险。同时云制造区块链结构设计需要平衡安全强度要求与实际的算力供给，在保证安全的同时高效率地完成交易。图6.11是基于区块链安全验证的数据流图。

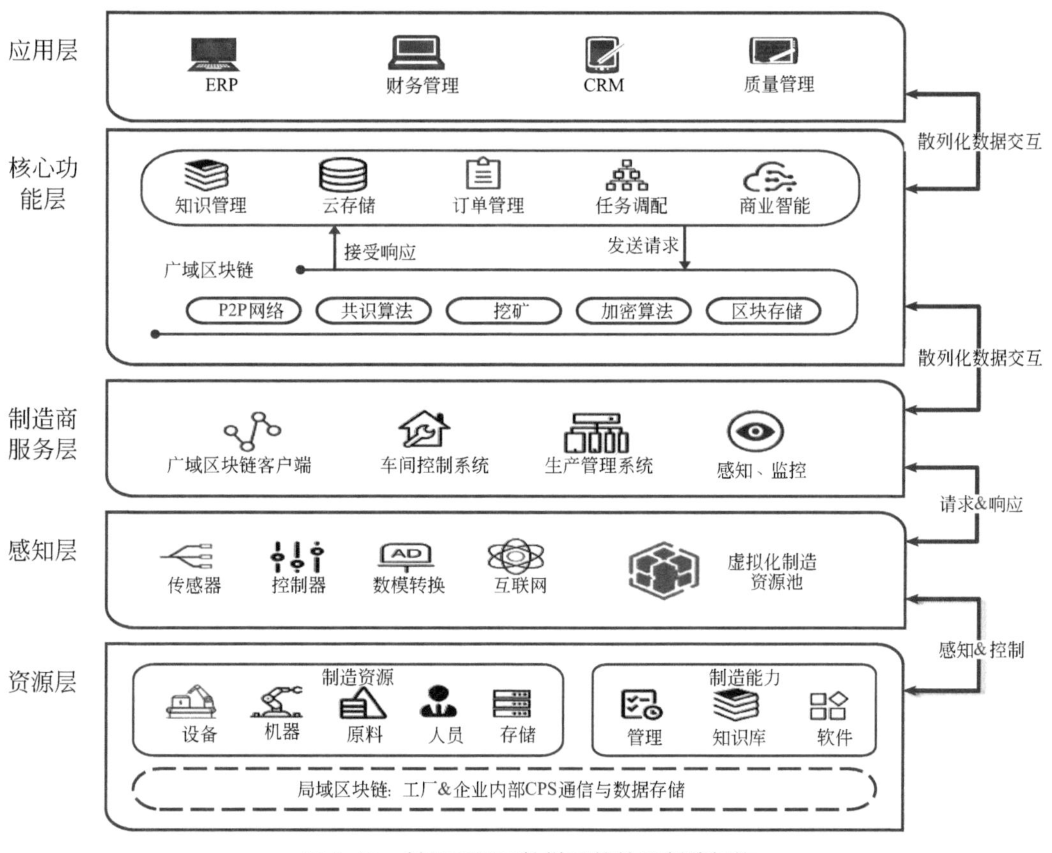

图6.10　基于双重区块链系统的云制造架构

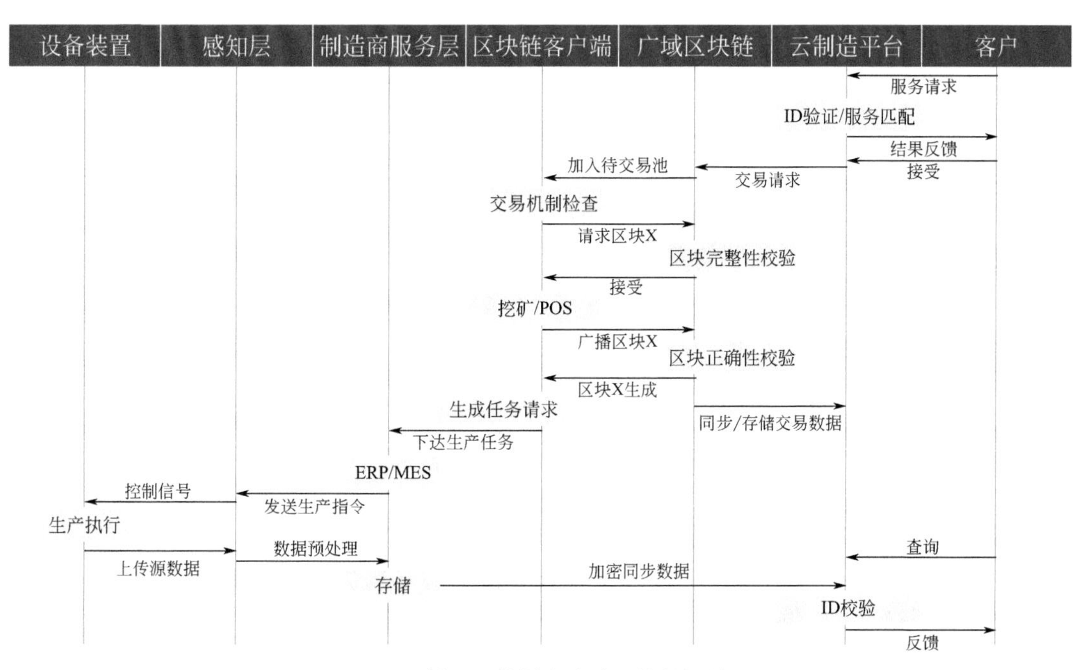

图6.11　基于区块链安全验证的数据流图

6.6 云制造的业务模式

6.6.1 云制造平台的运营管理

云制造平台汇集大规模的制造资源和制造能力，形成统一的交易互动环境，为用户提供高效进行资源和服务的搜索、匹配、组合、交易、执行、调度、结算、评估等服务，促成服务交易达成。同时，对交易全生命周期进行规范、监督、评价及管理。对于服务提供者，云制造平台提供服务发布、计费以及结算等服务，用户则通过云制造平台发布需求，进行服务搜索或接受平台的服务推荐，接受服务并付费。在整个交易过程中，云制造平台不仅仅是交易双方安全可信任的第三方，还提供专业化的增值服务，优化制造资源与服务配置，在保证各方利益的同时，避免违规违法交易。与传统的制造服务模式相比，云制造运营管理在下述领域体现出了自身的优势：

① 基于云制造平台构建虚拟云企业（组织），优化运行流程和管理模式，并对虚拟企业（Virtual Cooperation，VC）进行全生命周期的跟踪、评价与优化；

② 可对服务资源和能力进行动态统筹和调度，推动多主体间的合作与协同；

③ 促进制造资源和服务的提供方及需求方改进业务模式，优化业务流程，全面提升各方企业运营效率；

④ 面向用户服务需求，可快速灵活地进行组态以响应服务请求；

⑤ 对服务需求进行解析以及服务寻租，可动态构建友好的服务环境；

⑥ 提供制造服务和能力的高效搜索引擎，用户可按需索取；

⑦ 通过终端嵌入式可信硬件技术提供可信的服务与接入。

6.6.2 云制造平台的几种商业运营模式

在工业互联网技术支持下，云制造为解决企业的资源和能力与市场需求不匹配的矛盾提供帮助，有以下几种典型应用模式：

（1）制造服务化支持平台

服务正成为制造企业主要的新增价值来源，因此制造服务化支持平台是云制造的重要模式。制造服务化支持平台为企业提供产品远程跟踪与在线监测、远程诊断、维护和大修、客户关系管理等服务，帮助企业从单一的产品供应商向整体解决方案提供商及系统集成商转变。

大型设备制造企业可通过制造服务化支持平台走向产业价值链高端。比如，海尔公司建设制造服务化支持平台，通过智慧生活APP向客户提供优质的个性化服务，使客户不仅购买智能化的产品，还购买其内容服务，这不仅提升了客户的消费体验，还促进了企业新产品及其他周边产品的销售。

对化工企业而言，通过云制造平台采购专业化的设备服务具有重要意义，有利于企业确保设备的平稳运行，同时优化配置设备资源，分享设备运维相关知识。

从另一方面看，设备制造企业针对化工企业的这一需求，可基于云制造平台进行远端关键设备指标的侦测和分析，判断设备是否出现异常，做出远程故障诊断，进而建议企业在最佳的时间节点进行预防性维修维护，并为设备维保工作提供技术支持。目前，从设备制造企业里分工出了一些专业化的设备管理服务商，专门承接设备的预防性维修维护，以及设备和生产线的自动化和智能化改造。

（2）从销售产品转为销售服务

基于云制造平台，制造企业可创新产品的销售模式，从单纯的产品销售转变为服务销售，提供基于云的维护维修运行（Maintenance，Repair，Operations，MRO）技术及服务。

世界最著名的发动机制造商罗尔斯•罗伊斯公司对其航空发动机产品不以单位产品销售价格计费形式进行销售，而是以发动机正常飞行时间（小时）收费，这种销售模式显然更有利于确保航空公司的飞行可靠性和在役飞行时间，实现航空公司与罗尔斯•罗伊斯公司的双赢。中国最重要的建筑机械制造商三一集团也采用了类似的服务销售模式。

此外，合同能源管理（EMC）也是一种根据服务绩效收费的模式，是运用市场手段促进节能的服务机制。例如，中石化成立专业的节能技术服务有限公司与炼化企业签订能源管理合同，为企业提供节能诊断、融资、改造等服务，并以节能效益分享方式回收投资和获得合理利润。这种模式降低了用能单位节能改造的资金和技术风险，可充分调动用能单位节能改造的积极性。

（3）提供产品的个性化定制服务

根据客户需求定制产品是云制造的典型商业模式，如西服定制、电路板制造、模具设计与制造、功能材料等。装备制造企业的ETO模式（按订单设计）也属于个性化定制。

家具企业尚品宅配推出了从款式设计到构造尺寸的个性化定制服务，提升了消费体验并实现了设计优化。另外，尚品宅配还利用数字化设计进行优化，提供整体家居的三维体验。

大型化工企业集团可以利用云制造平台整合集团内的数据资源和创新资源，建设可支持产品研发、个性化产品设计的服务平台，提升企业基于性能预测、虚拟验证和高通量实验的产品研制能力，为集团内企业提供统一的、高水平的数据和知识管理服务。

涂料、油漆行业面对着完全竞争的市场环境，在严格的环保要求下，研发环保型涂料产品与生产工艺的要求非常迫切，成为影响企业生存发展的关键因素。建设涂料、油漆行业云制造平台，可发挥数据和知识优势，为中小型涂料、油漆企业提供环保技术服务，从技术人才、工艺、成本、环保、供应链集成等方面优化涂料涂装资源要素，提升企业响应市场个性化需求，以及产品与技术创新的能力。

（4）制造外包和服务外包，形成区域性制造资源共享服务平台

中国是世界上制造加工资源最丰富的国家，但存在着制造资源分散和利用率不高等问题。对此，可建立面向区域的加工资源共享与服务平台，创新制造外包和服务外包模式。承包性制造服务公司是这种类型的典型业态，可提供的服务类型包括，设计、制造、检测、试验、维修维护、设备租赁、三维打印、工程仿真和个性化定制等。

（5）建立物流拉动的现代制造服务平台

针对制造业物流成本高的现状，RFID、网络、物流优化等技术为制造企业和物流企业的多方协作模式和第三方服务模式奠定了技术基础，形成以物流为枢纽的现代云服务平台，为制造业企业和物流企业协作提供服务。

菜鸟网络是面向物流领域的典型的云制造案例，成立于2013年5月，目标定位为打造“社会化物流协同、以数据为驱动力的平台”，股东包括阿里巴巴、顺丰和三通一达（申

通、圆通、中通、韵达）等物流企业。菜鸟网络广泛联合和协同社会化合作伙伴（如，高校创业学生、小区物业、连锁店和小卖部），整合用户零星的物流需求，形成了覆盖范围广泛的末端物流服务网络。菜鸟网络成功地优化了时效，减少了最后一公里物流成本，提高了用户体验，为中小微企业发展奠定了良好的物流基础。

（6）面向大量中小企业的云制造平台

2010年，我国发布了“云制造服务平台关键技术研究”的863重点规划项目，其中包括面向中小企业的云制造服务平台研究。该项目在支持制造资源服务化、制造能力服务化、制造过程个性化等若干关键技术领域取得了进展，形成了支持产业集群协作的中小企业云制造服务平台，对制造服务模式创新起到了积极作用。

事实证明，面向中小企业的云制造平台可有效缓解中小企业信息化建设资金不足和人才缺乏的矛盾，通过为企业提供完善的信息化知识、解决方案、应用案例等资源，并以智能、便捷、可靠和经济的方式为产品提供全生命周期服务，有效地提升了中小企业在产品设计、工艺、制造、采购和营销等方面的能力。

本章要求

- 掌握云制造的基本概念、服务类型与服务对象
- 了解云制造的架构与支持技术
- 掌握硬制造资源、软制造资源的概念与构成
- 了解制造资源与能力的数字化描述模型与方法
- 了解基于区块链技术的云制造安全技术
- 了解能力评价模型与服务组合优选算法
- 了解云制造的业务模式

思考题

6-1 云制造与云计算的相同点与不同点是什么?

6-2 云制造与工业互联网有什么关系?

6-3 云制造的数字化关键技术有哪些?

6-4 区块链技术对云制造平台的安全有什么作用与意义?

6-5 云制造对集团化化工企业有何意义? 可以如何实施?

第7章 数据挖掘

本章内容提示

数据分析统计是工科学生学习的重要内容，也是展开科学研究、处理工程技术问题的关键技术手段。比如，对实验数据的处理和业务数据的分析。一般而言，拟合法与图示法是传统统计分析的常用方法。但是，传统的数据分析基于样本数据，维度较低，难以满足解决工业大数据条件下的复杂问题的需求，必须应用新的算法。

再者，人工智能技术是互联化工解决多尺度融合问题的关键技术，体现为自我学习、自我决策、自我优化等能力，是知识自动化机制在工业领域的具体实现。对此，除了要深入研究和科学应用机理模型外，构建基于工业大数据的知识系统也起着关键性作用。数据挖掘算法是知识系统的核心。本章将对数据挖掘技术进行概述，内容包括：

· 数据的基本概念与存储模式
· 数据挖掘的概念、原理与基本方法
· 数据挖掘项目的关键角色与任务
· 常用的数据挖掘软件工具

大数据技术包含两大技术领域，即大数据存储和大数据应用。大数据存储技术涉及云计算、数据库、分布式存储等；大数据应用技术则包含数据管理、统计分析、并行计算、分布式计算和数据挖掘等。在大数据应用技术中，数据管理承担数据存储、检索以及发布等基础性工作；统计分析常用于解决一些浅层次的数据分析问题，并行计算和分布式计算用于提高大数据条件下的数据处理效率；数据挖掘则是面向特定和复杂应用需求的重要的数据分析技术。数据挖掘技术是人工智能的基础性技术，也是互联化工的基础性技术，深刻理解数据的基本概念是高质量完成数据挖掘的前提。

7.1 数据的相关概念

7.1.1 数据特征属性

数据（Data）是事物或事件审慎和客观的记录，3.3节对数据的基本概念进行了详细讨论。智能制造的基础是数字化，离不开数据采集、存储和加工过程，其核心是知识发现、知识存储和知识发布的知识自动化过程。实现设计研发、过程控制和生产经营全生命周期的知识自动化离不开对大量生产实时数据和业务数据的分析与利用，而不同的数据有其不同的数据属性（Attribute），也可叫数据维度（Dimension）、数据变量（Variable）或数据特征属性（Feature）。构建数据挖掘算法模型，前提是针对特定问题和特定对象提取其特征属性。下面以化工企业为例，列出各业务范畴内不同的数据特征属性。

（1）设备运维业务

设备运维是化学工业企业重要的数据源之一。在设备业务中，典型的业务数据及其特征属性如下。

① 设备台账数据：设备编号、设备名称型号、类型、启用日期、使用年限、设备原值、折旧期、折旧方法、设备现值、使用单位、工艺参数、备品备件等；

② 设备加工制造数据：设备编号、设计单位、设计人员、制造单位、制造日期等；

③ 运行台账：班组、记录时间、记录人、操控记录、备注事项等；

④ 维修保养数据：任务编号、设备编号、维保日期、维保单位、大小修类型、消除故障、耗费工时、耗用备件等。

设备运管知识体系包括设备档案、设备技术资料、资产、运行及维保等业务领域的数据采集、存储、检索和分析，数据挖掘的目标是发现并准确描述设备可靠性状况评价、异常与故障分析、风险与可操作性，提供预防性维护和决策支持，评价设备运行效能及经济性。

（2）生产过程控制

化工生产过程控制需要采集和记录的数据包括组态数据、实时状态数据、安全数据、报警数据等，其典型的数据特征属性包括：

① 组态数据：工艺控制参数、I/O管理参数、预处理模型、滚动存储参数、补偿机制、进程管理机制、操作权限等；

② 实时过程数据：工位位号、数据单位、时序变量、过程变量、机电信号、操作记录等；

③ 安全数据：化学品种类、性质、安全风险类型、预制措施等数据；

④ 异常或故障报警数据：报警类型、报警条件、响应操作、异常现象的文本描述信息、音频信息等；

⑤ 历史数据：控制数据的存储介质、存储周期、时序变量、过程变量、操作变量、报警数据等。

过程控制的典型数据操作包括，根据工艺设备、硬件环境、控制要求等条件进行计算机控制系统的组态配置，按不同作业类型所要求的响应速度和数据大小，以适合的数据存取策略进行存取。比如，从网络设备或其他设备的寄存器端口读取现场实时数据，然后按预处理机制对原始数据进行处理（如数据消噪、转化）和分析，对装置或工艺异常状况进行判断和报警，并按预设安全策略决定是否采取应急措施。基于数据挖掘的知识自动化机制可推动生产控制方式向预警与控制优化一体化、管理与控制一体化方向发展。

（3）仿真系统、数字孪生

化工过程与离散制造业的仿真系统有重要的差异，流体动力学、热力学、反应动力学是面向单元操作和单元过程的基本理论体系，要实现过程仿真系统的稳态和动态仿真功能，并支持过程在线诊断与优化，需在数据系统的基础上将机理性模型与数据驱动模型有机结合。数字孪生的主要数据内容包括：

① 模块数据：功能模块编号、模块名称、适用单元设备、模拟模型表达、接口类别等；

② 模型数据：基础工况模型、工况研究模型、核算工况模型、数据校正模型、适用算法、物性数据接口等；

③ 算法库：算法名称、类别、参数、边界条件、解算方法、输出结果等；

④ 物性数据：物质名称、分子量、临界温度、临界压力、溶解度参数、标准生成热和标准生成自由焓等；

⑤ 工艺数据：单元设备、操作类型、工艺节点、节点时间、实测数据等；

⑥ 仿真模拟输出：任务号、单元设备类型、模拟模型、节点时间、实测数据、模拟结果数据等。

仿真系统的典型目标有，优化单元设备类型，拟合并修正物性参数，优化工艺条件等。仿真系统的发展方向是数字孪生，其基本特点是数字仿真系统与物理装置系统具有动态一致性，这需要从在线控制系统中实时接入动态操控数据，并通过对数据的分析，持续修正装置或过程的描述模型以及控制决策模型，并通过算法拟合，实现物理系统状态的评价和控制策略优化。

（4）商务活动

现代营销理念从4P（Product，Price，Place，Promotion）发展到了以客户为中心的4C，数据技术成为实现商务智能的重要技术基础，商务活动的数据项及其数据特征值如下。

① 产品数据：产品编号、产品名称型号、产品类别、单价、性能、销售（采购）数量、供应商、物流渠道等；

② 供应商数据：供应商编号、名称、类型、所属地区、供应商品、信誉等；

③ 客户数据：客户编号、客户名称、客户类型、所属地区、建档期、交易历史、客户对产品的个性化需求等；

④ 销售（采购）数据：订单号、渠道、交易日期、客商编号、产品、交易数量、单价、折扣、总价、配送方式、结算方式、交易状态等；

⑤ 结算信息：订单号、结算日期、客商编号、结算方式、结算金额、物流企业等。

对商业行为进行大数据分析，是商业智能（BI）的必要过程。通过广泛收集数据，利用数据挖掘技术整合并分析各类数据和信息，以深刻理解市场需求的真实全貌，帮助企业切实掌握客户的个性化需求，并根据客户需求快速进行应对，实现精准营销和个性化服务。

（5）化工企业集成制造

化工企业集成制造是实现智能制造的基础，其重点是基于小数据技术的数据集成和应用基础，包括如下内容。

① 工艺指标数据：设备、工艺控制点、工艺指标、反应物、产物等；

② 实时数据：工位点、采集时间、检测指标、检测值等；

③ 经营实绩：销售收入、销售成本、制造成本、期间费用、利润及税费等；

④ 计划及决策：计划期、产品结构、数量、价格、金额、质量标准等；

⑤ 知识体系：模型规则库、约束边界、限制条件、语义及词典等。

化工集成制造从过程建模开始，集成了过程控制、安全评估、调度排产、市场运营、计划与决策、知识管理等业务领域。其中，数据是集成化的主轴和基础。

7.1.2 数据管理的几个常用概念

可见，数据特征属性是对客观对象的描述，描述的完整性和正确性决定了数据分析和利用的质量。数据管理中的常用术语如下。

① 实体（Entity） 以实体来描述客观存在的对象，既可以是具体的有形对象，也可以是抽象的无形对象，例如，一个设备是一个有形对象，设备的运转过程则是一个无形对象。

② 特征属性（Feature） 用以描述实体特性的指标被称为特征属性。每一个特征属性都有一个值域，这些值域包括整数类型、浮点数类型、字符类型、日期类型、文本类型等。例如，实体设备的属性包括设备名、设备类型、设备编号、启用日期、使用期限、设备原值、设计者等，这些属性对应的值域分别是字符类型、字符类型、字符类型、日期类型、整数类型、浮点数类型、字符类型等。

③ 实体集（Entities） 特征属性完全相同的同类实体的集合称为实体集。例如，一个企业所有的设备是一个实体集，该企业的所有设备设计过程也是一个实体集。

④ 标识特征属性（Identifier） 能够唯一地标识每一个实体的特征属性或特征属性集合被称为标识特征属性，关系数据库中也被称为主键。例如，设备的设备号是实体设备的标识特征属性，设备设计实体的标识特征属性则包括设计员编号和设备号。

7.1.3 数据的尺度属性

对应于不同的数据分析场景和分析粒度，有不同的数据特征值的尺度特性，例如，在设备特征值中的设备名称、类型、设备号、启用日期、使用年限、设备原值和使用部门等可以看成是简单特征值。基于分析需要，也可将设备原值进一步细分为设备采购价、运输费用、安装费用以及大修理和技术改造费用等，这就是复合特征值。可见，每一个数据都有对应的特征值及其衡量尺度（Scale），以符合特定的数据分析需要。当某个数据集没有找到符合分析需求的对应特征值时，可以用衍生特征值作为衡量。例如评价某生产进程的产物选择性时，由于没有可直接测量的检验值，常常用特定产物当量与原料总投入当量来计算。因此，在数据挖掘过程中应充分了解数据的特性、尺度和分析含义。

在统计学中，有以下数据测量的尺度或方式。

① 名目尺度（Nominal Measurements） 名目尺度下的数据仅是作为对象的标识值，名目尺度数据可以是字符，也可以是数字。需要注意的是，当名目尺度是数字时，其值不能进行数学运算。例如，设备的设备号，部门的部门号。

② 类别尺度（Categorical Measurements） 类别尺度是按一定的原则对对象进行分类，并将每一个类别用一定的值进行标识。比如设备类别、部门类型等。

③ 等比尺度（Ratio Measurements） 等比尺度下的衡量数字之间，可用做比率倍数进行比较。例如，可以一米一米地量长度，一千克一千克地称重量。等比尺度一般用固定的起始点，不同尺度单位的任意两个值的比率是相等的。

④ 等距尺度（Interval Measurements） 等距尺度下的数字用来描述并比较数字之间的差距大小。例如，温度衡量、时间衡量、压力衡量等。等距尺度无固定起始点，可按需调整起始点位置，也可调整等距间距大小。

⑤ 顺序尺度（Ordinal Measurements） 顺序尺度下衡量的数字表示对象之间的顺序关系，例如，按先后顺序编码的合同号，按年龄大小的排序等。顺序尺度的意义不表现在其值的大小，而是其顺序的先后。

通常情况下，分析对象都有一个自然形成的测量尺度，例如，时间可以用毫秒、秒、分钟、小时，距离可以用米、千米。也有一些对象没有自然公认的尺度，例如，系统运行稳定性、产品交付能力、客户满意度等。分析人员需要依据一定原则构建或设定测量尺度，例如，用过程控制能力来评价企业质量管理水平，用设备开工率或满负荷率指标评价设备产能利用率。

显然，较精细的尺度包含了较粗略尺度的性质，也可简化为较粗略的尺度。反之，较粗略尺度则不会包含全部精细尺度的性质，更不能转换为较精细尺度。因此，在数据采集、传输和存储技术允许下，应首先考虑选择较精细的尺度来搜集数据，以利后续的分析应用。由于解决问题的目的不同，对数据尺度的要求也不同，常常需要对原始数据的尺度类型进行转化以配合分析的需要。例如，测量类的数据一般情况下多为等距尺度，但是有时为简化计算，会将等距尺度转化成名目尺度。例如，可将某指标大于某个数值以上的产品视为合格品，否则为不合格品，如此的数据转换对于数据挖掘方法选择和结果将有极大影响。

7.1.4 数据质量评估

数据质量的评估指标可从定量和定性两个方面来定义。定性指标一般是指文字性描述数据的属性，如目的、用途和日志。定量指标是指对评估指标进行量化，分析数据质量的好坏。它的评估标准主要包括完整性、一致性、准确性、时效性、有效性和及时性。

（1）完整性

完整性（Completeness）是指实际采集到的数据相对于应该采集到的数据的比值，是用来衡量采集数据缺失程度的指标。完整性可以是整条记录的完整性，也可以是某些关键参数的完整性，这取决于应用需求或数据的具体特性。数据完整性同时反映了时间维度和空间维度的数据质量指标。

（2）一致性

数据一致性（Consistency）是指不同数据源系统在反映同一对象时，概念和数理逻辑等方面的一致性。数据一致性包含：元数据与各尺度下衍生的数据是一致的，数据在数据全生命周期各环节的数理逻辑是一致的。

（3）准确性

数据准确性（Accuracy）是指数据记录的信息无错误、无异常。评判数据准确性需比较数据特征值（单一特征值或多特征值集合）与现实真实值之间的接近程度。例如，数据传输过程中无乱码或者掉码，传感器数据无噪声或偏离。在实际分析中，应根据业务需求以及真实值的获取性来确定准确性评价所基于的特征值量的选取。如商务智能分析中，竞争对手的相关数据较难准确获取，往往需要选择其他数据进行分析。

数据准确性可基于多种误差分析值进行评价。如，正负误差（SE）、绝对误差（AE）、预测误差的总和（Sum of Predicted Error，SPE）、平均绝对相对误差（Mean Absolute Percentage Error，MAPE）和平均均方根误差（Root Mean Square Error，RMSE）等。

$$\mathrm{SE}=\frac{1}{n}\sum_{i=1}^{n}(x_i-x_\mathrm{r}) \tag{7.1}$$

$$\mathrm{AE}=\frac{1}{n}\sum_{i=1}^{n}|x_i-x_\mathrm{r}| \tag{7.2}$$

$$\mathrm{SPE}=\sum_{i=1}^{n}\frac{x_i-x_\mathrm{r}}{x_\mathrm{r}} \tag{7.3}$$

$$\mathrm{MAPE}=\frac{1}{n}\sum_{i=1}^{n}\frac{|x_i-x_\mathrm{r}|}{x_\mathrm{r}} \tag{7.4}$$

$$\mathrm{RMSE}=\sqrt{\frac{1}{n}\sum_{i=1}^{n}(x_i-x_\mathrm{r})^2} \tag{7.5}$$

式中，x_i为数据样本值；x_r为真实值；n为数据样本量。

不同的数据准确性评价指标有不同的分析侧重，需要根据业务需求选择合适指标。例如，控制系统中，传感器的毫秒级状态监测值分析适合用正负误差进行评价，而由传感器值转换为工艺控制值时则适合用平均均方根误差值。

（4）有效性

有效性是指在采集到的数据中，满足特定的完整性、一致性和可用性条件，可被进一步利用的数据的比例，或者介入某特定可接受值域的数据比例。有效性评价可以是针对整条数据的有效性，也可以是数据某一项或几项特征值属性的有效性，取决于问题的需求。

（5）时效性

大数据分析基于既有数据，挖掘其背后蕴含的有用信息以支持决策。显然，如果数据产生的时间过长，数据的价值就会减弱甚至丧失。因此，从价值评价方面来看，数据具有时效性。时效性（Time Sensitive，TS），是指数据在一定时间范围内对决策具有指导意义的价值与时间的复合属性，数据时效性可以用数据产生的时间与其失去价值的时间的关系进行评价。时间产生后，距离其失去意义的时间越远则时效性越好，反之越差。时效率R_ts计算公式如下：

$$R_\mathrm{ts}=\left(1-\frac{t_\mathrm{t}}{T_\mathrm{t}}\right)\times 100\% \tag{7.6}$$

式中，t_t是数据产生的时间，T_t是数据保持有效性的最大时间。虽然在特定环境下特定数据对应的T_t是确定的，但随着分析需求的变化也会变化。

（6）及时性

数据在生成后，会经过采集、传输、存储、处理，最终形成分析结果，有一定的时滞性。如果时滞性过大，可能导致分析得出的结论失去意义。及时性（Timeliness），评价数据在规定的时间范围内完成从生成到有效分析并应用的程度。及时性指标可以用在规定的时间内接收到的有效数据的比例（Percent Timely Data，PTD）或数据的平均时滞时间（Average Delay Time，ADT）来表示：

$$\text{ADT}=\frac{1}{n}\sum_{i=1}^{n}(t_i-t_e) \tag{7.7}$$

式中，n是数据量；t_i是数据样本i的时滞时间；t_e是时滞时间的期望值。

7.2　数据的存储方式

7.2.1　结构化数据的存储

结构化数据的存储一般采用关系型数据库，如Oracle，Ms SQL Server等。数据在存储过程中，在不同阶段有不同的表现形式，这种数据的不同表现形式也可以称为数据视图（Data View）。数据视图有三种模式方法：外模式、内模式和概念模式。外模式是随着事务环境和用户需求的变化而变化的数据呈现视图，即用户视图。内模式是数据在计算机内的存储和检索模式，也称为物理数据视图。概念模式是提供数据含义和相互关系的数据视图。图7.1所示是数据视图管理架构示意图。

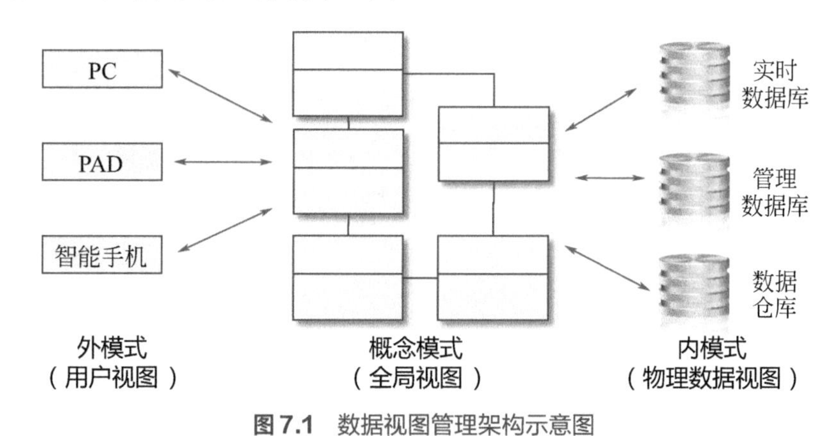

图7.1　数据视图管理架构示意图

7.2.2　非结构化数据的存储

大数据背景下，企业不仅要处理来源于传感器或监测设备的结构化数据，还要面对半（准）结构化、非结构化数据，比如，互联网平台的多媒体数据、视频设备的流数据。显然不能依靠单一服务器为用户提供海量且多样化的数据存储和计算服务，需通过远程调用多台数据服务器和应用服务器来满足需求。这种使用不同位置的计算机来满足用户需要的方式称为分布式处理，如图7.2所示。

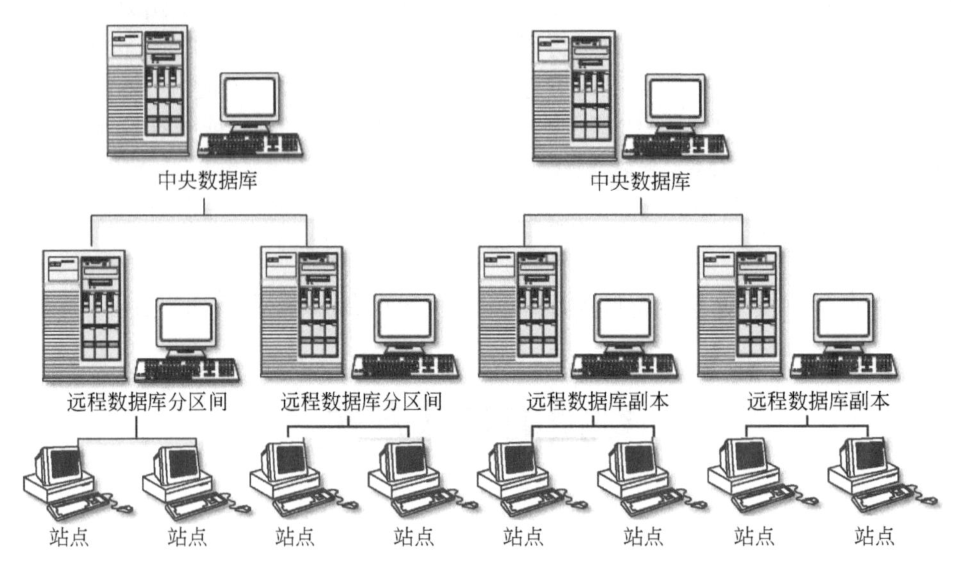

图7.2　分布式数据库示意图

为实现大数据条件下的分布式存储和计算服务的高容错、高可靠性、高可扩展性、高获得性和高吞吐率，高性能数据管理的架构是关键问题。Hadoop是现在主流的大数据存储架构，其核心是HDFS（Hadoop Distributed File System，分布式文件存储系统）和MapReduce。HDFS是一种分布式文件存储系统，可在提供数据高吞吐量的前提下降低存储硬件成本，MapReduce是与HDFS匹配的可满足海量数据的计算模式。图7.3是Oracle公司针对石油化学工业提出的数据存储管理架构。

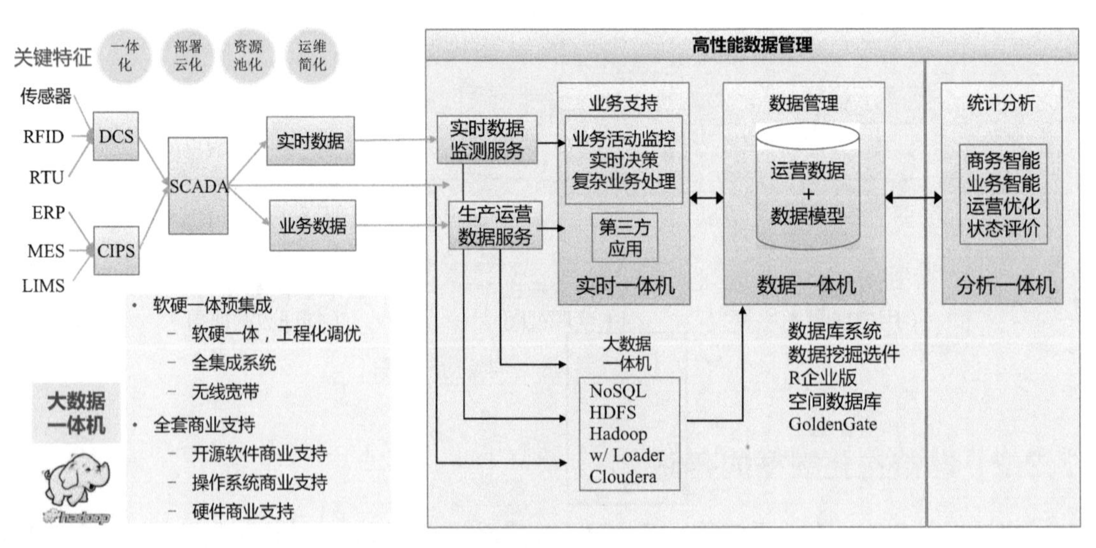

图7.3　数据存储管理架构示意图

7.2.3　面向主题的数据存储——数据仓库

数据仓库（Data Warehouse）是一个面向主题（Subject Oriented）、集成（Integrated）、稳定（Non-Volatile）且反映历史变化（Time Variant）的数据存储方式，是为企业各层级决策过程提供支持（Decision Making Support）的特定主题和特定类型的数据集合。因此，数据仓库也被理解为一个大数据库，它从多个角度组织和存储企业业务数据，是大数据技术体系中重要的数据存储模式。数据仓库相关知识将在8.7节具体介绍。

7.3　数据挖掘概述

7.3.1　数据挖掘的概念

数据挖掘，是指通过算法从大量的数据中提取隐藏于其中的信息，形成有价值的经验、准则和知识，并将之用于决策支持。数据挖掘算法的输出形式有关系、规则、模式和趋势。因此，数据挖掘被认为是可以提供预测性决策支持的技术、工具和过程。数据挖掘始于20世纪80年代后期，伴随着数据库技术越来越广泛的应用，数据积累快速增长，传统的数据查询和统计方法已无法满足企业商业需求。因此，急需一套技术体系去探索数据背后的信息。同时，伴随着计算机技术的发展，数据存储能力、计算能力大幅度提升。于是，人们将两者结合起来，一方面提升数据库系统面向大量数据的分布式存储和检索能力，另一方面提升计算机高性能和高通量的计算能力，从大量数据中挖掘有益的信息和知识，由此产生了一门新学科，即基于数据库的知识发现（Knowledge Discovery in Databases，KDD），数据挖掘是其核心部分。图7.4是数据挖掘技术关系图。

由图7.4可见，数据挖掘技术横跨多个学科，涉及数据库、人工智能、机器学习、统计学、高性能计算、模式识别、神经网络、数据可视化、信息检索和空间数据分析等计算技术领域。同时，还涉及油田、电力、工业制造、海洋生物、历史典籍、电子通信、法律税务等特定专业学科。由于数据挖掘所处理的数据常常是大量的、不完全的、有噪声的，所获取的部分信息没有价值，所以依靠特定领域的专业知识对数据进行清洗、特征值提取以及信息价值判断对数据挖掘的成功与否非常重要。

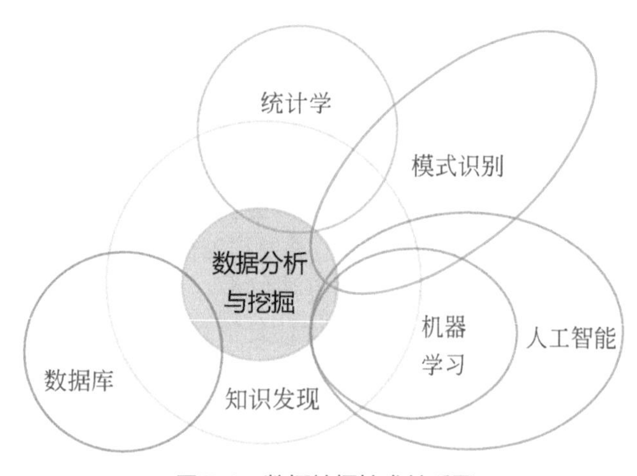

图7.4　数据挖掘技术关系图

进入21世纪后，数据挖掘得到了快速发展，并获得了广泛应用，成为对人类产生重大影响的十大新兴技术之一。

7.3.2 数据挖掘技术的特点

数据挖掘技术与传统数据统计有显著差别，其特点包括以下几个方面。

① 数据挖掘通常基于大数据，但同时也并非无法对小数据量进行挖掘。实际上，大多数的数据挖掘算法都可以在小数据量上运行并得到结果。

② 数据挖掘的目标是提取数据中隐藏的知识，这样的知识不是显而易见的，仅依靠传统的统计分析、报表或OLAP难以获取，而且，数据挖掘提取的知识往往具有显著的专业性特点。

③ 数据挖掘的目标是数据中的隐性知识，所以数据挖掘发现的知识应该是未知的，有一定的新奇性，否则，不过是验证了业务专家的经验而已。

④ 数据挖掘发现的知识具有高价值性，可以给企业带来直接或间接的效益。虽然数据挖掘项目由于各种原因，或缺乏明确的业务目标，或数据质量不支持，或数据挖掘工具不恰当，而导致其效果不佳。但是，实际应用证明，数据挖掘的确可以变成提升企业效益的有力工具。

⑤ 数据挖掘是基于统计规律的，因此，所提取的知识并不一定适用于所有个体，具有统计意义上的边界与约束性。同时，数据挖掘发现的知识只反映特定状态下所体现出来的规律性或规则性，有时间阈值，也具有动态性特点。

⑥ 本质上，数据挖掘与传统的统计分析方法一样，都是从数据里面发现业务知识。但数据挖掘技术与传统统计分析也存在巨大区别，如图7.5显示了两者应用目标和应用阶段的不同，体现在数据量、方法、对象以及结果呈现等方面。

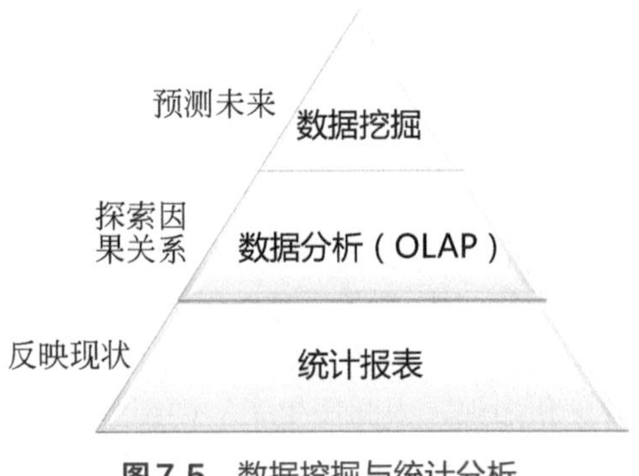

图7.5 数据挖掘与统计分析

具体体现在：

● 数据量级：统计分析是面向业务样本的分析，数据量不大，而数据挖掘是面向全部数据空间的，数据量极大，可以到GB、TB级，甚至PB、ZB级。

● 分析方法：统计分析是根据分析目的，采用适当的统计方法及工具对数据进行处理与分析。因此，统计分析往往从假设出发建立相应的方程或模型，然后通过数据验证判断假设的正确性。统计分析的常用方法有对比分析、分组分析、交叉分析和回归分析。而数据挖掘则纯粹从数据出发，通过统计学及大数据算法挖掘全部数据空间中蕴含的未知信息和知识。数据挖掘常常不需要预先提出假设，而是从数据出发自动建立模型和规则。图7.6所示为数据挖掘技术的方法体系。

● 数据对象：传统的统计分析技术只针对结构化的数据，而数据挖掘除结构化数据以外，还能够分析半结构化和非结构化数据，比如图像、声音、文本等。

● 结果：传统统计分析是基于假设的，其结果解释性很强，常表现为一个或一组明确的函数关系。而数据挖掘的结果往往不容易解释，很多时候只有一个结果，没有明确的函数模型，而且，分析人员难以甚至无法解释有哪些变量在起作用以及如何起的作用。比如，人工神经网络算法，其计算过程完全是黑箱的。所以，可以认为，数据挖掘更重视结果是什么，并依据结果预测未来。

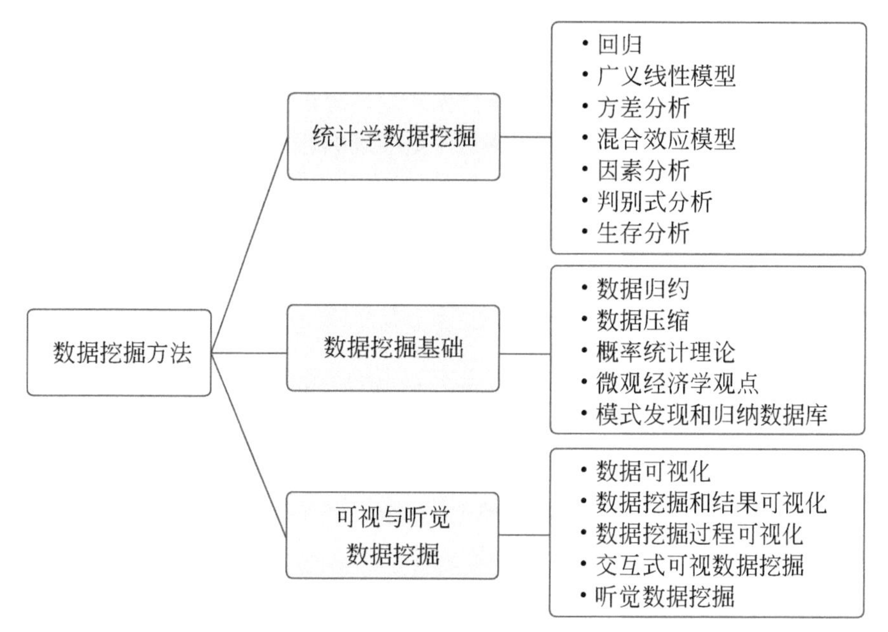

图7.6 数据挖掘技术的方法体系

尽管统计分析与数据挖掘存在区别，但在实践应用中二者日趋融合，不会只用数据挖掘技术进行分析，也不会只用统计分析技术进行分析，事实上，传统的统计分析已成为了数据挖掘分析的重要一环，常被用于数据挖掘的数据预处理和数据探索。

7.3.3 数据挖掘模型

一般而言，数据挖掘有描述性和预测性两种目的。描述性数据挖掘的目的是以更容易解释和理解的方式描述隐藏在数据背后的复杂现象和状态，并通过分析数据之间的关联发现可能的相关性、趋势、模型或规则。例如，根据销售交易记录找出产品间的关联以决定促销的产品组合，这就是著名的“啤酒-尿布”问题。而预测性目的，则是基于历史数据建立模型，用以预测或判别未来，但基于数据挖掘的分析能否准确预测未来，还取决于是否能更逼近于真相的描述。具体应用中，数据挖掘所处理的模型类型包括：聚类、分类、关联规则以及预测和诊断。

（1）聚类

聚类（Clustering）是无监督的学习过程，在数据分析前不预设任何分类规则，不依赖任何预先定义的类或带类别标记的训练实例，只是依据一定的量度标准将数据对象自动进行分组，使得同一群组内和不同群组间的数据样本显示出相似性和差异性。因此，可以说聚类是根据相似度将数据进行区分，并自动确定标记的算法，其关键是设定评价数据相似度（或相异度）的标准属性或标准值。另外，由于聚类分析是观察式学习，而不是示例式的学习，所以事后对分析的结果进行阐释十分重要。

例如，商业智能分析的目的是针对不同客户的不同消费特性，通过对消费数据进行研究，以掌握客户消费特点，继而制定有针对性的营销政策。但在分析前，研究人员往往不预先假设客户消费行为的评价标准，而是根据影响消费行为的各种可能因素，比如年龄、收入、地区以及产品的某些特征属性等进行自动归类分析，从而得到客户的特殊消费样型或者市场细分，这就是无监督的学习。通过无监督学习的聚类分析，可以提炼出描述客户消费行为的特征值变量属性，建立其市场行为模型，分析人员可基于这一模型，不断地进行模型训练、纠正偏差，以帮助市场人员获得更准确的客户行为判断，这就转化成了有监督的学习过程。可见，人们分析问题时，常常会经历从无监督学习到有监督学习的过程，聚类算法可以更好地发现未知知识，而分类算法可以解释和验证聚类结果，并更高效地解决实际分析问题。

常用的聚类算法有：层次聚类法、K-means聚类算法、DBSCAN聚类算法、期望最大算法。

（2）分类

分类（Classification）属于有监督学习的范畴，是依据某确定的规则将数据按属性进行归类或定义。例如，进行设备分类，可按设备用途、设备动力类型、设备安全等级等不同的规则进行分类；产品质量因素分析可按人、机、料、法、环的分类原则进行分析，以挖掘产品质量状况与制造过程中相关数据的关系。

常用的分类算法有：朴素贝叶斯分类、k-近邻分类算法、支持向量机（Support Vector Machine，SVM）、决策树、人工神经网络、粗糙集分类。

（3）关联规则

关联规则（Association Rule）通过量化描述一个事件对另一个事件的影响程度，以描述在一个事务中多种物品或多个事件同时出现或同时发生的规律性知识模式，属于描述型模式，简单实用。

例如，著名的“啤酒-尿布”关联规则可以帮助超市经营者制订组合销售策略，或通过卖场摆设方式来反映并强化这一关联性以促进商品销售。又如，由于产品质量往往受生产人员的业务技能及工作关注度等个性化因素的影响，通过关联规则分析量化它们之间的关系，企业可以采取有针对性的技能培训或人员调整等措施，提高对产品质量的管控能力。

常用的关联规则算法有：Apriori算法、DHP算法、FP-Growth算法、多维度关联规则、回归分析。

在表述两种或两种以上变量间的定量关系模型中，回归法（Regression）是数据挖掘分析中应用领域和应用场景最多的方法之一。事实上，只要是量化型问题一般都会首先考虑用回归方法进行分析。比如，要研究某地区百货网点与常住居民人口数的关系，常用的分析方式是直接用这两个变量进行回归分析，以确定它们之间是否符合某种形式的回归关系，如果不符合再考虑其他算法。回归法有一元线性回归、一元非线性回归、多元线性回归、多元非线性回归。另外，还有逐步回归和Logistic回归。逐步回归法在回归过程中可以调整变量数，Logistic回归则以指数结构函数作为回归模型。

（4）预测

预测（Prediction）是通过研究历史数据提取事务或事件发展变化趋势，建立多个变量之间相互依赖的函数模型，用以预测未来可能发生的行为或现象。例如，分析设备运转数据、设备故障数据和设备维保数据，可以建立设备性能低劣化发展趋势以及故障发生的规律模型，并以此进行设备预防性检维修计划，杜绝意外停产。预测的意义在于分析人员在理解客观规律的基础上借助数据挖掘分析准确揭示事物运行中各因素间的相互联系，刻画事务发展路径，由此预见可能出现的种种情况，进而提出更有利的替代方案。

数据挖掘分析有多种预测算法，如时间序列分析和因果关系法等，相关内容本书后续将详细介绍。需要注意的是，实际的预测模型可能会因为历史数据不完整而造成结果的不确定性。所以，通常只能待事务发生后再进行观察以验证其正确性。因此，对模型预测结果进行分析和验证，进而修正模型是预测分析重要的一环。

常用的预测算法有：时间序列分析、灰色预测、马尔科夫预测、基于智能算法的预测。

(5) 诊断

大数据技术研究历史数据，建立模型准确描述事物运行规律，可以用于预测未来可能发生的事件，也可用于研究和分析偏离正常轨迹的异常现象，这就是诊断（Diagnosis），也称离群点诊断。所谓离群点是指偏离数据模型的点，离群点与其他正常数据点存在明显不一致性。离群点产生的原因是多样的，可能是度量的原因，也可能是执行错误的原因。例如，在罐装一个设定50kg包装重量的包装袋时，罐装设备的计量数据显示为60kg，这是一个离群值，但产生的原因可能是计量数据显示错误造成的，也可能是控制系统出现错误，真正多包装了10kg。另外，离群点也可能是固有数据可变性的结果，例如磷肥厂进厂矿石的含水率，可能由于大雨而显著上升，超出企业控制的正常值而成为一个离群点。因此，进行诊断分析时，不仅仅要辨识出离群点，还要准确分析离群点的模式及其产生原因，这样才能减小甚至排除离群点的影响。另外，需要特别说明的是，准确区分离群点数据和“数据噪声”是进行诊断分析的关键。

离群点诊断有着广泛的应用，如前文所述的工艺异常和设备异常识别。此外，在商务智能中，离群点诊断也可用于市场消费行为的分析，有助于分析各种销售行为和推广方式的不同效果，特别是防范风险。

常用的离群点诊断算法大致上可以分为以下几类：基于统计学或模型的方法、基于距离或邻近度的方法、基于偏差的方法、基于密度的方法和基于聚类的方法。这些方法一般被称为经典的离群点诊断方法。近年来，基于关联规则、模糊集、人工神经网络、遗传算法或克隆选择等新的离群点诊断算法也取得了显著进展。

7.4 数据挖掘项目的实施步骤

与一般的统计分析不同，数据挖掘带有很强的探索性，数据挖掘的目标、过程、甚至方法会不断调整、反复，甚至从头开始，尽管如此，严谨和周全的数据挖掘方法论将有助于获得更可信的结果。同时，规划一套明确的数据挖掘流程和方法有利于提高分析效率，以及在有新任务或有新成员加入时，快速进入正确的轨道。

一般而言，数据挖掘实施步骤包含问题定义、数据预处理、数据挖掘模式建立和结果解释与评估四个阶段。数据挖掘实施步骤如图7.7所示。其中，解释与评估是一系列循环和反复修正的过程，以不断地提升数据挖掘成果的质量。数据挖掘的任何一个阶段都可能回溯到上一个阶段，甚至重新进行问题定义。

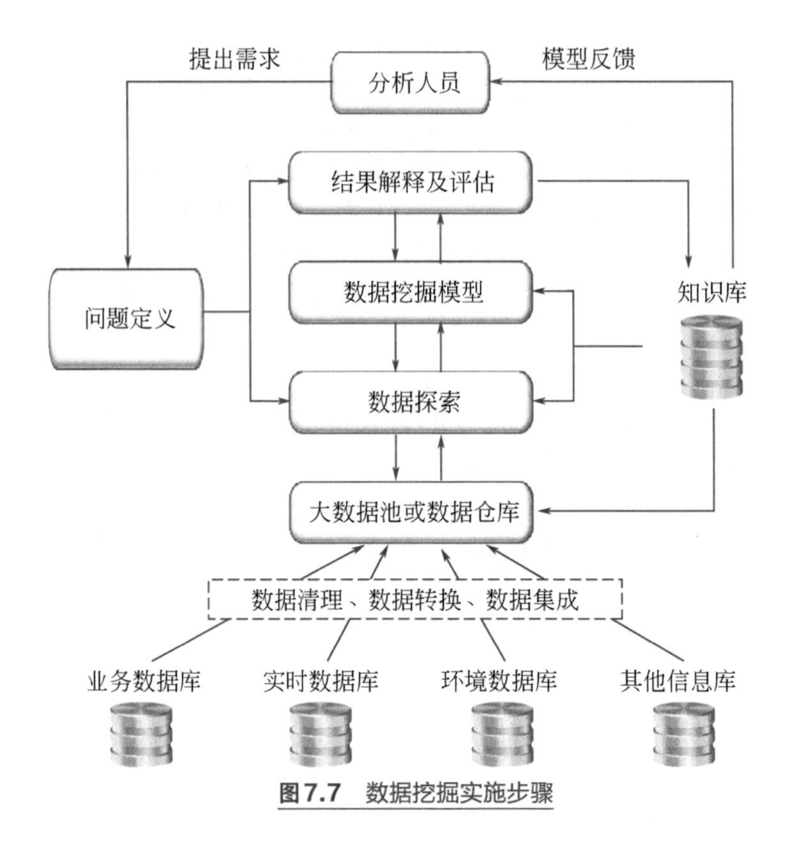

图7.7　数据挖掘实施步骤

7.4.1　问题定义

“急躁”是数据挖掘项目中的常见错误，表现为项目一开始在未充分理解业务需求，也未认真规划项目实施路径时就匆匆进行数据收集和分析，到最后才发现所采集的数据无益于要达成的目标，抑或是所分析的问题并不属于业务方面的兴趣领域。因此，一个好的数据挖掘项目一定从问题的定义开始。

所谓问题定义，就是在开始数据挖掘和分析前预先定义数据挖掘的目标。为了明确正确的分析方向并提高实施效率，问题定义阶段必须先了解问题相关的背景知识，清楚地陈述数据挖掘的目标，定义试图解决的问题，将目标设定在有兴趣的挖掘对象上。具体定义内容包括分析业务需求、定义问题范围、定义计算模型所使用的度量等。

① 业务模型定义。数据挖掘有时可以不预先设定问题模式，对目标结果也可以采取开放式态度，但为了更好地完成数据挖掘工作，理解并建立业务模型是数据挖掘项目成功的前提，也是问题定义前重要的过程。一般而言，业务建模的内容包括：

业务对象的物理模型

- 深入了解对象业务流程，并将其程序化；
- 界定业务物理模型的建模范围、目标和阶段划分。

领域概念建模

- 抽取关键业务概念，并将之抽象化、模型化；
- 按照业务主线聚合类似模式，建立领域分类，并建立相关概念；
- 细化业务分类概念，理清分类概念内的业务模式并将其抽象化；
- 理清分类概念之间的关联，形成完整的领域概念模型。

逻辑建模

- 业务概念实体化，并建立其具体的属性；
- 事件实体化，并建立其属性内容。

② 期望发现什么？比如，发现什么类型的关系、什么样的变化趋势。

③ 明确数据挖掘项目的目标，是为了预测，还是仅仅为了发现某种具有潜在价值的模式和关联。如果是预测，那么就要明确预测什么样的结果或属性。无论目的如何，数据挖掘的目标任务都需要反映业务策略或流程。

④ 数据支持条件如何？数据挖掘分析前要搞清楚以下问题：数据的种类与来源，数据描述是否清晰，数据质量如何，数据能否准确反映业务流程等。如果数据存储在关系型数据库中，有多个数据表，那么数据表间如何实现关联，是否需要执行任何清除、整合或其他处理工作？

⑤ 项目的可用资源有哪些，资源包括技术、工具、系统、数据和人，要考虑如何高效地建立项目团队。

⑥ 评价工具和技术的合适性。根据项目问题和数据条件，综合评估问题的复杂程度，以及工具、技术和技能等方面与问题本身的合适性。如果数据挖掘项目不只局限于当前目标，那么，还需要从广度和深度上对项目工具和技术进行长远规划。

回答上述问题都要基于数据对项目目标的支持，如果数据不支持，则必须重新定义问题。在对数据的可用性进行判断时要综合考虑数据的时间性、整合性和完整性。如果数据对目标不能形成有效支持，数据挖掘就可能变成缺乏规划性且没有价值的数据捞取（Data Dredging）。

7.4.2　数据预处理

一方面，大数据往往具有不完整性和不一致性特点，还存在缺失数据、脏数据等问题，不能直接进行数据分析。另一方面，虽然数据规模越大，提炼出有效信息或规律的可能性越大，但大数据量下无关数据、噪声数据以及无用信息对数据处理效率和结果正确性产生不利影响的可能性也会增大。所以在数据挖掘分析中，不能将所有数据不加区分地应用于分析，而是应该首先进行一系列的数据准备工作即数据预处理操作。数据预处理的目的是初步了解、选择和过滤数据，以确认数据与分析目标的适合性。

数据预处理有几个步骤，或称之为几种方法，包括数据选择、数据清理、数据整合、数据变换和数据归约。这些数据处理方法在数据挖掘之前使用，可大大提高分析的质量和效率。

（1）数据选择

由于问题定义不同，选择数据的类型、范围和粒度会有不同，这就是数据选择（Data Selection）。数据选择时一般根据问题定义，抽取与之相匹配的数据，使数据与所设定的目标一致，并满足分析结果的解释性要求。常用的数据选择方法包括：

- 随机抽样：按一定的概率抽取；
- 等距抽样：在相等的距离使用随机抽样；
- 分层抽样：把样本分成若干层，每层上使用不同的概率抽样；
- 从起始顺序抽样：从起始位置开始，按给定百分比进行数据抽样；
- 分类抽样：将数据进行分类，然后抽取。

另外，选择数据时，还要注重数据的空间性与时间性，合理分配训练组数据与测试组数据。其中，训练组数据用于数据挖掘分析，以提取有价值的分析结果；测试组数据则用于验证数据挖掘的正确性。

（2）数据清理

数据清理（Data Cleaning）过程通过填补缺失值、光滑化噪声数据、识别或删除离群点数据和不一致性数据等方法来“清理”数据，以达到标准化数据格式、清除异常和重复数据、纠正错误数据的目的。数据审核和数据筛选是实现这一目的的核心内容。

数据审核工作是对数据的准确性、适用性、及时性和一致性进行检验审核，数据筛选则是基于数据审核结果对数据进行的选择处理。比如，剔除不符合要求的或错误的数据，以筛选出符合特定条件的数据。

（3）数据整合

将多个分布式数据源中的数据整合（Data Consolidation）后，存放在统一规划的数据库中，实现数据在物理存储层面上的集中。不同来源的数据在其属性定义或描述上会存在一定程度的差异，可能导致相同数据在集成时被归为不同数据。因此，数据整合时需要对不同数据源的数据进行对照和翻译，以保证数据的意义和理解的一致性。

（4）数据转换

数据转换（Data Transformation）是指通过平滑、聚集、数据泛化或规范化等方式将数据转换成适用于数据挖掘的形式。

- 平滑：去掉数据中的噪声，主要有分箱、回归和聚类等方法。
- 聚集：通过对数据库中的数据按业务和主题进行一定的汇总和聚集，获得统计信息，以便进行更高层次的数据分析。
- 数据泛化：是一种概念分层的方式，利用更高层级的概念替换低层数据或原始数据。
- 规范化：也称归一化，是对数据进行缩放，使之落入到特定区域。规范化方法主要有最小-最大规范化、Z-score规范化（利用均值和标准差）以及小数定标（除以10的n次方，使之落到[–1，1]）规范化等方法。
- 属性构造：为更好地理解和展示数据，构造新的属性并添加到属性集合中，以便更好地反映业务对象。

（5）数据归约

数据属性的多少对建立数据挖掘模型乃至数据挖掘项目的成功与否有显著影响。一般而言，高维度的数据计算较复杂，花费的时间较多，常常需要降低数据维度以提高数据分析的计算效率和精度，同时，还要尽可能保证数据的完整性，该数据降维的过程就是数据归约（Data Reduction）。通过数据归约可从数据属性中删除多数非相关特征属性和冗余特征属性，从而提升数据挖掘的效率和准确性。有观点认为，数据特征属性提取适当，数据挖掘就成功了一半。

7.4.3 数据探索

数据的预处理使其质量得到改善，但在进一步创建数据挖掘模型前，还需进一步了解数据相关特性（比如数据的数量、特征属性、关联关系），以便确定数据挖掘的模型、算法和技术路线，这一过程就是数据探索。数据探索是在没有或较少的先验假定下，对经过预处理后的数据进行探索，通过作图、排序、方程拟合、计算特征量等手段来探索数据的结构、规律和分布。可见，数据探索是在对数据没有更多了解和分析经验的基础上进行的，无法确定什么挖掘模型最有效，因此被称为“探索”。

可以看出，数据探索强调让数据本身说话，不做假设，不套用理论模型以及特定的业务模型。分析方法完全从数据出发，不追求统计意义上的精确性，因而灵活多样，并且，结果呈现简单直观，有利于帮助分析者找到数据的问题和价值，以便进一步确定分析方向。常用的数据探索方法包括：

（1）数据统计分析

通过计算最大值、最小值和平均值来初步判断数据是否可以代表业务模型，是否需要清洗异常数据。也可通过计算方差和标准差以判断数据的稳定性和准确性。如果出现偏差过大的情况，则要分析原因。如果是因为数据样本量不够，则需要采集更多数据以改进模型，如果偏差确实是真实反映了现实问题，或许需要改变问题定义以符合实际分析需要。

（2）衍生变量分析

衍生变量是指由其他变量通过一定形式的组合衍生出来的变量。例如，由设备设计产能和实际产能衍生出“设备满负荷率”指标，由原料投入量和目标产物量衍生出“产物收率”指标。衍生变量在数据上可更好地反映分析对象的特性，同时，数据的物理意义和管理意义也更加直接，更具分析价值。

在化工工艺分析和控制中，有许多需要加以严格的实时监测和控制的工艺变量，它们与产品质量、生产稳定性，甚至过程安全密切相关。但由于技术或经济原因，目前还难以全部采用传感器进行实时检测，如精馏塔的组分浓度，化学反应器的反应物浓度和分布，发酵罐中的生物量参数和制浆工业中的卡伯值。目前，衍生变量法是监测这些工艺变量的可行方法之一。一般通过采集容易检测和测量的指标，计算其衍生变量值，以准确有效地表征过程状态，该方法也被称为软测量技术。下面是几个常用的衍生变量方法。

● 多变量组合。例如，在设备资产管理中，将设备购置时间、折旧年限、设备原值、折旧残值比例和折旧方法衍生为设备折旧额。设备折旧额是成本核算和分析中更直接的指标。

● 数据归约法。例如，在进行质量分析时，按照人、机、料、法、环等因素进行更高层次的分类汇总，以整体评价企业质量管理能力。数据归约应注意在进行数据维度分类汇总时，需综合考虑问题分析的粒度要求。

● 变量分解。变量分解是将粗粒度的变量属性根据分析需要分解为较细的粒度的过程。例如客户地址可以被继续分解成国家、区域、省份、城市、区县、街道。

● 根据统计分析需要，对具有时间序列特征的变量定义相应的时序特征属性。例如，统计产量数据、工艺数据以及产品合格率指标时，可以按小时、班次（白班、中班、夜班）、日期、月度、年度等不同的时间粒度进行汇总。

7.4.4　建立数据挖掘模型

经过前期的数据预处理和数据探索，数据挖掘建模前的准备工作已经完成，接下来是如何根据问题定义建立合适的数据挖掘模型。一般而言，数据挖掘与决策支持模型的目的相同，决策支持是基于特定的推论模型或经验规则提供决策建议与支持，这些模型或规则常常来自领域专家经验或数据统计分析结果，而数据挖掘属于探索性分析，往往没有事先假设，需要选取合适的工具或算法来建立数据挖掘模式。可见，数据挖掘的意义是通过分析大量数据，归纳得到隐藏在数据中的规则或模式，发现原本未知的信息和知识。

在数据挖掘中常见的模型有以下几类：分类与预测（有监督）、聚类分析（无监督）、时序模式分析、异常检测。常用算法包括传统统计分析法、智能算法（如人工神经网络等）、决策树、关联规则、聚类分析。不同的数据挖掘算法有不同的特性和要求，因此，建立数据挖掘模型要从问题的定义出发，满足正确性、稳定性、灵活性和易用性要求。同时，也要针对特定的数据规模、数据复杂性、偏差和稀疏程度等条件，选择合适的算法模型，以保证数据分析的效率和结果的再现性及可解释性。在实际数据挖掘分析时，有时会因为问题的复杂性，单一算法难以满足其要求，因而常常需要将多种算法组合起来，形成混合算法（Hybrid）以解决问题。

需要强调的是，为了得到满意的数据挖掘结果，除了有效的模型与工具外，全面客观地了解问题并准确定义问题非常重要。可以说，数据挖掘的结果好坏往往取决于对研究目标和问题领域的清晰认知。同时，数据挖掘包含多领域的知识和技术，如业务知识、数据库技术、计算机技术、数学模型和算法。在建立数据挖掘模型时，切忌单纯强调某一领域的知识，更不能以使用工具为目的。须知，工具只有应用于适合的问题才能充分发挥作用。另外，在结果的解释与应用上，要注意，一个好的数据挖掘模型会以简单的可视化方法清晰易懂地展示其结果。

7.4.5 结果解释与评估

数据挖掘分析的结果是否有价值，取决于对企业的管理决策和商业活动是否有帮助，这需要领域专家与分析人员共同对结果做出必要的解释与评估。

一般来说，领域专家从业务的角度对挖掘结果进行解释和评估，厘清结果模型的含义，并就分析结果对企业管理和决策是否有帮助、是否达到预期效果进行评价。而分析人员则会从技术角度评估模型的解释能力和正确性，并结合领域专家意见提出模型改善的方向和改善措施。改善措施可以是修正问题定义，也可以是重新采用不同的数据处理和挖掘模型。如果数据挖掘结果达到预设效果并通过评估，则可将结果、模型及算法储存至规则库，配合领域专家的经验与定性说明，形成有价值的决策支持模型或知识模型。

判断模型结果解释能力的标准是分析结果及分析过程是否可以被观察、理解、接受和使用，特别是，能否被领域专家以外的人理解和接受，并根据结果制定决策目标以获得最佳的决策支持。另外，结果的解释能力还体现在是否可以支持分析人员运用挖掘结果与经验反复修正模型，改善分析工作。

判断结果准确性，一般会基于模型类型和模型目标选用一定的度量方法进行评估。常用于评价模型准确性的度量和图表包括：分类模型评价度量、混淆矩阵、ROC曲线、AUC（ROC曲线下面积）、Lift（提升）和Gain（增益）、K-S图、基尼系数。

7.5 数据挖掘项目的关键角色

由上一节可知，实施数据挖掘项目是一个非常严谨的过程，需要周全安排并精心组织，以保证各个作业环节紧密配合，同时还需要得到领域专家的支持，特别是数学家和业务专家的支持。近年来，由于在数据科学领域的创新，数据科学家受到了广泛关注，他们在计算机、数学和特定专业领域都有很高的造诣，在大数据相关项目中起着举足轻重的作用。在实际工作中，一个高效的数据挖掘团队不仅有数据科学家或数据工程师，还需多方面的人员参与分工与协作。数据挖掘项目团队一般有如下角色分工。

① 项目责任人　项目责任人负责项目的发起工作，负责定义业务问题，提出预期结果，规划工作进程及优先级，并最后评估项目成果的质量和价值。项目责任人还负责项目组织管理工作，负责协调各类保障条件和团队外部环境，以保证数据挖掘项目顺利进行。

② 业务用户　业务用户必须非常了解业务需求，可以对数据挖掘项目的背景、问题及目标、成果价值评价，以及项目成果如何实施等提出建议。业务用户可以由业务分析师、资深业务专家以及关键业务用户担任。业务用户是数据挖掘项目结果的最终受益者。

③ 业务分析师　业务分析师的职责是从业务需求出发深入理解和分析数据资源、关键绩效指标体系（Key Performance Indicator，KPI）、关键业务需求以及商业分析目标等，用模型化方法为项目提供业务领域的专业知识和技能。

④ 数据科学家　数据科学家在分析技术和数据建模方面为数据挖掘项目提供专家级的知识和技能，以确保数据处理、分析方案和执行过程的正确性。数据科学家一般拥有数学、计算机技术以及业务领域的综合知识，扮演数据挖掘项目的技术核心角色。

⑤ 数据工程师　数据工程师在数据科学家指导下，以正确的方式完成具体的数据操作工作，包括数据提取、模型导入、可视化处理、结果解读等。数据工程师角色更强调其数据处理的能力。

⑥ 数据库管理员（DBA）　数据挖掘项目离不开数据源保障，数据库管理员的职责是负责数据库环境对项目的支持，包括对关键数据库或者数据表进行优化配置，设置适当的安全级别和访问权限，并从数据量、数据范围、数据粒度和时间周期等方面给数据挖掘分析提供相应的技术支持。

7.6　常用的数据挖掘软件工具

（1）Python

Python 是一个功能强大的面向对象的程序设计语言，免费并开源，是目前最受欢迎的程序设计语言之一，已成为大数据分析和智能硬件开发的主要语言。

Python是一种代表简单主义思想的语言，简单易学，可读性好，运行速度快，可移植性和可扩展性强，开发者可以更好地专注于解决问题，而不是纠缠于语言本身。Python的底层基于C语言，因此与C/C++有很好的交融性。Python程序可直接使用C/C++语言程序，也可嵌入C/C++程序中。

Python标准库很庞大，可以帮助处理各种工作，包括表达式、文档生成、单元测试、线程、数据库、网页浏览器、CGI、FTP、电子邮件、XML、XML-RPC、HTML（Hyper Text Markup Language，超文本标记语言）、WAV文件、密码系统、GUI（图形用户界面）、Tk和其他与系统有关的操作，这被称作Python的“功能齐全”理念。除了标准库以外，还有许多其他高质量的库，如wxPython、Twisted和Python图像库等等。

Python既支持“面向过程”的编程也支持“面向对象”的编程。在“面向过程”的语言中，程序由过程或由可重用代码的函数构建。在“面向对象”的语言中，程序由数据和功能组合而成的对象构建。

（2）R-Programming

R语言是一种自由、免费、源代码开放的解释型计算机语言，常用于数据探索、统计分析和作图。R的思想是提供集成化的、多样化的数学计算、统计计算函数，以满足人们不同的数据分析要求，甚至帮助使用者创新出符合需要的新的统计计算方法。

R语言有完整的数据处理、计算和制图软件功能，包括：数据存储和处理系统，数组运算工具（其向量、矩阵运算方面功能尤其强大），统计分析工具，统计制图功能等。R语言的功能需要借助各种R包的辅助，不同的R包满足不同的需求，比如经济计量、财经分析、人文科学研究以及人工智能等。当前，R语言因为其易用性和可扩展性被广泛应用于数据挖掘、开发统计软件和数据分析项目中。

（3）Matlab

Matlab是一套用于算法开发、数据可视化、数据分析以及数值计算的高级计算语言和交互式环境，其程序语言接近于数学表达式的自然化语言，拥有功能强大的数值计算及符号计算功能，有完备的图形处理功能，可实现计算结果和编程的可视化。

Matlab包括Matlab和Simulink两大部分，有功能强大的模块集和工具箱以满足特定领域的应用需求。用户可直接使用工具箱，无需自己编写算法代码。算法工具包括诸如数据采集、数据库接口、概率统计、样条拟合、优化算法、偏微分方程求解、神经网络、小波分析、信号处理、图像处理、系统辨识、控制系统设计、LMI控制、鲁棒控制、模型预测、模糊逻辑、金融分析、地图工具、非线性控制设计、实时快速原型及半物理仿真、嵌入式系统开发、定点仿真、DSP与通信、电力系统仿真等。

Matlab支持面向大数据的数据分析，支持Mapreduce技术，支持在Hadoop 上处理大数据。

（4）Weka

Weka是一个开放的数据挖掘工作平台，集合了大量数据挖掘的机器学习算法，包括数据预处理、分类、回归、聚类、关联规则以及应用于数据建模的可视化方法和算法。

Weka高级用户可以通过Java编程和命令行来调用其分析组件。同时，Weka也为用户提供图形化界面，称为Weka KnowledgeFlow Environment和Weka Explorer。和R相比，Weka在统计分析方面较弱，但在机器学习方面却强得多，与 RapidMiner相比，Weka的优势在于它在GNU通用公共许可证下是免费的，用户可以按照自己的喜好选择自定义。

（5）RapidMiner

RapidMiner本身是用Java语言编写的，是一个服务提供平台，通过调用其他平台的软件和算法向用户提供先进的分析技术，有数据预处理、可视化、预测分析、统计建模、评估和部署等功能。RapidMiner提供来自Weka和R脚本的学习方案、模型和算法。所以，用户无需编写代码。

（6）TensorFlow

TensorFlow是由谷歌公司Brain Team创建的，其前身是谷歌的神经网络算法库DistBelief，后升级成为第二代机器学习系统TensorFlow，并于2015年开源。TensorFlow是一个基于数据流编程（Dataflow Programming）的符号数学系统，被广泛应用于各类机器学习（Machine Learning）算法的编程实现，成为AI领域的重要软件工具之一，用于处理大量数据，快速建立数学模型，完成智能功能等。在TensorFlow系统中，计算被表示为图形，图中的节点表示数学运算，边缘表示它们之间通信的多维数据数组（张量）。目前，TensorFlow被世界各大公司，包括Airbnb、eBay、Dropbox、Snapchat、Twitter、Uber、SAP、高通、IBM、英特尔、谷歌、Facebook、Instagram、亚马逊等用于情绪分析、语言翻译、文本摘要和图像识别等目的。

TensorFlow有可用于Matlab和C++的API。本质上，可认为它是一个用于处理复杂数学问题的低级工具包，针对的是那些知道自己在做什么的研究人员，以构建实验学习体系结构，并将其转化为运行中的软件。

Tensorflow拥有多层级结构，可部署于各类服务器、PC终端、移动设备，可在网页上运行并支持GPU和TPU高性能数值计算。Tensorflow架构十分灵活、可移植性强，具有广泛的语言支持，可支持多种客户端语言下的安装和运行，绑定完成并支持版本兼容运行的语言为C和Python，未来还将兼容运行JavaScript、C++、Java、Go等。TensorFlow的优势包括：

- 具有响应性结构，能轻松地实现数据可视化；
- 平台是模块化的，具有高度灵活性；
- 可以在CPU、GPU和TPU上轻松地进行分布式计算；
- 具有自动分化功能，可以利用基于梯度的机器学习算法；
- 支持线程、异步计算和队列；
- 可定制的、可开放源码。

本章要求

- 掌握数据特征值属性、数据尺度、数据质量等相关概念
- 了解数据存储模式与特点
- 掌握数据挖掘的概念、原理与基本方法
- 掌握数据挖掘的特点、数据挖掘的问题类型
- 了解数据挖掘项目的步骤、角色及其任务
- 了解数据挖掘的常用软件工具

思考题

7-1 什么是数据特征值属性？以某具体化工单元操作为例，描述其操作的数据体系以及数据特征值属性。

7-2 数据的尺度属性有哪些？举例说明。

7-3 什么是数据仓库？为什么要建立数据仓库？

7-4 以化工企业生产经营的具体任务为对象，建立一个数据挖掘分析项目，完整规划任务框架以及实施步骤。

7-5 在数据挖掘项目团队中，数据科学家扮演什么角色？化工专业知识对数据科学家而言，有什么意义？

第8章 数据预处理

本章内容提示 ＼

化工企业数据分析师最大的烦恼莫过于，手上有海量的装置实时数据，却难以从中获得洞察，并解决装置运行的安全性问题，即使利用了多种数据分析的方法，比如细分分析、对比分析、趋势分析、转化分析等。原因在于，这些方法在面对实时数据时难见成效，甚至于，在有的情况下，数据分析人员以为发现了有益的知识，但仍然无法逃过“输入的是垃圾，输出的也是垃圾”的陷阱，即所谓的GIGO原则（Garbage In Garbage Out）。因此，如何保证数据质量是数据挖掘的首要问题。

同时，工业大数据具有显著的多源性、关联性、低容错性、时效性和专业性特点，数据质量、完备性、全面性、分析时效性等对数据挖掘分析的结果都有重大影响。由于工业现场需求的在线性特点，对分析结果的准确性要求很高。因此，相比互联网大数据，工业大数据对数据质量以及数据预处理的要求更高。本章将对此进行学习，内容如下：

· 大数据所面对的问题类型与相应的数据预处理策略
· 数据整合、清洗、转换、归约的原理与方法
· 特征属性筛选的原理与方法
· 共线性问题的概念与处理方法
· 数据仓库的概念、构建原则与方法

数据预处理是数据挖掘的第一步，包括数据选择、数据清理、数据整合、数据变换和数据归约等过程，在整个数据挖掘项目中起着十分关键的作用，数据预处理的好坏将直接影响最终数据挖掘的质量和正确性。

数据预处理的首要是分析数据质量，判断数据质量是否满足后续分析要求。如果不能完全满足要求，则需要对错误数据、遗失数据、重复数据、不一致数据等进行清洗和整理。本章将重点介绍工业大数据预处理中的数据整合、数据清洗、数据转换和数据归约。表8.1所示是针对不同数据质量问题的处理策略。

表8.1　数据问题类型及处理方法

序号	问题类型	表象	处理策略
1	不正确	与研究对象的真实值不匹配	数据清洗
2	不一致	来源于不同数据源的同一对象同一属性的值不一致	数据清洗、数据整合
3	重复	重复记录的对象或过程值	数据整合
4	冗余	同一对象特征值被不必要的多处反复记录	数据整合
5	遗漏	应该被采集的对象或对象特征值缺少	数据清洗
6	噪声	属于对象本身的数据误差	数据清洗
7	离群值	偏离正常统计规律的数据	依据分析需求或数据整合或数据清洗
8	数据尺度	数据尺度不统一或不一致	数据转换
9	数据太多	数据过多，或同一属性的特征值记录超出分析需要	数据归约
10	数据分散	数据存储在多个数据源	数据整合

8.1 数据整合

一般而言，由于时间、周期、成本等原因，数据挖掘分析常常只能利用现有可用的数据系统，但现有数据系统往往为多样化的异构数据。从业务上看，这些异构数据有市场环境数据、制造过程数据、交易数据、财务数据以及各类二次数据。从数据形式上看，有XML（HTML）文档、文本文件、电子邮件、业务数据库等各类非结构化和结构化数据源，具有多样化的异构数据特性，这对数据分析的质量和效率有显著影响。为减轻数据分析人员的负担，使他们能集中注意力解决业务需求，关注模型与算法问题本身，因而需要进行数据整合。

数据整合（Data Consolidation）是将分布式、异构数据源的数据进行集成整合，为数据分析人员提供统一的访问接口。同时，数据操作还要解决数据重复存储、冗余存储等问题，并对不一致的数据进行分析，采取适当的操作策略，或删除其中未能真实反映对象事务的数据，或对数据进行整合处理以便更好地反映对象事务。总之，数据整合是数据挖掘的前提，图8.1展示了数据整合策略。

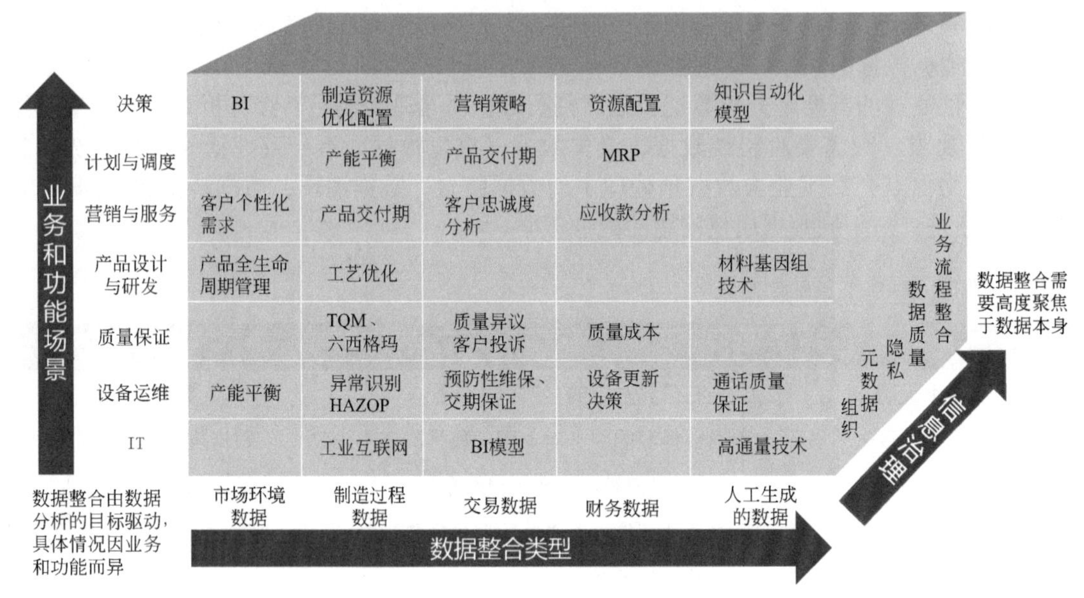

图8.1　数据整合策略

可以认为，数据整合度越高，数据挖掘分析就越方便，结果可能越准确全面。目前，常用的数据整合方法有多数据库整合方案、数据仓库整合方案、中间件整合方案、Web Services整合方案和主数据管理整合方案。

（1）多数据库整合方案

为了满足不同业务场景的信息化需求，企业常常有多个信息系统，比如ERP、CRM、OA（Office Automation，办公自动化）以及财务软件等。从企业整体来看，这些系统的业务相互融合，但从业务层面上看，各个系统的数据又相互独立，普遍关联性不强。为了提升企业管理决策的科学性，需要对这些独立系统的数据进行整合，从而为分析者和决策者提供能反映业务全貌的数据视图，这就是多数据库整合方案。图8.2展示了基于多数据库的数据整合方案。

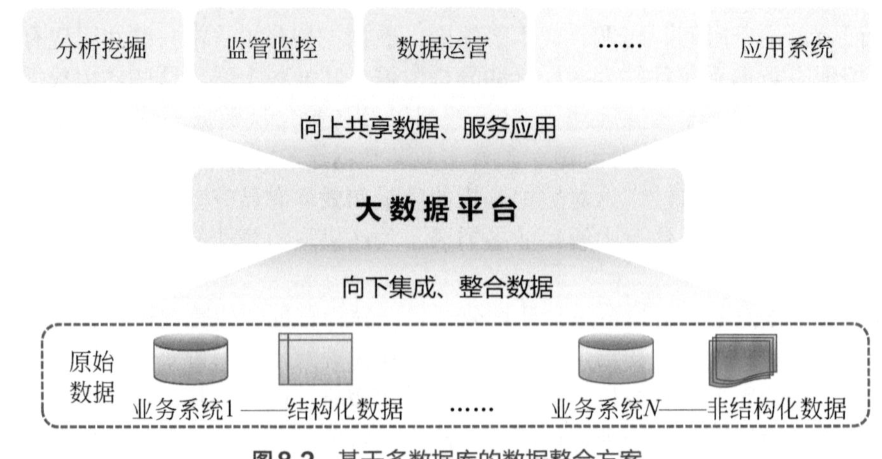

图8.2　基于多数据库的数据整合方案

多数据库整合方案是通过对各个数据源的数据交换格式的一一映射，从而实现数据的流通与共享。根据源数据库架构特征的不同，多数据库整合方案也有多种数据整合方式，所采用的体系结构各不相同。对于有全局统一模式的多数据库系统，用户可以通过建立局部概念模式、全局概念模式或全局外模式，访问其他数据库。对于联邦数据库系统，可通过定义输入/输出模式，进行联邦数据库系统中各单元数据库之间的数据访问，从而实现数据整合。

（2）数据仓库整合方案

数据仓库是一种面向主题的、集成的、相对稳定的、反映历史变化的数据集合，可用于支持管理决策。从数据仓库的建立目标看，数据仓库是面向主题的整合数据，因此，首先应该根据具体的主题进行建模，然后根据数据模型和需求从多个数据源加载数据。由于不同数据源的数据结构可能不同，因而在数据仓库加载数据前要根据匹配和留存等规则进行数据转换和数据整合，使得加载的数据被统一到所需的数据模型下，实现多种数据类型的关联。图8.3是基于数据仓库的数据整合方案。

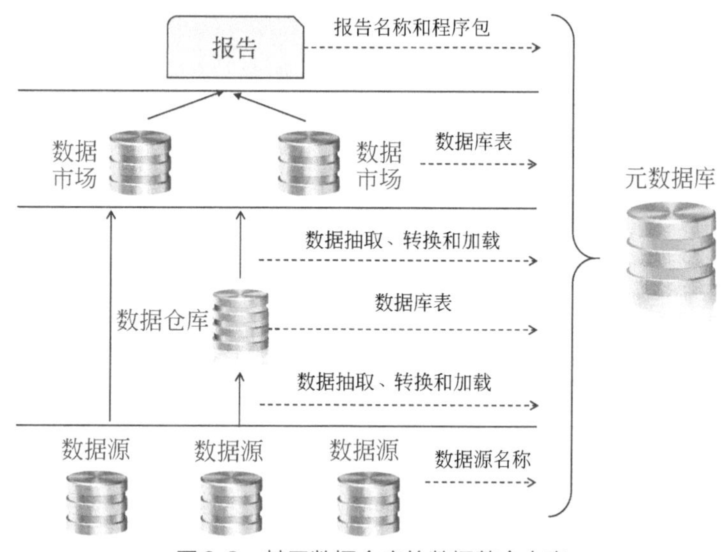

图8.3　基于数据仓库的数据整合方案

数据仓库整合方式的不足是指，当业务数据更新频繁时会导致数据仓库数据同步困难，即使定时运行转换程序也只能达到短期同步，这种整合方案不适用于数据更新频繁并且实时性要求很高的场合。

（3）中间件整合方案

中间件整合方案把提出数据访问需求的软件系统称为客户方（Client），把被访问的对象软件系统称为服务方（Server），位于它们之间的Client与Server的联结就是中间件。中间件的本质是中间接口软件，是不同系统集成所需的连接器。

一般地，中间件位于数据源（数据层）和数据整合平台客户端（应用层）之间，向上接收数据整合平台客户方发出的请求，向下对各数据源服务方发出数据提取请求，并接收数据返回。基于中间件的数据整合方案逻辑架构如图8.4所示。

中间件允许Client在数据源的数据库上调用SQL服务，以解决不同数据源的互操作性问题。从数据访问的安全性考虑，数据库中间件可以对数据用户屏蔽数据的分布地点、DBMS（Desktop Database Mangement System，数据库管理系统）平台以及API。

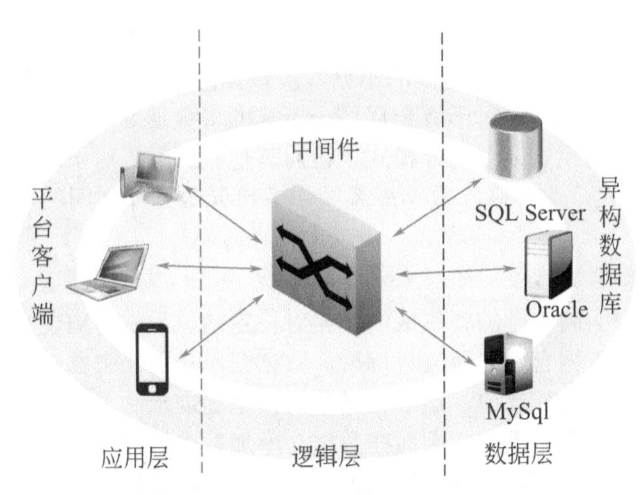

图8.4 基于中间件的数据整合方案

（4）Web Services整合方案

Web Services技术是一种常用的数据整合方案，采取分布式技术架构，使用适应于HTTP（Hyper Text Transfer Protocol，超文本传输协议）、FTP、SMTP等网络协议的开放标准，以适应异构网络环境下数据整合要求，并为网络环境中不同的异构应用系统提供互操作通道。Web Services是一种松散耦合的技术，技术简单，开发成本低，有较好的健壮性。图8.5是基于Web Services的数据整合方案结构图。

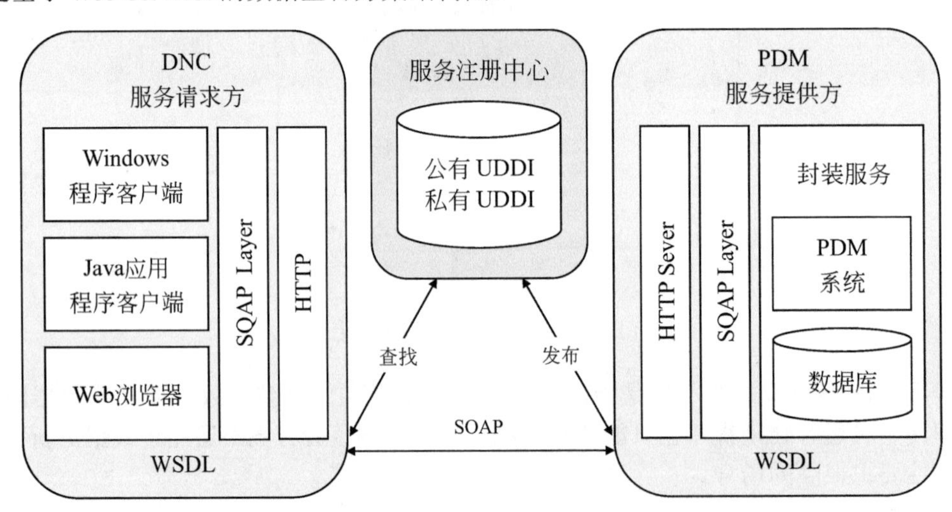

图8.5 基于Web Services的数据整合方案

（5）基于主数据管理的整合方案

所谓主数据（Master Data）是指各业务系统间分享的关键数据，例如客户、供应商、产品、会计科目、资产类别和企业组织架构信息。

主数据管理整合方案是以主数据为主线，通过一组规则、流程、技术和解决方案，实现对企业业务数据一致性、完整性、相关性和精确性的有效管理，从而为用户提供准确一致的数据。主数据管理整合方案的核心是实现业务数据的统一管理，用户可从现有系统中获取最新业务数据，结合相关技术和流程，可实现对整个企业中的业务数据的准确及时的分发和分析。图8.6是基于主数据管理的数据整合方案。

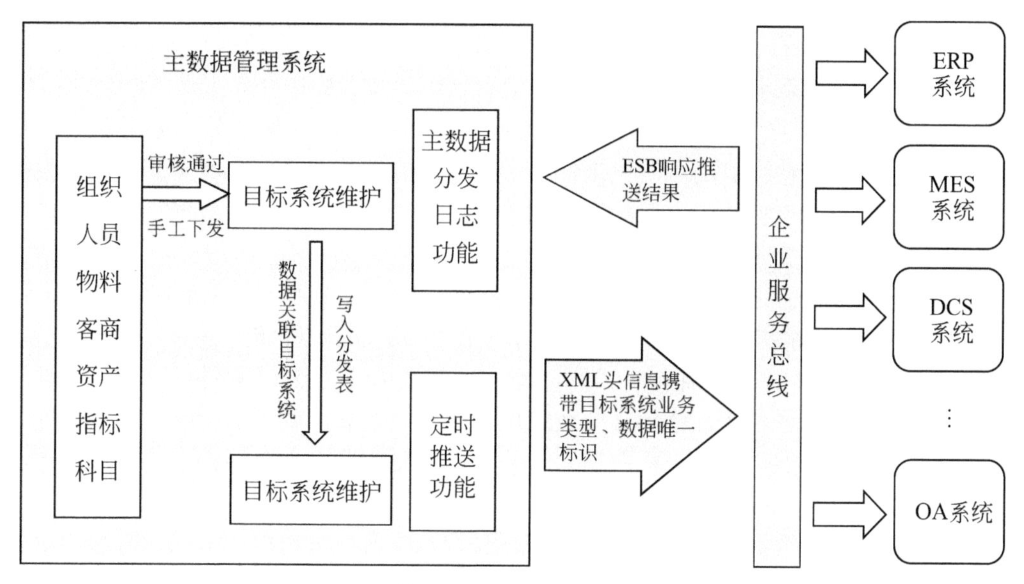

图8.6　基于主数据管理的数据整合方案

8.2　数据清洗

数据的正确性是进行数据挖掘分析的前提。如果数据的正确性受到质疑，显然由此得到的数据挖掘结果也难以获得认同。用不正确的数据进行分析只能得到不正确的结果，因此，在数据挖掘分析前一定要清除数据集中的脏数据，即数据清洗操作。

脏数据有多种类型，比如不正确数据、噪声数据、遗漏数据以及异常数据（离群点数据）等，数据清洗操作会根据其不同类型进行针对性操作。一般会删除或修正不正确数据，屏蔽噪声数据，弥补遗漏数据，对于异常数据则在具体分析后采取相应的处理方法。若异常数据真实反映了对象事务的异常状况，则需保留。比如，反映生产过程工艺或设备异常情况的数据不能被清洗，还需重点分析。若仅为偶发且无实际事务相对应的异常数据则可实施清除。下面分别介绍几种主要的数据清洗操作。

（1）不正确值处理

在实际的数据清洗过程中，判断数据的正确性一般都是基于事务本身的物理意义以及一定的统计分析来进行。若数据被判定为不正确，通常的做法是直接删除。例如，如果化工转化过程的收率大于100%，这显然是错误数据，应该删除。当然，数据分析人员还应该搞清楚数据不正确的原因或不正确数据的来源。另外，为预防误判，还应当对被删除的数据做好备份工作。

（2）缺失值处理

具有时间序列属性的数据集在业务期内，应该保证时间的连续和完整性。如缺失值数据，是指因为各种原因缺失了其中某一段时间的数据。缺失值处理需要根据不同的情况选择适当方法进行处理，比如插补或者删除。

① 插补法　插补法的基本思路是在不改变数据统计规律、不影响数据挖掘分析结论的前提下，以最可能的值来弥补缺失数据。数据插补可用于弥补数据缺失的某些属性值，也可用于弥补某些时点上缺失的整条数据记录。常用的数据插补法如下。

● 均值插补。数据特征值有等距尺度数据和非等距尺度数据之分，如果缺失值是等距尺度型，可以用该特征值的平均值来插补；如果缺失值是非等距尺度型的，则应根据统计学的众数原理，用该特征值出现频率最高的值来补齐；如果特征值数据符合某种规范的分布规律，则可用中值进行插补。

● 回归插补。回归插补法是利用线性或非线性回归技术来对缺失的特征值数据进行插补的方法，其使用前提是特征值属性数据可以用回归法建立拟合模型并满足相关性检验。

● 极大似然估计插补。极大似然估计是一种参数估计方法，是概率论在统计学的应用。其思想是，如果样本特征值的某个数据出现的概率最大，就可以把这个数据作为缺失值的估计值。极大似然估计是一种粗略的数学期望，要准确评估其误差大小还应该做区间估计。

需要说明的是，数据缺失或者为空，并不一定意味着数据错误。例如，人事档案中会填写大学所学专业，但如果某员工只是高中学历，那么此特征值就应该是空值。为减少数据清洗难度，对这种情况，一般建议在数据采集时标注为“不适用”。图8.7给出了回归插补、均值插补、中值插补等几种插补方法的示意图。

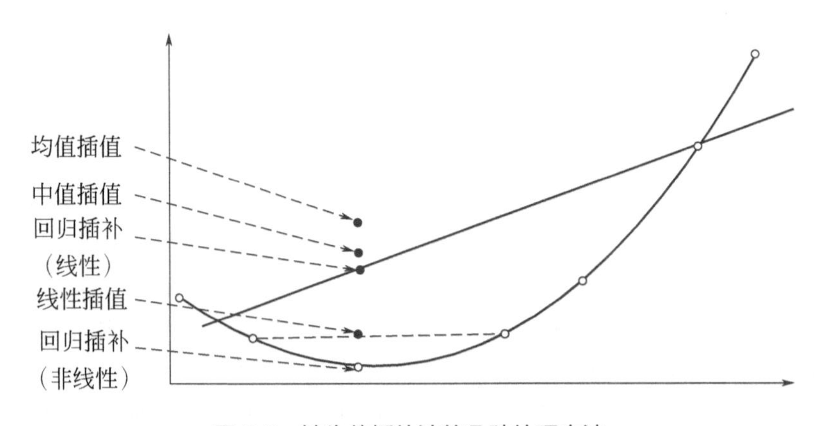

图8.7　缺失值插补法的几种处理方法

② 删除法　删除法也是对缺失值进行处理的一种方法，顾名思义，是把属性项目有缺失的记录删除掉。但是，如果删除的记录过多，会损失样本量，这可能会削弱统计结果的说服力，甚至引起统计失真。因此插补法是缺省值处理的首要方法，只有当样本量很大，存在缺失值问题的样本占比较小，且插补法效率过低或成本过高时才考虑使用删除法。

（3）噪声数据处理

噪声数据（Noisy Data）在工业大数据中较常见，一般是由于设备硬件的不稳定，或数据在采集/传输过程中受到外部信号干扰，或程序执行过程发生波动而产生的难以被计算机系统正确理解、翻译和应用的无意义数据。如果数据中含有大量的噪声数据，必然不利于数据分析的效率和准确性。目前，常用的噪声数据处理方法有回归法、平滑法、离群点分析法及小波去噪法等。

① 回归法　回归法的思想是，认为数据的发展趋势是平稳的，符合平稳发展趋势的

数据序列可使用回归法消噪。步骤是，首先对原数据集进行拟合建立回归函数，然后用回归函数值代替原来的数据值。可见，回归法可以有效修正偏离数据，使数据整体趋于平滑。回归法有线性回归和多元线性回归法，对数据发展趋势进行判断的常用方法还有统计法和可视化方法。

② 平滑法 对具有序列特征的变量，平滑法是用时间或空间上邻近的若干数据经加工后生成的数据来替换原始数据的方法。具体方法有均值平滑法和指数平滑法等。

均值平滑法是用邻近数据的均值来替换原始数据，指数平滑法是把实际数据和模型计算数据进行加权平均，以保证修正后的数据趋势不过于偏离原数据。

③ 离群点分析法 在数据集中，与其他样本点的一般行为或特征不一致的点被称为离群点。离群点产生的原因一般分为两类，第一类是由于数据采集及传输过程中的误差，或操作不当造成的偏差，这类离群点的处理方法一般是删除。第二类是数据本身的可变性或弹性带来的偏差，反映了业务本身存在的波动性，是业务人员和数据分析人员所感兴趣的，不能作为噪声数据消除。比如，在金融领域中进行欺诈检测，那些与正常行为数据不一致的离群点往往预示着较大的欺诈行为风险。另外，在能源化工行业，找出因设备状态异常所产生的离群点本身就是数据分析的重要目的之一，因此，对第二类离群点应该根据问题定义进行适当的处理。

常用的离群点分析法包括：基于统计分布的离群点检测，基于距离的离群点检测，基于密度的局部离群点检测，基于偏差的离群点检测。

④ 小波去噪法 在数学上小波去噪的本质是一个函数逼近问题，即如何在由小波母函数伸缩和平移所形成的函数空间中，根据衡量准则寻找对原信号的最佳逼近，并借以区分原信号和噪声信号。在信号学领域，小波去噪是信号滤波最常用的方法，通过滤波去噪后，原信号仍能完整地保留信号特征。

常用的小波去噪方法有极大值重构去噪、空域相关去噪、小波阈值去噪等。

8.3 数据转换

数据转换是将数据转换为易于数据挖掘的一类数据操作，是数据挖掘分析中常用的有效的数据预处理操作。经过适当的数据转换，数据挖掘模型的效果可以得到明显提升。比如，当数据具有区间形变的不光滑分布或不对称分布特征时，就常常进行数据转换使之具有平滑性或对称性。

按照转换逻辑和转换目的的不同，数据转换可以分为四大类，即特征值构造，改善变量分布特征的转换，区间型变量的分箱转换和标准化操作。

（1）特征值构造

特征值构造是依据数据挖掘的问题设计，对原数据进行简单适当的数学处理，构造出更具分析价值的新特征值。

比如，将原始数据中的原料投入总量和目标产品产量结合构造出来的新变量——“收率”，其对评价工艺水平或生产过程的控制水平具有更直接的意义。

可见，在构造新的特征值变量时，数学处理方法往往很简单。但是，指标的物理意义却很明确，即与数据挖掘的问题定义和模型建立密切相关。这要求数据分析人员对业务过程有透彻的理解，对如何建立数据挖掘模型的思路清晰，否则，难以有针对性地进行新特征值的构建。

（2）数据分布转换

在企业业务数据中有一些是具有区间型特征的数据，比如单位时间产量、单位时间能耗、单位产品消耗，可能存在原数据分布状态偏差较大，或严重不对称的情况，如图8.8（a）所示。如果把具有这种数据分布类型的特征属性作为模型自变量，会严重干扰模型的拟合计算，从而影响模型的效果和效率。对于这类数据而言，可通过一定的数学转换使其分布更加均衡，比如使之呈现为接近正态分布的曲线，如图8.8（b）所示。通过这样的数据分布转换处理，可显著提高模型拟合效率，模型的预测性也可得到改善。常见的改善数据分布的转换方法有取对数、取指数、取倒数、开平方根和开平方。

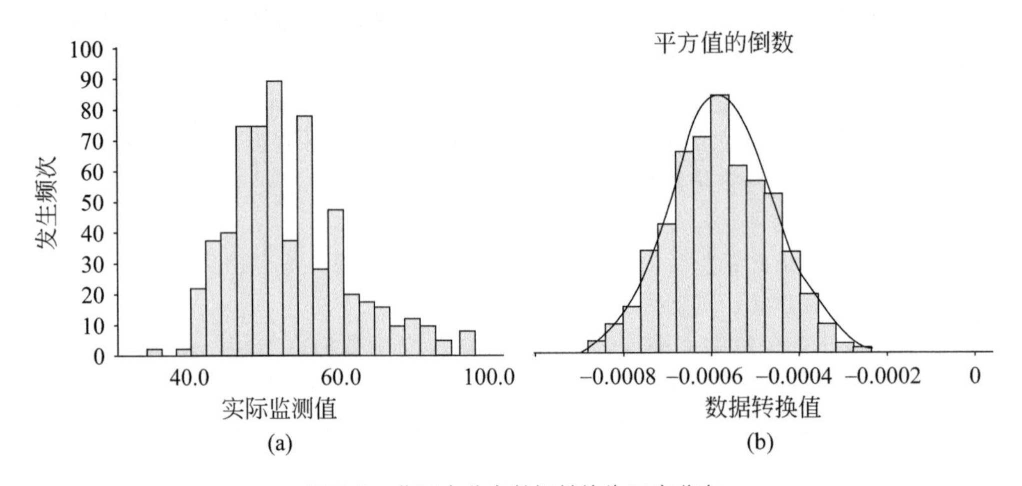

图8.8 非正态分布数据转换为正态分布

（3）分箱转换

除了进行上面改善分布的转换处理之外，还可以对区间型特征值进行分箱转换操作。分箱转换可以降低对象特征属性的复杂度，减少数据量。比如，产品合格率的统计数据，原数据是区间型的，每个工作日每小时一组数据，数据量较大，且不利于按班次进行合格率分析。为提升分析模型的针对性和准确性，可以通过分箱转换处理，将原数据按工作日每个班次汇集为一组数据，比如分别汇集白班、中班和夜班的合格率，这可以有效简化数据。如果在某一个数据箱体内数据分布较散，则需进一步分析班次内按时间的合格率变化。

可见，分箱转换与改善分布转换类似，都是基于数据挖掘的问题定义，改善特征属性的数据形态或尺度，以强化特征属性与分析目标间的关联关系，从而提升分析模型的拟合效果和预测准确性。

（4）数据标准化转换

数据标准化转换是经过一定的数据处理后，将数据按照比例进行缩放以转化为无量纲的纯数值，并保证其落入较小的设定区间范围之内的过程。数据标准化还能对不同单位或量级的特征属性进行比较和加权，以消除由于不同的数据单位给分析所带来的限制。数据标准化转换最典型的方法有Min-Max标准化和Z-score标准化。

① Min-Max标准化　Min-Max标准化也叫离差标准化，是对原始数据进行线性变换，使得结果在[0，1]区间的方法，其转换公式如下：

$$y_i = \frac{x_i - \min\{x_j\}}{\max\{x_j\} - \min\{x_j\}}, (1 \leqslant i \leqslant n, 1 \leqslant j \leqslant n) \tag{8.1}$$

式中，$\max\{x_j\}$为样本数据的最大值；$\min\{x_j\}$为样本数据的最小值。该方法的缺陷是，当有新数据加入时，可能导致max和min的变化，因而需进行重新定义。

② Z-score标准化　Z-score标准化（Zero-Mean Normalization）也叫标准差标准化，处理后的数据符合标准正态分布，其转化函数为：

$$y_i = \frac{x_i - \bar{x}}{s}, (1 \leqslant i \leqslant n) \tag{8.2}$$

式中，$\bar{x}$为所有样本数据的均值；s为所有样本数据的标准差。

经过Z-score标准化后，特征属性将有约一半的数据小于0，另一半数据大于0，变量的平均数为0，标准差为1。

从数学处理的角度，数据转换的实际应用效果非常明显。但是，如何保证数据转换前后的物理意义的一致性、易懂性且无损于模型的解释性，是数据分析人员的重要工作。比如，有些非线性转换方法，如lg转换、平方根转换、多次方转换，无法用清晰的业务逻辑向业务方解释其含义。当业务方询问为什么要“把客户订单数量取对数”时，就很难用对方能理解的理由进行解释了，这在一定程度上也影响了数据挖掘模型的解释能力和可接受度。所以，分析人员透彻理解业务逻辑，而不是简单从数学原理出发是保证数据挖掘成功的重要任务。

8.4　数据归约

数据挖掘需要在海量数据上进行复杂的数据分析，花费时间较长，这可能使完整的分析过程难以被完成。因此，有必要在保持数据完整性及其统计特征，并且不影响分析结果正确性的前提下，尽可能精简数据量，这样的操作就是数据归约。显然，数据归约技术必须保证数据精简后得到的分析结果无限接近或等同于数据精简前的结果。数据归约有三方面的任务，分别是数量归约、特征属性归约和数据维度归约。

（1）数量归约

数量归约的任务是从完整的数据集中选出一个能完整且正确反映数据特征的样本子集。一般来讲，数量归约过程总会造成一定程度的取样误差，子集规模越大取样误差越小，但分析效率也会越低。反之亦然。因此，进行数据归约操作时，确定数据子集规模的大小要综合考虑计算成本、存储要求、模型精度以及与算法和数据特性相关的因素，以充分发挥数量归约的优点，降低成本、提升效率、扩大范围，乃至于获得更高的精度。

（2）特征属性归约

特征属性归约属于一种离散化技术，是将具有连续型特征的对象特征属性进行离散化，使之分布于少量的区间中，每个区间映射到一个离散性模型或符号的过程。特征属性归约处理可简化数据描述，也便于分析人员理解数据和分析结果。

特征属性归约可以是有参的，也可以是无参的。有参法使用模型来评估数据，只需存放参数，而不需存放实际数据。有参的特征属性归约法有回归法（线性回归和多元回归）和对数线性模型（离散多维概率分布等）。

无参特征属性归约法有如下3种。

① 直方图法，采用分箱近似数据分布（V-最优和MaxDiff直方图等）；

② 聚类法，将数据对象划分为群或类，使得在一个聚类中的对象“类似”且与其他类中的对象“不类似”，在数据属性归约后一般用数据类来代替实际数据；

③ 选样法，用数据的较小随机样本表示较大的数据集，方法有类似样本归约、聚类选样法和分层选样法等。

（3）数据维度归约

数据特征属性的个数也称为数据维度，数据维度归约是从原有的特征属性中剔除不重要的或不相关的特征属性，或者在保留、甚至提高分析能力的前提下，通过对特征属性进行重组来减少特征属性个数，以帮助分析人员合理选择数据挖掘模型的自变量因素，提高模型精度和结果的解释性。事实上，数据维度多也不一定是好事，维度过多可能会引发变量间干扰、过拟合和共线性等问题，导致模型的准确性和稳定性下降。所以，好的数据挖掘模型一定是遵循输入变量少而精以及有效原则的。对此，8.5节将再进行专题讨论。

8.5 特征属性的筛选（降维）方法

如前所述，数据挖掘模型的成功，首要是从分析对象的众多特征属性中，选出合适的自变量和因变量。因变量反映对象系统的行为规律，自变量则体现了影响系统行为的相关因素。我们知道，确定数据挖掘模型合适的相关因素首先要基于业务逻辑分析，但在进行业务分析时，常常发现影响对象系统运行的因素有许多，导致描述系统的数据具有高维特征。例如，“天气”，有很多描述属性，包括比湿、相对湿度、大气可降水量、气温、温度平流、高度层温差、低空急流散度、垂直速度、AQI指数，以及能见度、风力、阳光强度、舒适度等宏观表征参数。于是，天气数据属性就包含了以上分属不同层次的多维数据。显然，上述数据维度之间存在关联，比如，“湿度”和“降水量”有关，而“舒适度”则与温度、湿度、风力、AQI指数等有关。那么，可否把“湿度”和“降水量”结合成一个新的描述维度？或者，可否把“舒适度”分解为其他可直接测量的数据维度呢？这就是数据特征属性筛选的问题，又称为降维处理。

数据降维是进行大数据分析的关键问题之一，选择合适的数据特征值既能保证模型的有效性，又不至于使模型过于复杂。对此，需要借助科学工具进行必要的科学验证，分别介绍如下。

8.5.1 基于线性相关性指标的筛选

选择模型特征值变量最简单和最常用的方法是基于变量间的线性相关性评价进行初步筛选。其中，皮尔逊相关系数（Pearson Correlation）r最常用。皮尔逊相关系数r主要用于比例型变量与比例型变量、区间型变量与区间型变量，以及二元变量与区间型变量之间的线性关系描述。其计算公式如下：

$$r=\frac{\sum(x-\bar{x})(y-\bar{y})}{\sqrt{(x-\bar{x})^2\sum(y-\bar{y})^2}} \tag{8.3}$$

依据上述公式，相关系数r的实际含义是变量x与y的协方差与x标准差y标准差的乘积之比。相关系数r的取值范围为[−1，+1]，不同大小的r表示不同程度的线性相关关系。一般情况下：

- $|r|<0.3$，表示低度线性相关；
- $0.3 \leqslant |r|<0.5$，中低度线性相关；
- $0.5 \leqslant |r|<0.8$，中度线性相关；
- $0.8 \leqslant |r|<1.0$，高度线性相关。

变量筛选时，如果自变量属于中度以上线性相关的（>0.6以上）多个变量，只需保留一个即可。

相关系数r是通过样本数据计算得到的结果，它能否反映变量之间的相关关系，特别是能否用于描述总体数据的相关性，还需通过显著性检验确定。另外，如果r值为0，只能说明变量间无线性相关关系，但不能排除是否存在其他的非线性关系。

相关系数r的平方值称为R平方，也称决定系数（Coefficient of Determination）或拟合优度，常用以表明自变量在多大程度上可以接受因变量的可变性。如原材料质量与产品质量的相关系数r=0.6，则决定系数R^2=0.36，即产品质量有36%由原料质量部分来说明或决定，可见R平方越大的因素，影响越显著。

另外，卡方分析统计两个区间变量样本的实际观测值与期望值之间的偏离程度，用以评价两个变量的关联性。因此，也常用于数据挖掘中自变量的筛选，关联度大的自变量，即卡方统计量大的自变量就有可能选为模型自变量。

8.5.2　基于灰色关联法的筛选

虽然线性相关性评价是最常用的方法，但在实际数据分析中，有线性关联关系的变量很少，还需采用其他方法，灰色关联分析便是其中之一。灰色关联分析法是依据各特征值因素间发展趋势的相同或相异程度，来确定因素间的关联程度的方法，常用于数据无规律的情况。与线性关联性分析一样，灰色关联分析的目的也是通过评价各特征值因素与分析目标值间的关联程度来剔除关联度小的因素，以排除其对分析结果的干扰，从而提高模型分析效率。

灰色关联分析步骤包括：

① 参考序列和比较序列的确定。其中参考序列属于因变量因素，比较序列属于自变量因素。设灰色关联分析法中的参考序列为X_0（k），k=1，2，…，n；比较序列为$X_i=\{X_i(k)|k=1，2，…，n\}$，i=1，2，…，m。

② 无量纲化处理分析序列。因为系统各特征值的数据量纲不同，所以在进行灰色关联分析前需采取无量纲的方式进行标准化处理。

③ 计算分析序列关联系数$\xi_i(k)$。$\xi_i(k)$大小可用来比较模型自变量与因变量间的影响程度，以此验证模型因素选取的合理性。计算公式如下：

$$\xi_i(k)=\frac{\min\limits_i\min\limits_k|X_0(k)-X_i(k)|+\rho\max\limits_i\max\limits_k|X_0(k)-X_i(k)|}{|X_0(k)-X_i(k)|+\rho\max\limits_i\max\limits_k|X_0(k)-X_i(k)|} \tag{8.4}$$

式中，ρ是分辨系数，通常的取值为0.5。

④ 计算关联度r_i。将每个点的关联系数集中为一个值，用平均值表示。该平均值可量化表示为比较序列与参考序列间的关联程度，公式如下：

$$r_i=\frac{1}{n}\sum_{k=1}^{n}\xi_i(k) \tag{8.5}$$

式中，r_i为比较序列$X_i(k)$与参考序列$X_0(k)$间的关联度，其值越接近1，关联程度越高。根据关联度的大小可将与因变量相关性较小的因素略去，也可调整自变量因素重新计算关联度，直至达到模型降维和简化的目的。

8.5.3 主成分分析法

主成分分析（Principal Components Analysis，PCA）也称主分量分析，是把相关性很高的变量转化成彼此相互独立或不相关的变量，从而以维度更少的综合性指标代替和解释多指标变量，这些综合性指标被称为主成分。PCA常用于提取数据的主要特征分量，也用于高维数据的降维。

PCA的基本原理是将一个矩阵中的样本数据投影到一个新的空间中。对于一个矩阵来说，将其对角化即产生特征根及特征向量的过程，也是将其在标准正交基上投影的过程，而特征值对应的就是该特征向量方向上的投影长度，因此，数据中所包含的信息在该方向上体现得就较多。

8.6 共线性问题

8.6.1 共线性问题的识别

所谓共线性，是指模型自变量之间存在较强的甚至完全的线性相关关系。当自变量存在共线性问题时，模型的预测准确性会受到影响。同时共线性会导致分析人员难以准确说明每个自变量对因变量的影响，从而降低模型的解释性。所以，选择数据挖掘模型的自变量时，要尽量消除变量间的共线性隐患。常见的识别共线性的方法有：

① 计算各自变量之间的相关系数，比如皮尔逊相关系数。

② 自变量回归系数的置信区别明显过大。

③ 自变量的回归系数t检验不显著。特别是当F检验通过，R^2的值很大，但自变量的t检验却全都不显著时，共线性的可能很大。

④ 如果变量或者观测值发生增加，回归系数发生明显的变化。

⑤ 对于一般的观测数据，如果样本点的个数过少，比如接近于变量的个数或者少于变量的个数，样本数据中的多重相关性就会经常存在。

⑥ 主成分分析方法中，分析主成分里的系数也可发现各个变量的相关性。比如，第一主成分中如果某几个原始变量的主成分载荷系数较大且数值相近，就有可能在其中隐藏着共线性问题。

⑦ 聚类分析中，对区间型变量进行聚类，同一类中的变量之间具有较强的相似性，也就可能隐藏着共线性问题。

⑧ 进行共线性统计检验诊断，诊断常用的统计量有方差膨胀因子VIF或容限TOL、条件指数和方差比例等。

另外，除了模型各自变量之间的共线性问题以外，还要尽量避免变量间可能存在的其他非线性关系，这些非线性关系也很可能如共线性一样影响模型的预测准确性。

8.6.2 消除共线性问题

建立数据挖掘模型，要尽量防止自变量的共线性问题。同时，为了全面反映各因素的影响，又应该尽量保留因变量的所有影响因素。为了解决这一矛盾，在分析剔除共线性变量时应进行全面的慎重考虑，根据解释变量的特点采用较为合适的方式。

① 剔除引起共线性的变量。建立模型之前，应尽量找出引起共线性的变量，并将它们剔除，这是最有效地克服共线性问题的方法。

② 变换模型的形式。对原模型进行适当的变换，消除或削弱原模型中自变量之间的相关关系。变换方法有，变换模型的函数形式，变换模型变量形式，改变变量的统计指标等。

③ 综合使用时序数据与横截面数据。若能同时获得变量的时序数据和横截面数据，则先利用某类数据估计出模型中的部分参数，再利用另一类数据估计模型的其余参数。

④ 逐步回归分析法。建立回归模型时，一般将解释型变量全部引入模型，再根据统计检验和定性分析逐个剔除次要的或共线性的变量，选择变量是一个“由多到少”的过程。而逐步回归分析法选取变量时，是一个“由少到多”的过程，即从所有解释变量中间，先选择影响最为显著的变量建立模型，然后将其他变量逐个引入模型，每引入一个新变量，都要对模型中的所有变量进行显著性检验。

⑤ 增加样本容量。由于共线性是一个样本特性，如果自变量之间理论上不存在共线性关系，则可通过增加样本容量来避免或减弱共线性问题。

当然，也不是所有的共线性问题都必须处理。当共线性问题并不严重影响模型分析结果时，则可不做处理。

8.7 数据仓库

8.7.1 数据仓库概要

过程行业企业中，记录机电运行和过程控制的实时数据，记录车间调度和管理的制造执行数据、记录企业资源配置和运营的资源类数据，记录市场经营和服务，以及企业会计实绩的财务类数据，都分别存储在各业务型数据库中。由于专业型数据库首先要满足处理各类事务的效率要求，一般在线存储的历史数据有限，但历史数据又是进行大数据分析和企业决策的前提，因此，数据仓库是在业务数据库存在大量数据积累的情况下，为了进一步挖掘数据资源、提高数据处理效率和决策准确性而建立的。可见，数据仓库是决策支持和联机分析应用数据源的结构化数据环境，是进行业务数据整合及数据预处理的重要方法和步骤。

数据仓库（Data Warehouse，DW），是为企业各层级决策提供数据支持的数据集合，为特定的分析性报告和决策支持目的而创建，为改进业务流程、监视时间、成本、质量以及控制提供指导。数据仓库的体系架构如图8.9所示。

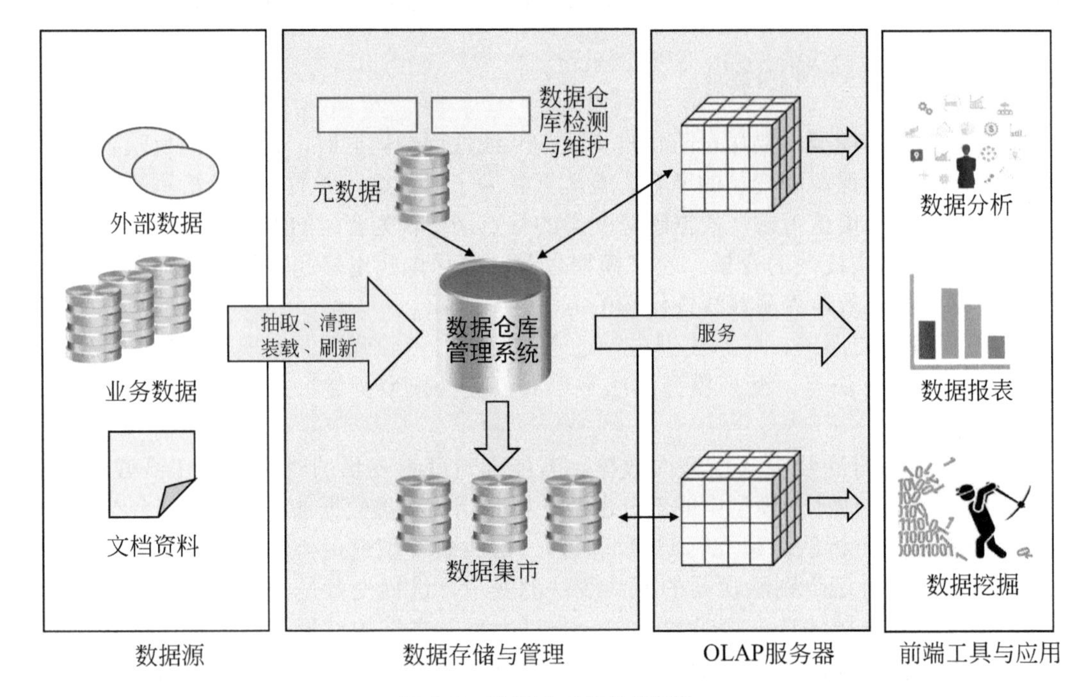

图8.9　数据仓库的体系架构

可见，数据仓库具有面向主题、集成性、稳定性和时变性等特征。

① 数据仓库是面向主题的。业务型数据库的数据组织面向事务处理任务，而数据仓库中的数据是按照一定的主题域进行组织，是在较高层次上将企业信息系统中的数据进行综合、归类并分析利用的抽象。数据仓库的每一个主题都对应一个宏观的分析领域，且是用户决策时所关心的重点业务领域。数据仓库可以排除对决策无用的数据，提供特定主题的简明视图。

② 数据仓库是集成的。由于决策的需要，数据仓库的数据常常需要综合多种业务数据，将所需数据从原来的业务数据库中抽取出来，进行一定的加工与集成，统一综合后再存入数据仓库。在数据抽取过程中，进行数据清理和加工，消除源数据中的不一致性，保证数据仓库内的信息是关乎整个企业的一致的全局信息。

③ 数据仓库的数据具有稳定性，一般不可更新。业务型数据库中的数据，一旦经过数据集成进入数据仓库，会作为反映特定时间范围内的业务实绩数据被长期保留，用于定量分析和预测业务历程以及未来趋势。因此，数据仓库中已有的数据通常不会被修改和删

除，只需要定期加载和刷新。

④ 数据仓库的数据有时变性（Time Variant），表现在其中的每一个数据结构都包含有时间维度，一般分为时、日、周、月、季、年等，形成一个很长时间范围内的数据集合，是长时间序列的数据快照。

8.7.2　构建数据仓库的步骤

事实上，数据仓库的建立和使用是一个数据分析处理的过程，包含在线分析处理（OnLine Analysis Processing，OLAP）和数据挖掘等数据处理方法进行多维数据分析，步骤如下。

（1）确定主题

确定数据分析或前端展现的分析主题。例如，分析产品的市场销售情况，就是一个主题。一般而言，一个主题在数据仓库中就是一个数据集市，数据集市体现了某特定方面的信息，多个数据集市就构成了数据仓库。

（2）确定分析维度

所谓分析维度，就是要分析的各个角度。例如，在分析产品销售时希望按照时间，或区域，或者销售人员进行分析，那么，这里的时间、区域、销售人员就是相应的分析维度。可以基于各维度独立分析，也可以基于所有的维度进行交叉分析。为便于数据仓库的拓展，常常会建立数据表来记录分析维度项目，即维度表。例如，图8.10所示是一个三维数据立方体，每一坐标轴分别代表一个业务角度，这就是分析维度。

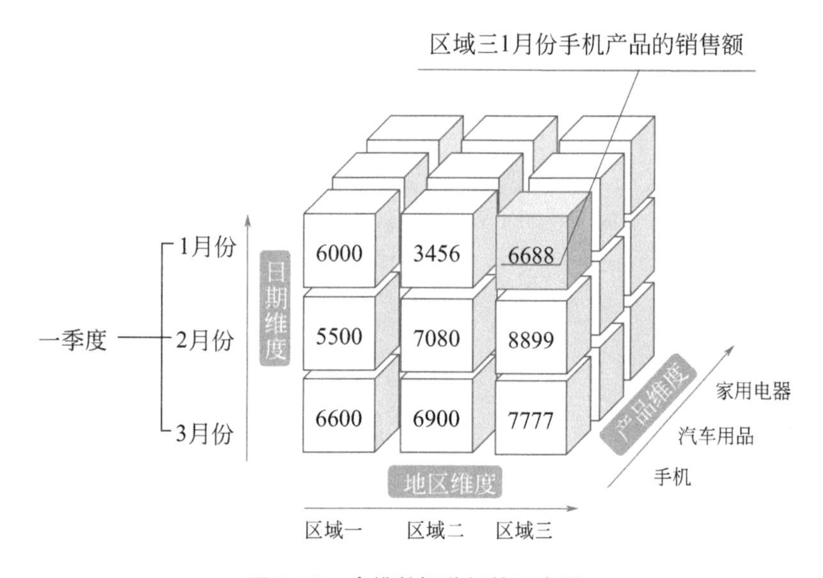

图8.10　多维数据分析的示意图

（3）确定数据的量度

在确定了主题以后，就要考虑需要分析的技术指标，如，产品销售额、市场占有率等。技术指标一般为数值型数据，可以是某时间范围内的数据汇总，也可以是平均值、最大值、最小值，这样的数据称为量度。量度是要进行统计分析的指标，必须事先进行恰当选择，基于不同的量度可以进行复杂关键性能指标的计算。

（4）确定事实数据的粒度

在确定了量度之后，就要进一步考虑该量度的汇总情况和不同维度下该量度的聚合情况，这就是数据粒度问题。例如，对产品销售额进行汇总时，在时间维度上，数据粒度可以是小时、日、月或年；在区域维度上，可以是区县、市、省或大区；在销售人员维度上，可以是个人、销售团队或区域。基于不同的数据粒度设计，通过ETL将数据导入到数据仓库时，就可按粒度对数据进行汇总。这将有效提高数据挖掘分析效率，同时又不丢失任何有价值的信息。

（5）创建事实模型

在完成上述分析后，接下来的工作便是创建事实模型，也称事实表。一般情况下，会综合多个相关业务数据表创建数据仓库的事实模型。例如，原始生产记录表、原始交易记录表、财务结算表。基于这些记录表和前述确定的分析主题、维度、量度及数据粒度，即可建立事实模型。

事实模型有星形架构（如图8.11）与雪花形架构（如图8.12）两种。星形架构中间为事实表，四周为维度表，类似星星。在星形结构中，一个分析维度只有一维度表与事实表关联，不存在渐变维度，所以，数据有一定的冗余。雪花形架构是星形架构的扩展，中间为事实表，两边的维度表可以是其多层级的关联子表。所以，雪花形维度表可以由多张表构成，其优点是能最大限度地减少数据存储量，并可以联合较小的维度表来改善数据的检索性能。一般而言，星形聚合快，效率高；雪花形结构明确，便于数据挖掘分析与OLTP系统交互。在实际项目中，如果可以接受一定的数据冗余，星形架构则比雪花形架构更适宜。

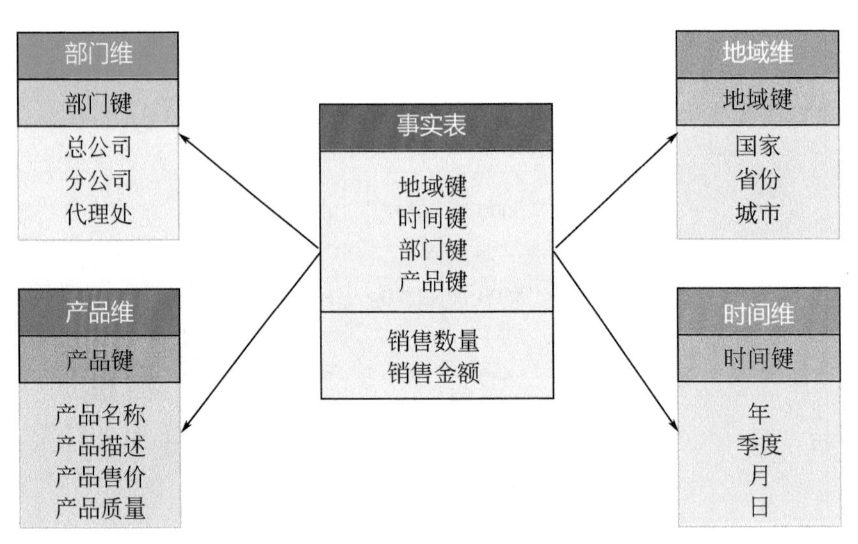

图8.11　事实模型的星形架构

原始业务表与维度表进行关联，执行相应的数据ETL程序，以定期完成事实表的数据整合。事实数据表是数据仓库的核心，需要精心维护。一般情况下，事实表记录的数据条数都比较大，需要尽可能采取数据库优化技术来保证数据的完整性和查询性能。

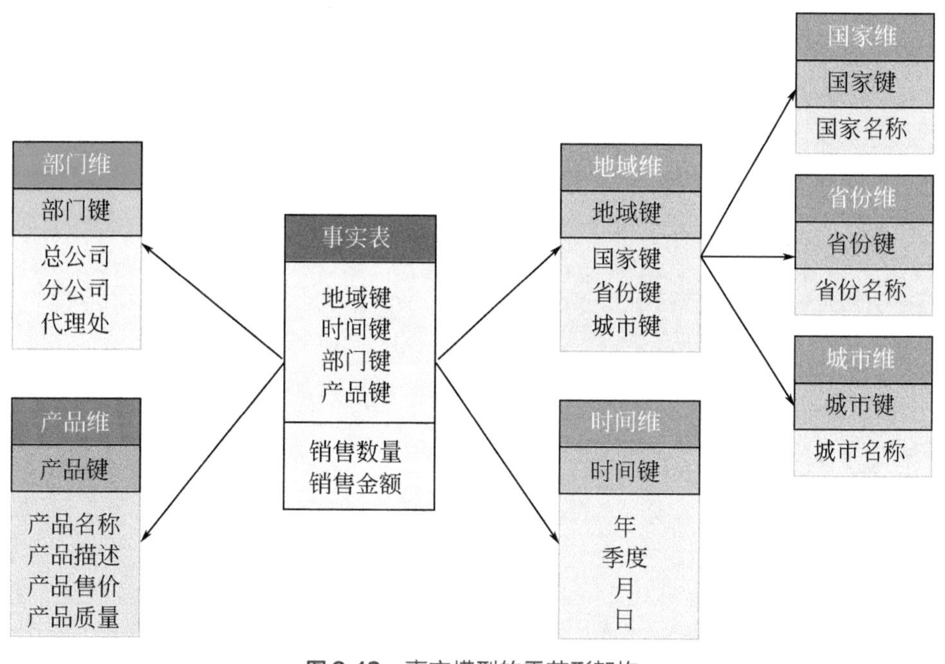

图8.12 事实模型的雪花形架构

本章要求

- 了解大数据在进行分析以前进行预处理需要解决的问题，以及相应的数据预处理策略
- 了解数据整合、清洗、转换、归约的基本原理与常用方法
- 掌握数据清洗、转换和归约的基本处理策略与方法
- 掌握数据特征属性筛选的原理与常用方法
- 掌握共线性问题，掌握常用的共线性识别及处理方法
- 了解数据仓库的概念、构建原则与方法

思考题

8-1 什么是数据预处理？为什么要进行数据预处理？

8-2 以工业实际案例说明数据预处理的基本策略是什么？

8-3 数据清洗与离群点数据分析各自有什么特征？它们间的关系是什么？

8-4 以工业实例，说明数据特征值筛选的原理是什么？

8-5 以工业实例，说明识别和处理共线性问题的意义，并比较各类共线性处理方法的特征与利弊。

8-6 什么是数据仓库？以工业实例，构建一个数据仓库。

第9章
数据挖掘算法

本章内容提示 ＼

人、机、料、法、环是企业在进行产品质量影响因素分析时常用的分类模式。但是，这是否就是针对企业的具体情况诠释质量问题的最好方法呢？在大数据背景下，可以利用智能算法的优势，让数据本身来回答什么是最佳的分类模式。无疑，这有助于提升企业的认识水平和管理水平。为此，聚类算法提供了新的思想和方法，凡此种种，这就是数据挖掘算法的意义。

数据挖掘算法是数据挖掘分析的核心，需要基于问题定义、数据条件、甚至过程机理性知识等，选择合适的算法模型，以完成对对象系统的模型描述，实现分类、聚类、关联、预测和诊断等目的。本章将从以下方面介绍数据挖掘的主要算法模型：

· 聚类算法的概念与方法，K-means聚类算法的原理和步骤
· 分类算法的概念与方法，k-近邻分类算法的原理和步骤
· 人工神经网络算法的概要
· 关联规则的基本概念、类型和算法，Apriori的算法原理和步骤
· 回归分析的原理与常用方法
· 预测算法的基本概念、原理与常用方法
· 时间序列分析的模型与方法
· 诊断算法的基本概念、原理与常用方法

9.1 聚类算法

9.1.1 聚类算法概要

聚类（Clustering）分析是要将相似的数据尽可能聚成同一个类别（簇），并将相异数据分开，使得同一簇的数据具有尽可能高的同质性（Homogeneity），且类别之间有尽可能高的异质性（Heterogeneity）。聚类分析是一种没有事先进行“类”定义的分类算法，是一种无监督的学习方式。在大数据分析中，聚类算法被应用于以下几个方面。

① 作为数据挖掘任务的关键中间环节，比如，构建数据概要、数据分类、模式识别、假设生成和测试，也可用于检测离群点和异常识别。

② 用于数据摘要、数据压缩和数据降维等数据处理过程。

③ 用于协同过滤，比如消息推荐系统中的用户细分处理。

④ 对音频、视频等流数据进行聚类分析，检测其动态趋势和模式。

⑤ 对生物数据、社交网络数据的分析应用。

9.1.2 常用的聚类算法

聚类分析按聚类算法思路的差异，可分为以下几类。

① 层次聚类法（Hierarchical Methods） 对给定数据集进行逐层分解，直到满足条件为止。层次聚类方法有“自底向上”和“自上而下”两种。

② 划分聚类法（Partitioning Methods） 对给定数据集，先初始构造若干分组（即“类”），每个分组至少包含一个数据点，每个数据点仅属于一个分组。改变分组方法，反复迭代计算，使每一次改进后的分组结果好于上一次。分组的判断标准为同一组内的数据点越近越好，不同组的点越远越好。代表算法有K-means，K-medoids，CLARANS。

③ 基于密度的聚类法（Density-based Methods） 基于密度的聚类算法不依赖于距离，而是依赖于密度，从而克服基于距离的算法只能发现“球形”聚簇的缺点。其思想是，只要一个区域中数据点的密度大于某个阈值，就把它加到与之相近的类中。代表算法有DBSCAN，OPTICS，DENCLUE，WaveCluster。

④ 基于网格的聚类（Gird-based Methods） 聚类的目标是将整个数据集划分为多个数据簇，使其数据簇内的相似性最大，数据簇间相似性最小。但在高维空间中，以距离和密度度量常常不那么有效，甚至会损害聚类的有效性。对此，可采用基于网格的聚类法，这种方法将数据空间划分成含有若干个单元的网格结构，实现降维，并基于这些单元进行数据处理。代表算法有：Sting、Clique、WaveCluster。图9.1是基于Clique方法的聚类过程。图中的数据空间包含了3个维：年龄、工资、假期，在聚类分析中，将其划分为子空间年龄和工资以及假期和工资两个二维单元。

⑤ 基于模型的聚类（Model-based Methods） 这种聚类方法假定数据集由一系列密度分布函数或其他可能的概率分布函数生成。因此，会给每一个聚类假定一个模型，然后依据这一模型寻找能很好地拟合模型的数据点。模型一般有两大类，统计学模型和神经网络模型。

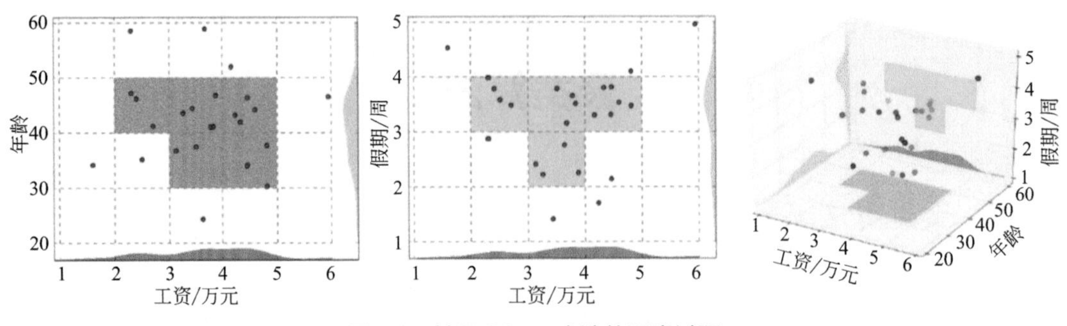

图9.1 基于Clique方法的聚类过程

9.1.3 聚类分析相似度的衡量

相似度（Similarity）是指对象或个体间的近似或相关程度，可被用作聚类分群的依据以及数据点归属某一聚类的判据。相似度的值越大，表示数据间的关联程度越高，应归于同类；反之，相似度数值越小，表示数据间的关联程度越低，应归为不同聚类。常用的相似度指标有距离指标和相关系数。

（1）距离指标

“距离”被用来衡量两个数据点或两个个体在一维或多维变数下的相异程度。距离越大，表示相异度越大，反之则小。常用距离衡量指标有欧式距离、曼哈顿距离、加权距离、闵氏距离、马氏距离和标准化距离。

假设有n个数据点，每个数据有P个特征值，x_{ij}表示数据i的变量j的值，多维空间下，两个数据点间的几何距离，即数据点m和n之间的欧式距离为：

$$D_{(m,n)}=\sqrt{\sum_{j=1}^{p}(x_{mj}-x_{nj})^2} \tag{9.1}$$

在评价数据点的偏离程度时，由于不同维度数据的尺度/单位不同，可能使变异较大的特征值变量严重影响最后结果。比如，以工作年限（单位是年）与工资（单位是元）作为评价两人之间偏离度的特征变量，由于工资数据的差异幅度较大，会屏蔽掉工作年限的影响。为解决数据不同尺度上的差异影响，可先对变量进行标准化处理。数据标准化方法在前面的数据转换中有介绍。

（2）相关系数

相关关系是一种非确定性的关系，相关系数可用于评价变量之间相关关系密切程度，也可用于聚类相似度评价。由于对象的不同，可用多种相关系数进行描述，皮尔逊相关系数反映变量间的线性相关性，是最常见的相关系数。除此之外，还有反映两变量间曲线相关关系的指标，反映非线性相关关系和多元线性相关关系的指标，以及复相关系数、复判定系数等。对顺序尺度的特征值数据，还可以用斯皮尔曼相关系数进行评价；对类别尺度的特征值数据，则可以用肯德尔相关性系数进行评价。

9.1.4 聚类分析步骤

一般而言，数据聚类分析有以下4步：

① 数据预处理。为避免过高的数据维度，可依据问题定义选择合适的数量、类型和

特征值变量，或者将离群点移出分析数据。

② 定义距离函数以衡量数据点间的相似度。由于对象特征值变量的多样性，需要依据应用场景定义距离函数。例如，通常通过定义在特征空间的距离量来评估对象的相异性（如欧式距离）；而一些有关相似性的度量（如PMC和SMC）则被用来特征化不同数据的概念相似性。在图像聚类上，子图图像的误差更正被用来衡量两个图形的相似性。

③ 聚类或分组计算，将数据对象划分到不同的类中。这是聚类分析最重要的阶段，要利用合适的聚类算法将数据分组。有的算法需要分析人员根据业务逻辑决定分群数，有的则由算法自行决定。

④ 结果评估输出。对于聚类分析结果的合理性进行判断，比如，聚类间的距离是否过大，聚类算法是否符合更广泛数据的要求等，具体见下节讨论。

9.1.5　聚类算法及结果的评价标准

由于事先并不清楚数据特征，聚类分析的结果具有一定的不确定性，需要通过分析其结果的合理性和有效性来对聚类算法进行评价。有以下几个标准：

① 在低维数据空间以及高维数据空间中，算法是否均具有较好的适应性。数据比较稀疏和偏斜时，对于高维空间中的聚类分析算法有较高要求。

② 算法是否有较好的噪声数据处理能力。噪声数据可能是数据本身的不完整，也可能是孤立点数据。聚类算法可依据不同业务场景的需要进行处理。

③ 算法对业务逻辑的依赖性小，同时其分析结果应该可被解释和理解。

9.1.6　K-means聚类算法

K-means（K均值聚类算法）是典型的基于距离的聚类算法。将数据集N中的n个样本划分为k个不相交的聚类，并用字母C表示之，n个样本用字母X表示，每一个类都有相应的中心u_i，K-means采用距离作为相似性的评价指标，认为两个对象的距离越近，其相似度就越大，并据此完成聚类。图9.2是其算法过程示意图。

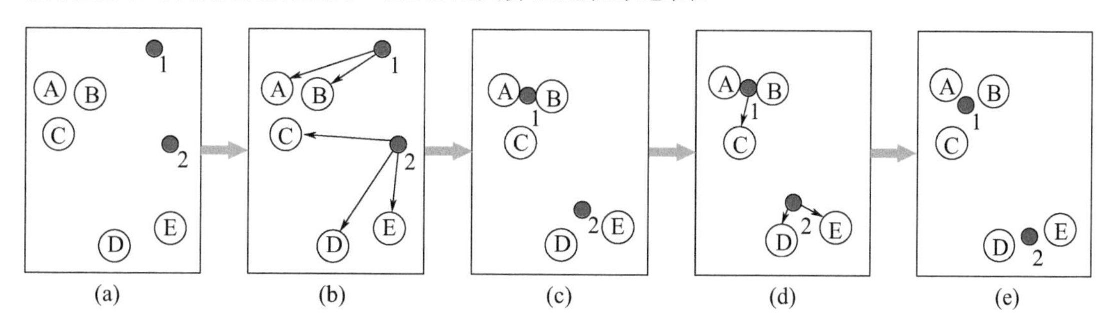

图9.2　K- means聚类算法

图9.2中，图（a）是初始的数据集，假设类数k=2。随机选择两个类的初始类别质心：点1和点2。然后分别计算样本空间中的所有点到这两个质心的距离，并标记每个样本的类别为和该样本距离最小的质心的类别，如图（b）所示。经过计算样本和质心1和2的距离，可以得到第一轮迭代后的类别，对质心1和2分别重新计算其位置，如图（c）所示。可见，其中质心位置已经发生变动。图（d）重复图（b）、（c）过程，将所有点的类

别标记为距离最近的质心的类别并求新的质心，最终得到的两个类别及其最后的质心如图（e）所示。

K-means聚类算法计算过程如下：

① 从样本数据N中随机选取k个数据点作为初始聚类中心。

② 以每一个数据点x_j到中心点u_i的距离值作为相似值进行聚类分析，将数据点分配到距离值最近的类中。

③ 对每个类C_i，重新计算其中心u_i。对连续数据聚类中心取该簇的均值为u_i，如果样本的某些特征值是类别尺度变量，则可以使用K-众数方法。

④ 循环步骤（2）、（3），迭代更新每个中心，判断与前一次迭代计算之差，如果差值很小，达到设定值，则停止循环，输出聚类结果，否则重复步骤（4）。

K-means聚类的结果受初始聚类中心的选择影响很大，可能会使得结果偏离全局最优分类。在实际应用中为了得到较好的结果，常常会选择不同的初始聚类中心，多次进行K-means算法聚类。

例9.1 基于聚类的吸收过程分析

图9.3所示为一个吸收过程，常用于废气处理。吸收过程中，吸收剂A和气体D的进料量对吸收状态有较大的影响，如果吸收过程的工况、物料性质及过程机理十分清晰，则可通过机理模型对实际的吸收操作状态做出准确判断。但是，在实际的生产过程中，物料性质往往多变、工况条件不定。在这种情况下，对过程吸收状态的描述就是一个问题。从实现快速评判及工艺控制决策出发，分析A、D在实际工况中体现出的关联关系或状态，并将其进行分类，是一种可行的方案。对此，可使用聚类算法，充分让数据反映工艺过程的动态实绩，以辅助判断吸收状态。

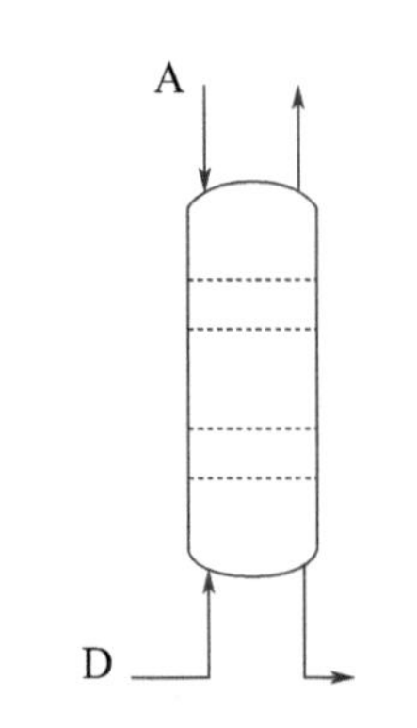

图9.3 吸收过程示意图

解：第一步，利用生产过程中读取到的数据，查看数据分布。

从工厂系统中提取吸收剂A与气体D的进料流量数据，共计500条（表9.1）。

表9.1 吸收剂A与气体D的进料流量数据

序号	A的进料量/（kg/h）	D的进料量/（kg/h）
1	3642.6	4539.6
2	3694.8	4513.8
…	…	…
500	3720.6	4486.3

以A的进料量为x轴、D的进料量为y轴，绘图，查看其分布情况（图9.4）。由图可见，很难明确数据之间的关系，以支持对吸收过程的状态类别进行判断。因此，选用聚类法对数据关系进行分析。

第二步，聚类分析。

这里使用Python 3.7语言进行算法程序编写，调用了scikit-learn库中K-means算法分别设定聚类数k=2和k=3进行分析，结果如图9.5。图中，红星代表聚类中心。

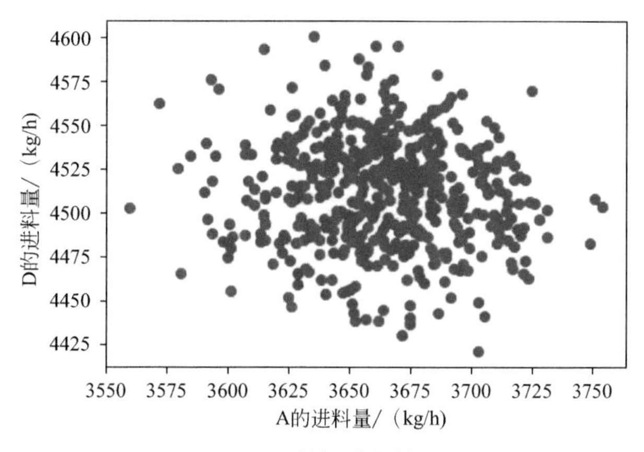

图9.4　数据分布情况

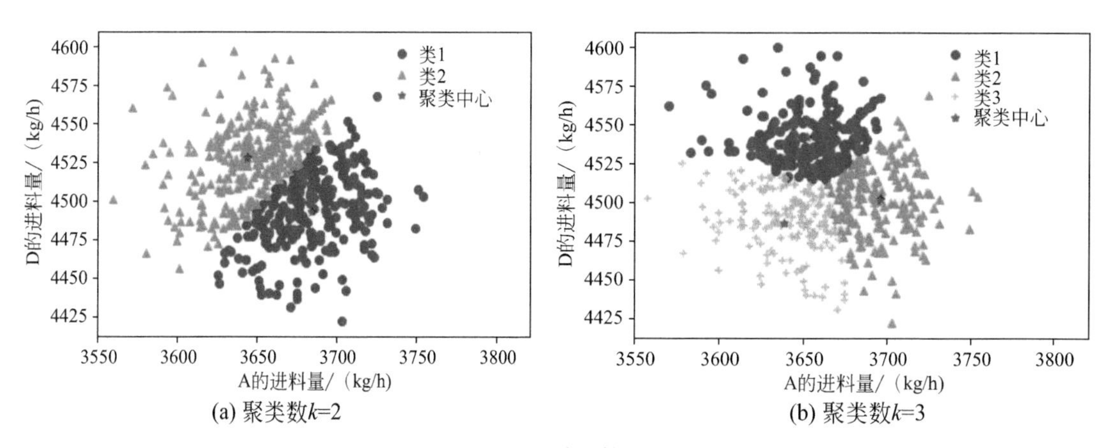

(a) 聚类数k=2　　(b) 聚类数k=3

图9.5　聚类为2簇的情况

第三步，结合生产实际，对聚类分析结果进行解释。

聚类分析将A、D的流量从数量关系上划分了类别，各类别具有相近的操作特性。根据吸收的基础知识可知，吸收操作中存在一个最小液气比（$\frac{L}{V}$），它反映了单位气体处理量得以吸收的最小吸收剂用量。实际操作中，液气比一般是最小液气比的α倍，α一般取值为1.1 ~ 1.5。结合本例的实际情况，在聚类数k=2时，图中蓝色的部分正好表示了液气比大于最小液气比α倍，吸收操作能够正常进行达到吸收要求的情况，而图中的绿色部分则表示了最小液气比大于液气比α倍的情况，此时无论如何调节其他的操作参数也很难完成吸收要求。基于此，便能够辅助性地对吸收状态做出判断。而在聚类数k=3时划分的结果并不能结合实际情况说明每一类所具有的意义，这说明在本例中聚类数k选取为3是不合适的。

从本例可见，K-means算法能够按照要求完成数据聚类的任务。然而，聚类数的确定，以及每一类所代表的实际生产状态，都需要根据工程知识和生产实际来判断。换句话说，尽管智能算法能够不依赖专业知识和先验经验完成数据分类，并充分体现数据的客观性，但是，其准确性和可用性则需要结合领域知识和实际情况来评价。

9.2 分类算法

分类是日常生活中常见的操作。例如，看到一个不认识的人时，人们会下意识地给出他是孩子、青年人、中年人或者老年人的判断，又或者是从他的衣着、谈吐以及消费行为等判断他是蓝领、白领还是金领，这就是分类。在大数据分析中，分类算法已被广泛应用。比如，文本检索和搜索引擎分类（关键词）、客户类别分类、市场风险评估、产品质量影响因素以及设备可靠性评价因素等。

9.2.1 分类算法概要

分类算法是基于学习的一种算法（Learning Algorithm），与聚类算法不同，属于有监督的学习。在进行分类时会先预设分类类别，并在充分训练输入数据的基础上，提炼分类模型，该模型拟合输入数据中的数据特征值变量集与预设类别之间的关系，达到拟合误差判定标准。同时，使用该模型对未知数据样本的所属类别进行预测，也可达到要求的可信度，图9.6是分类问题的算法逻辑。

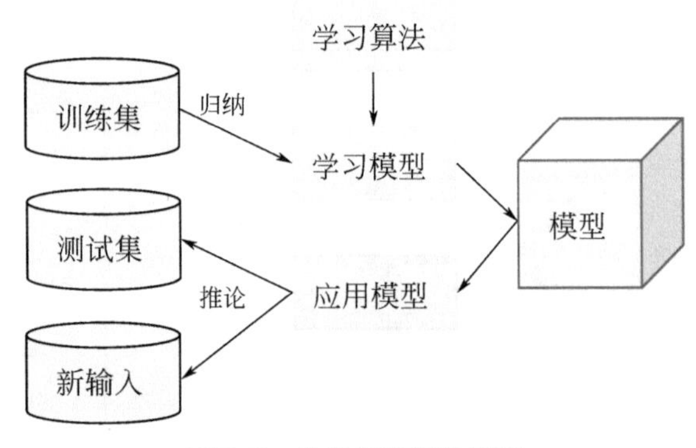

图9.6　分类问题算法逻辑

由图9.6可见，分类模型的提炼过程分为训练和测试应用两个阶段。首先，将已有的数据集$I=\{x_1, x_2, \cdots, x_m, \cdots\}$分为训练集和测试集，$I$表示数据空间，$x_i$为其中的数据项。$I$一般为实际的历史数据，蕴含着数据分类规则，且其中所有数据点的所属分类类别都已知且属于类别集合$C=\{y_1, y_2, \cdots, y_n\}$，$y_j$为分类类别值。训练时，用训练集的数据对预设分类模型进行拟合训练，确定函数$y=f(x)$，使得任意$x_i \in I$有且只有一个$y_j \in C$使得$y_j=f(x_i)$成立，函数f也被称为分类函数。在模型测试应用时，一般用函数f对测试集中的数据以及新输入的无分类类别的数据进行分类计算，首先会检查模型测试集拟合得到的数据“分类”结果与数据实际分类的吻合程度，并以此作为分类模型以及新数据分类结果的准确度和可信度，若达到设定标准，则该分类结果被认为可信。

分类的方法较多，常用方法有：k-近邻算法、朴素贝叶斯、人工神经网络、逻辑回归、决策树和支持向量机。分类模型f有分类规则、决策树和数学公式等形式。

9.2.2 分类结果的评判

分类模型输出结果的准确性评价。针对测试数据集计算测试结果的平均均方根误差（RMSE）或平均绝对相对误差（MAPE），以此评判其偏差度［见式（7.5）、式（7.4）］。RMSE和MAPE越小，真实值和预测值相差越小，模型的准确性越高。

结果的可信度评价。针对测试数据集，一般根据分类输出结果的偏差度设置置信区间，计算偏离度落在置信区间内的概率。显然，置信区间设置越大，落在置信区间的概率越大，则置信水平越高。在实际分析中，置信区间的设置必须基于分析任务的特定要求以及业务的实际需求，不能为了提高结果可信度而人为设定置信区间。

9.2.3　k-近邻分类算法

k-近邻分类算法（k-Nearest Neighbor Classification，kNN）的思想是，一个数据样本在特征空间中总会有k个最近的样本存在，如果这k个数据样本中的多数样本属于某一个分类类别，则该数据样本也属于这个类别。可见，kNN方法在确定分类时，是依据最邻近的k个样本的类别来决定样本所属分类的。kNN算法是一种非参数模型。

举例说明，在图9.7所示的二维空间中分布有两类数据：方块和三角形。当出现一个新的数据时（以图中的圆形点表示），需要预测其所属的类别。根据kNN最相邻样本决定的思想，设定k值，统计离该数据点最邻近的k个数据点的所属分类，以最多的分类类别来决定新数据的类别。邻近点的距离计算模式可以选择欧式距离，也可以选择曼哈顿距离。

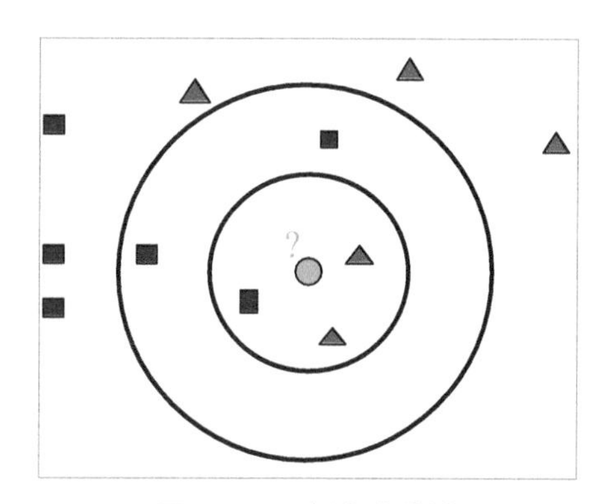

图9.7　k-近邻分类法

如果设定k=3，由于三角形所占比例为2/3，那么kNN的结果为三角形类；如果k=5，由于方块所占比例为3/5，则kNN更倾向于认为新数据点属于方块对应的类别。

kNN分类算法步骤如下：

① 设定最邻近样本个数k及数据样本间的距离计算模型；

② 计算待分析的数据样本与其他各数据样本之间的距离，需要指出的是，其他数据样本必须是已知的分类类别；

③ 将距离值按递增进行排序，选取前k个距离值最小的点；

④ 统计前k个点所属的分类类别的频率；

⑤ 将出现频率最高的分类类别作为数据样本的“分类”值输出。

例9.2 ＼ 基于分类的故障模式识别

某工厂中，产品A的工艺过程包含52个过程变量和三种生产工况。其中，过程变量包括41个检测变量（如：反应物进料温度）和11个控制变量（如：冷却水流量）。三种工况为：正常生产状态、故障模式1（进料温度变化）和故障模式2（冷凝器冷却水入口温度变化）。尝试基于分类算法对生产数据进行学习，建立“变量-工况”模型，实现故障模式识别的目的。

解：化工过程故障诊断问题，实质上是一种模式分类问题，具有多参数、高度非线性、类间交叉重叠度较高等特点。kNN分类方法能够克服训练数据的非线性和多模态局限，依据周围有限的邻近的样本，来确定样本的所属类别。因此，本例选择kNN算法实现过程故障模式的识别。

第一步，数据采集。

从工厂采集的实际生产数据及其生产工况见表9.2。

表9.2 工厂实际数据样本

序号	C01	C02	C03	…	C51	C52	工况
01	0.250	3640	4540	…	41.1	18.4	0
02	0.251	3690	4510	…	41.3	19.8	0
03	0.703	3690	4510	…	40.4	19.3	1
04	0.239	3660	4660	…	40.8	17.0	2
…	…	…	…	…	…	…	…

表中，C01~C52，分别代表52个过程变量，工况为生产工况的状态，“0”代表正常状态、“1”代表故障模式1，“2”代表故障模式2。行数据为某时刻的生产记录。共采集了1168条样本数据。

第二步，建立分类模型、选取最佳k值。

如前所述，kNN算法的思路是：如果一个样本在特征空间中的k个最相似（特征空间中最邻近）的样本中的大多数属于某一类别，则该样本也属于这个类别，因此，k值的选择相当重要。本例将采用交叉验证的方式选取最佳k值。

本案例使用Python3.7作为计算机程序设计语言，将表9.2中的80%的数据作为训练集数据输入，采用kNN方法建立分类模型，然后，采用交叉验证的方式选取最佳k值，交叉验证结果如图9.8所示。图中，横轴代表k值，纵轴代表分类准确率（准确率=正确分类的样本数/总样本数）。由图可知，最佳k值为3。

部分训练集样本分类的结果见表9.3。

对于分类结果，以样本序号2为例进行说明，样本2输入模型后，分类模型判断其属于正常状态、故障模式1、故障模式2的概率分别为0、0.389、0.611，因此，样本2处于“故障模式2”状态的可能性最大。

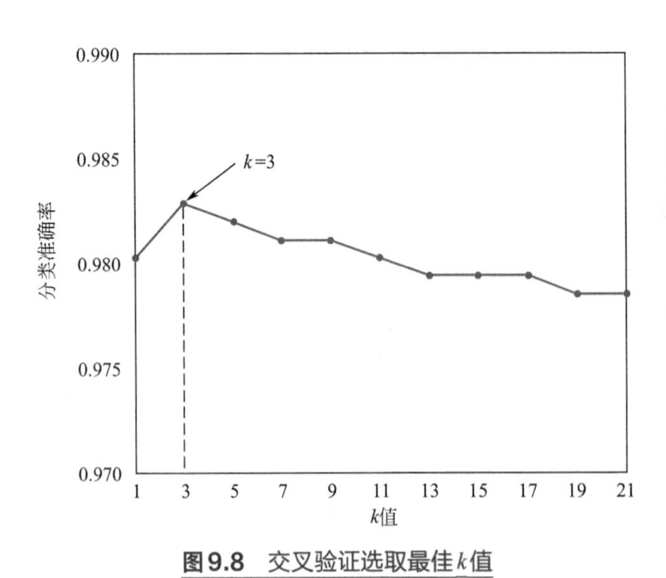

图9.8 交叉验证选取最佳k值

表9.3 模型分类部分结果

样本序号	概率值		
	正常状态	故障模式1	故障模式2
1	0	0	1
2	0	0.389	0.611
3	0.346	0	0.654
4	1	0	0
5	0	1	0
…	…	…	…

第三步，检验、评估模型。

确定最佳k值为3后，以kNN分类模型（k=3），将表9.2中其他20%的数据作为测试集数据进行检验。选择混淆矩阵、F1score来评估模型分类效果。混淆矩阵中，以行代表测试集数据真实工况、列代表分类模型预测结果，具体定义如表9.4所示；F1score，是统计学中用来衡量两分类模型精确度的一种指标。它同时兼顾了分类模型的精确率（Precision）和召回率（Recall），其中，精确率针对预测结果而言，其含义是在被所有预测为正的样本中实际为正样本的概率；召回率针对原样本而言，其含义是在实际为正的样本中被预测为正样本的概率。F1score可以看作是模型精确率和召回率的一种加权平均，它的最大值是1，最小值是0。

通过混淆矩阵（定义见表9.4）提供的数据可计算模型的F1score，计算公式见式（9.2）。

表9.4　混淆矩阵定义

混淆矩阵（Confusion Matrix）		预测值（Predict）	
		正（Positive）	负（Negative）
真实值（Real）	正（True）	TP	FN
	负（False）	FP	TN

表9.4中，TP（True Positive）：将正类预测为正类数；TN（True Negative）：将负类预测为负类数；FP（False Positive）：将负类预测为正类数（误报）；FN（False Negative）：将正类预测为负类数（漏报）。

$$\text{F1score}=(2\times \text{precision}\times \text{recall})/(\text{presicion}+\text{recall}) \tag{9.2}$$

式中，precision=TP/(TP+FP)；recall=TP/(TP+FN)。

本例虽为多分类问题，但与两分类问题原理相通。选定任意一类为“正类”，则其他类均为“负类”；选定任意一类为“负类”，则其他类均为“正类”。本例分类结果见表9.5。

表9.5　模型分类结果混淆矩阵

	预测工况			
	项目	正常状态0	故障模式1	故障模式2
真实工况	正常状态0	110	0	0
	故障模式1	1	93	0
	故障模式2	2	0	86

9.2.4　人工神经网络

人脑通过大量的神经元完成信息的处理及传递。基于神经元的启发，科学家建立了一种运算模式，称为人工神经网络（Artificial Neural Network，ANN）。ANN是按特定的连接方式组成的计算网络，是对人脑神经元网络处理信息模式的模仿和抽象。近年来人工神经网络不断发展，成功地在模式识别、预测估计、生物医学、经济学等领域解决了许多传统计算方法难以解决的问题，表现出良好的智能特性。

简单地讲，ANN通过输入多个非线性模型以及不同模型之间的加权互联，最终得到输出模型。如图9.9是人工神经元模型，是人工神经网络运作的基础。

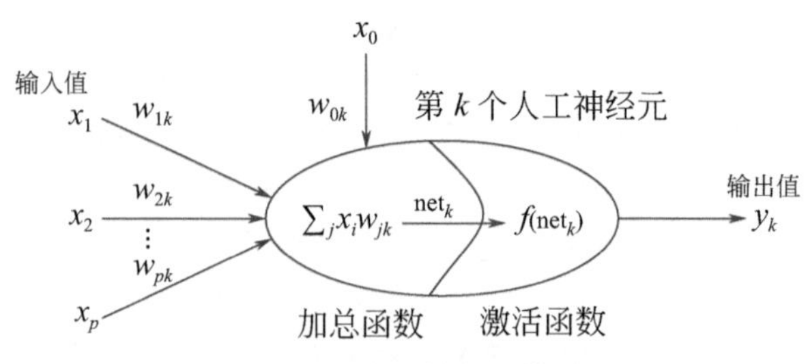

图9.9　人工神经元模型

图9.9中有p个神经元信号输入至神经元k，输入信号集合为X=（x_i，i=1，2，…，p），神经元i对神经元k的连接关系与影响程度以权重w_{ik}表示，即W=（$w_{ik}|i$=0，1，…，p），w_{ik}的大小表示神经元之间连接的强弱，w_{ik}为正值表示该输入x_i为促进反应，反之为抑制反应。将神经元k的所有输入信号与相对应的权重相乘并加总，有：

$$\text{net}_k=\sum_{i=0}^{p} x_i w_{ik} \tag{9.3}$$

ANN学习的过程就是逐步调整神经元连接权重w_{ik}的过程，通过反复调整w_{ik}值使得输出达到最佳值。为了仿真神经元细胞接收信息后的作用，w_{ik}初始设定值常为负值，且x_0=1。将所有输入信号的加权结果$\sum_{i=1}^{p} x_i w_{ik}$ 与$x_0 w_{0k}$相减，基于其结果的数值（≥0或＜0），会发出相应的刺激或抑制信号。最后，神经元的输出会是依据给定net_k下的函数值，如下式：

$$y_k=f(\text{net}_k) \tag{9.4}$$

函数f也被称为激活函数，现在常用的激活函数有硬限幅函数、符号函数、线性函数、S型函数和双曲正切函数。

许多神经元按一定的结构方式连接在一起形成网络，即ANN神经网络。目前有近40种神经网络模型，如反传网络、感知器、自组织映射、Hopfield网络和卷积神经网络（Convolutional Neural Networks，CNN）等，图9.10是一种典型的ANN网络结构。

一般而言，ANN包括有输入层、隐藏层和输出层。

① 输入层的功能是接收输入信息，输入层的每个神经元只接收一个输入变量作为其输入值。因此，神经元的个数等于输入变量个数，神经元输出值会传输至隐藏层的各个神经元。

② 隐藏层介于输入层与输出层之间，完成计算并将结果输出到输出层，因为分析人员看不见这些层，所以称为隐藏层。隐藏层的层数可以是零层或多层，分析者可依据数据的复杂度调整隐藏层层数，以及隐藏层神经元（节点数）的个数。实际上，零隐藏层的ANN就是一个线性或非线性回归模型，通常情况下，分析人员会首先考虑设置1个隐藏层。

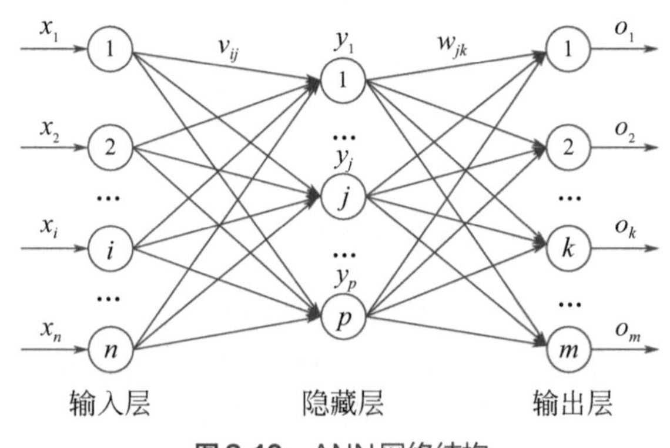

图9.10　ANN网络结构

一般认为，增加隐藏层层数可以降

低ANN误差，但也使算法更复杂化，从而增加所需的训练时间，也更容易出现局部优化和过拟合。所以，分析人员常常通过多次设置隐藏层层数及其所含节点数，进行试算，来确定最佳的隐藏层层数及节点个数。

③ 输出层向外输出运算结果，输出层神经元的个数即ANN输出值个数，其个数值可根据实际问题的需要而定。

目前，常用于分类和预测的ANN有BP-ANN（Back Propagation ANN，反向传播人工神经网络算法）、LM（Lean Manufacturing，精益生产）-ANN、GMDH-ANN和FNN（Fuzzy Neural Network，模糊神经网络）。

例 9.3 基于 ANN 的原料配比用量与材料性质的预测模型

在配比型复合材料的生产中，原料的实际用量对材料性质有重要影响。同时，不同的原料之间还存在一定的关联关系，并非完全独立，共同影响材料的最终性质，而这样的关联关系往往难以用传统方法建立确定的描述模型。对此，人工神经网络模型提供了一种新的可行方法。

某材料生产，其工艺配比包括11种原料，材料的性能表征指标之一为强度。鉴于强度是本材料最重要的工程性能指标，本例将基于ANN建立原料配比用量与强度的预测模型。

解：第一步，数据采集。

数据采自某企业的实际生产数据。由于该公司的原料来源固定、质量稳定，因此忽略原料质量因素对强度的影响。数据见表9.6，表头C01~C11分别代表原料的种类以及材料强度。行记录为某批次生产中各种材料的消耗量（单位为kg）和对应的材料强度指标（单位为MPa）。

表9.6 生产实际数据

序号	C01	C02	C03	C04	C05	C06	C07	C08	C09	C10	C11	强度
1	212.0	64.3	70.0	914.0	80.1	805.7	109.0	6.2	0.5	0.6	0.9	34.0
2	214.2	50.0	71.7	880.0	72.4	856.2	108.4	6.2	0.5	0.5	0.8	32.6
3	250.3	63.7	96.1	849.2	76.4	799.6	104.4	7.2	0.4	0.4	0.7	38.7
4	226.3	55.7	86.9	1028.1	74.5	774.5	98.75	6.7	0.4	0.5	0.8	36.4
5	213.0	64.7	70.2	1022.1	67.7	798.5	120.1	6.2	0.4	0.5	0.9	30.2
6	236.3	55.9	81.4	1031.5	63.8	764.3	98.4	6.7	0.4	0.4	0.7	36.1
7	213.2	65.2	70.3	1018.1	70.2	776.4	117.1	6.6	0.4	0.5	0.9	33.2
…	…	…	…	…	…	…	…	…	…	…	…	…
171	229.9	58.7	90.1	973.6	87.1	820.1	96.3	7.1	0.5	0.4	0.8	39.7
172	218.8	46.9	66.2	1006.2	126.5	805.3	49.5	5.7	0.4	0.5	0.8	34.0
173	219.5	65.00	75.00	1013.87	131.84	777.9	46.7	6.2	0.4	0.5	0.8	32.0
174	233.5	49.92	62.14	979.50	160.41	840.2	19.7	6.5	0.5	0.5	0.7	34.3

第二步，人工神经网络模型的建立与训练

以原料用量作为人工神经网络模型的输入层，强度为模型输出层。表中的前150组数据用于模型训练，后24组数据用于模型验证。算法如图9.11所示。

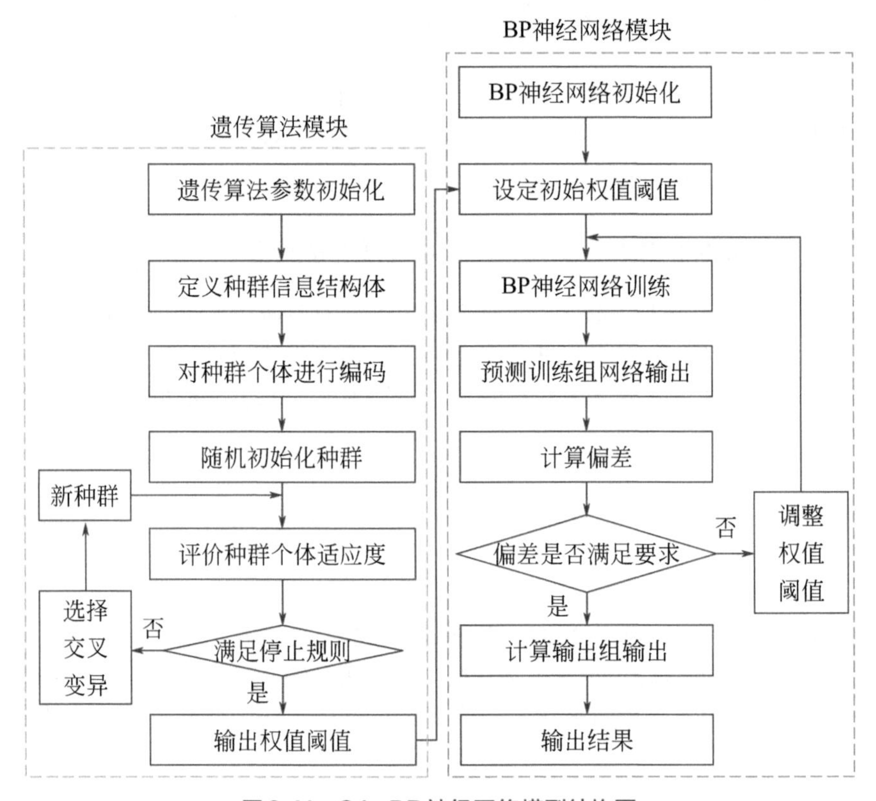

图9.11　GA-BP神经网络模型结构图

模型使用的是遗传算法（GA（Genetic Algorithm，遗传算法））与BP神经网络模型相结合的混合算法模型，遗传算法是一种基于数据自动寻优的智能算法，用以优化BP的相关参数。遗传算法将在9.6.1节介绍。

本案例用Python为编程语言实现模型算法。

第三步，模型验证。

对24个测试组数据进行测试，结果见表9.7。以平均均方根误差（RMSE）、平均相对误差和误差标准差来评价模型的准确性，可得：RMSE=1.39，平均相对误差3.2%，误差标准差2.18%，预测结果的准确性达到产品质量的控制范围要求。

表9.7　测试组的预测值与实际值

序号	实际值/MPa	预测值/MPa	相对误差/%
151	32.2	32.05	0.48
152	37.9	36.95	2.50
153	31.6	33.83	7.05
…	…	…	…
173	32.0	33.23	3.83
174	34.3	34.65	1.02

9.3 关联规则

客观事物是普遍联系的，它们相互间的数量关系可以是确定性的，也可以是不确定性的。当人们对事物之间的内在特性和各因素间的关系有充分的科学认识时，就能建立严格的机理模型，也就形成了确定性关系，也叫函数关系。但是，由于事物的复杂性以及认识的局限性，对于许多事物或现象尚无法建立严格的机理模型以阐释其内在的因果关系。例如，人们知道粮食产量与施肥量、降雨量和气温之间存在相关性，但却无法对其建立严格的函数关系，只能基于实际的现象观察和数据统计分析来描述其相关关系，关联规则是重要的方法之一。

所谓关联规则（Association Rules），是指从数据中发现事物之间或特征变量之间存在的关联或者联系。关联规则分析有一个常被引用的案例：阿格拉沃尔等人从庞大的交易数据中挖掘出了商品销售量背后隐含的关联规则，例如，“如果天忽然下雨，则雨伞销售量会增加”，这就是典型的关联规则，这与日常生活中生活常识类似，所以很容易理解和发现。然而有些关联规则，如“尿不湿→啤酒”关联规则却不易被发现和理解。沃尔玛在分析卖场销售数据时发现70%的买尿不湿的交易单据同时还采购了啤酒，并且，这种同时采购的记录情况占了总交易笔数的10%。基于此，卖场调整了商品陈设模式或搭配营销，把啤酒和尿布摆在一起，甚至增加摆设其他男性消费商品。总之，通过数据挖掘的关联规则和推荐，可有效地增加商品销售量，同时还可以分析顾客消费习惯，把握其规律，为精准的个性化服务提供决策依据。

9.3.1 关联规则的基本概念

以下介绍关联规则的相关概念。

① 项与项集　依据业务实际需要，业务数据中不可分割的最小单位信息被称为项，用符号i表示。项的集合称为项集，表示为：集合$I=\{i_1, i_2, i_3, \cdots, i_n\}$，例如，设备集合{精馏塔，泵，法兰盘，……}。

② 事务与事务集　对项集合进行一次处理被称为事务，比如设备保养、设备检修等，记为t_i，事务集合记为T，$T=\{t_1, t_2, t_3, \cdots, t_n\}$。

③ 关联规则　关联规则是形如$X \Rightarrow Y$的蕴含式，其中，X、Y分别是I的真子集，且$X \cap Y=\varnothing$，该规则表示当X中的项目出现时，Y中的项目也会同时出现。

④ 关联规则的支持度　关联规则支持度$P(X)$是指出现X的事务数与总事务数的比例，即：$P(X)$=support(X)；$P(XY)$=support($X \cup Y$)，$P(XY)$表示同时包含X和Y的支持度，即X和Y在事务集中同时出现的频率。

⑤ 关联规则的置信度　关联规则置信度是事务集中包含X和Y的事务数与所有包含X的事务数之比，记为P（X | Y），$P(X|Y)=\dfrac{P(XY)}{P(X)}$。置信度反映了包含$X$的事务中，同时包含$Y$的条件概率。

关联规则的强度常常用支持度和置信度两个指标进行度量。在一定的业务需求下，关联规则的支持度和置信度都会大于等于一定的阈值，称为最小支持度阈值$P_{\min_sup}(XY)$和最

小置信度阈值$P_{min_conf}(X|Y)$。$P_{min_sup}(XY)$描述了关联规则的最低重要程度，$P_{min_conf}(X|Y)$则描述了关联规则的最低可信度。大于最小支持度阈值的所有项的集合称为高频项集，从高频项集中提取出的具有高置信度的规则，被称为强关联规则。

在尿不湿-啤酒案例中，尿不湿和啤酒都属于商品集，可记为X，Y，成交属于客户行为构成的事务集。尿不湿与啤酒的交易关联性规则（尿不湿→啤酒[支持度=10%，置信度=70%]）可记为：

$$X \Rightarrow Y[P(XY) = 10\%, \quad P(X \mid Y) = 70\%]$$

一般而言，最小支持度阈值与最小置信度阈值不仅会影响算法效率，亦关系到关联规则是否具有意义。若最小支持度阈值定得太低，会使分析结果包含过多噪声，但太高又可能会误删重要信息。

9.3.2 关联规则的类型

关联规则可按不同标准进行分类，包括：

① 基于变量的类别分类　关联规则处理的变量可以分为布尔型和数值型。布尔型关联规则处理的值都是离散的、类别尺度的，它显示特征值变量之间的关系；数值型关联规则对数值型特征值变量进行处理，数值型关联规则中也可以包含类别尺度变量。例如：性别⇒ 职业，是布尔型关联规则；性别⇒ 收入，收入是数值类型，所以是一个数值型关联规则。

② 基于数据的抽象层次分类　从物理意义上理解，数据是有抽象层次意义的，比如食品→牛奶→脱脂牛奶→蒙牛脱脂牛奶，其抽象层次从高到低。针对这类的数据抽象层次，关联规则可以分为单层关联规则和多层关联规则。例如：蒙牛脱脂牛奶⇒ 面包，是一个单层关联规则；牛奶⇒ 面包，则是一个高层次的多层关联规则。

③ 基于数据的维数　关联规则还可分为单维和多维。在单维的关联规则中，只涉及数据一个维度，如“牛奶⇒ 面包”是单维规则；而在多维的关联规则中，要处理的数据将会涉及多个维，如“学生，牛奶⇒ 面包”，即买牛奶的学生与面包之间的关联性。

目前，常用的关联规则算法有Apriori、Partition、DHP、MSApriori、FP-Growth等，关联规则算法常常与模糊理论、人工神经网络、决策树等其他数据挖掘算法结合，形成混合算法以进一步提高关联规则的准确性。

9.3.3 Apriori算法

通常，数据挖掘分析在大量数据基础上进行，数据项繁多，基于业务模式和分析需要定义的项目集很多，造成项目集数量庞大。产生高频项集最易理解的方法是暴力搜索法，即遍历所有项集，计算其支持度并判断是否大于最小支持度阈值。图9.12所示的项集为I={A，B，C，D，E}，k=5。一般来说，排除空集后，一个包含k个项的数据集最多可能产生2^k–1个项集，图9.12中存在31个项

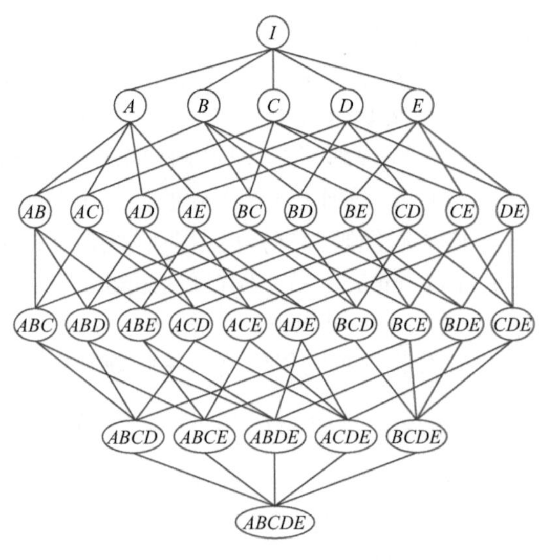

图9.12　Apriori算法示意图

集，且可能都是高频项集。在实际分析中，当k值很大时，需要搜索的项集数量会呈指数级增长，计算开销非常大，效率较低。

对此，Agrawal于1994年提出了Apriori算法。该算法采用水平方向进行项目集搜索，其方式是通过k项目集组合去探索k+1项目集，以提升发现高频项目集的效率，这是一种逐层搜索迭代法。Apriori算法是关联规则中最具代表性的算法，其后发展起来的关联规则算法，大多建立在其基础之上。

Apriori算法建立关联规则可分为五个步骤：

① 扫描全部事务数据集，找出所有1–项目集，计算其支持度，如果大于最小支持度阈值，则归入高频项目集，又称为高频1–项目集，记为L_1，k=1。

② k=k+1，产生新的候选k–项目集，如果集内有任意（k–1）子项目集不属于L_1，将其剔除，将过滤完后的候选k项目集记为C_k。

③ 计算C_k集合中所有项目集的支持度，判断其是否大于等于最小支持度阈值，若是，则归入高频项目集，称为高频k项目集，记为L_k；若不是，则删除。

④ 判断是否已搜索过所有的候选项目集。若是，则继续步骤（5）；若否，则回到步骤（2）。

⑤ 计算所搜集的项目集的置信度，依据最小置信度阈值，确定强关联规则。

例 9.4 基于关联规则的反应器分析

图9.13所示为某化工生产过程的反应器单元，其中进行着4个化学反应。

其中，A、C、D、E为气态物料参与反应，得到G、H两种产品，副产F，反应体系中有少量惰性气体B作为催化剂。反应器的运行状态用压力、液位和温度进行表达。要求分析反应器操作变量与运行状态之间的关系，本例以反应器压力为例进行说明。操作变量见表9.8。

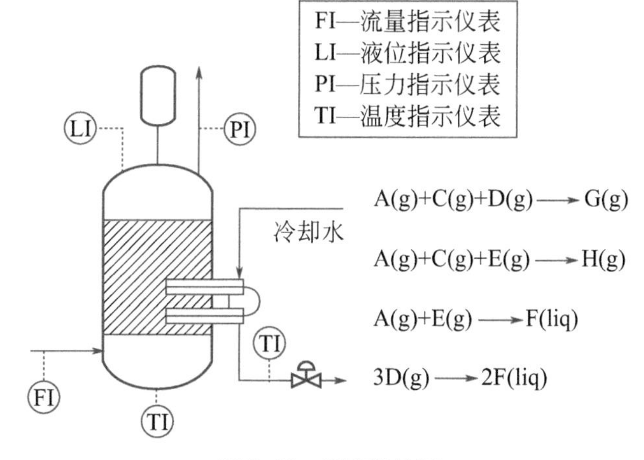

图9.13 反应器单元

表9.8 操作变量说明

编号	操作变量名称	单位	基准值	上限值	下限值
XM1	D进料量	kg/h	63.0	64.5	61.2
XM2	E进料量	kg/h	54.0	55.2	52.7
XM3	A进料量	$10^3m^3/h$	24.5	33.7	17.7
XM4	排放阀	%	40.0	44.6	35.4
XM5	反应器冷却水流量	m^3/h	41.0	42.7	39.5
XM6	冷凝水冷却水流量	m^3/h	18.0	23.2	14.0

解：本例为典型的关联规则问题，采用Apriori算法建立相关关联规则，以提高控制与操作的快速决策能力和准确性。算法代码采用Python语言实现，调用numpy库。

第一步，数据集准备和预处理。

首先，将反应器压力数值按照实际控制需求，进行分箱转换，分为低、中、高三个值，以H1、H2、H3表示。见表9.9所示。

表9.9　压力数值标签　　单位：kPa

标签	低（H1）	中（H2）	高（H3）
压力范围	P<2701.2	2701.2<P<2709.5	P>2709.5

其次，反应器单元的每个变量选取500条采样数据，并进行区间分割，表9.10是变量XM1的分割区间及对应的变量。其他变量以此类推。

表9.10　变量XM1的分割数据区间　　单位：kg/h

变量	区间变量	区间下限值	区间上限值
XM1	XM11	61.2	62.3
	XM12	62.3	63.4
	XM13	63.4	64.5

第二步，关联规则建立。

采用Apriori算法进行关联规则的挖掘。设定关联规则式如下：

$$X \Rightarrow Y[P(XY)=1\%,\ P(X|Y)=70\%]$$

得到表9.11、表9.12所示规则。

表9.11　压力处于常值时的规则

序号	X	Y	支持度/%	置信度/%
1	XM11，XM31，XM62	H2	1.198	100
2	XM23，XM33，XM41	H2	1.397	100
3	XM22，XM31，XM41，XM61	H2	1.197	100
4	XM33，XM61	H2	2.196	91.67
5	XM11，XM23	H2	1.796	90.00
6	XM11，XM23，XM41	H2	1.796	90.00
7	XM33，XM41，XM61	H2	1.796	90.00
8	XM11，XM31	H2	1.597	88.89
9	XM22，XM33，XM61	H2	1.597	88.89
10	XM33，XM41，XM53，XM61	H2	1.597	88.89
11	XM11，XM31，XM41	H2	1.397	87.50
12	XM11，XM23，XM32，XM41	H2	1.397	87.50
13	XM11，XM23，XM53	H2	1.198	85.71
14	XM11，XM33，XM53	H2	1.198	85.71

表9.12　压力高于常值时的规则

序号	X	Y	支持度/%	置信度/%
1	XM13，XM22，XM31，XM41，XM62	H3	1.198	75.00

第三步，规则分析。

分析表9.11、表9.12可知，要将反应器压力控制在一个正常的范围内，需要使原料D和原料A的进料量同时处于一个较低的水平，若原料A的进料量增加，则需要增大反应器冷却水的流量，降低反应器内温度，促使放热反应进行，从而降低反应器内压力。当反应器内压力高于正常范围时，需要降低原料A的进料量，同时增加冷凝水用量，降低温度，使压力回归正常值。

通过Apriori算法挖掘到的反应器内状态变量与操作变量之间的关联关系与化工过程实际情况是相符的，并符合机理模型分析的结论，同时，关联规则源于实际过程数据的分析，具有简洁、高效、准确的特点，具有显著的实际价值。

9.4　回归分析

回归分析（Regression）研究某一变量（也称因变量、决策变量）与其他一个或多个变量（也称自变量、解释变量、条件变量）之间的依存关系，常被应用于数据序列的预测及分类研究。比如，回归分析可以用于商品销售额与广告费支出之间的定量关系；也可用于对历史销售数据的分析，以预测销售趋势。回归分析是数据挖掘方法中应用领域和应用场景最多的方法之一，只要是量化型问题，分析人员都会首先尝试回归分析。

9.4.1　回归分析方法

从本质上讲，回归分析是基于统计分析方法，拟合建立一定的函数关系式来表达自变量和因变量之间的依存关系。依据函数所包含的变量的多少以及形式的不同，回归分析方法可分为多种，如图9.14所示。

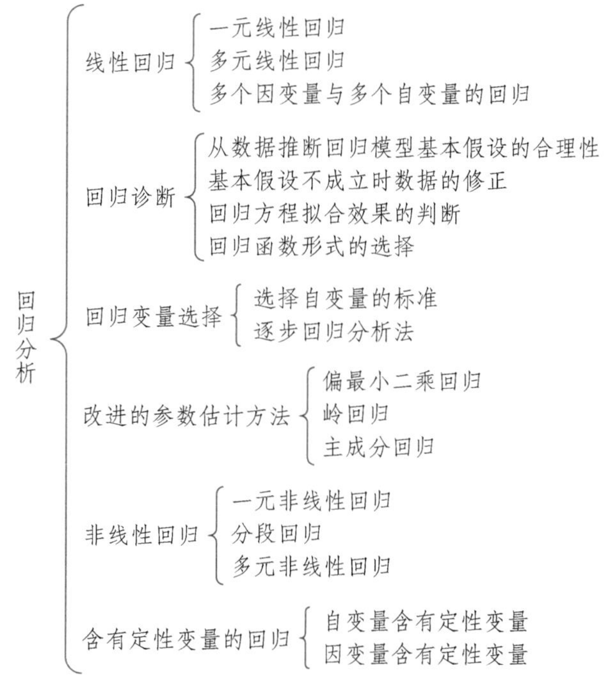

- 回归分析
  - 线性回归
    - 一元线性回归
    - 多元线性回归
    - 多个因变量与多个自变量的回归
  - 回归诊断
    - 从数据推断回归模型基本假设的合理性
    - 基本假设不成立时数据的修正
    - 回归方程拟合效果的判断
    - 回归函数形式的选择
  - 回归变量选择
    - 选择自变量的标准
    - 逐步回归分析法
  - 改进的参数估计方法
    - 偏最小二乘回归
    - 岭回归
    - 主成分回归
  - 非线性回归
    - 一元非线性回归
    - 分段回归
    - 多元非线性回归
  - 含有定性变量的回归
    - 自变量含有定性变量
    - 因变量含有定性变量

图9.14　常见的回归分析方法

基于自变量的个数，回归分析可分为一元回归和多元回归。所谓一元回归，是指回归方程只有一个自变量和一个因变量，形如$Y=f(x)$。

在实际的数据分析中，决策变量一般都受多种因素交互影响。所以，在进行回归分析时，首先应该对多种因素做全面分析。只有当确实存在一个对因变量的影响作用明显高于其他因素的变量时，才会进行一元回归分析。一元回归有一元线性回归和一元非线性回归。

不同于一元回归分析，多元回归分析有两个或两个以上自变量，其回归方程一般为多变量之间的线性或非线性函数关系式，即

$$Y=f(x_1,x_2,\cdots,x_n) \tag{9.5}$$

式中，Y为因变量；$x_1, x_2, \cdots, x_n$为自变量。如果自变量与因变量之间呈现为线性关系，则多元线性回归模型为：

$$Y=b_0+b_1x_1+b_2x_2+\cdots+b_mx_m \tag{9.6}$$

式中，b_0是常数；$b_1, b_2, \cdots, b_m$是偏回归系数。如果x_1对Y的影响不依赖于x_2，同时x_2对Y的影响不依赖于x_1，则称变量x_1，x_2相互独立，无交互作用。除了上述模型形式以外，多元回归分析也可分析多个自变量与多个因变量之间的函数关系。

同一元线性回归方程一样，多元线性回归模型回归系数的计算也要求样本实际值与对应的回归拟合值之间的误差平方总和（$\sum\varepsilon^2$）最小，最小二乘法是常用方法。为了保证回归模型良好的解释能力和预测效果，自变量的选择非常重要。其准则是，自变量对因变量应有显著的影响。同时，自变量之间应具有一定的独立性，即自变量之间的相关程度不应高于自变量与因变量之间的相关程度。

9.4.2 回归分析的步骤与逐步回归

回归方法的一般步骤如下。

① 分析数据集合，将数据特征值属性划分为因变量和自变量，因变量也称决策变量，自变量称条件变量。

② 初步研究数据特性，选择合适函数关系对因变量和自变量之间的关系进行映射，即回归方程。

③ 利用数据集合中的数据，拟合计算函数关系式中的各相关系数。

④ 对回归方程的可信度进行检验，常用的方法有R^2、F检验和t检验。

⑤ 若没有达到设定的可信度要求，则重复步骤②～④，直至满足要求。也可进行多个回归方程的拟合，在多个满足可信度的方程中选择最优者。

回归分析的关键是自变量的选择，因此，提出了逐步回归方法。逐步回归是回归分析选择自变量的一种常用方法，其思想是保证回归方程中的自变量都是影响程度“最优”的变量，而且所有的具有显著性影响的变量都在回归方程中。自变量的影响程度一般用显著性检验进行判定，常用的方法有F检验或t检验。逐步回归的算法有“向前法”和“向后法”，在实际应用中，往往结合专业分析特点，二者兼用，并设置多个F检验标准。

例 9.5 基于回归分析的闪蒸单元模型

图9.15是一个闪蒸单元操作示意图。F_i为进料流量，i表示原料组分，$i=\{i|1, 2, \cdots, 8\}$；$F_{\text{vap},\ i}$为出口气体流量；T、p为操作温度和压力。本例的任务是利用多项式回归法建立闪蒸单元的输出变量（$F_{\text{vap},\ i}$）与输入变量之间的关系模型（T、p、F_i）。

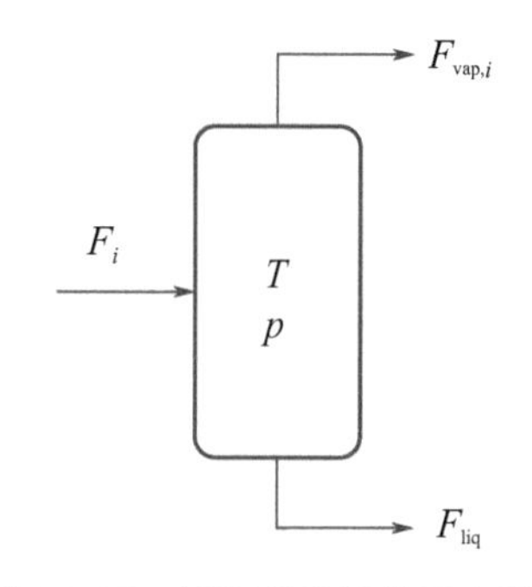

图9.15　闪蒸单元操作示意图

解：在设计优化问题中，回归模型是一种可兼顾简易性和准确性要求的模型，因此，本例选择多项式回归法进行建模。

第一步，数据集准备。

基于实际工况，为输入变量设置可行域，见表9.13，并在可行域中均匀采集若干样本点（本例中取500个）。

表9.13　闪蒸单元多项式回归模型的输入变量范围

输入变量	下限	上限	输入变量	下限	上限
T/K	318	328	F_4/（t/h）	0.01	5
p/bar	15	20	F_5/（t/h）	0.08	5
F_1/（t/h）	5	20	F_6/（t/h）	0.06	1
F_2/（t/h）	300	400	F_7/（t/h）	0.02	1
F_3/（t/h）	15	25	F_8/（t/h）	30	60

注：1bar=10^5Pa，下同。

第二步，模型建立。

闪蒸分离过程较为复杂，输入变量之间的相互作用对输出变量的影响较大。为了保证模型精确性，选择三次多项式回归模型，如式（9.7）。选用80%的样本数据（400个）作为拟合数据，20%（100个）为测试数据。

$$y=\beta_0+\sum_{n=1}^{N}\beta_n x_n+\sum_{n=1}^{N}\sum_{p=1}^{N}\beta_{np}x_n x_p+\sum_{n=1}^{N}\sum_{p=1}^{N}\sum_{m=1}^{N}\beta_{npm}x_n x_p x_m \tag{9.7}$$

式中，y是输出变量；x是输入变量，$x=\{T,\ p,\ F_i\}$；N是输入变量数；β_0，β_n，β_{np}，β_{npm}是待定模型参数，其个数由多项式模型的阶数、输入变量个数以及输出变量个数共同决定。本例中，模型次数为三次，输入变量个数为10个，输出变量个数为8个，故β_0的个数为8个，β_n的个数为80个，β_{np}的个数为1760个，β_{npm}的个数为7040个。本例中采用最小二乘法求解，以Python程序语言编写算法代码，调用了scikit-learn库。模型拟合所得的部分模型参数值如表9.14所示。

表9.14　闪蒸单元多项式回归模型待定参数的计算值（部分）

参数	β_0	β_n	β_{np}	β_{npm}
1	-3.97×10^{-7}	-7.4×10^{-5}	1.5×10^{-5}	2.5×10^{-5}
…	…	…	…	…
8	1.2×10^{-5}	…	…	…
80		0.0899	…	…
1760			−0.0012	…
7040				8.0×10^{-5}

第三步，用测试数据对拟合模型的准确度进行验证，评价指标选择R^2和RMSE。分析测试数据与对应的模型计算数据值，R^2=0.9999，RMSE≤0.014。多项式回归模型的准确度可满足要求。

9.5 预测算法

大数据预测将传统意义上的离线化预测拓展到了在线化，这是大数据技术最核心的应用领域，其优势是把原本复杂的预测问题转化为相对简单的描述问题，这在传统小数据集的基础上是无法实现的。

9.5.1 预测的基本概念

预测是指根据对象事物的发展规律与趋势，对其未来的发展方向或状态作出分析与判断，即由过去和现在预估未来。对预测分析中的预测对象、历史信息（数据）和预测方法（算法）的研究形成了预测学。

基于预测学，预测方法要求根据对象系统的历史和现实，并综合多方面信息，运用定性和定量的分析方法揭示对象事物的发展规律，指出事物间的联系、未来的发展趋势、途径和结果等。当前，大数据极大地丰富了对象系统的数据采集范围和历史数据管理规模，给预测学的原理及算法带来了巨大变化，提升了预测的科学性和准确性。一般而言，预测方法需满足以下的基本原理之一。

（1）连续性原理

连续性原理是指对象事物依循某种稳定持续的规律变化和发展，其规律贯彻始终。当然，在实际预测分析中，影响规律的客观现实条件不会一成不变，导致规律的连续性也不是一成不变的。因此，必须要求这种变化保持在适度的范围之内，否则规律的有效性将随条件变化而失效。

（2）相关性原理

相关性原理是指待预测的对象事物与其他事物间存在确定的相关性，可依据这种相关性来分析和预测对象事物的发展方向及状况。

例如，农药、化肥等农资产品的销售与季节有显著相关关系，企业可据此预测一定时期内的市场需求量，并相应地科学安排生产计划。

（3）类推原理

类推原理是利用与预测对象的类似事物的相似规律，来推断待预测对象的发展方向和状态。例如，利用本企业的其他类似设备的故障规律来预测目标设备的故障可能性，或利用其他企业同类设备的故障规律来预测目标设备的故障可能性。

总之，无论是基于何种预测需求背景建立的预测模型都应当立足于系统分析的原则来实现预测目标，应该做到：

① 基于业务流程系统地分析需求背景，合理确定预测目标；

② 系统性地分析并确定影响预测对象变化的特征变量，建立符合业务逻辑和数据统计规律的预测模型；

③ 建立系统性的预测方法，尽量通过多种预测方法的综合运用使预测结果更符合实际。

9.5.2　常用的预测方法

常用的预测方法有定性预测方法和定量预测方法，如图9.16所示。

（1）定性预测方法

定性预测方法是指分析人员根据非数量化的资料信息，依靠经验与智慧对预测对象的发展方向和状态作出主观判断。定性预测法简单迅速、操作性强，但依赖人的经验和主观判断，因此主观性强，缺乏对事物的精确描述。

（2）定量预测方法

定量预测方法是依据数量化的资料，通过建立数学模型描述预测对象与相关影响因素的数量关系，并据此作出定量预测。定量预测法基于数量分析，较少受主观因素的影响，具有客观性特点。

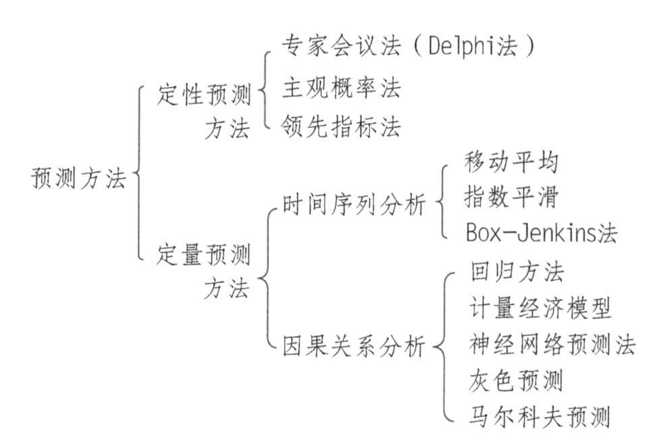

图9.16　常用预测方法分类图

基于数据挖掘的预测方法属于定量分析方法，前面介绍的分类方法和回归方法等都属于定量法。定量预测方法又可分为时间序列分析和因果关系两类方法。相比互联网大数据，时间属性是工业大数据的典型特征。因此，时间序列分析是工业大数据分析的重要方法。

例9.6　基于主成分分析-支持向量机混合模型的汽油产量预测模型

图9.17是流化催化裂化（Fluid Catalytic Cracking，FCC）的工艺流程简图。原料油与未反应完全的循环物料进入提升管后，与高温再生催化剂接触，汽化然后裂解为轻质油（柴油、汽油等），同时产生油浆和焦炭。产物与催化剂经旋风分离器分离后，进入后续分馏塔分离出汽油等产品。结焦的催化剂则进入再生器用空气烧去焦炭后循环使用。为了提高目标产品的收率，在提升管上部采用急冷技术来抑制二次裂化。反应过后的催化剂依次进入第一、第二再生器，进行循环再生。流化床的催化裂化十分复杂，其过程机理至今未得到透彻研究，本例的任务是基于大数据分析和机器学习建立反应-再生装置中的汽油产量预测模型。

解：降维是数据预处理的重要任务之一，主成分分析法（Principal Component Analysis，PCA）是一种常用的降维算法，具有简单高效且能最大程度上保留原始数据信息量的特点。在预测算法中，支持向量机（SVM）通过寻求结构化风险最小来提高模型泛化能力，即使在样本数量较少的情况下，也能获得良好的预测效果。本例将PCA降维与SVM分类相结合，建立汽油产量预测模型。

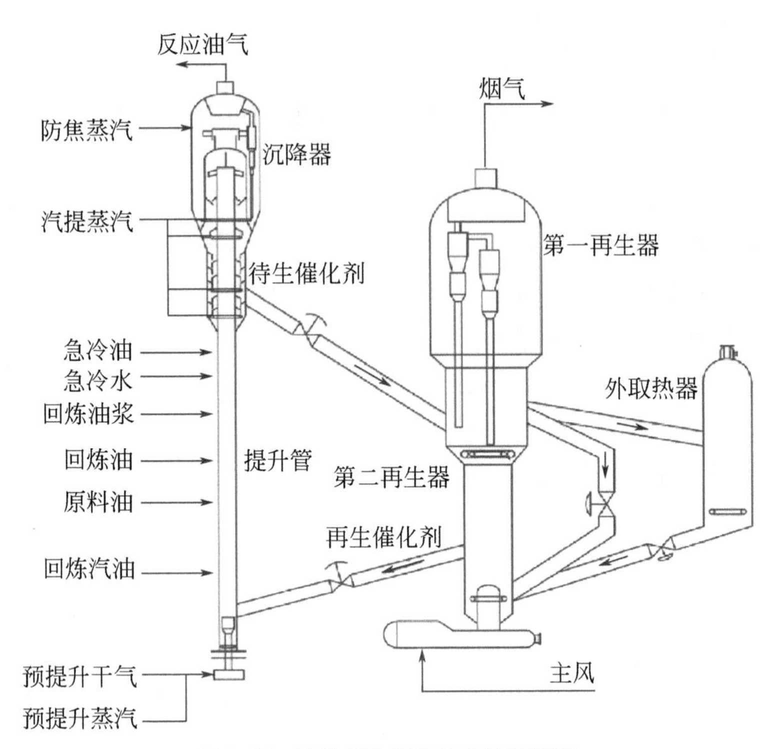

图9.17　流化催化裂化工艺流程简图

第一步，数据集准备。

本例数据采集于某石化企业该工艺的DCS，采集了64个位点连续304天的实际工业数据，每8h采集一组，共912组。按时间先后顺序记录，见表9.15。表头项为数据维度，共65项。第一项为时间维度项，其他64列分别对应64个DCS的工位点。

表9.15　部分原始数据

序号	TIC-3101	TIC-3204	TI-3228	…	FI-3127
t_1	503.92	192.81	314.80	…	375.44
t_2	503.87	192.01	311.71	…	374.36
…	…	…	…	…	…
t_{912}	507.91	192.93	315.59	…	394.19

第二步，数据预处理。

本例是典型的高维数据分析案例，为改善计算效率，同时提高模型的预测准确度和泛化能力。首先通过数据预处理进行降维。利用了PCA将原64个变量减少到了15个，同时去除掉原数据中的冗余信息和噪声，形成新的数据集，见表9.16。表头的行NewC1、NewC2、…、NewC15为降维后的15个主成分指标，列为数据的个数。

表9.16 PCA数据预处理后的数据集

序号	NewC1	NewC2	NewC3	…	NewC15
t_1	–0.3112	0.3978	0.5895	…	0.0826
t_2	–0.2744	0.4058	0.5798	…	0.0557
…	…	…	…	…	…
t_{912}	–0.5061	0.0684	0.1097	…	0.0703

第三步，模型建立与训练。

支持向量机（SVM）是一种经典的机器学习算法，具有良好的预测效果和泛化能力。其基本思想是，构造一个分类函数（超平面），以分开两类不同的数据样本。SVM的目标是构造超平面，并且实现最大化的类与类之间的间隔，从而具有最好的模型适应能力和高准确性。图9.18中，支持向量到超平面1的间隔大于支持向量到超平面2的间隔，因此超平面1优于超平面2。

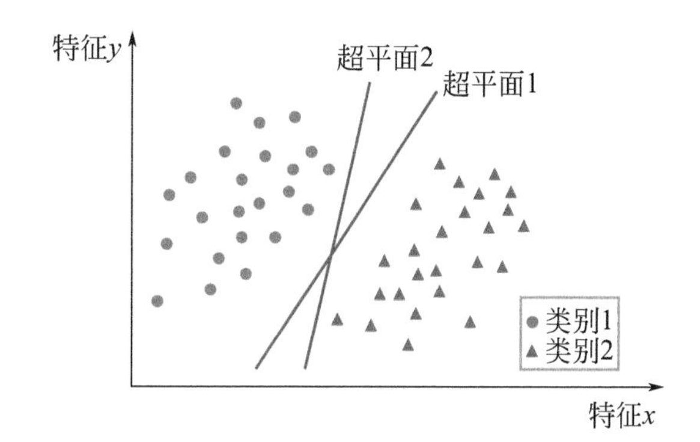

图9.18 支持向量机超平面构造原则

本案例以SVM作为预测模型，使用Python语言进行算法程序编写，调用了scikit-learn库中的SVR函数。相关参数为：SVR（C=13，cache_size=200，coef0=0.0，degree=3，epsilon=0.1，gamma=0.35，kernel='rbf'，max_iter=–1，shrinking=True，tol=0.001，verbose=False）。表9.16中80%的数据作为训练集，其余20%为测试集。

第四步，模型准确性评价。

选择RMSE和R^2进行模型准确性评价。RMSE=0.158，R^2=95.3%，这表明本例构建的模型能较准确地预测催化裂化装置中的汽油产量，这对装置的操作优化具有指导意义。

9.5.3 时间序列分析概要

时间序列分析是根据系统观测得到的时间序列数据，通过曲线拟合和参数估计，从而建立数学模型的理论和方法，主要用于那些不受主观因素干扰和控制的环境性因素的预测分析。由于中短期时间跨度内的数据属性相对稳定，因此，时间序列分析一般用于解决这类系统的描述和分析预测。对于长时间跨度的系统问题，时间序列分析不太适用。工业大数据的特征值属性中，时间维度是最重要的组成部分，因此，时间序列分析是工业大数据最重要的分析方法之一。

时间序列分析的基础是数据（或数据组合）变化具有的连续性或重复性，通过分析数据依时间发展的趋势性和周期性特点，归纳出反映数据时间序列特性的模型，即时间序列模型。

时间序列依据数据样本的连续性或离散性特性，分为连续型时间序列和离散型时间序列。依据时间序列特性及波动情况，分为随机型时间序列和确定型时间序列，有以下四种形态。

（1）纯随机型序列

纯随机型序列，即白噪声序列。数据序列表现为完全无序的随机波动，各项之间没有任何相关关系。如图9.19所示，这类数据序列不适合进行时间序列分析。

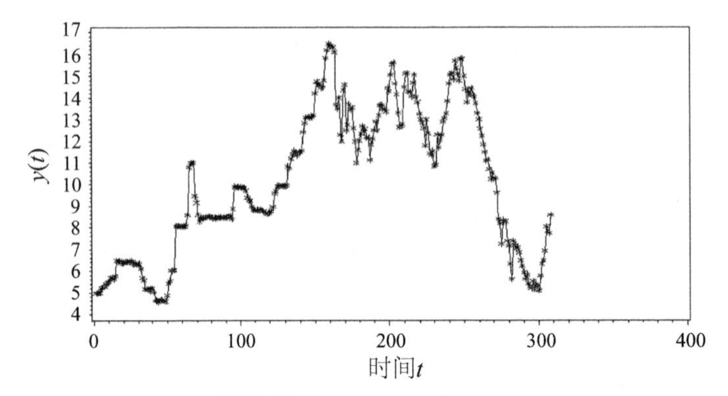

图9.19　纯随机型时间序列

（2）平稳型时间序列

平稳型时间序列的数据样本在固定水平与固定区域之间波动，均值和方差为常数，如图9.20所示。基于平稳型时间序列特性，未来的数据值仍将在同一水平及区域内变动。

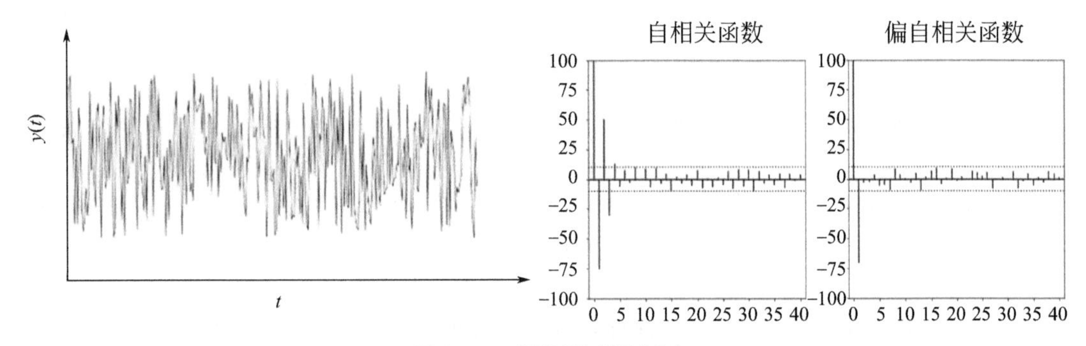

图9.20　平稳型时间序列

（3）非平稳型时间序列

非平稳型时间序列，也称无定向型时间序列。样本数据无固定的水平区域，均值和方差不稳定，呈现为波动无定向的状态。因此，较难预测未来发展趋势，如图9.21所示。对非平稳型时间序列可先通过差分方程转换，以得到平稳化的时间序列，再进行分析。

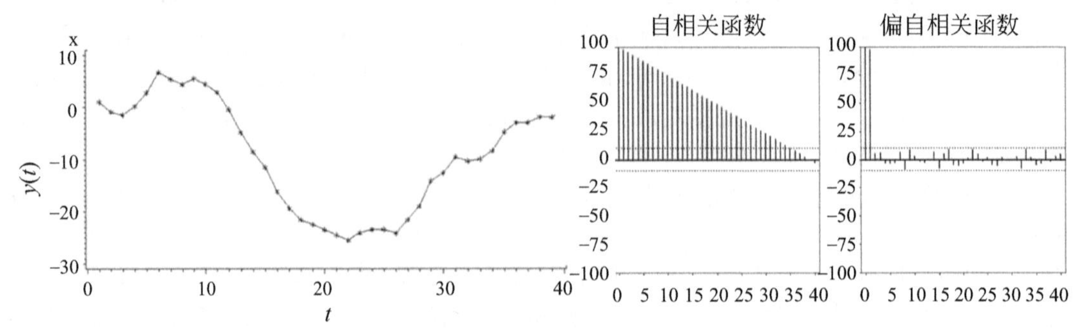

图9.21　非平稳型时间序列

（4）趋势型时间序列

数据均值呈现为一种固定的变化趋势，且数据的散布模式固定，如图9.22。提炼数据均值随时间变化的规律是基于趋势型时间序列分析的基础。

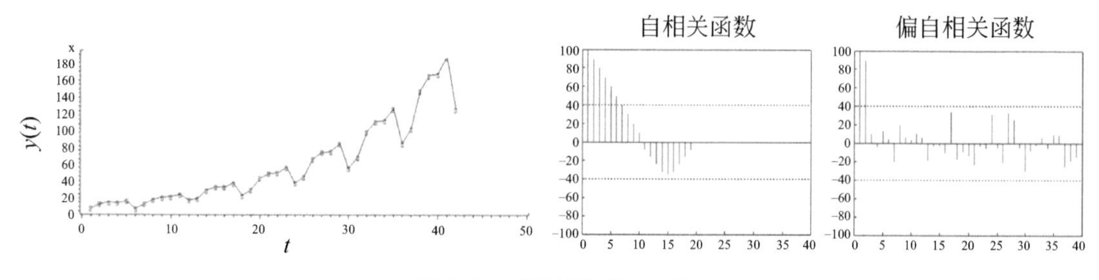

图9.22　趋势型时间序列

（5）季节型时间序列

在时间序列中，每经过一定的时间间隔就可以观察到一种具有周期性的数据变化规律，这就是季节型时间序列。如图9.23所示。

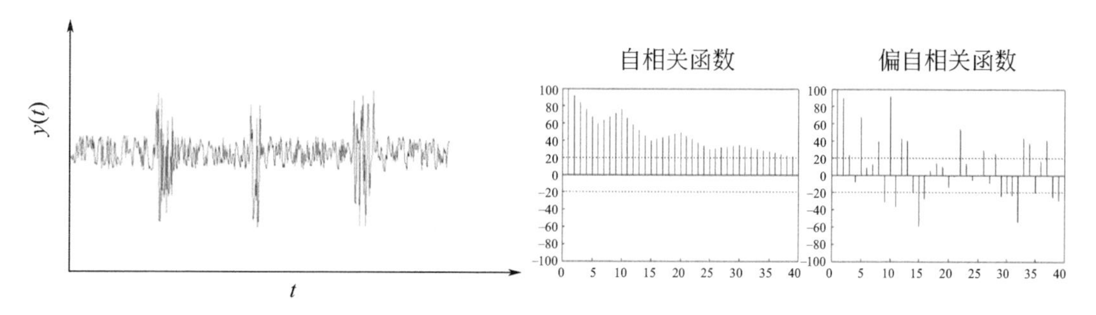

图9.23　季节型时间序列

事实上，在时间序列法分析中更多的是上述特性的耦合或叠加。有时，数据序列还会由于外部干扰出现离群值，而这种干扰一般无法预知。例如，设备故障、其他环境因素的偶发介入、人为观测失准等事件带来的数据离群，如图9.24所示。对这类离群值问题，需要根据不同的应用场景，通过数据预处理剔除离群值，保证时间序列分析的正确性；或者找出离群数据进行进一步分析，查出其产生的原因。

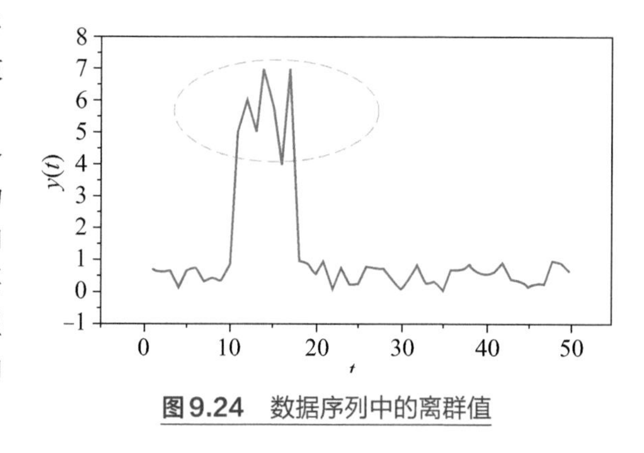

图9.24　数据序列中的离群值

进行时间序列分析预处理，首先要对它的纯随机性和平稳性进行检验，根据检验结果将序列大致分为不同的类型，基于不同的类型采取不同的处理方法。

9.5.4　时间序列分析的算法策略

如前所述，时间序列的变动有长期型、季节型和循环型等各类形态，以及这些形态耦合或叠加后形成的多种形态，需要基于这些形态特征选择合适的方法进行时间序列分析。

（1）平稳型时间序列分析

平稳型时间序列是时间序列分析中最重要的类型，指时间序列的统计规律不会随时间的推移而变化，其时序图直观上显示出该序列始终在一个常数值内随机波动，而且波动的范围有限。

判断时间序列是否具有平稳性是时间序列分析的第一步，图示法是常用方法。首先作出时间序列随时间变化的折线图，观察其是否存在趋势性。如果数据序列是平稳的，有稳定的均值，数据点均围绕均值线上下小幅度波动，无明显的趋势性，则是平稳型时间序列。平稳型时间序列分析方法最常用的是移动平均法和指数平滑法。

（2）非平稳型时间序列分析

一般而言，非平稳型时间序列的数据均值会随时间的变化而变化，数据序列呈现为一定的时间趋势；或者非平稳型时间序列的数据向均值回归的时间周期很长，在图形上大多数点不会围绕均值线上下波动。因此，对非平稳型时间序列进行分析的首要工作是构造均值模型，以刻画其时间依赖特性，包括确定型趋势模型和随机型趋势模型。

处理非平稳型时间序列的基本思路是平稳化，一般的方法是引入表示趋势的变量，将趋势分离出来。不失一般性，将一随机过程表示为：

$$y_t = \alpha + \beta t + \rho y_{t-1} + u_t \tag{9.8}$$

式中，y_t是t时刻的时间序列值；t为时间点；u_t为白噪声过程；α为非时间性参数。

① 确定型趋势模型　式（9.8）中，当ρ=1，$\beta \neq 0$时，即：

$$y_t=\alpha+\beta t+u_t \tag{9.9}$$

这种趋势称为确定型趋势。具有确定型趋势的非平稳过程，其均值函数为确定性函数，具有平稳过程的方差特性，可以通过标准的回归分析拟合得到。常用的处理方法是先拟合出均值函数的具体形式，然后对其偏差序列按平稳过程进行分析和建模。

② 随机趋势非平稳过程　式（9.8）中，如果ρ=1，$\beta \neq 0$，则y_t包含了有确定型趋势和随机型趋势，如下：

$$y_t=\alpha+\beta t+y_{t-1}+u_t \tag{9.10}$$

对上式进行差分变换，有：

$$\Delta y_t=y_t-y_{t-1}=\alpha+\beta t+\mu_t \tag{9.11}$$

如果μ_t是平稳的，则该时间序列被称为差分平稳过程，或齐次非平稳序列，差分处理可以是一次差分，也可以是多次差分。一般来说，在所有的随机趋势非平稳过程中，我们所能分析处理的只是其中的一部分，如齐次非平稳序列。

③ 趋势平稳过程　式（9.9）除去趋势项，即除去式中的βt，变换为：

$$y_t=\alpha+\mu_t \tag{9.12}$$

当μ_t平稳时，y_t称为趋势平稳过程。趋势平稳过程代表了一个时间序列长期稳定的变化过程，可用于长期预测。

9.5.5　时间序列分析的步骤

图9.25是典型的时间序列分析步骤。

① 全面地分析业务需求，提出分析的问题和目的。

② 通过观测、调查、统计、抽样等方法，取得研究对象的时间序列数据，完成遗漏值、离群值、数据转换、合并或分割等数据预处理操作。

③ 以图示法观察数据的时间序列形态，计算其自相关函数（Autocorrelation Function，ACF）和偏自相关函数（Partial Auto Correlation Function，PACF），进而提出一种或多种拟采用的时间序列模式。

④ 分析所提出的时间序列模式，确定最能反映数据序列特性的模式。建模时需特别注意离群点和拐点，如果离群点是噪声数据，可用期望值等方法进行替代。如果数据序列中有拐点，意味着时间序列数据趋势存在不连续性，可应用不同的模型分段拟合数据序列。

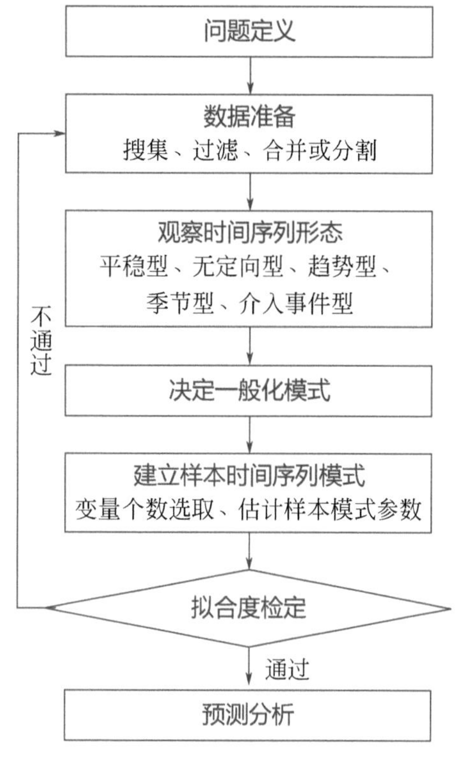

图9.25　时间序列分析步骤

⑤ 基于所选取的时间序列模式和样本数据，进行曲线拟合。对于平稳时间序列，可用通用自回归滑动平均模型、自回归模型、滑动平均模型等来进行拟合；非平稳时间序列则需先将时间序列进行差分运算，转化为平稳时间序列，再用适当模型拟合。对于简单的时间序列，可用趋势模型和季节模型加上误差进行拟合。

⑥ 拟合优度检验。若检验结果通过，则输出拟合模型参数，若检验结果不通过，则须重新建模与拟合，直到能获得适当的模式为止。

例9.7　基于时间序列分析的汽油产量预测

针对例9.6的问题，尝试利用时间序列分析方法，建立汽油产量的预测模型。

解：长短期记忆网络（LSTM，Long Short-Term Memory）是一种时间循环神经网络，是为了解决一般的RNN（循环神经网络）存在的长期依赖问题（经过许多阶段梯度传播后，梯度倾向于消失或者爆炸的现象）而设计出来的时间序列分析算法。LSTM对时间序列分析，尤其是长时间序列分析的稳定性具有优势。

第一步，数据预处理。为消除各工位点数据的取值范围和量纲对分析的影响，取表9.15中的881组数据为本例的分析数据，并进行归一化处理。归一化公式如式（9.13）所示，归一化处理后的数据见表9.17。

$$X_{\text{norm}}=\frac{X-X_{\min}}{X_{\max}-X_{\min}} \tag{9.13}$$

表9.17　归一化处理后的数据

序号	TIC-3101¹	TIC-3204¹	…	FI-3127¹	FIC-3309¹
t_1	0.9766	0.1715	…	0.6790	0.5579
t_2	0.9765	0.1652	…	0.6770	0.5285
…	…	…	…	…	…
t_{881}	0.9856	0.1724	…	0.7129	0.2585

第二步，将时序数据转换为监督数据。

将本例中的预测变量（FIC-3309¹）向前滑动一个时间步，记作FIC-3309²，作为输出变量，即FIC-3309²（t_1）= FIC-3309¹（t_2）；输入变量则为原来的所有输入变量（TIC-3301¹，TIC-3204¹，…，FI-3127¹）和预测变量（FIC-3309¹）。由于FIC-3309¹数据时间步的前移，使得新输出变量（FIC-3309²）的最后一个数据项（t_{881}）数据缺失，因此，删除此行数据。处理结果见表9.18。

表9.18　监督数据

序号	TIC-3101¹	TIC-3204¹	…	FI-3127¹	FIC-3309¹	FIC-3309²
t_1	0.9766	0.1715	…	0.6790	0.5579	0.5285
t_2	0.9765	0.1652	…	0.6770	0.5285	0.4868
…	…	…	…	…	…	…
t_{880}	0.9860	0.1550	…	0.7138	0.2664	0.2585

第三步，模型的训练。

对LSTM模型进行训练，数据集中的80%的数据（取前704组）为训练集，20%的数据（取后176组）为测试集。本例使用Python 3.7作为软件语言进行编程，调用了pandas、numpy、keras、scikit-learn、sys、matplotlib库。相关参数为epochs=100，batch_size=32，verbose=2，shuffle=False。MSE指标作为损失函数，其值在模型训练过程中的变化如图9.26所示，最终收敛到0.0066。

第四步，模型准确性评价。

将模型的训练值、测试值与工业实际过程数据进行对比，如图9.27所示。并以RMSE和R^2进行准确性评价。RMSE=0.0812，R^2=94.56%，表明本案的LSTM模型能准确地测汽油产量，相比机理模型，由于采用了实际生产数据并有严格的时间序列模型，因此具有了典型的动态性特征。

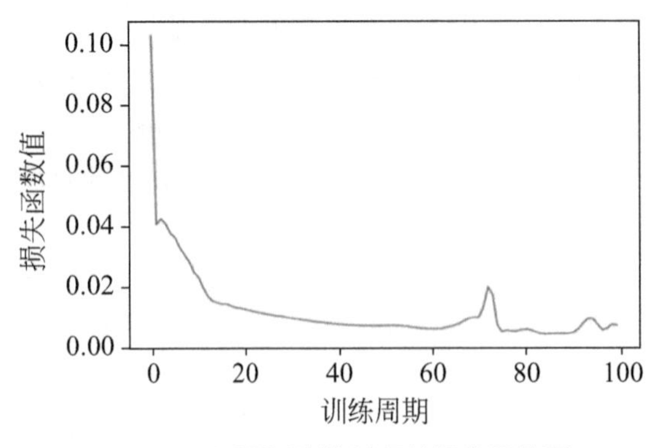

图9.26　LSTM训练过程的损失函数图

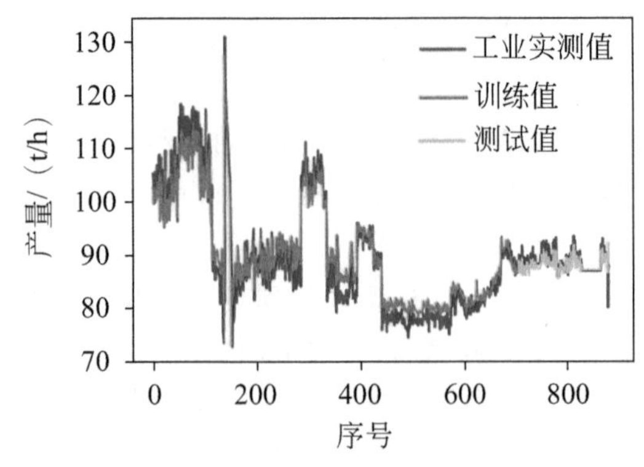

图9.27　汽油产量训练值、测试值与工业实测值的比较图

9.6 优化问题

大数据技术的发展使得在复杂而庞大的数据空间中建立分析模型成为了可能。科学家们从仿生学、遗传学以及对自然过程的研究中得到启发，模拟特定的自然现象或过程，建立起具有并行、自组织和自学习等特征的算法。在大数据空间的搜索过程中，可自动获得搜索策略，并自适应地控制和优化搜索过程，从而提升算法效率，这类型的算法被称为智能算法。

常见的智能优化算法包括进化算法、粒子群算法（Particle Swarm Optimization，PSO）、禁忌搜索、分散搜索、模拟退火、人工模拟系统、蚁群算法、遗传算法、人工神经网络技术等，以及上述多种算法的组合。智能算法已被广泛应用在材料研究、交通、电力、智能制造、商务智能等领域，以达到获得求模型最优解以及分类和预测等目的。

9.6.1 遗传算法的概述

遗传算法（Genetic Algorithm，GA）是借鉴生物界遗传变异和优胜劣汰的自然法则演化而来的搜索方法，具有较好的全局寻优能力。

遗传算法的第一步是将问题的变量编码形成染色体，形成初始解（种群），然后从初始种群开始，按照优胜劣汰的原理，通过代际进化产生越来越好的解。在遗传产生每一代时，会自动计算每一个个体的适应度，选择其中适应度大的个体，再通过遗传算子进行交叉和变异，产生出新的种群，新种群将更接近于最优解，循环上述过程，直至满足终止判断条件或得到最优解。算法如图9.28所示。

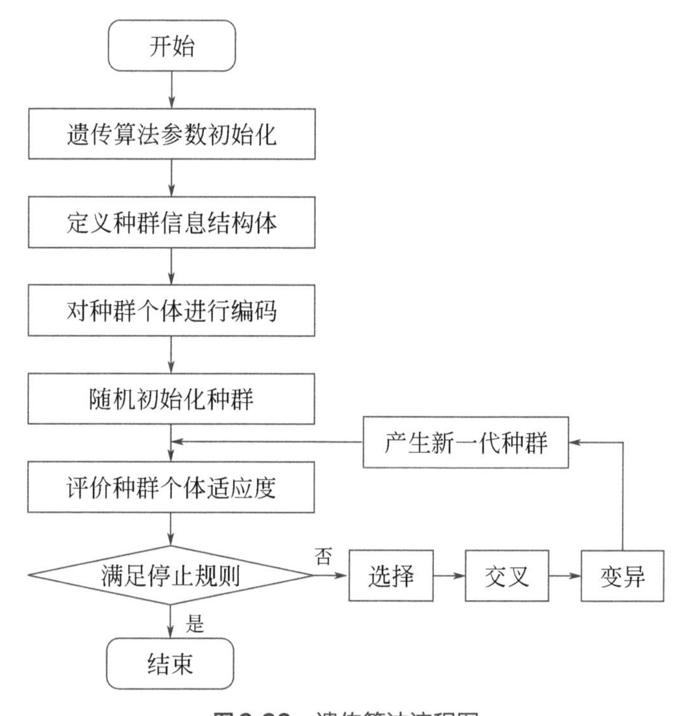

图9.28　遗传算法流程图

与传统搜索方法比较，遗传算法主要有以下几个特点。

① 遗传算法的处理对象不是优化问题的参变量本身，而是对参数集进行了编码的个体，这种编码操作，使得遗传算法可以直接对诸如集合、序列、矩阵等各种一维或高维结构形式和结构对象进行操作。

② 遗传算法同时评估搜索空间中的多个解，这一特点使遗传算法具有较好的全局搜索性能，减少了限于局部最优解的可能性。同时，又使得算法本身具有良好的并行性。

③ 遗传算法仅用适应度函数值来评估个体，而无需业务知识或其他辅助信息，可广泛应用于目标函数不可微、不连续、非规则、极其复杂或无解析表达式等优化问题。

④ 遗传算法不采用确定性规则，而采用概率的变迁规则来指导它的搜索方向。尽管表面上看，应用概率来指导搜索是一种盲目的方法，但是，概率仅是作为工具来引导其搜索过程朝着搜索空间的更优的区域移动。所以，实际上算法有明确的搜索方向。

9.6.2 蚁群算法的基本原理

蚁群算法（Ant Colony Optimization，ACO）是一种用来在图中寻找优化路径的概率型算法，由 Marco Dorigo 于1992年提出，其灵感来源于蚂蚁在寻找食物过程中发现路径的行为。通过图9.29说明蚁群算法的正反馈寻优原理。

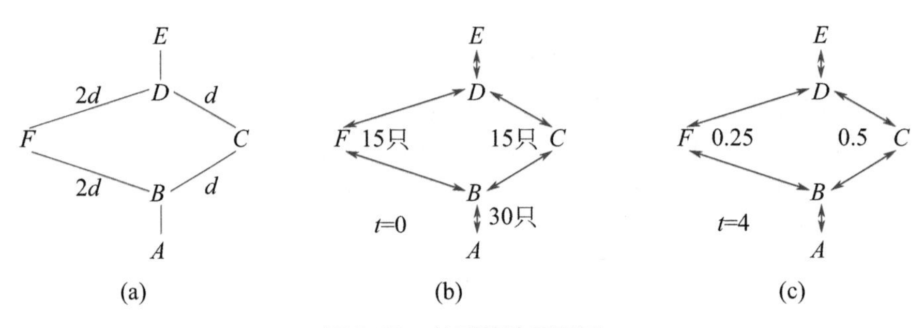

图9.29 蚁群算法原理图

在图9.29（a）中有两点A和E，蚂蚁需从这两点之间往返进行觅食。可选道路有两条，一条为$ABCDE$路径，该路径中BC和CD每段的距离为d；另一条为$ABFDE$路径，该路径中BF和FD每段的距离为$2d$。假设，现在有30只蚂蚁往返于A和E之间，爬行速度为d，在时间间隔$[t, t+2]$中，信息素在时间点（$t+1$）上瞬时耗散，即任意一只蚂蚁在2单位时间内爬行的路程中，信息素只保留一半路程的路径，之前爬行过的所有路径的信息素都将耗散。当$t=0$时［图9.29（b）］，由于初始情况下两条路径都没有信息素，因此，两条路径被选择的概率相同，各有15只蚂蚁往返。在$t=4$时［图9.29（c）］，由于路程不同，蚂蚁在左右两条路径的单程爬行时间分别为4和2，按照信息素耗散的假设，路径$ABCDE$中含有信息素的路径长度为$2d$，信息素平均浓度为$d/(2d)=0.5$，而在路径$ABFDE$中含有信息素的路径长度为$4d$，信息素平均浓度为$d/(4d)=0.25$，于是，蚂蚁在路径选择时会有更大概率选择路径$ABCDE$，进而造成该路径的信息素浓度增加。受正反馈效应的影响，路径$ABCDE$的蚂蚁数量将一直增加，直到所有蚂蚁都选择较短的路径，实现了群体的寻优过程。

目前，ACO算法已被广泛应用于组合优化问题中，在解决车间物流问题、车辆调度问题、机器人路径规划问题、路由算法设计等领域均取得了良好的效果。

9.6.3　模拟退火算法的概述

在分析工作中，常常因为初始值选择不好，而陷入局部最优值困局（如图9.30）。为有效地避免局部最优的困扰，提出了模拟退火算法。模拟退火算法（Simulated Annealing，SA）是基于Monte-Carlo迭代求解策略的一种随机寻优算法，由N.Metropolis等人于1953年率先提出，其后，S.Kirkpatrick等成功地将其引入到组合优化领域。

模拟退火算法是基于物理中固体物质的退火过程与一般组合优化问题之间的相似性。模拟退火算法从某一较高初温出发，赋予搜索过程一种时变且最终趋于零的概率突跳性。随着温度参数的不断下降，因概率突跳特性可有效避免陷入局部极小，也就是说可以概率性地跳出局部最优解并最终趋于全局最优。本质上，模拟退火算法是一种贪心算法，它在搜索过程中引入了随机因素，当迭代更新可行解时，以一定的概率来接受一个比当前解要差的解，并因此跳出局部最优，而达到全局的最优解。

以图9.31为例，假定A为初始解，算法会快速搜索到B点，B点为局部最优解，但算法不会结束，而是会以一定的概率接受比B点更次的其他解。如此经过几次脱离局部最优的偏移后，到达全局最优点D。

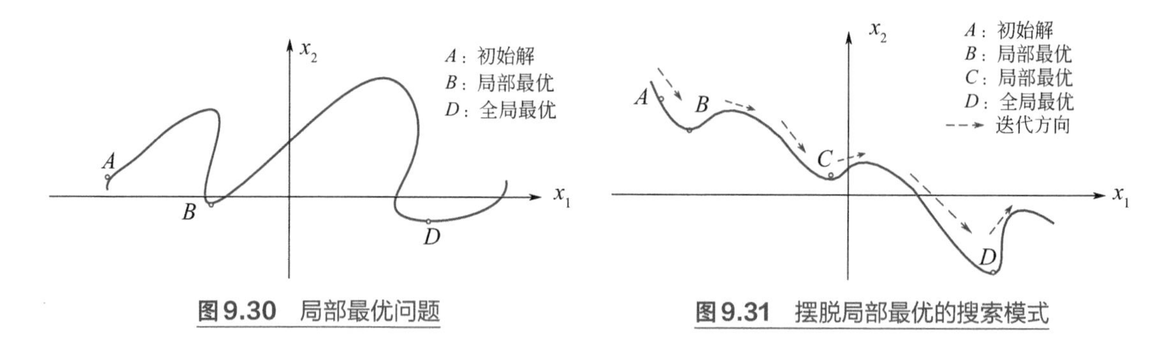

图9.30　局部最优问题　　**图9.31**　摆脱局部最优的搜索模式

模拟退火算法是通用的优化算法，理论上具有概率的全局优化性能，目前已在生产调度、控制工程、机器学习、神经网络、信号处理等领域广泛应用。

例 9.8 ＼ 用遗传算法（GA）求解催化剂的最佳配方以实现最优收率

某催化剂的组成成分包括V、Mg、B、Mo、La、Mn、Fe和Ga，各组分含量不同，其催化性能不同（本例中以收率计）。经实验研究，建立了特定的反应体系下收率和各组分含量之间的经验模型，见式（9.14）。本例需确定使得产物收率最大的催化剂各组分含量。

$$Y=\begin{cases} SX & \text{if} \quad x_{\mathrm{B}}=0 \text{ and } x_{\mathrm{La}}=0 \\ 0 & \text{if} \quad x_{\mathrm{B}}>0 \text{ or } x_{\mathrm{La}}>0 \end{cases} \tag{9.14}$$

$$\text{St.} \quad S=66x_{\mathrm{V}}x_{\mathrm{Mg}}(1-x_{\mathrm{V}}-x_{\mathrm{Mg}})+2x_{\mathrm{Mo}}-0.1x_{\mathrm{Mn}}-0.1x_{\mathrm{Fe}}$$

$$X=66x_{\mathrm{V}}x_{\mathrm{Mg}}(1-x_{\mathrm{V}}-x_{\mathrm{Mg}})-0.1x_{\mathrm{Mo}}+1.5x_{\mathrm{Mn}}+1.5x_{\mathrm{Fe}}$$

$$\begin{cases} x_i \geqslant 0 & i \in A \\ x_i \leqslant 1 & i \in A \\ \sum_{i \in A} x_i = 1 & i \in A \end{cases}$$

式中，S、X和Y分别是催化剂的选择率、转化率和收率；x_V、x_{Mg}、x_B、x_{Mo}、x_{La}、x_{Mn}、x_{Fe}、x_{Ga}分别代表催化剂中V、Mg、B、Mo、La、Mn、Fe和Ga的含量；x_i代表某组分含量；A代表组分集合：{V，Mg，B，Mo，La，Mn，Fe，Ga}。由模型知，当催化剂中La或B的含量大于零时，收率为零。

解：这是一个最优化的问题，最优化问题的求解方法一般可以分为解析法、直接法、数值计算法和启发式算法。常用的启发式算法包括遗传算法、模拟退火算法、蚁群算法和下山法等，本例采用遗传算法（GA）进行求解。

遗传算法包括确定编码方式、适应度计算、选择、交叉和变异等步骤。

（1）确定编码方式

选择二进制编码方式，该编码由0和1组成，即以一个二进制串表示对应的实数。催化剂包含8个组分，其含量保留小数点后两位，取值范围为0.00~0.99，各组分含量之和为1。以6位的二进制来表示某组分含量，如，二进制100001对应的实数值是33，除以100，则为0.33。为计算便捷性，将各组分含量值乘以100，再以二进制进行表达，则8组分催化剂组成的二进制数是一个48位的二进制串，称为一个染色体，表9.19为一个例子。

表9.19　催化剂中各元素的二进制表示

元素	V	Mg	B	Mo	La	Mn	Fe	Ga
含量	0.33	0.33	0.00	0.15	0.00	0.08	0.06	0.05
二进制	100001	100001	000000	001111	000000	001000	000110	000101
染色体	100001100001000000001111000000001000000110000101							

（2）适应度函数

遗传算法的适应度函数是用来判断群体中个体的优劣程度的指标，即某特定催化剂组成所获得的收率是否更优。通常，适应度函数将目标函数进行一定转换得到。本例将目标函数［式（9.14）］直接作为适应度函数，因此，适应度就是收率，显然其值越大，表示染色体的个体越优。

（3）选择算子

从染色体种群（所有可选的催化剂组成成分）中选择优胜的个体（某特定组成成分的催化剂）并淘汰劣质个体，即选择操作。选择的目的是把优化的个体直接遗传到下一代，或通过配对交叉产生新的个体再遗传到下一代。选择操作是建立在群体中个体的适应度评估基础上的，本例采用轮盘赌法进行个体选择。

轮盘赌法的基本思想是个体被选中的概率与其适应度大小成正比。首先，计算出种群中个体的适应度；其次，根据适应度计算个体被遗传到下一代种群中的概率，概率计算公式为式（9.15），并计算累积概率；然后产生一个0 ~ 1范围内均匀分布的随机数，从而选择出一个遗传到下一代的个体。表9.20所示的例种，若产生的随机数是0.432，更接近于0.497，因此选择染色体2。

$$p_i = \frac{f_i}{\sum f_i} \tag{9.15}$$

式中，p_i为第i个个体的适应度概率；f_i为第i个个体的适应度值。

表9.20　适应度及累积概率的计算

序号	编码	适应度	适应度概率	累积概率
1	0100011…01000	0.0567	0.225	0.225
2	0111011…01010	0.0684	0.272	0.497
3	1101011…01001	0.0534	0.213	0.710
4	1101011…01011	0.0483	0.192	0.902
5	1111011…11101	0.0247	0.098	1

（4）交叉与变异

交叉是指把两个父代个体的部分结构加以替换重组而生成新个体的操作。通过交叉，交叉算子根据交叉概率将群体中的两个个体随机地交换某些基因，即某些组成的成分值，以产生新的个体。交叉包括单点交叉、多点交叉和均匀交叉等，本例采用单点交叉。比如，两个染色体r_1和r_2，对位点交叉后得到新的两个染色体r_3和r_4。

r_1　110100…　010111　　　　r_3　110001…　110100

r_2　010001…　110100　　　　r_4　010100…　010111

变异是指对某一基因值按一定的概率进行改变，这也是产生新个体的一种操作方法。变异操作包括单点变异和多点变异等。本例采用单点变异的方法来进行变异运算。其基本操作过程是：首先确定出各个个体的基因变异位置，然后按照某一概率将变异点的原有基因取反。比如，染色体r_5，对位点3处进行变异操作，即得到染色体r_6。

r_5　111101…011001　　　　r_6　110101…011001

需要指出的是，交叉或变异后的新染色体，不一定满足模型（9.14）的约束条件$\sum_{i\in A}x_i=1$。为扩大最优解的搜索范围，在计算过程中本例没有对二进制值的取值范围及加和值进行限制，但在二进制值转换十进制值时进行了归一化处理。

本例使用软件Python3.7，调用其numpy、math、random和matplotlib库进行算法的编写。遗传算法的各参数如表9.21所示。

表9.21　遗传算法采用的参数

参数名称	参数值	参数名称	参数值
编码方式	二进制编码法	交叉概率	0.7
求解精度	0.01	变异概率	0.05
变量数	8	选择方式	轮盘赌法
二进制位数	48	交叉方式	单点交叉
种群大小	70	变异方式	单点变异
迭代次数	1000		

经遗传算法计算，最优的收率为7.56%，其对应的催化剂组成见表9.22。

表9.22 计算结果

元素	x_V	x_{Mg}	x_B	x_{Mo}	x_{La}	x_{Mn}	x_{Fe}	x_{Ga}
染色体	110000110000000000110101000000000000000001000000							
二进制值	110000	110000	000000	110101	000000	000000	000001	000000
十进制转换	48	48	0	53	0	0	1	0
组成含量	0.32	0.32	0	0.35	0	0	0.01	0

9.7 诊断概要

大数据隐含着很多小数据所不具备的深度知识和价值。在过程行业领域，经常应用大数据分析与机器学习技术，对异常现象和行为进行预测和诊断。其任务是在样本集合中发现与大部分样本对象不同的个体，这样的对象因为在数据散布图中远离其他数据点，所以也被称作离群点。因此，诊断同时也可称为离群点检测或偏差检测。离群点检测从复杂的运行特征数据中挖掘异常信息，实现异常状况的快速诊断，是大数据重要的应用之一。

9.7.1 离群点

离群点（Outlier）是指由于受外部干扰而偏离统计分布规律的不和谐样本点。除了外部干扰，离群点的产生还有多种原因，比如，采样误差、数据传输或计算错误、非正常因素或偶发因素影响等。由于离群点会影响数据分析，因此，离群点也被称为歧异值，通常被看作“坏值”，在数据预处理环节应该被清洗掉。但在自然界和人类社会中，除了多数平常的事件外，还存在不寻常或不平凡的对象。比如，异常气象现象、偏离规范的行为或是相比其他样本小得多或大得多的某一项特征属性值，这些都会成为离群点，从这一角度理解，离群点也应该是重要的研究对象。一方面，离群点研究有助于样本差错的发现；另一方面，还能帮助研究人员发现其中异乎寻常的重要性。若离群点受外部突发因素影响而引发，研究它则可发现系统稳定性和灵敏性，以及外部环境因素变化等重要信息，甚至还有可能由此发现新的现象和规律。

下面是离群点诊断的几个案例。

● 交易欺诈检测。欺诈性交易行为与正常的交易行为不同，可通过数据挖掘建立正常交易的模式，以此检测全部的交易行为以发现不同于正常交易的个案，并提出交易欺诈的风险提示。

● 网络性能检测。网络性能检测包括计算机网络性能的稳健性分析、网络堵塞和网络入侵等异常情况的监测及原因分析。一般而言，以瘫痪或控制计算机为目的的攻击行为比较易于探测，但以秘密收集信息为目的的黑客攻击则难以检测。对这类攻击，可通过监视系统和网络的非正常行为，即离群点行为，发现并抵御之。

● 自然生态预报。分析气象及自然生态历史数据建立气象模型，以此对生态系统失调或气候异常进行预报，如飓风、洪水、干旱、热浪和火灾，自然生态预报的目标不仅仅是预测异常事件，还包括分析它们的成因。

● 公共卫生监测。离群点分析也用于公共卫生状态的监测，以对异常疾病和公共安全突发事件提出预警。例如，基于对“感冒症状”“感冒常用药物”等关键词的网络搜索的异常增加，可以分析判断某一个区域流行性感冒发生的概率，并提出预警。

● 辅助医疗。借助大数据分析挖掘技术，在医院大量疾病临床资料的基础上，根据体征、环境因素、社会因素、心理因素、经济因素等多个角度将同种疾病不同患者的就诊数据划分为不同的亚组人群，以便选择适合不同亚群的检验类型、治疗方案类型。当有新的患者来医院就诊时，医生可进入系统，依据该患者特征数据，将其进行亚群分类，然后为其选择个性化的诊疗方案。可见，对离群点的采集和分析，以及其后的模型修正，对丰富医疗模型具有重要意义。

● 故障诊断。监测、分析和判别设备运行中的各种检测数据，并结合设备特性及历史数据，对设备工作状态给出评价，实现设备异常识别及故障诊断，这就是故障诊断技术。故障诊断技术对设备运行状态进行分析，发现其异常征兆并揭示异常发展趋势，从而实现故障早期侦破，同时利用故障模式分类，帮助设备管理人员查清故障产生的原因。

9.7.2　离群点判据模型的建立原则

在离群点检测中，不仅要考查特征属性数值是否离群，还需结合其特征属性的物理意义，理解它与其他样本点的不一致性，以判断离群点是否具有分析意义。比如，工资分析，A月薪5万元，B、C、D月薪5000元，平均值5000元。显然，A是离群点，但是否属于异常，则要结合A的其他属性才能判断。因此，进行离群点分析时首先需要明确离群点判据模型。

一般而言，对象样本有许多属性，可能某些属性是异常的，而其他属性正常。也存在这样的情况，当单独分析对象的所有属性值时，都符合统计分布规律，但其对象样本却是离群的。因此，建立离群点判据模型是基于样本对象的某一个还是某几个特征属性值的偏离，需要综合分析问题定义及样本空间范围，这在高维数据空间分析中，尤为重要。

比如，在企业风险评价中会有这样的问题，如果某企业的资产负债率大于75%，在全行业评价中属于较高水平，但若将分析范围限定在具体的行业领域，如房地产开发，也就属于正常水平了。可见，离群点判据模型还应该有明确的使用对象和应用范围。

9.7.3　离群点的常用检测方法

有多种方法监测离群点，根据数据的维度和实际场景不同，常见的离群点检测算法有基于统计方法、基于邻近度算法、基于密度算法、基于聚类算法等方法。这些方法都有一个共同思想：离群点是不寻常的对象，其某些属性与其他样本对象有显著差异。

（1）基于统计的离群点检测

基于统计分布理论，在已知目标概率分布模型的情况下，通过假设检验原理进行离群点检测。常用的检测方法有正态分布、高斯分布和卡方统计量。例如，在符合正态分布的数据样本空间内，假设有n个点（x_1，x_2，…，x_n），可以计算出这n个点的均值u和方差σ。如果设定$u\pm3\sigma$构成的数据空间是正常样本空间，可以包含99.7%的数据，那么，可以认为超出该范围的值为离群点；如果设定6个标准差区域（$u\pm6\sigma$）以外的点为离群点，则其概率仅为百万分之3.4。因此，可以认为离群点是具有低概率的数据对象。基于这一思想，分析人员可以利用多种统计检验方法检验离群点。

以正态分布（高斯分布）为例，如图9.32所示，表示为N（μ，σ）。

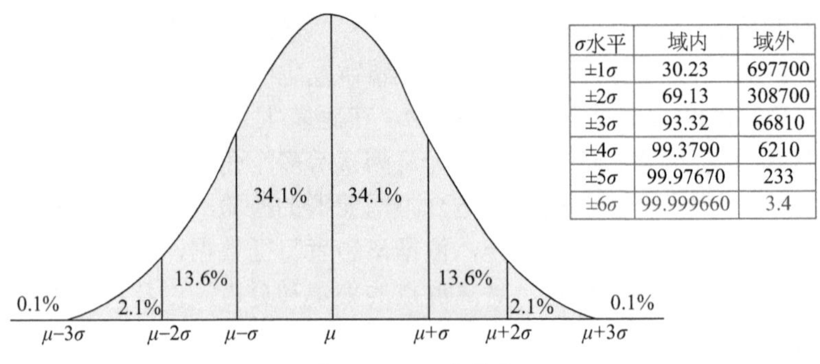

σ水平	域内	域外
±1σ	30.23	697700
±2σ	69.13	308700
±3σ	93.32	66810
±4σ	99.3790	6210
±5σ	99.97670	233
±6σ	99.999660	3.4

图9.32 正态分布

只考虑单一样本属性，建立基于正态分布的离群点检验模型，其原理为：

① x代表样本属性值，设定$|x-\mu|\ll 2\sigma$为数据正常分布空间，$|x-\mu|=2\sigma$为警戒线，$|x-\mu|=3\sigma$为控制线。

② 当数据样本点在上、下警戒线之间的区域内时，数据处于正常状态。

③ 如果样本点超出上、下警戒线，但仍在上、下控制线之内的区域，可认为数据开始离开正常区域，有“离群”化倾向。

④ 如果样本点超出上、下控制线，被认为是数据已经“离群”，可诊断为离群点。

需要注意的是，基于统计分布的离群点检测不适用于高维数据检验。

（2）基于邻近度的离群点检测

分析样本空间中数据之间的邻近度，把邻近度低的视为离群点，常用的模型为kNN（k-近邻）。如果一个样本在特征空间中的k个最相似的样本中的大多数属于某一个类别，则该样本也属于这个类别，其中，k一般为不大于20的整数。通常用于度量相似程度的距离有欧式距离和曼哈顿距离。基于邻近度的离群点检测不适合大数据集，也不适合处理有不同区域密度的数据集。

图9.33所示为某炼化企业循环水的pH值监测数据。可以看出，2013～2016年的总体pH维持在8.1~8.6的设定范围之内，但在2014年7月份以及2016年11月中旬，循环水的pH明显低于8.1的下限，出现了异常波动的情况，基于邻近度分析可以识别为离群点。事实上，两个时段出现的离群点是由于设备腐蚀造成的泄漏形成的。

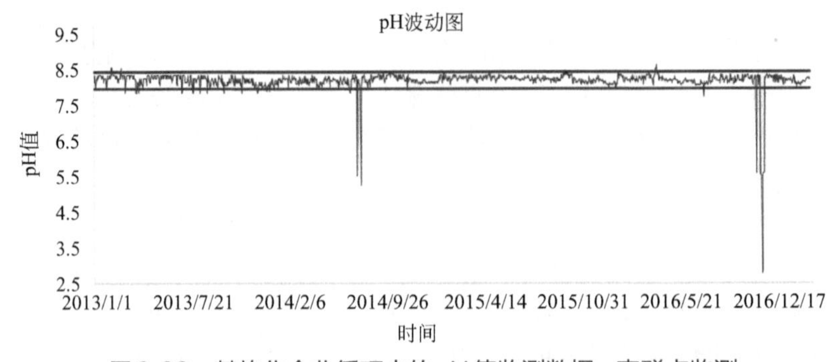

图9.33 某炼化企业循环水的pH值监测数据－离群点监测

（3）基于密度的离群点检测

定义一个密度值，离群点的密度值与周边正常点的密度相差很大。常用的模型有局部离群因子检测方法（Local Outlier Factor，LOF），其中心思想是：分别对数据集中的每个点进行局部离群因子LOF计算，以判定是否是离群因子。若LOF远大于1，则认为该样本是离群点；若接近于1，则非离群点。这种检测的缺陷是参数选择比较困难。如图9.34所示，图中圈内点LOF的值大于1，可判定为离群点。

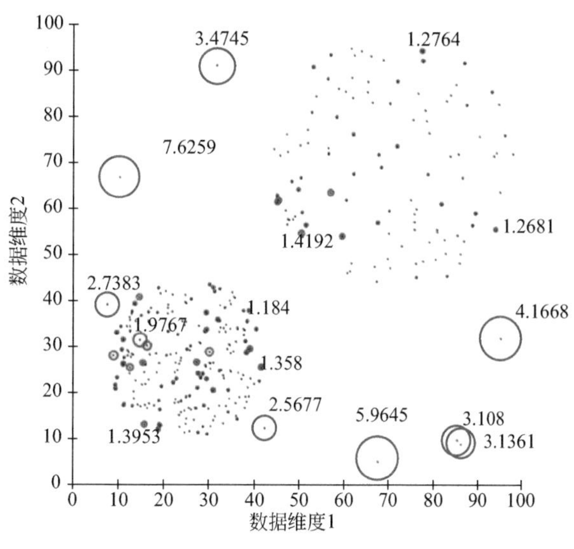

图9.34　基于LOF的离群点的分析

（4）基于聚类的离群点检测

聚类技术也常用于离群点分析，常用的模型有K-means。基于聚类的离群点检测思路如下：首先，用聚类算法做聚类；其次，计算类中每个点到该聚类中心的距离（可采用欧式距离、曼哈顿距离、马氏距离），得出类中所有点到中心的平均距离L；最后，用户设定判断参数，并计算类中的每个点到类中心的距离，如果距离值大于设定参数，则该点被视为离群点。这种检测算法的缺陷是聚类产生的簇的质量对离群点分析的质量影响非常大。

上述各种离群点检测算法的复杂性和计算开销有明显的不同，需要基于问题的有效性和及时性要求合理选择。比如，基于分类的算法方案可能需要相当多的资源来创建分类模型，但在模型建立后，使用过程中的开销则相对较小；基于邻近度方法的复杂度则显著依赖于样本个数，所以对具有较大时间复杂度的问题，可以根据具体情况，使用数据结构和算法来降维，并消减其复杂性。

9.7.4　异常（故障）模式诊断

离群点分析可以实现异常与故障现象的识别，这是诊断分析的第一步，同等重要的是基于离群点数据分析，建立异常或故障模型，并快速诊断其原因，消除异常或故障。模式诊断的方法大致可分为两类：

（1）基于模型的诊断方法

其优点是能依据理论模型实现诊断，当然缺陷也是显而易见的。以化工为例，由于过程的复杂性，化工过程模型通常难以准确描述过程状态，非线性且不连续，因此，基于模型的诊断方法一般用于简单对象。

（2）不依赖理论模型的方法

如基于故障树方法、统计模型诊断方法、灰色诊断方法、模糊诊断方法、专家系统诊断方法、基于智能算法的诊断方法（关联规则、神经网络、决策树、随机森林）等。

① 模糊诊断方法　模糊诊断不需要建立精确的数学模型，运用隶属函数和模糊规则，进行模糊推理实现智能化诊断。目前模糊诊断技术已应用到工厂实际中，在工厂规模的换热器网络、过程监测传感器等设备故障诊断方面有成功的应用案例。

② 专家系统诊断方法　专家系统的故障诊断是利用专家积累的丰富经验，模仿专家分析问题和解决问题的思路，建立推理机制，形成诊断结果。对于化工行业而言，专家系统诊断具备以下几个优势。

● 装置型的化工生产过程，故障复杂多样，完全依靠传统的诊断方法难以达到目的，而在专家系统框架下，可以综合利用专家的经验提升解决问题的效率和准确性。

● 有许多故障诊断问题不能基于数值计算来解决，正好适合用专家系统。

● 专家的经验和知识是企业宝贵的财富，通过开发专家系统，可以对这类知识进行收集、整理、精炼和升华，而且有利于保存，被更多的人使用。

然而专家系统也有不易克服的缺陷，如知识获取“瓶颈”不易解决，知识库常常不完备。比如，当遇到一个没有经验规则与之对应的新故障现象时，专家系统可能会显得无能为力。可见，专家系统自身的学习能力非常重要，基于工业云、工业大数据和深度学习技术，专家系统不只可以从企业本身的实践中提炼经验与知识，也可跨越企业甚至行业界限获取更广泛的知识。

③ 基于智能算法的诊断方法　人工智能算法为故障诊断提供了广阔的前景。人工智能算法充分利用实例或范例来训练模型，从而减少对知识工程师的依赖，来提高学习效率和质量。基于智能算法的诊断方法已应用于许多行业领域，在化工设备、核反应堆、汽轮机和电动机等系统中都取得较好的效果。

智能算法的不足在于，只能利用明确的故障诊断事例，这需要有足够的学习样本量，同时，诊断推理过程缺乏透明度，解释性不强。为了克服其局限性，将完全依赖于机器学习算法的智能模型与基于人类知识和规则的专家系统相结合，是一条可行的方向。专家系统用来处理智能算法的输出以及结果解释。

例 9.9 随机森林法进行 TE 故障原因诊断

田纳西-伊斯曼过程（Tennessee-Eastman Process，TEP）是一个现实的工业过程，是由伊斯曼化学品公司创建，用以评价过程控制中的故障检测和诊断方法。该过程有五个主要单元：反应器、冷凝器、压缩机、分离器和汽提塔，原料包括A、C、D、E四类以及惰性组分B，产物为G和H，同时生产副产物F。工艺流程见图9.35，包含进料量、搅拌速

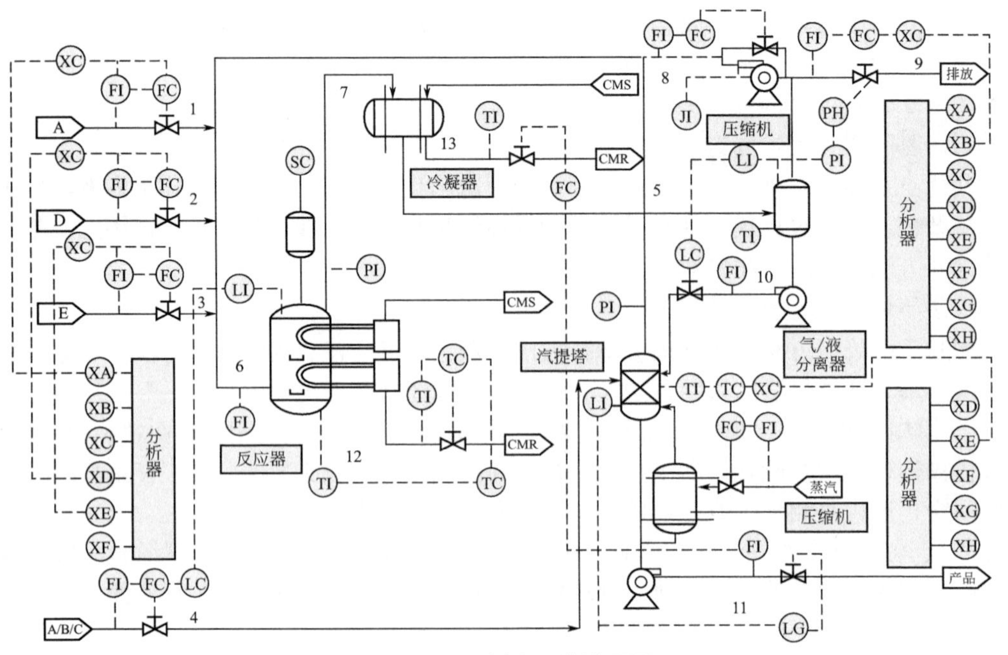

图9.35　TE过程工艺流程图

度、冷却水流量等11个操作变量，和流量、压力、温度等41个测量变量，共52个变量值。

TE过程总共有21类故障原因。不失一般性，本例对其中两类故障原因进行分析，T1（A/C的进料比率出现阶跃变化）和T2（B成分比率出现阶跃变化），建立其故障模式的分类模型。

解：本例要建立52个变量值与故障原因间的关联模式，可以选择的方法包括关联规则和分类模型，由于本例的数据维度较高，故采用分类模型。

第一步，准备数据并预处理。

共采集了680组数据，部分数据见表9.23所示。

表9.23　部分故障数据

序号	变量1	变量2	变量3	变量4	…	变量50	变量51	变量52	故障原因
1	0.238	3640	4460	9.37	…	48.5	40.6	15.6	T1
2	0.236	3650	4450	9.43	…	48.4	41.2	19.5	T1
3	0.231	3640	4540	9.09	…	48.7	41.0	17.9	T1
…	…	…	…	…	…	…	…	…	…
679	0.252	3650	4460	9.42	…	47.3	40.6	17.3	T2
680	0.253	3660	4410	9.36	…	47.4	40.5	17.7	T2

为消除变量量纲及数量级的不同对分析结果的影响，对数据进行标准化预处理，本例采用min-max法进行标准化处理，部分结果如表9.24。

表9.24　标准化处理后的数据

序号	变量1	变量2	变量3	变量4	…	变量50	变量51	变量52	故障原因
1	0.20	0.31	0.29	0.68	…	0.43	0.07	0.00	T1
2	0.19	0.38	0.24	0.83	…	0.41	0.15	0.80	T1
…	…	…	…	…	…	…	…	…	…
680	0.14	0.58	0.51	0.66	…	0.35	0.73	0.72	T2

第二步：建立模型。

本例中，操作变量和测量变量均为数值型的，而故障原因为类别型数据。基于此，决策树和随机森林的分类算法是可选的方法。

决策树算法是一种逼近离散函数值的方法，可以处理数值型和类别型高维度的数据，由于决策树算法不需要任何领域的知识，很适合探索式的知识发掘。但决策树方法忽略了数据集中属性之间的相关性，对噪声数据敏感，容易出现过拟合问题。为解决决策树的缺点，学界提出了随机森林法（Random Forests，RF）。RF本质上是一个包含多个决策树的分类器，以随机的方式构建多棵决策树，各决策树的训练相互独立，最后根据基于决策树的结果采用投票法决策最终输出结果。RF具有较好的分类精度和泛化能力，用于故障诊断效果较好。故本例采用RF算法建立故障原因模型。

本例采用了Python进行算法编程，调用sklearn库中的RandomForestClassifier，输入包括全部52个操作变量和测量变量，输出为故障原因。以数据样本中的480组数据为训练集、200组数据为测试集。参数为：决策树算法为CART法，决策树数量K=250，随机属性的个数m=8。部分预测结果见表9.25。

表9.25 RF预测结果

序号	变量1	变量2	变量3	变量4	…	变量50	变量51	变量52	故障原因	RF预测故障原因
1	0.20	0.31	0.29	0.68	…	0.43	0.07	0.00	T1	T1
2	0.19	0.38	0.24	0.83	…	0.41	0.15	0.80	T1	T1
…	…	…	…	…	…	…	…	…	…	…
680	0.14	0.58	0.51	0.66	…	0.35	0.73	0.72	T2	T2

第三步：模型准确性评价。

用故障诊断率（即准确率FDR）作为模型评价指标，见下式。

$$\mathrm{FDR}=\frac{\mathrm{TP}}{\mathrm{TP}+\mathrm{FP}} \tag{9.16}$$

TP、FP的含义见表9.4。据此计算，故障1的诊断率为91%，故障2的诊断率为92.04%。

本章要求

- 掌握聚类、分类、关联规则、回归、预测与诊断问题的概念、特点与基本原理，掌握其中一个典型的算法模型
- 了解预测的基本原理与常用方法
- 了解人工神经网络的基本原理、类型与方法
- 了解时间序列分析的原理与方法
- 了解诊断算法的原理和常用方法

思考题

9-1 请简要回答目前主要的数据挖掘算法及其特点。

9-2 预测算法的原理是什么？常用的预测算法有哪些？

9-3 诊断与预测有什么共同点与不同点？

9-4 时间序列有哪些类型？如何判断时间序列类型？

9-5 时间序列预测算法有哪些？

9-6 灰色预测模型的原理是什么？

9-7 诊断项目与预测项目中，数据预处理的策略与方法有什么不同？

第10章
数据挖掘应用案例

本章内容提示 ＼

本章以过程行业的几个实例，从产品设计、过程可靠性评价、产业链模型分析与优化、设备异常识别、基于软测量技术的异常识别与控制优化一体化等应用场景，展示数据挖掘方法的应用。案例包括：

· 材料基因组计划的概要及案例分析
· 过程系统的可靠性评价、算法模型分析及案例
· 基于BI的煤化工产业链集成优化模型分析
· 设备异常识别与预防性维修的基本概念、方法与案例分析
· 软测量技术的基本概念、模型与案例分析

10.1 材料基因组计划

新材料是指新发展或正在发展的具有优异性能的结构材料和有特殊性质的功能材料，包括新金属材料、精细陶瓷、储能材料、光纤和高分子复合材料等。新材料因其性能良好，在电子、电器、汽车、建材、日用品、新能源、生物医药等领域展示出良好的应用前景，成为发展热点。同时，也给科研机构和企业提出了更高的要求：

① 更好的材料性能，可满足客户个性化需求。比如，结构材料应具有更好的强度、韧性、硬度和弹性等机械性能，功能材料则在电、光、声、磁、热等指标方面具有更好的特异性效应；

② 当市场提出个性化需求，可以很快做出快速响应，研发效率高，周期短，研发成本可控；

③ 生产工艺相对温和，制造成本可控，装置通用性好，柔性度高。

一般而言，实验是材料科学研究的主要方法，按照“提出假设-实验验证”的模式顺序开展、循环迭代，以不断逼近目标。一种新材料从立项、研发到应用往往需要很长的时间，已成为新材料研发的瓶颈，急需变革研究方法，提高新材料研发的速度。在此背景下，提出了材料基因组计划，因其有助于以更少的实验次数、更快的时间和更低的研发成本达到用户要求，一经提出即受到广泛的关注和响应。

10.1.1 材料基因组计划概要

2011年，时任美国总统奥巴马宣布启动先进制造业伙伴关系计划，以强化美国制造业领先地位。材料基因组计划（Materials Genome Initiative，MGI）是这一计划中的重要组成部分，其目标是缩短新材料研发周期、降低研发成本。

材料基因组计划是将传统的实验筛选方法与高通量计算和大数据技术相结合，融合物理模型、数学计算和材料学原理等方法，建立材料的组成、结构和性能间的关联模型，并据此实现材料性能预测，使新材料研发从完全经验型向预测型转变。图10.1所示为美国提出材料基因组计划的实现目标和创新基础。

“材料基因组计划”的方法与“人类基因组工程”方法类似，基于已知材料的全生命周期数据，建立材料的化学组分、微观结构和物性数据库，结合高通量（High-throughput）试验和高性能计算，探寻材料的化学成分、微观结构以及加工工艺与性能之间的构效关系，为材料设计与工艺研究提供指导。“材料基因组计划”可实现两方面的目标。一方面，拓宽材料筛选范围，预知待合成材料的各项性能；另一方面，缩短材料性质优化和测试周期，加速材料研究的创新。图10.2展示了材料基因组计划加快材料研发周期的业务模式。

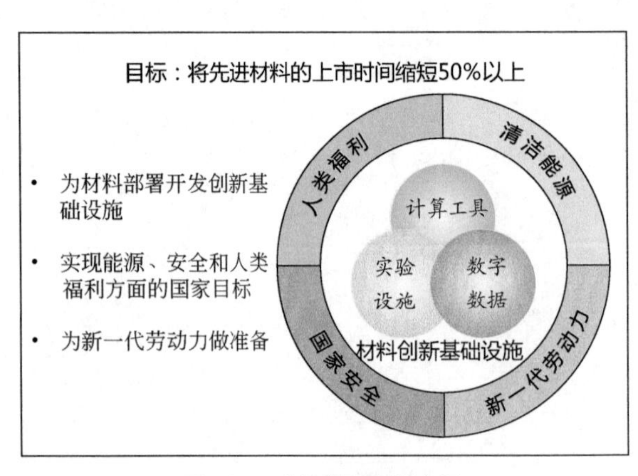

图10.1 材料基因组计划

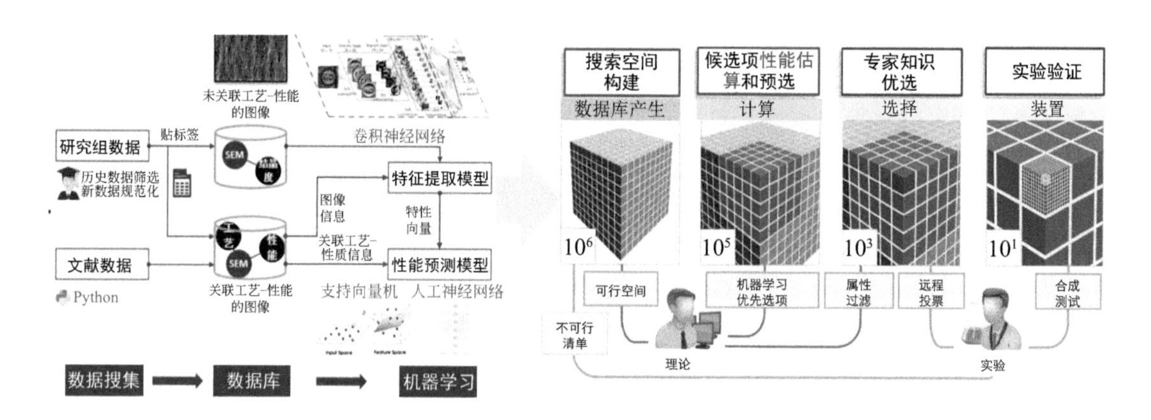

图10.2　材料基因组计划加快材料研发周期的业务模式

材料基因组计划主要包括以下三大组成部分。

（1）高通量实验平台

高通量技术（High Throughput Technology）是指借助自动化技术、多批次实验、多指标数据采集、多任务同步并行计算的操作技术。基于高通量技术的实验从串行工作模式转变为并行模式，短时间完成大量样品的制备和表征，从根本上提高材料研究的效率。同时，高通量实验可为材料模拟计算提供大量基础实验数据，充实材料数据库，为潜在的应用需求提供快速筛选的可选方案。图10.3所示为面向材料基因组计划的高通量平台模型。

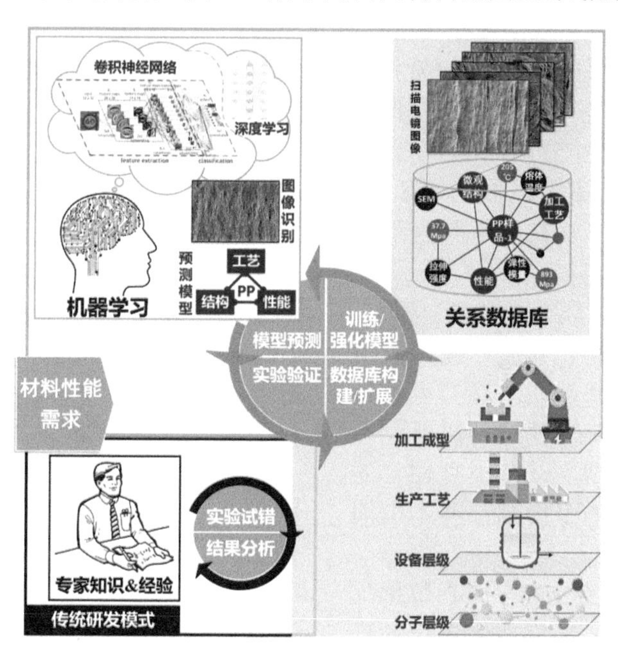

图10.3　面向材料基因组计划的高通量平台

（2）材料数据库

材料数据库是材料计算模拟的基础数据源，可为高通量材料实验提供设计依据。

材料计算模型是一个多尺度问题，涉及分子尺度、介观结构以及宏观层面的工艺及材料性能。因此，面向高通量的材料数据库比一般的工业大数据的要求更高，需在多个维度、多个尺度上对材料性能进行数据表征、采集和存储（如，分子链结构、界面形态和成型工艺），建立从材料设计、制造、服役到老化的全生命周期的性能模型。对此，工业互联网为建立和丰富材料数据库提供了技术基础；同时，通过材料模拟计算所得的材料数据也是一个重要的来源。

目前，美国已建立了多种类型的材料数据库，如，力学性能数据库、金属弹性性能数据中心、晶体结构库、腐蚀数据中心、材料摩擦和磨损数据库。欧洲也建成了无机材料晶体结构库（ICSD），ICSD可支持第一性原理计算。另外，欧洲还有热化学数据库和高温材料数据库（HT-DB）。日本建立了“材料数据平台”（Materials Database Station），此平台已涵盖材料基本特性数据库、聚合物数据库、金属与合金数据库和超导体数据库。我国也在积极开展材料基因组计划的相关工作，相继展开建设了半导体衬底、电解质、太阳能电池板、抗腐蚀材料、高分子材料的材料数据库。

（3）基于高通量、高性能计算的材料计算模拟

为了实现材料研究的“按需设计”，为实验设计提供理论依据，缩小实验范围，材料计算模拟是有效的方法和路径。数据挖掘技术是材料模拟计算的重要方法，可用于建立成分、工艺、微结构和性能之间的联系，支持研究人员根据市场对材料性能的需求，设计出优化的材料组分和微结构，同时，优化生产工艺。材料基因组学的一般研究方法见图10.4。

数据挖掘是材料计算模拟的基础性技术，其算法和应用模式还处于快速发展之中，主要的研究方向包括：

① 数据挖掘的计算量随结果集的数据项个数和规则的复杂性呈指数增长。同时，材料性能的多样化也增加了性能表征数据结构的复杂程度。因此，需要提升数据挖掘算法面向大型、多维、非结构化和异构数据库技术的适应性。

② 在建立材料性能的数据挖掘模型时，不仅要考虑材料组分和工艺对材料性能的影响，同时，还应考虑成本、加工周期、制造条件、应用场景等其他因素。因此，多目标优化技术是数据挖掘算法在材料基因组计划应用的重要研究内容。

③ 数据挖掘模型属于“黑箱”模型，为降低分析的非结构化程度，提高模型的迁移性和分析效率，并改善其可解释性，还需深度融合物理模型和材料学原理建立“灰箱”模型，或多模型融合的分析模型，这将有助于提高小样本空间下的模型适用性。

④ 结合人工智能技术，改善数据挖掘模型的自学习能力，包括优先级的确定法则、关联规则的建立逻辑和可选样本空间的高效搜索与评价方法等。

⑤ 数据挖掘模型与数据库系统深度融合，完善由数据库、规则库和模型库构成的三库体系，并与实时数据采集系统连接，以形成统一的整体。

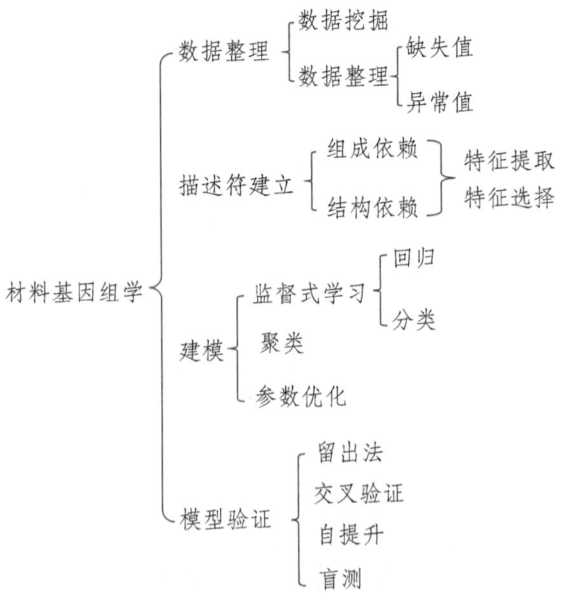

图10.4　材料基因组学的研究方法

10.1.2 神经网络模型预测晶体材料的形成能

采用机器学习预测晶体材料的结构能量对评价材料的结构性能和制备工艺有重要的指导意义。目前，大多数工作的预测误差在70 ～ 100meV/atom左右，还有较大的改善空间。2018年，加州大学圣地亚哥分校的研究团队在Nature Communications上发表了题为“Deep neural networks for accurate predictions of crystal stability”的研究论文。他们认为，合理选择特征向量、学习目标以及算法可有效降低预测误差。该团队研究人员以二元化合物为参照，将形成能作为模型学习目标，选择晶体中占据每个Wycoff位置原子的电负性和离子半径作为晶体的特征值属性，建立了模型。在算法方面，基于特征值属性和预测目标之间存在的复杂非线性关系这一特点，选择了可以模拟任意复杂度的非线性模型的人工神经网络算法。研究团队针对635个unmix石榴石进行了形成能预测，将预测误差降低到7 ～ 10meV/atom，取得了非常好的成果。

该工作成功地提高了机器学习在预测材料稳定性方面的准确度，其结果可与基于第一性原理的模型计算结果媲美，但模型的复杂度和迁移性更优。同时，该工作还表明，在应用机器学习方法预测材料性能时，选择合适的特征值属性非常重要。结合材料学的领域性知识，有助于提炼更紧凑和有效的特征属性，从而避免冗余的特征值属性，提高模型运算效率，不仅扩展了模型的可预测空间，还在小样本空间上获得了很好的预测结果。

10.1.3 基于关联规则模型的材料性能分析

生产实践表明，共混材料的性能与配方、工艺、使用环境有重要的关联关系，如，流变性能、光学性能、导电和变形性能等都与实验或生产过程中具体的条件参数组合有着密切联系。尽管企业可以发现材料性能与各因素间关联性的存在，但却难以建立准确的数学模型对其进行量化描述。这是因为，复杂的多因素间的干扰会影响模型的准确性。数据挖掘技术为此提供了新的解决路径，其基本思路是：根据已有的共混材料的组成成分、生产工艺与材料性能数据，应用机器学习方法建立关联模型；再基于模型按目标性能要求进行分析和筛选，得出最接近性能要求的生产工艺；最后进行实验验证。

关联规则是建立关联性模型的重要方法。基于共混材料基础知识，对已有的制备工艺和生产数据进行分析和建模，是建立组分配比和制备工艺等因素与材料性能关联关系的第一步。其过程如下。

① 共混材料制备工艺集B是由制备工艺b_m（m=1，2，…，k）组成的集合。每个制备工艺都有特定的共混材料性能指标集，设：全部性能指标的集合为I，制备工艺b_m（$b_m \in B$）的性能指标的集合记作I_{b_m}，从而有：

$$I_{b_m} \subset I(m=1,2,\cdots,k) \tag{10.1}$$

$$\sum I_{b_m} \subset I \tag{10.2}$$

② 设有性能指标集X，$X \subset I$，制备工艺b的性能指标集I_b，若$X \subseteq I_b$，称工艺b关联性能指标集X。如性能指标集X，$X \subset I$，记：

$$\mathrm{SB}(X)=\{b \mid X \subset I_b\} \tag{10.3}$$

$$\mathrm{SI}(X)=\{I_b \mid X \subset I_b\} \tag{10.4}$$

$$\mathrm{SI}(X,Y)=\{I_b \mid (X \subset I_b) \wedge (Y \subset I_b)\} \tag{10.5}$$

以支持率反应性能指标集在制备工艺集中出现的频度，定义B对X的支持率为S（X），则有：

$$S(X)=|\mathrm{SB}(X)|/|B| \tag{10.6}$$

以关联度反映两个性能集之间的关联程度，定义性能集Y对性能集X的关联度为$C(X, Y)$，则有：

$$C(X,Y)=|\mathrm{SI}(X,Y)|/|\mathrm{SI}(X)| \tag{10.7}$$

③ 以X为基础性能，SB（X）为基础制备工艺，Y为目标性能，SB（Y）为需要导出的衍生制备工艺。关联规则是形如$X \Rightarrow Y$的隐性函数式，探索X及与之对应的SB（X），依据一定的关联规则，可以推导Y的结果，并得出SB（Y）。关联规则$X \Rightarrow Y$的支持率为S（$X \cup Y$），关联度为C（X，Y）。

④ 实际上，共混材料配方及工艺的关联规则描述的是一个性能指标集与另一个性能指标集的关联程度，从而，可由已知制备工艺推导产生新的制备工艺。对于有n个性能指标的指标集，可产生$\sum_{n=1}^{m} C_n^m \sum_{i-1}^{n-m} C_{n-m}^i$个关联规则。显然，并非其中的所有关联都有用，支持率和关联度是关键的评判指标。设定$S_{\min}$为最小支持率，$C_{\min}$为最小关联度，因此有：

$$S(X) \geqslant S_{\min} \tag{10.8}$$

$$C(X, Y) \geqslant C_{\min} \tag{10.9}$$

基于共混材料配方与工艺关联规则的目标工艺搜索过程如下。

首先，遍历制备工艺集B，求出制备工艺b_m（m=1，2，…，k）对所有目标性能指标的支持率，有：

$$S(Y)=|\mathrm{SB}(Y)|/|B|$$

其中：

$$\mathrm{SB}(Y)=\{b_m | Y \subset I_b\} \quad (m=1,2,\cdots,k) \tag{10.10}$$

其次，在B中找出达到所设定最小支持率的制备工艺子集，称为初选制备工艺子集。

再次，在初选制备工艺子集的各制备工艺与性能指标之间组合关联规则，找出达到最小关联度的关联规则，形成强关联子集，也称预选制备工艺子集。

最后，在预选制备工艺子集的基础上作必要的调整，通过实验验证形成满足性能要求的共混材料配方与工艺。

在实际应用中，设定适当的$S_{\min}$和$C_{\min}$是实现上述算法的关键。若其值过大，可能会丢失一些有意义的关联关系；其值过小，不仅会显著增加搜索量，还会使预选工艺子集过大，降低指导价值。可见，$S_{\min}$和$C_{\min}$存在最优取值问题，这对于大样本空间尤为重要。例如，在四川大学互联化工研究中心完成的一个项目中，需要开发一个基于企业PDM数据库的、能按客户需求快速检索产品组分和工艺的算法模型，PDM数据库有60余万条制备工艺数据和5000多万条生产数据，且在不断增加，其数据的特征值属性超过50个。对此，项目团队将关联规则模型与遗传算法结合，综合考虑工艺的通用性与制造成本，建立$S_{\min}$和$C_{\min}$的寻优算法，取得了良好的工程应用效果。

10.2　化工系统的可靠性评价

系统可靠性是指系统在规定的条件和规定的时间内完成规定功能的能力，是评价系统性能优劣和运行可靠性状态的重要指标。建立化工系统可靠性综合评价模型，实现系统的安全风险分析与评价，以支持系统稳定可靠运行。一般情况下，化工系统可靠性R_s分为五个等级，如表10.1所示。

表10.1　系统可靠性的五个等级

等级	1	2	3	4	5
内容	不可靠	不太可靠	一般可靠	较可靠	很可靠

目前，常用的复杂体系的综合评价方法有主观赋权评价法和客观赋权评价法。

主观赋权评价法包括层次分析法、模糊评价法和功效系数法，是根据专家经验进行主观判断获得权数的方法，人为因素干扰大，评价效果不稳定。

客观赋权评价法包括主成分分析法、聚类分析法和神经网络法，这些方法通过算法模型综合考虑指标间的相关关系以确定权数，评价结果相对客观，是解决高维度复杂系统分析评价模型的可行方法。

10.2.1　化工系统可靠性评价指标

化工系统的可靠性R_s涉及生产过程中“人、机、料、法、环”（Man，Machine，Material，Method，Environments，4M1E）的综合评价问题，需要全面深入地挖掘其影响因素，建立模型。可靠性综合评价的部分指标如图10.5所示。

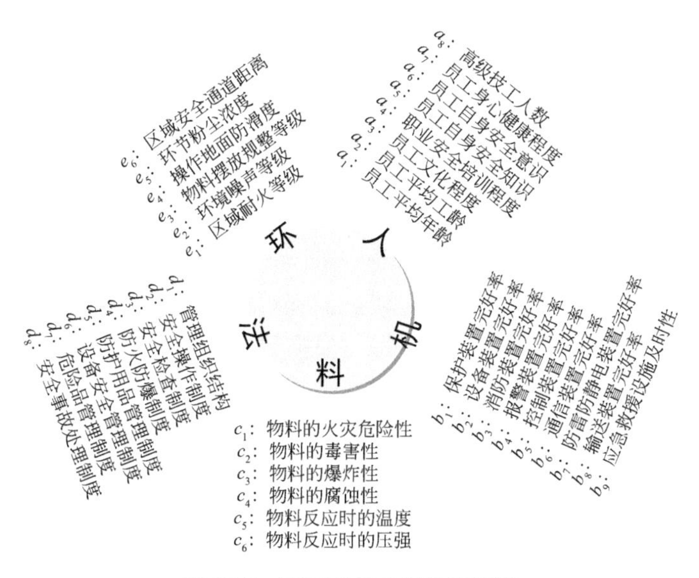

图10.5　可靠性综合评价指标图

为简洁起见，选择4M1E中的“机”进行说明。“机”，即机器设备，是过程系统可靠性评价中的关键性指标，涉及设备主体装置、辅助生产装置、后备预防装置以及预防装置的联结策略等，表10.2列举了其中部分指标。

表10.2 机器模板相关指标

标号	内容	标号	内容
b_1	保护装置完好率	b_6	通信装置完好率
b_2	设备装置完好率	b_7	防雷防静电装置完好率
b_3	消防装置完好率	b_8	输送装置完好率
b_4	报警装置完好率	b_9	应急救援设施及时性
b_5	控制装置完好率		

其中，b_1，b_2，b_3，b_4，b_5，b_6，b_7，b_8是定量指标，其值可通过设备运行状况统计得到。也有定性指标，如，应急救援设施及时性指标b_9，定性指标需进行量化处理。本例用{1，0.9，0.8，0.7，0.5}进行等级划分，1代表最好状态，0.9代表较好状态，0.8代表一般状态，0.7代表较差状态，0.5代表最差状态。

10.2.2 分析模型的建立

研究发现，4M1E对系统可靠性的影响难以进行回归拟合，因此，选用人工神经网络建立R_s评价模型，并根据其多维度、小样本量的特点，基于GA-BP建立如图10.6所示的混合算法。

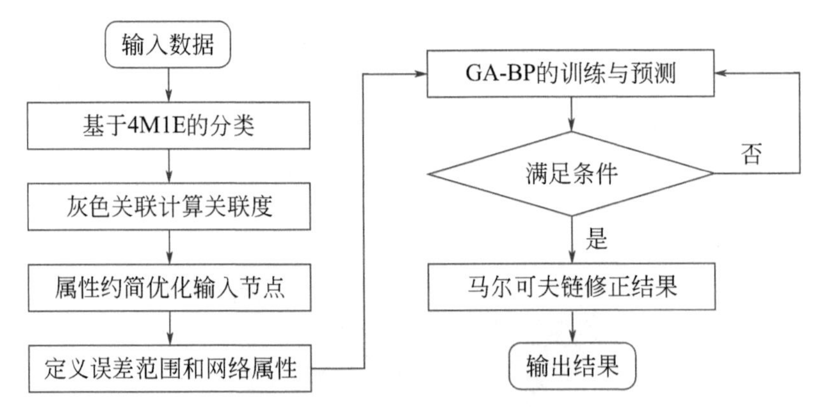

图10.6 可靠性综合评价总模型

首先，基于4M1E原则对指标分类；然后，利用灰色关联分析计算指标关联度，剔除弱相关指标后建立双层多网络GA-BP模型。模型第一层是人、机、料、法、环5个子网络。以“机”为例，其子网络的输入层因素如表10.2所示，输出层为设备指标的运行可靠度；第二层GA-BP网络的输入层是5个子网络的输出，输出层则为系统的整体可靠度R_s。建立双层多网络GA-BP模型的原因是，为了消除“人、机、料、法、环”对R_s不同的影响机制和程度所带来的相互干扰，同时，降低模型复杂度，以改善其收敛性和准确度。模型拓扑结构如图10.7所示。提取某石化企业1年内的60组生产数据进行分析，其中，45组作为训练数据，15组为测试数据。

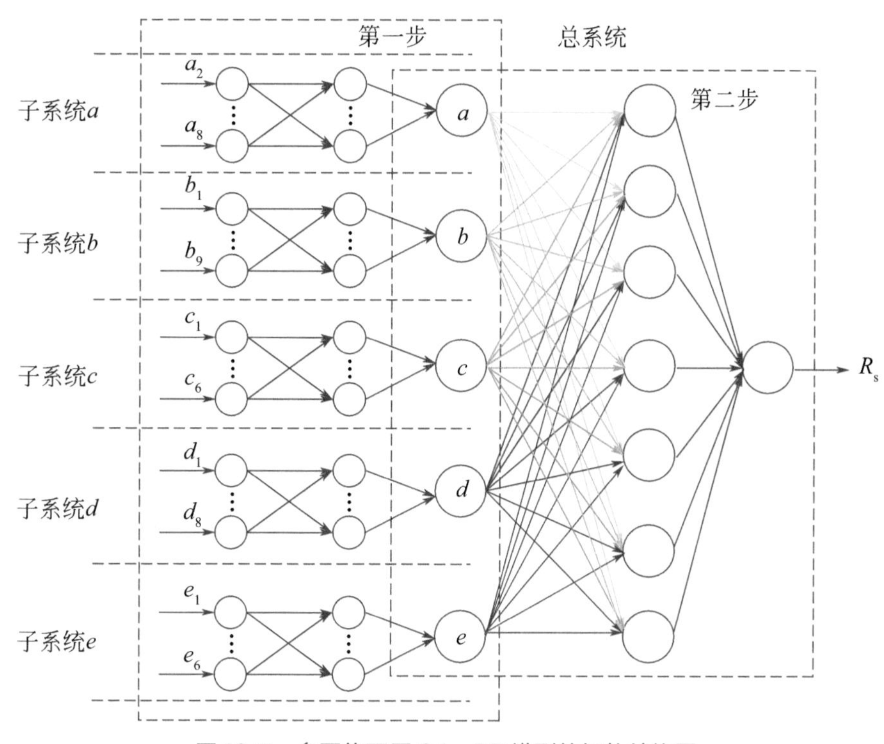

图10.7 多网络双层GA- BP模型的拓扑结构图

10.2.3 灰色关联分析

灰色关联分析法属于数据预处理，目的是消除弱关联因素、简化网络结构、避免过拟合。基于灰色关联分析，计算各因素的关联度。表10.3、表10.4分别列出了人员和设备子系统的关联度 r_a、r_b 的计算结果。

表10.3 人员子系统关联度结果

指标	a_1	a_2	a_3	a_4	a_5	a_6	a_7	a_8
r_a	0.47	0.70	0.73	0.66	0.57	0.57	0.57	0.74

表10.4 设备子系统关联度结果

指标	b_1	b_2	b_3	b_4	b_5	b_6	b_7	b_8	b_9
r_b	0.59	0.54	0.50	0.55	0.55	0.54	0.53	0.54	0.55

已知，关联度越大，对结果的影响越显著。因此，去除关联度小的指标，保留关联度较大的指标作为模型输入，以进一步优化模型。

由表10.3可得，Δr_a=0.265，指标间的差异性较大，a_2，a_3，a_4，a_8 的关联度较接近，均大于其余指标的关联度，因此，选择 a_2，a_3，a_4，a_8 作为人员子系统的输入。由表10.4可得，Δr_b=0.057，各因素的关联度接近，因此，将9项指标都作为设备子系统的输入。图10.8给出了人、机、料、法、环五个子系统的关联度雷达图，形象地表现出了各因素影响程度的差异性。基于此，最终选定各子系统输入层因素如图10.9所示。

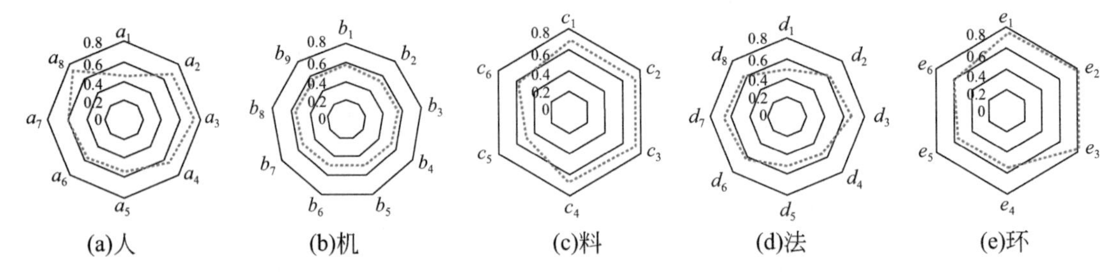

图10.8　人、机、料、法、环五个子系统关联度的雷达图

a_2 员工平均工龄	b_2 设备装置完好率	b_7 防雷防静电装置完好率	c_3 物料的爆炸性	d_7 危险品管理制度
a_3 员工文化程度	b_3 消防装置完好率	b_8 输送装置完好率	c_4 物料的腐蚀性	d_8 安全事故处理制度
a_4 职业安全培训程度	b_4 报警装置完好率	b_9 应急救援设施及时性	d_2 安全操作制度	e_1 区域耐火等级
a_8 高级技工人数	b_5 控制装置完好率	c_1 物料的火灾危险性	d_3 安全检查制度	e_2 环境噪声等级
b_1 保护装置完好率	b_6 通信装置完好率	c_2 物料的毒害性	d_6 设备安全管理制度	e_3 物料摆放规整等级

图10.9　灰色关联分析后人、机、料、法、环各子系统的GA- BP输入层因素

10.2.4　马尔可夫修正

模型运算结果显示，相比普通GA-BP，本模型显著降低了分析误差，提升了模型精度，如表10.5所示。

为进一步提高模型准确性，采用马尔可夫链（Markov）进行修正。Markov修正原理为：对数据进行统计，建立转移矩阵来分析数据变化趋势，以有效降低误差振幅，使结果更加精确。本例使用黄金分割率划分马尔可夫链状态区间，计算式如下：

$$r_r = \Omega^S \widetilde{X},\ |s| < t,\quad r = 1,2,\cdots,t \tag{10.11}$$

式中，Ω为黄金分割率0.618；$\widetilde{X}$为序列的均值；s为量级数，根据序列的值域大小选取。马尔可夫链残差修正后的模型预测结果见表10.5，预测精度明显提高。

表10.5　马尔可夫链残差修正GA- BP模型的部分值结果

序号	实际值	双层GA-BP				GA-BP			
		GA-BP		Markov修正		GA-BP		Markov修正	
		预测值	相对误差	预测值	相对误差	预测值	相对误差	预测值	相对误差
33	2.17	1.780	−17.97%	1.918	−11.61%	2.597	19.68%	2.452	13.00%
38	2.14	1.745	−18.46%	1.883	−12.01%	2.525	17.99%	2.380	11.21%

10.3 煤化工产业链的协同机制与模型

现代企业竞争已经演变成了企业供应链或者说企业生态环境的竞争。因此，上下游化工企业以及公用工程服务企业等通常会形成相对稳定的供应链网，并不断地得到整合和优化，以实现协同发展。但在实践中，如果供应链网中的一个或几个企业出现经营困难，可能会导致供应链内企业的业务整合度下降，进而出现经营不稳定或整体发展困难的情况。为此，需要建立供应链协同性评价模型，识别其中的不确定性和风险，这是商业智能（BI）在化工行业的典型应用。

以某焦化工业园区为例，园区内的产品有：洗精煤、冶金焦、工业萘、硫酸铵、煤焦油、粗苯和顺酐等焦化产品。同时，还生产聚已烯醇、1,4-丁二醇、白乳胶、双乙酸钠、四氢呋喃、精苯、甲苯和二甲苯等精细化工产品。图10.10所示是其主要的产品结构图，即该园区的供应链结构图。

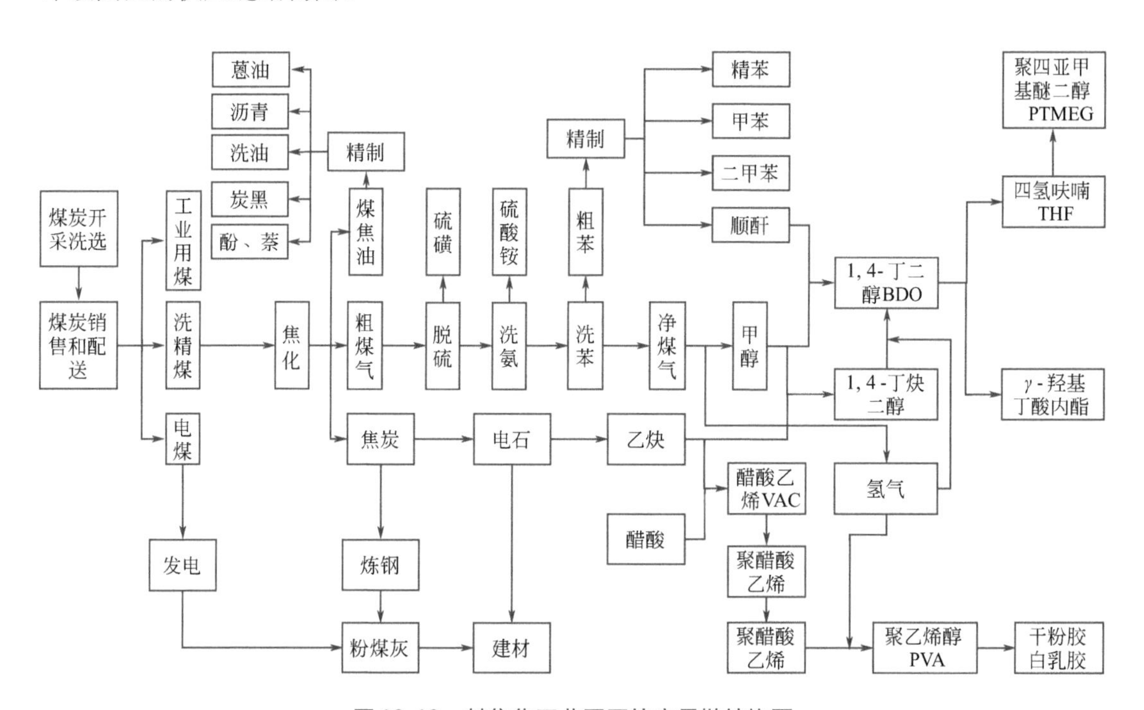

图10.10 某焦化工业园区的产品链结构图

建立协同性评价模型，需要提炼协同性评价指标，并建立协同机制模型。建立如图10.11所示的相关模型，当供应链处于协同状态时，其产业整合、发展、工业代谢、信息共享和契约交互五个层面均应处于协同状态，表现为企业在业务柔性、运营能力、代谢平衡、信息强度以及契约执行度五个方面的协同性。当企业在这五个方面达到协同时，必定会推动整个供应链协同发展。

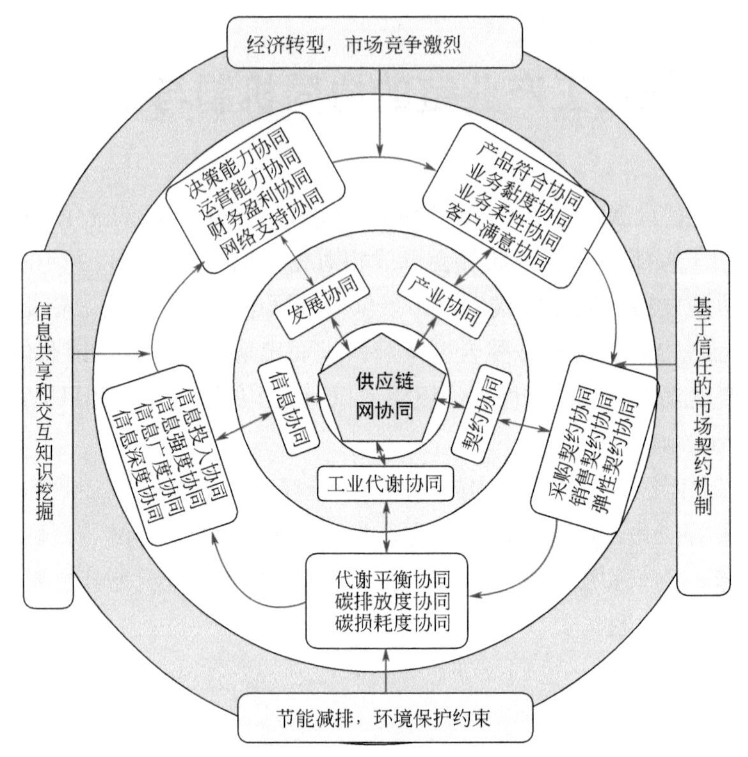

图10.11　供应链网评价指标及其协同的机制模型

10.3.1　基于社会网络分析法的供应链模型

解决供应链协同问题，首先要明确供应链内各节点企业所处的位置和所扮演的角色，即识别需要重点关注的节点企业，以及重要性相对次之的节点企业。只有明确节点企业的位置和角色后，才能采取正确的协调策略，实现化工园区全部企业的协同。而随着节点企业的增加，供应链体系结构将趋于复杂化，供应链节点间业务和信息的交互会更加频繁，使供应链协同性分析越来越困难。因此，需要找到一种能处理这种复杂网络结构的方法。

社会网络分析法（Social Network Analysis，SNA）是基于数学中的图形理论演化而来的一套分析方法，可用于复杂供应链网络的分析，寻找其中的关键核心企业。针对图10.10所示的供应链网络关系，建立图10.12所示的社会网络结构图。图10.12中，橙色节点为企业，各字母所代表的企业类型如表10.6所示：

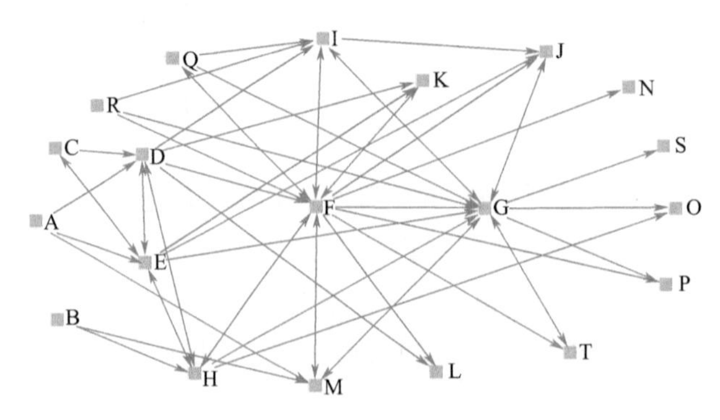

图10.12　工业园区的社会网络结构图

表10.6　企业类型

企业编号	企业类型	企业编号	企业类型
A、B、C	煤矿开采与洗选	K	钢铁
D、E	煤炭销售	L	电石
F、J	焦化企业	M	建材
G	精细化工企业	P、T	化工产品销售公司
H	热电厂	Q、R	化工物质供应企业
I、N、O、S	化工企业		

关键核心企业是指，对其他节点企业间的信息、物资和资金交流具有重要影响的企业，它必定处于某个重要的交互关键节点上。本例基于社会网络分析的理论，选用节点中心度、间隔中心度和网络中心势三个指标来分析各节点企业所处的位置及其对供应链的影响程度。

① 节点中心度（Node Degree Centrality in Supply Chain Network）是指，供应链内与节点直接构成交互关系的节点的总个数。企业的节点中心度越大，其交互企业越多，也越接近供应链的中心，从而对整个供应链的控制和影响越大。节点中心度计算公式为：

$$C_{\mathrm{D}}(n_i)=\sum\nolimits_j x_{ij} \tag{10.12}$$

式中，$C_{\mathrm{D}}(n_i)$是节点企业i的节点中心度；j代表供应链内的其他节点企业；x_{ij}表示i与j之间的交互关系，有交互关系其值为1，反之为0。

② 间隔中心度（Betweenness Centrality in Supply Chain Network）是指，供应链中的节点企业之间相互间隔的程度，表示一个节点企业在多大的程度上处在别的节点企业交互的中间位置。间隔中心度测量的是，供应链内一个节点对其他行动者控制和影响程度的强弱。间隔中心度的计算公式为：

$$\mathrm{CB}(n_i)=\sum\nolimits_{j<k}\frac{g_{jk}(n_i)}{g_{jk}} \tag{10.13}$$

式中，$\mathrm{CB}(n_i)$表示节点i的间隔中心度；g_{jk}表示供应链内节点j和节点k之间的连接路径的数目；$g_{jk}(n_i)$是供应链内节点j和节点k之间经过节点i的连接路径的数目。

③ 网络中心势（Network Centralization in Supply Chain Network）反映供应链网整体结构的集中程度，即所有节点企业在产品、信息、资金等业务层面的交互融合度。计算公式如下：

$$C_{\mathrm{D}}=\frac{\sum_{i=1}^{n}[C_{\mathrm{D}}(n_i)_{\max}-C_{\mathrm{D}}(n_i)]}{\max\sum_{i=1}^{n}[C_{\mathrm{D}}(n_i)_{\max}-C_{\mathrm{D}}(n_i)]} \tag{10.14}$$

式中，C_{D}表示网络中心势；i代表企业节点；n为节点企业总数；$C_{\mathrm{D}}(n_i)_{\max}$为最大的中心度数值。公式（10.14）的分子是节点中心度最大值与任何其他节点中心度的差值之和，分母是差值之和的最大可能值。当供应链中只有一个节点与其他所有节点都有业务上的关联关系时，C_{D}值为1；若所有节点的中心度值都相等，则说明供应链平均分布，此时，C_{D}

的值为0。网络中心势反映某些核心节点企业对供应链网中的其他企业的控制能力。

将图10.12所示的工业园区社会网络结构转换为供应链交互矩阵表，结果如表10.7。

表10.7 供应链交互矩阵

	A	B	C	D	E	F	G	H	I	J	K	L	M	N	O	P	Q	R	S	T
A	0	0	0	1	1	0	0	0	0	0	0	0	1	0	0	0	0	0	0	0
B	0	0	0	0	0	0	0	1	0	0	0	0	1	0	0	0	0	0	0	0
C	0	0	0	1	1	0	0	0	0	0	0	0	0	0	0	0	0	0	0	0
D	1	0	1	0	1	1	0	1	1	0	1	1	0	0	0	0	0	0	0	0
E	1	0	1	1	0	0	1	1	0	1	1	0	0	0	0	0	0	0	0	0
F	0	0	0	1	0	0	1	1	1	1	1	1	1	1	0	1	1	1	0	1
G	0	0	0	0	1	1	0	1	1	1	0	0	1	0	1	1	1	1	1	1
H	0	1	0	1	1	1	1	0	0	0	0	0	0	0	1	0	0	0	0	0
I	0	0	0	1	0	1	1	0	0	1	0	0	0	0	0	0	1	1	0	0
J	0	0	0	0	1	1	1	0	1	0	0	0	0	0	0	0	0	0	0	0
K	0	0	0	1	1	1	0	0	0	0	0	0	0	0	0	0	0	0	0	0
L	0	0	0	1	0	1	0	0	0	0	0	0	0	0	0	0	0	0	0	0
M	1	1	0	0	0	1	1	0	0	0	0	0	0	0	0	0	0	0	0	0
N	0	0	0	0	0	1	0	0	0	0	0	0	0	0	0	0	0	0	0	0
O	0	0	0	0	0	0	1	1	0	0	0	0	0	0	0	0	0	0	0	0
P	0	0	0	0	0	1	1	0	0	0	0	0	0	0	0	0	0	0	0	0
Q	0	0	0	0	0	1	1	0	1	0	0	0	0	0	0	0	0	0	0	0
R	0	0	0	0	0	1	1	0	1	0	0	0	0	0	0	0	0	0	0	0
S	0	0	0	0	0	0	1	0	0	0	0	0	0	0	0	0	0	0	0	0
T	0	0	0	0	0	1	1	0	0	0	0	0	0	0	0	0	0	0	0	0

基于表10.7计算整个供应链的网络中心势C_D=50.88%，各节点企业的节点中心度和间隔中心度计算结果见表10.8。

表10.8 节点中心度、间隔中心度的计算值

节点	节点中心度	间隔中心度	节点	节点中心度	间隔中心度
F	13	59.42	K	3	0.40
G	12	51.32	R	3	0.00
D	8	20.42	B	2	0.33
E	7	16.08	P	2	0.00
H	6	16.45	O	2	0.00
I	6	3.90	C	2	0.00
M	4	10.43	L	2	0.00
J	4	0.73	T	2	0.00
Q	4	0.00	S	1	0.00
A	3	1.50	N	1	0.00

由节点中心度计算结果可知，整个供应链网络是以D、E、H、I、F、G为中心的势群分布，即由这些企业共同构成了中心企业群。同时，企业F和G具有较高的间隔中心度，由此，可以认为，由F和G构成的核心企业群的协同作用将影响整个工业园区供应链的运作。因此，应重点分析节点企业F和G的协同运作水平，以改善整个供应链的协同性。图10.13是基于表10.8绘制的中心势分布图。

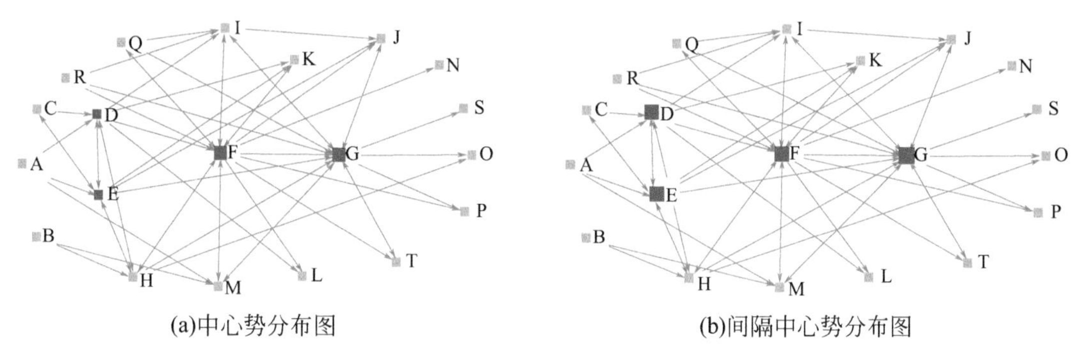

图10.13　中心势分布图

10.3.2　基于工业代谢平衡的协同度评价

社会网络分析法是基于节点企业所关联的企业数量多少进行分析的，未考虑企业间关联的强度，而化工企业间物料流、能量流以及资金流交互关系的大小是衡量关联强度不可或缺的指标。因此，本例基于工业代谢平衡理论，考虑到煤化工行业的特点，以及供应链节能减排和环境的约束性要求，将以碳资源利用率来评价企业间的交互强度，并作为节点中心度计算的权重。

工业代谢是20世纪80年代末期，Ayres等学者为研究制造过程中原料与能源流动对外界环境的影响而提出的，分为产品代谢和废物代谢。产品代谢以产品链的整个生产过程为主线，反映产品价值的增值和转化；废物代谢则以生产过程中的废物链为主线展开。废物代谢的思想是，某一工艺过程产生的废物可作为另一过程的原料，并转化为有价值的产品。在供应链网内，产品代谢和废物代谢同时存在，且交叉融合。基于此，建立如图10.14所示的碳基工业代谢平衡模型。

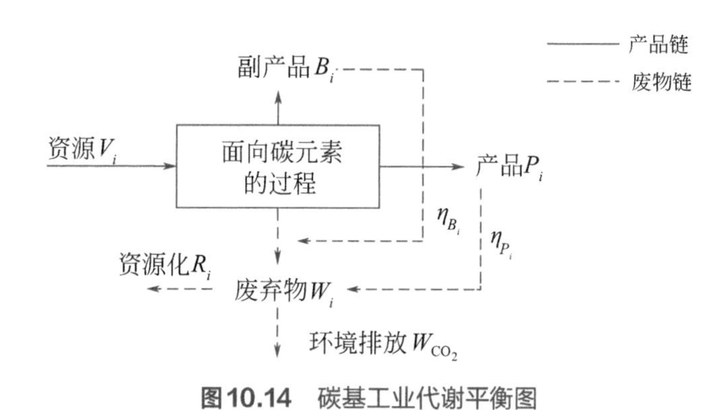

图10.14　碳基工业代谢平衡图

图中，输入碳元素物流分量为V_i，产品中碳元素流量P_i，副产品碳元素流量为B_i，过程的废弃物碳元素排放分量为W_i，产品消费后的废弃率η_{P_i}，副产品消费后的废弃率η_{B_i}，碳元素的资源化回收量为R_i，设E_i为以碳元素所表征的供应链资源利用效率，计算模型如下：

$$E_i = 1 - \frac{\sum (W_i + P_i \eta_{P_i} + B_i \eta_{B_i}) - R_i}{V_i} \tag{10.15}$$

碳排放度$C_{\mathrm{F}i}$，为生产过程中排放到大气中的二氧化碳的碳含量占到总的产品中碳含量的比重，以此表征生产过程中二氧化碳的排放情况，计算模型如下：

$$C_{\mathrm{F}i} = \frac{\sum W_{\mathrm{CO_2}}}{\sum_i^n P_i + \sum_i^n B_i} \tag{10.16}$$

碳损耗度$C_{\mathrm{E}i}$，为生产过程中排放到大气、河流和土地的废弃物中碳的含量占到所有的产品中碳含量的比重，以此来表征生产过程中所有废弃物的排放情况，计算模型如下：

$$C_{\mathrm{E}i} = \frac{\sum (W_{\mathrm{CO_2}} + W_i)}{\sum_i^n P_i + \sum_i^n B_i} \tag{10.17}$$

以企业F为例，图10.15所示为其生产工艺流程图。

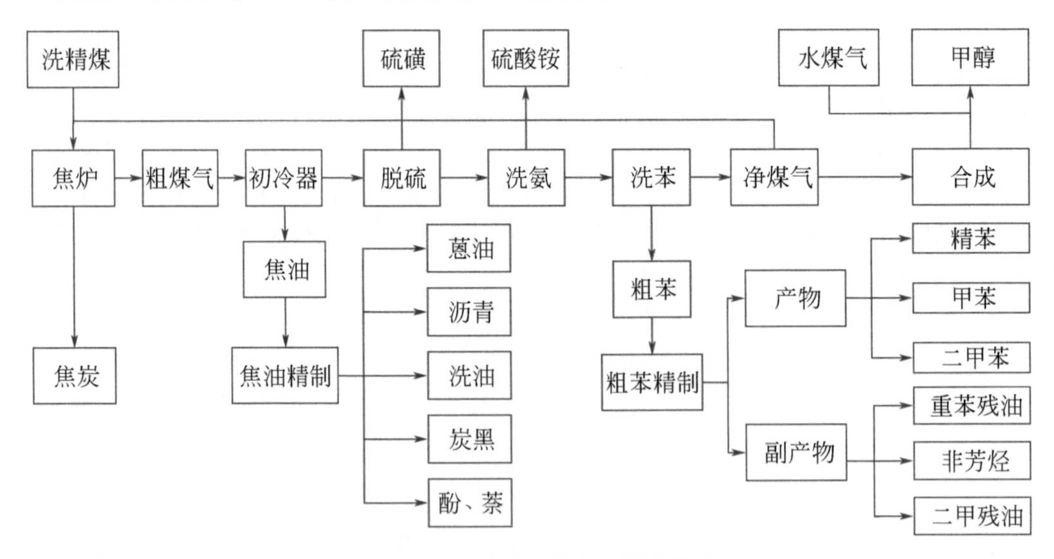

图10.15 企业F生产工艺流程

采用物质流分析法研究碳元素在企业F内从原材料、生产、产品和废物中碳的有效利用率，以及二氧化碳和废物的排放情况，得到碳元素在F企业内的物质流分析图，如图10.16所示。基于图10.16数据，可计算企业F的碳资源化利用效率。

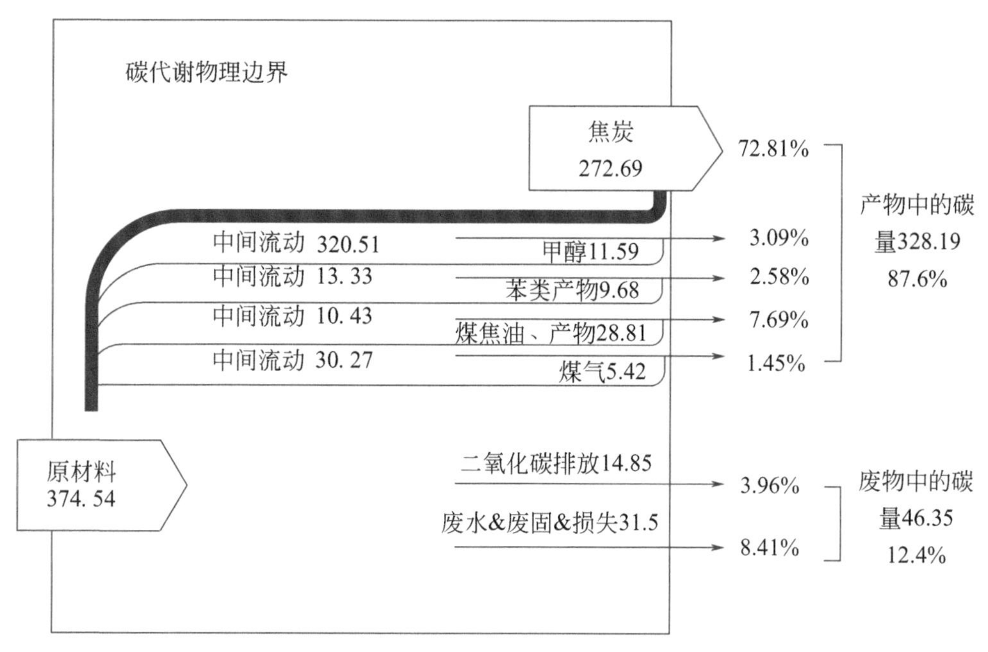

图10.16 碳代谢物质流图（单位：万吨）

10.4 设备异常识别与预防性维修

一般而言，随着运行时间的延长，设备的性能有一个逐步低劣化发展的过程，故障发生的概率也会随之增加。在设备上安装传感器实时记录其机电运行数据，如润滑油温度、运行震动幅度、噪声、电流等，并对记录数据进行分析，可以建立设备状态异常监测与评价模型，在设备故障风险达到一定程度时发出预警，以避免重大安全事故或非计划停产所带来的损失。

10.4.1 模型的建立

根据时间尺度的不同，可将模型分为两类：短周期异常识别模型和长周期性能评价模型。短周期异常识别模型主要分析监测指标在较短时间内的波动情况，以对其性能进行实时诊断和调整；长周期性能评价模型则分析设备性能在长期运行中的状态发展趋势，评价其稳定性和可靠性，提出预防性维修措施，以改善设备的运行状态。短周期和长周期两种模型在设备性能评价与诊断时可同时使用，并可相互参照结果。

（1）短周期异常识别模型

首先，根据问题需要，确定合适的设备性能评价指标，采集其检测值；其次，利用统计方法或数据挖掘算法对其进行统计分析，以判断设备是否出现异常；进而，提出消解异常的解决方案和实现路径。短周期异常识别对时效性有较高要求，为提高效率，可基于专家知识建立规则库，借助快速搜索或寻优的方法，搜寻问题定义域内的最优解。短周期异常识别模型的算法模型如图10.17（a）所示。

（2）长周期性能评价模型

相比短周期模型，长周期性能评价模型的建立更复杂。其分析过程包括设备性能评价指标与基准的确定、数据预处理、时间序列分析等。长周期性能评价模型选择若干设备性能监测的评价指标，采集其检测数值，在必要的数据预处理后建立时间序列分析模型，进而对设备性能的变化趋势进行分析和评价，从而发现设备性能低劣化，甚至是发生故障或异常的周期性规律。长周期异常诊断模型如图10.17（b）所示。

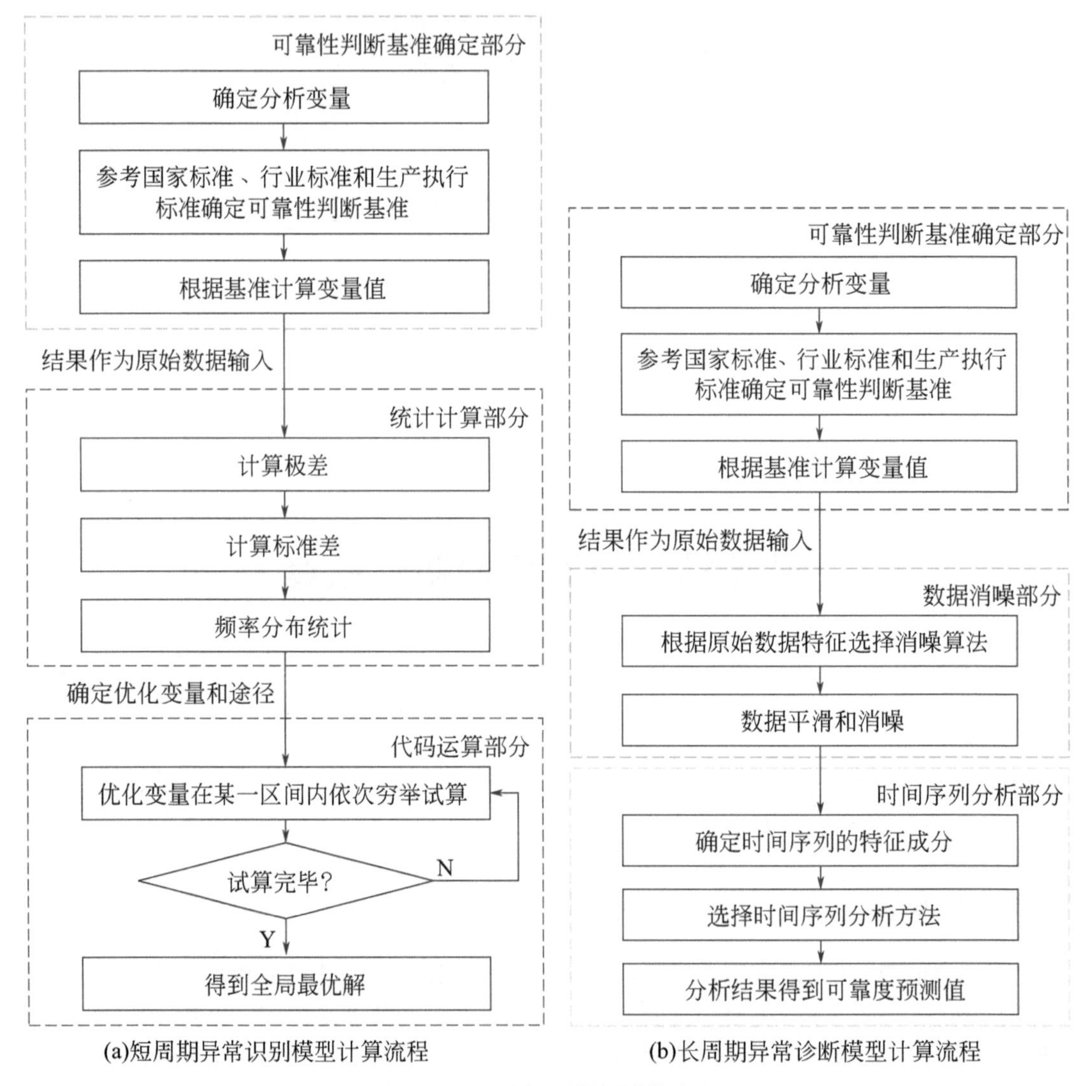

图10.17　设备异常识别模型图

对比短周期和长周期算法模型，短周期模型较注重数据细节，以便及时准确地捕捉短期甚至是突发的数据波动，并基于规则快速识别其是否为异常状况。而长周期性能评价模型则采用时间序列分析法，从更宏观和长期的角度进行设备性能评价。需要指出的是，时间序列分析法在数据预处理时会进行数据平滑处理，这可能会损失短期内的异常波动数据，影响短周期的异常识别的准确性。因此，在短周期异常识别模型中，一般不采用时间序列分析法。

10.4.2　设备异常识别案例

（1）异常判断基准确定

固体原料配料系统是制药和日化企业中的常见单元，物料秤计量的准确性和鲁棒性直接影响产品配料的准确性，进而影响产品质量。本例以某企业固体物料计量秤为对象，分析其称量的准确度和稳定性。为保证生产效率，工艺系统的计量需要快速完成，其取值一般不是物料秤计量稳定后的数据。所以，计量读取值的稳定性和准确性受固体物料性质、落差、秤体结构稳定性、计量值读取时间等多因素影响。这些因素常常使读取值与真实值存在偏差，需要进行算法修正。图10.18是基于工艺要求的计量秤允许偏差判断基准。

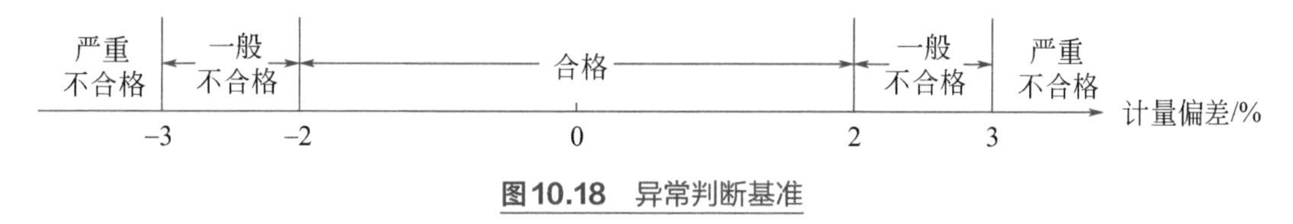

图10.18　异常判断基准

（2）短周期异常识别模型应用

从目标企业的固体物料计量秤中采集8h内的500条计量记录，原始数据如表10.9所示。

表10.9　短期异常识别模型原始数据结构

序号	实际计量/kg	计划计量/kg	计量偏差/%
1	2850	2828	0.778
2	2146	2087	2.827
…	…	…	…
500	6059	6102	–0.705

利用统计方法分析计量偏差可得，数据极差为19.552%，计量偏差最大值为10.663%，最小值为–8.889%，标准差为1.231%。可见，计量偏差的极差值较大，但标准差很小，如图10.19。可知，计量数据中存在个别偏差值较大的点，但整体数据的偏差相对稳定。

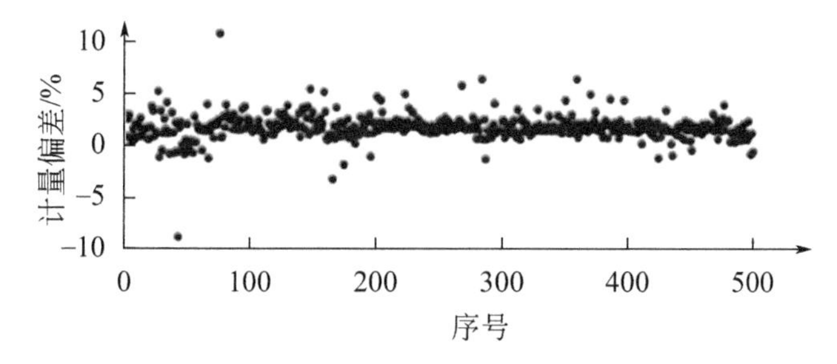

图10.19　短期模型原始数据的累计计量偏差

量化分析计量偏差的频率分布，如图10.20所示，数据样本主要集中在区间(1,2]和区间(2,3]，其中的不合格计量偏差则在区间(2,3]中占多数。

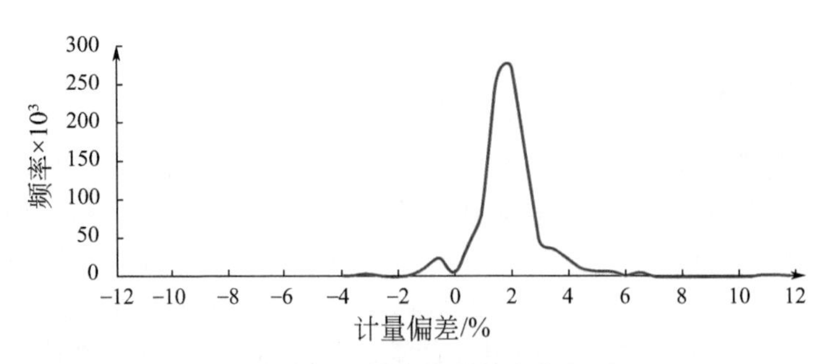

图10.20 计量偏差频率分布

本例短期异常识别模型的目标是，在不停产情况下进行计量传感器数据动态校正，以快速提高计量的准确性。采用全局寻优的算法思路对数据进行校正。如图10.21为计量数据的动态校正算法原理图。

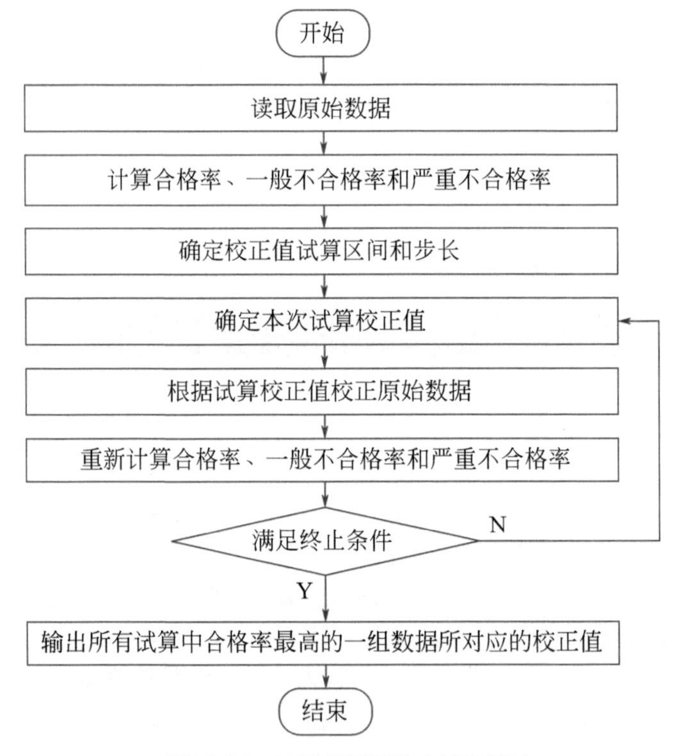

图10.21 计量数据的动态校正算法

算法的核心是，首先，设定一个初始值对计量数据进行修正，并为修正值设定数据范围和移动步长；然后，用所有的修正值对原始计量数据依次进行试算，并计算计量值修正后的总体合格率；最后，选择使总体合格率最高的试算修正值，作为最终的物料秤修正值。通过上述分析，可及时有效地消除计量系统的系统性偏差，提高计量准确性。图10.22是修正后的计量偏差频率分布图。

（3）设备长周期评价模型的应用

为进行设备长周期评价，把数据提取周期延长到1周，共有11211条数据记录，计算每一条计量数据的计量偏差，如图10.23所示。

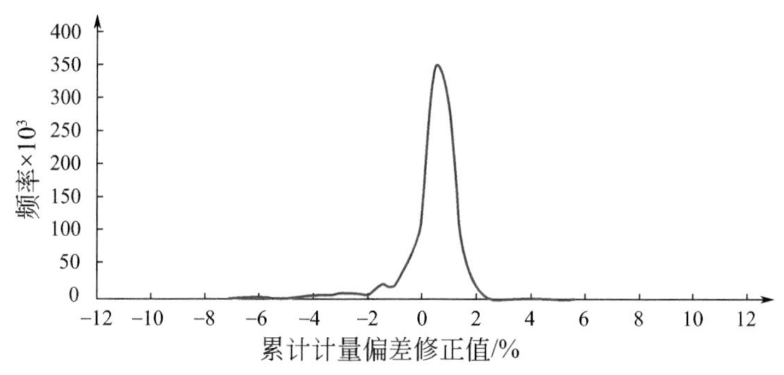

图10.22 修正后的计量偏差频率分布

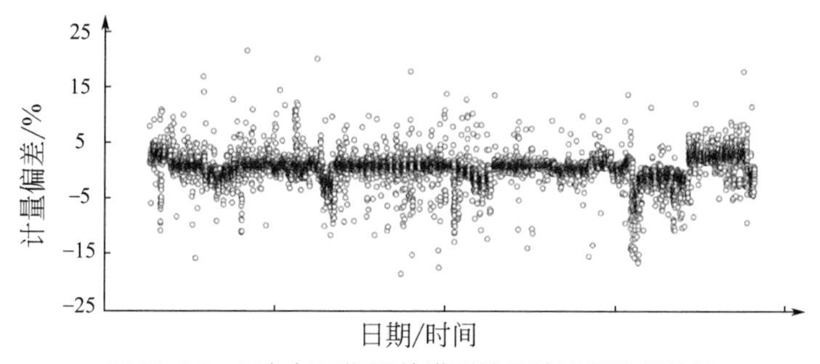

图10.23 设备长周期评价模型的原始计量偏差数据

设备长周期评价关心的是，设备计量的稳定性及其性能低劣化发展的方向与程度。由图10.23可见，有许多数据点处于离散状态。从宏观分析的角度，这些数据点对设备性能低劣化发展趋势的分析意义不显著，甚至是不利的。因此，应进行数据预处理，消除噪声数据并实现数据平滑化。考虑到局部加权回归散点平滑法适合于大量数据散点的数据趋势，所以，本例采用该方法进行数据预处理，处理后的数据见图10.24中实线，图中有明显的周期性偏差增大现象。对于这类周期性性能低劣化的设备，可科学制定维修、检修周期以消除影响。

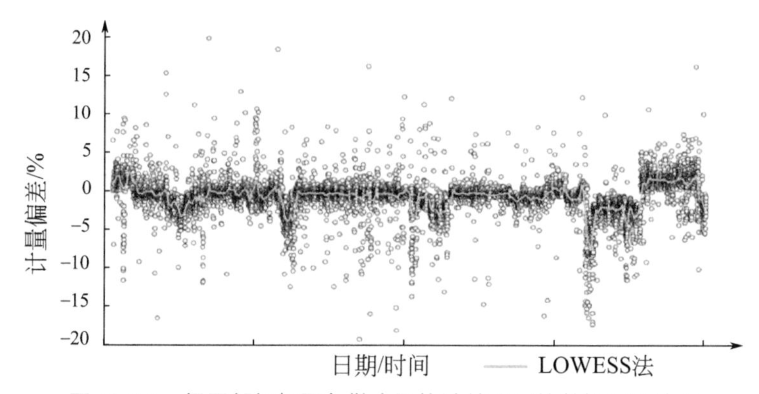

图10.24 经局部加权回归散点平均法处理后的数据平滑结果

基于平滑数据集，选择ARIMA法进行分析。设定自回归阶数P为2，差分阶数d为1，移动平均阶数q为1，即ARIMA（2,1,1）模型。最终模型预测序列与原数据序列间的RMSE值为0.0198。模型具有较高的预测精度，说明该模型可用于物料计量秤运行状态的评价与预测，从而支持装备异常诊断和预防性维修。

10.5 基于智能算法的软测量技术

10.5.1 软测量技术概述

在化工过程中，往往需要对与产品质量、工艺以及安全相关的指标变量进行实时检测和评价。但是，由于技术或经济原因，目前有不少指标还难以用传感器进行在线检测。比如，精馏塔塔顶和塔釜的组分浓度，反应器中的反应物浓度分布，发酵罐中的生物量参数和纸浆生产中的卡伯值等。解决这类指标检测难题有两种途径：一是开发新的传感器；二是通过检测容易测量的指标值，再将其转换处理得到目标指标值。后者被称为软测量技术（或软测量仪表）。

简言之，软测量是一种间接测量，即通过易于获取的其他测量信息，经数据转换或分析实现对目标检测量的估算。软测量技术自提出后，一直是研究的热点，并在工艺质量指标和设备状态的实时监测与控制领域广受关注。

针对化学工业通常具有的大滞后、大惯性、非线性时变以及多变量耦合等特点，以及标签数据样本不充分和小样本处理的要求。目前，已形成一批软测量方法的思路与解决方法。图10.25所示为软测量技术应用模型图。

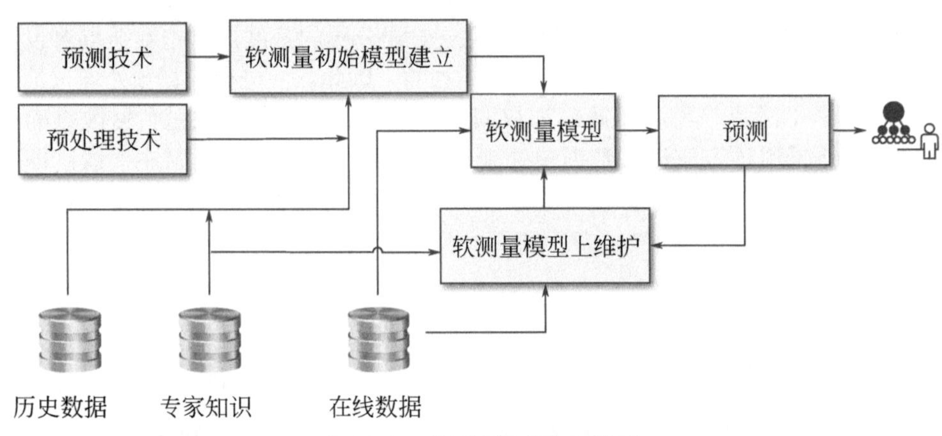

图10.25 软测量技术应用模型

软测量技术的核心是软测量模型，其重点包括模型建立和模型维护两个过程。模型建立一般是指，基于历史数据，运用数据挖掘技术建立数字模型（如，基于工艺机理的模型、回归模型、模式识别、案例推理、遗传算法和神经网络），实现对目标指标的检测。随着智能技术的应用，软测量模型会根据实时数据和模型反馈信息，形成模型的进化机制，实现模型的自我学习和自我完善。

软测量技术强调数据驱动，但样本数据的数量和质量会对其结果产生较大影响。因此，软测量技术在复杂工况下的有效性、无偏性以及泛化适用性等方面存在着挑战。基于此，将数字模型与过程机理模型和专家知识进行结合，也是软测量技术的重要内容。

10.5.2　软测量模型及基于软测量的异常诊断

软测量建模方法有两类，具体介绍如下。

一是基于过程机理的机理模型，此类模型通过分析过程机理a，并运用物理、化学等基本定律b来表述过程的内部规律，建立过程模型。但由于工况以及环境的复杂性，机理模型往往测量性能偏低、适应性差。

二是数据驱动模型。数据驱动建模是将对象看作黑箱，通过输入输出数据建立与过程机理模型等价的模型。其优点是，无需考虑对象运行机理，仅通过数据分析即可建立软测量模型，数据挖掘技术丰富了软测量建模的方法。如图10.26所示是一种融合了GA-BP的数据驱动建模算法。

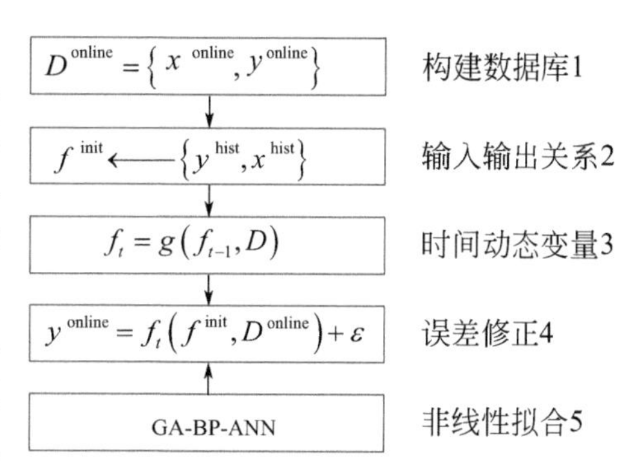

图10.26　软测量数学建模过程

其步骤为：

① D^{online}表示在线数据集合，x^{online}表示输入变量，y^{online}表示输出变量，建立过程监测数据空间：$D^{online}=\{x^{online}，y^{online}\}$。

② x^{hist}表示历史输入数据，y^{hist}表示历史输出数据，基于两者间关联关系建立初始函数关系f^{init}：$f^{init}\leftarrow\{y^{hist}，x^{hist}\}$。

③ f_t为时间的函数，以f_{t-1}和数据集合D拟合建立：$f_t=g(f_{t-1}，D)$。

④ 用ε表示误差，在线输出变量y^{online}，可以由此得：

$$y^{online}=f_t(f^{init}，D^{online})+\varepsilon \tag{10.18}$$

拟合f_t的算法有回归分析法、人工智能算法和模糊技术等。

随着工业互联网在工业领域的推广运用，工艺数据、装置运行机电数据和设备维修保养数据等信息资源的集成度大幅提升，为软测量技术在设备异常识别领域的应用提供了新方法，其原理如图10.27所示。

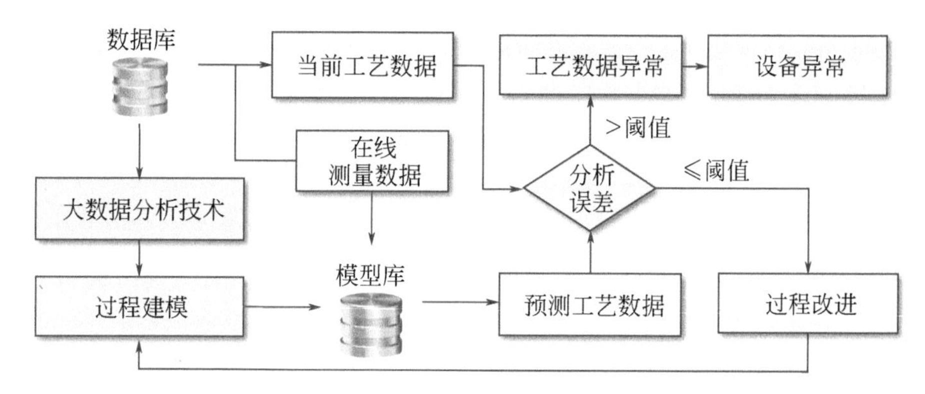

图10.27　基于软测量技术的设备异常识别原理图

在装置运行过程中，基于异常识别模型库以及工艺模型库，对实际工况进行拟合和预测分析，判断设备运行状态是否正常。如果判断为异常状态，则进一步评价其可靠性和可操作性；如果状态为正常，则基于控制优化目标，给出优化控制方案，并分析其控制反馈信息，总结并提炼形成新的控制策略或优化控制参数，以实现持续优化。

10.5.3 粉料储罐料位的软测量模型

在过程企业中，如图10.28所示的粉料储罐常被用于储存固体粉料。为了计量储罐中的粉料量，一种常用的方法是从罐体顶端对料位高度进行测量，然后应用模型计算其中的物料量，这是典型的软测量技术的应用。对于液体储罐而言，其液面总是水平的。而对于粉料储罐，因为低压输送和底部放料等原因，物料表面常常呈现为弧形。而且由于出料速度、进料压力、粉料密度等因素会使弧形的弧度动态变化。因此，其软测量技术模型的准确建立和动态修正是准确计量粉料储量的关键。

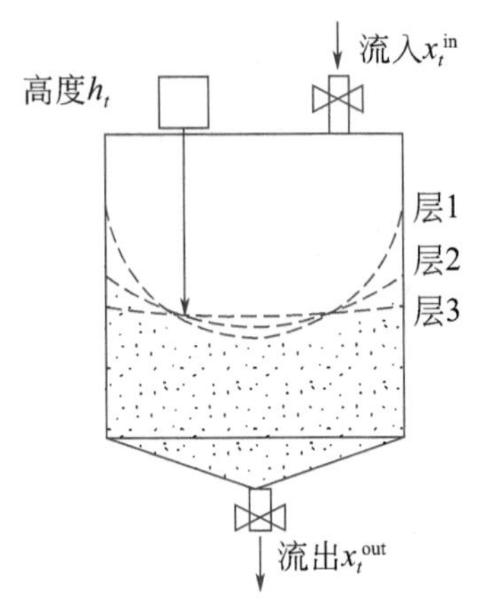

图10.28 固体粉料储罐

将储罐进口计量系统数据记为x_t^{in}，出口计量系统称量数据记为x_t^{out}，储罐料位高度仪测量的罐内粉料高度记录为h_t，其值对应储罐内粉料储量y_t。由于粉料进、出的计量系统和储罐料位计均可能存在误差，且随着运行时间的延长而放大，这将造成库存量或进出粉料的计量偏差。所以，在建立粉料储量y_t的软测量模型时，还应建立计量系统异常识别模型。建模过程如下。

① y_t表示时刻t时的粉料量，有如下关系：

$$y_t = y_{t-1} + x_t^{\text{in}} - x_t^{\text{out}} \tag{10.19}$$

根据物料平衡原理，建立粉料储量的机理模型。y_t^{d}表示t时刻的机理模型测算值。

$$y_t^{\text{d}} = y_{t-1}^{\text{d}} + x_t^{\text{in}} - x_t^{\text{out}} \tag{10.20}$$

② 建立y_t^{d}与储罐料位高度h_t之间的模型关系。用ψ表示模型形式，其可能是传统的回归模型，也可能是基于数据挖掘算法的关联规则、人工神经网络等。由前述分析知，h_t所对应的y_t具有不确性。因此，函数ψ是不确定的，具有动态特性。函数ψ的实质是基于动态储量数据，对机理模型数据y_t^{d}进行修正。

$$\Psi \leftarrow \{y_t^{\text{d}},\ h_t\} \tag{10.21}$$

③ 基于动态函数ψ，由实时测量的粉料高度计算模型测算储量。$y_{\text{online}}^{\text{p}}$ 表示在线测算值，见式（10.22），并分析其误差，见式（10.23）。

$$y_{\text{online}}^{\text{p}} = \psi(h_{\text{online}}) \tag{10.22}$$

$$\varDelta = | y_{\text{online}}^{\text{p}} - y_{\text{online}}^{\text{d}} | \tag{10.23}$$

由于h_{online}以及进出物料计量值存在一定的合理偏差，因此，$\varDelta$会在一定的范围内振荡波动。但是，当$\varDelta$超出正常的波动范围时，可以判定，或是物料进出的计量系统出现了异常，或是储罐粉料高度计量传感器出现了异常。这是将软测量技术应用于设备异常识别的典型案例。

基于本例中的设备特性和测量机理，选择GA-BP算法训练函数Ψ。x_t^{in}、x_t^{out}、h_t、y_{t-1}作为GA-BP模型输入层，y_t为输出层，训练样本数据选择$t-3$\$t-2$\$t-1$共计3天的约5000条数据。训练模型的准确性要求稳定在98%以上，经马尔可夫修正后作为软测量储量数据输出。对该模型按日持续训练并修正，并对比前后模型预测值的偏差幅度，当偏差幅度大于设定的阈值时，则认为是设备运行稳态出现了偏移，其原因可能是设备系统或检测系统发生了异常，提出预警。

本章要求

从本章的实例学习中，体会并掌握数据挖掘技术在互联化工应用中的数据预处理、建模方法、计算以及结果解释等相关内容。

思考题

神经网络技术是当前机器学习的典型代表，不由概率分布展开问题研究，而是通过模仿人脑功能进行抽象运算。请并结合化工课程学习，或自身的科研课题，建立基于神经网络分析模型，要求重点分析输入层变量的选择方法。

第11章 大数据可视化技术

本章内容提示

数据可视化是大数据技术的重要组成部分，可简明、直观、易懂地展示数据背后隐藏的知识，本章将对数据可视化技术进行学习，内容包括：

· 数据可视化的基本概念

· 常用的数据可视化图形的特点及图例

· 常用的数据可视化工具

随着物联网在制造业中的广泛应用，数据得以几何级地增长。分析人员须从业务的角度，在海量数据中把重要的信息挖掘出来，完整、准确、及时地反映数据背后的知识，并简明直观地进行展示。数据可视化是一个可选方案，构成了大数据技术的重要内容。

11.1 数据可视化技术概述

11.1.1 数据可视化概念

数据可视化（Data Visualization）是以图形图像的方式展示数据的内在规律，通常是将分析对象的特征指标作为图元元素，提取数据集合中的数据绘制出相应的数据图像。数据可视化可实现数据的各个特征指标值以多维数据形式表示，以便从不同的维度观察数据。

数据可视化通过图形图像强化人们对数据的认知理解。因此，数据可视化的根本目的并非所绘制的可视化结果本身，而是洞悉事物规律，即从数据中发现、决策、解释、分析、探索和学习。数据可视化的一般性过程包括：数据预处理、绘制、显示和交互几个阶段。

数据可视化是数据科学的理论基础之一，是关于数据视觉表现形式的技术研究与应用。顾名思义，数据可视化将数据进行可视化的呈现与解释，是将复杂的数据转换为更直观、更易于理解的方式传递给受众的过程。主要形式包括图形化、图像处理、计算机视觉以及用户界面等。因此，数据可视化与语言和文字一样，作为一种表达方式，实现对现实世界的描述。

数据可视化可以帮助人们更好地理解和分析数据。一方面数据赋予可视化以价值；另一方面，可视化增加数据的灵性。两者相辅相成。数据可视化所具有的优势如下。

① 直观性　大数据可视化使分析人员能够以直观和简明的图形表现数据背后复杂的信息，同时丰富且有意义的图形也帮助分析人员更好地理解数据和问题。

② 快速性　人脑对视觉信息的处理速度大于对书面信息的处理速度。以图表来呈现复杂的数据及其相互关系，与文字报告或电子表格相比，能够显著提升分析人员的理解速度。

③ 持久性　研究表明，由于图像更容易理解，也更有趣，所以图文结合能够更好地帮助人们理解和记忆相应的内容，特别是有助于形成长期记忆。

④ 多维性　多维数据的可视化分析可以实现每一个数据维度的值的分类、排序、组合和显示等操作，还可以进行上卷、下钻、切片、切块、旋转等各种分析操作，以便剖析数据，帮助分析人员从多个角度、多个侧面观察数据，从而深入了解包含在数据中的信息和内涵。

11.1.2 数据可视化的基本要素和分类

数据可视化有三个基本要素：

- 数据：包含数据的采集、清理、数据挖掘，以及建模与优化等技术环节。
- 图形：包括图形图像的采集、加工变换、模式识别、存储以及展示与呈现等。
- 可视化：把数据转换成能展示数据规律的图形图像的技术。

数据可视化与信息图形、信息可视化、科学可视化及统计图形密切相关，通过计算机图形图像等技术手段展现数据的基本特征和隐含规律，帮助人们更好地认识和理解数据，进而支持从庞杂的数据中获得需要的领域信息和知识。当前，在大数据研究、开发和应用领域中，数据可视化是一个极为活跃且关键的领域。数据可视化从应用领域可分为以下三类。

（1）科学可视化

科学可视化（Scientific Visualization）是一个跨学科的研究与应用领域，主要关注科学现象的可视化。如建筑学、气象学、医学或生物学方面的各种系统，重点在于对体、面以及光源等的逼真渲染。图11.1所示为神经元突触传递过程示意图。科学可视化是计算机图形学的一个子集，是计算机科学的一个分支。科学可视化的目的是以图形方式说明科学数据，使科学家能够从数据中了解、说明和收集规律。

（2）信息可视化

信息可视化（Information Visualization）是研究抽象数据的交互式视觉表示，以此强化人类认知。抽象数据包括数字和非数字数据，如地理信息与文本。信息可视化与科学可视化有所不同：科学可视化处理的数据具有天然几何结构（如磁感线、流体分布等），信息可视化处理的数据具有抽象数据结构。如柱状图、趋势图、流程图、树状图等，都属于信息可视化，是将抽象的概念转化成为可视化信息的手段，如图11.2所示。

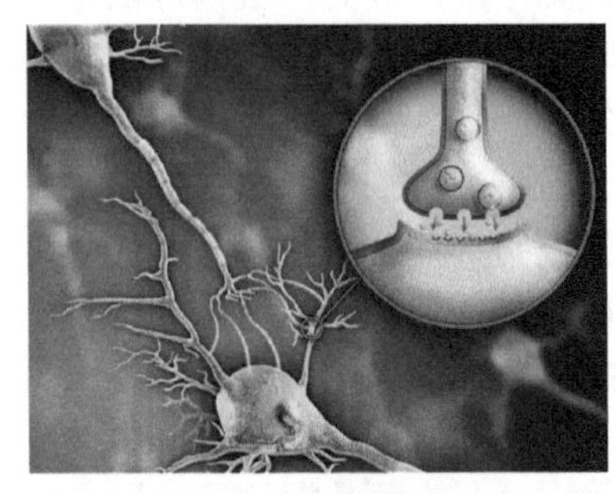

图11.1　科学可视化图例

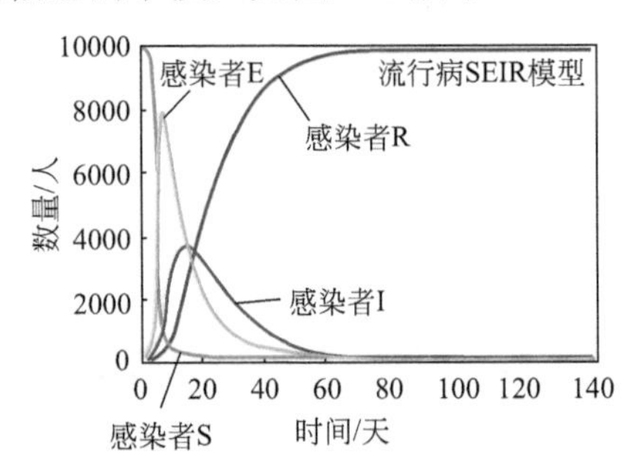

图11.2　信息可视化图例

（3）可视化分析

可视分析学（Visual Analytics）是随着科学可视化和信息可视化发展而形成的新领域，重点是通过交互式视觉界面进行分析推理。如图11.3所示。

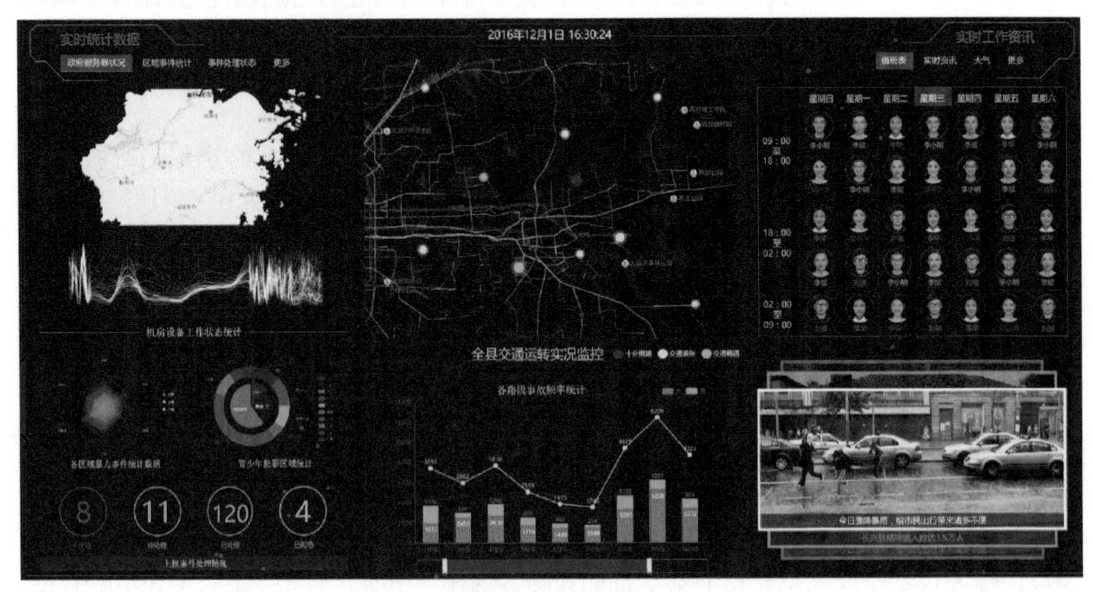

图11.3　可视化分析图例

11.1.3 可视化数据分类

数据可视化可以增强数据的呈现效果，方便用户以更加直观的方式观察数据，进而发现其中隐藏的信息。可视化应用领域十分广泛，主要涉及网络数据可视化、交通数据可视化、文本数据可视化、数据挖掘可视化、生物医药可视化、社交可视化等。数据可视化可分为时空数据可视化和非时空数据可视化。其中，时空数据包括一维、二维、三维、高维以及时态数据；非时空数据包括层次数据和网络数据。

① 一维数据 指由字母或文字组成的只包含单一特征属性的数据，如描述性文字和文本文件。其可视化重点强调的是文字显示的字体、字号、颜色以及显示方式。

② 二维数据 指包含两个特征属性的数据。主要包含可在二维坐标中显示的平面数据和地图数据，如平面图和地理地图。

③ 三维数据 指包含三个特征属性，需要在三维空间中才能展示的对象数据，如立方体和建筑物。

④ 高维数据 指有多于三个特征属性的数据。高维数据在关系型结构中很常见，一般含4个以上的数据列或字段。由于当前低维空间的可视化技术更简单和有效，所以，对于高维数据，通常是将其信息映射到二维或三维空间上，以提升分析人员对高维数据的理解和分析能力。

⑤ 时态数据 指具有时间属性的数据集合。时态数据广泛存在于不同的应用中，反映在某特定时刻及时间序列中所发生的事件，以及相应的信息和属性。

⑥ 层次数据 指表示层次关系的数据，如树状结构。

⑦ 网络数据 指强调对象间连接和关联关系的数据集合。常见的网络数据可视化形式包括节点连接图和连接矩阵。

11.1.4 数据可视化的层次

根据数据可视化的技术应用深度，可分为4个层级：统计图表，可视化分析，虚拟现实技术及数据孪生和可视化智能分析。

（1）统计图表

统计图表是数据分析的重要工具，是以统计性图表来展示数据，通过点的位置、曲线的走势、形状的面积大小等形式，直观呈现数据的统计规律。使用图表进行数据分析，是化抽象为具体的过程，能够让繁杂的数据变得直观可见，将隐藏于数据中的规律形象地展示在眼前。常见的图形有柱状图、条形图、折线图、饼图、雷达图、漏斗图、词云、散点图、气泡图、面积图、指标卡、计量图、瀑布图、桑基图、双轴图以及数据地图等。

（2）可视化分析

统计图表是基于先验模型的，用于检测或展示已明确的模式和规律。但在复杂、异构和海量数据分析中，由于信息分散、数据结构不统一、分析过程的非结构性和不确定性，使得难以形成固定的分析流程或模式。所以，一般的统计图表式的结果展示难以满足要求，需要进行可视化分析。

可视化分析是指借助实时的、人机互动的、直观的数据分析工具，让分析人员在分析过程中，与计算机或过程设备进行交流，帮助其更高效地完成数据的关联分析。同时，基于思维逻辑的直观可视化呈现，完整地展示数据分析的过程和数据链走向，以提升对大数据的认知能力和分析能力。可视化分析与数据结果的可视化是不同的。以医院B超检验为例，可以认为，B超报告单上的图片是检验数据的可视化，强调结果的呈现；而B超检验过程中的实时影像则是可视化分析，是动态的，强调过程。可见，数据结果的可视化是手段，可视化分析则是解决问题的关键。

（3）虚拟现实技术及数据孪生

虚拟现实（Virtual Reality，VR）技术是一种可以创建和体验数字化世界的计算机仿真系统，是由实时动态的三维立体逼真图像构成的模拟环境，除了视觉感知外，还有听觉、触觉、力觉、运动等感知，是一种多源信息融合的、交互式的三维动态视景和实体行为的系统仿真，是仿真技术与计算机图形学、人机接口技术、多媒体技术、传感技术、网络技术等多种技术的集成。

数字孪生（Digital Twin）是基于对象系统的物理模型，利用实时更新数据和运行历史数据，在数字空间中完成对象系统的模型映射及可视化呈现，从而反映对象实体系统的实时运行状况及其全生命周期过程。虚拟现实技术是数据孪生的一种。

一般而言，在工业设计中，设计人员实现从数字模型向物理系统的转化，而数字孪生的思想则是从现实物理系统到数字化空间的反馈。人们将物理世界发生的过程反馈到数字空间中，以实现全生命周期的跟踪。在制造业领域，数字孪生被认为是智能制造的基础。

（4）可视化智能分析

基于大数据的数据积累、挖掘、分析、仿真以及人工智能，不仅保证数字世界与物理世界的协同一致，还更深刻地揭示了现实物理过程的规律。将经过分析提炼出来的规则和知识以更清晰和直观的方法融入现实，提升人和数据之间、人和机器之间，乃至机器与机器之间的交流，可视化智能是必然的选择和发展方向。增强现实（Augmented Reality，AR）是可视化智能的一种方式。AR将真实物理世界的信息和数字化信息进行无缝集成，把原本在现实世界的一定时间空间范围内很难体验到的数字信息，通过计算技术和模拟仿真后，再通过可视化等技术与真实世界融合叠加，并被人类感官所感知。由于数字技术包含了多传感器融合、实时跟踪、三维建模、场景融合、多媒体等智能化的新技术与新手段，AR提供了在一般情况下，人类无法感知的信息，从而达到超越现实的体验与智能。所以，AR是典型的可视化智能技术。

由于AR技术融合了感知、优化、自优化、自组织等特性，在尖端武器、飞行器研发与控制、医疗研究与解剖训练、精密仪器制造和维修、工程设计和远程机器人控制等领域得到了广泛的应用。

11.2 常用的数据可视化图形

11.2.1 常用三大图：柱（条）、线、饼（环）

（1）柱形图

柱形图是统计图表中最常用的图表之一，常用于多个维度的比较和变化分析。绘制柱形图至少需要一个数值型维度，将文本维度（时间维度）作为x轴，数值型维度作为y轴。柱状图的对比分析也可采用颜色来区分类别，如果需要对比的维度过多，通过柱形图则难以实现。柱状图有直方图、条形图、堆积图和瀑布图等多种形式（图11.4）。堆积柱状图以二维垂直堆积矩形显示数值，可显示单个项目与整体之间的关系。而瀑布图则是形似瀑布的图表，用来展示增加值或减少值对初始值的影响，以直观地反映数据的增减变化。

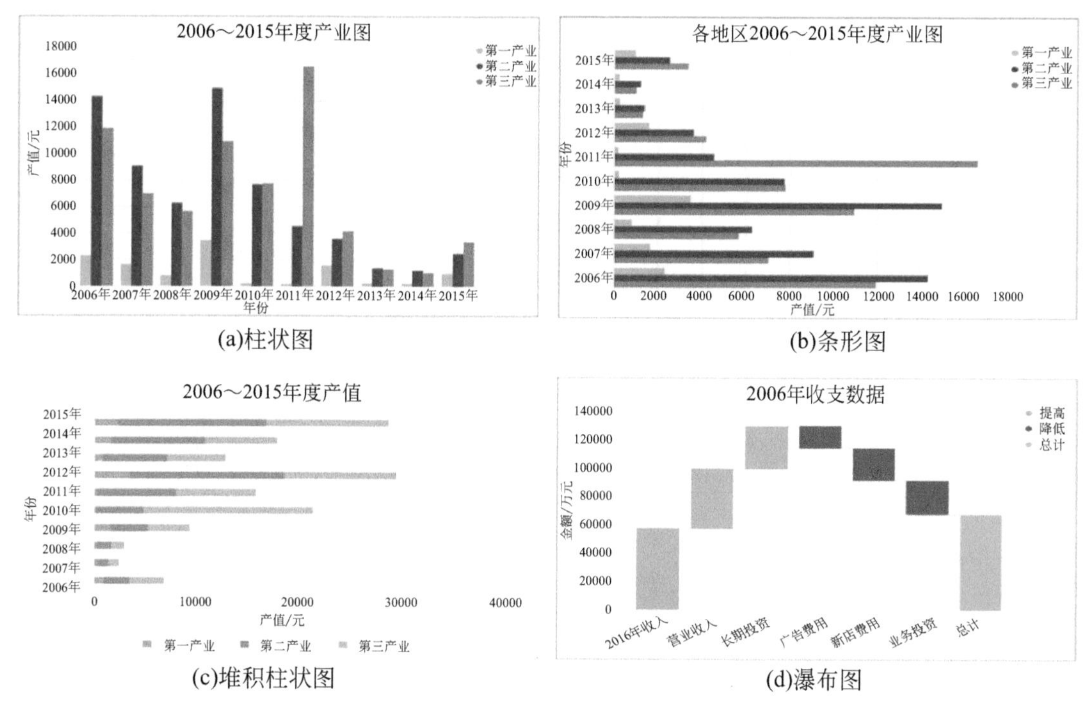

(a)柱状图　(b)条形图

(c)堆积柱状图　(d)瀑布图

图11.4　柱状图

（2）折线图

折线统计图是用折线的升降来表示统计数据变动趋势的图形，又叫曲线统计图。折线图常用来描绘统计事项总体指标的动态、研究对象间的依存关系以及总体中各部分的分配情况。比如，表现数据随时间变化的趋势。以二维折线图为例，一般以横轴表示时间，纵轴表示统计事项变化的数量，在坐标平面上描出相应的坐标点，并连接各点形成数量变化趋势的折线图，见图11.5。

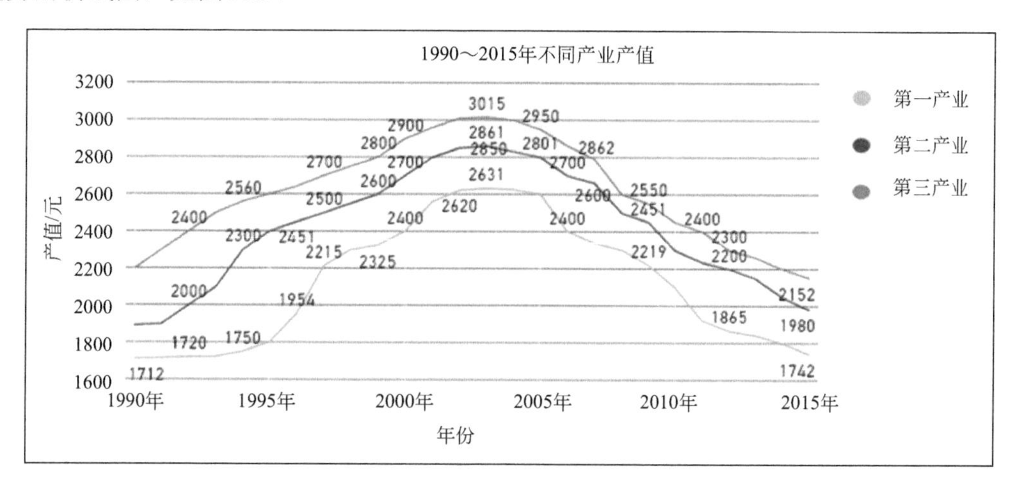

图11.5　折线图

（3）饼图和环形图

饼图是用圆形及圆内扇形的角度来表示数值大小的图形，用于表示一个样本（或总体）中各组成部分的数据占全部数据的比例。由两个及两个以上大小不一的饼图叠在一起，挖去中间的部分则构成环形图。见图11.6。

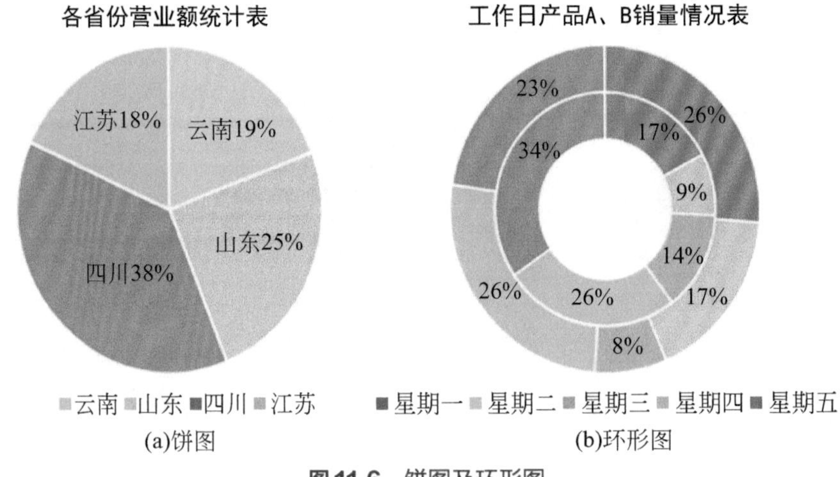

(a)饼图　(b)环形图

图11.6　饼图及环形图

（4）旭日图

旭日图可清晰表达层级和归属关系，以父子层次结构来显示数据构成情况，便于细分溯源地对数据进行分析，真正了解数据的具体构成。另外，双饼图也可以达到相同效果。见图11.7。

（5）仪表盘图

顾名思义，仪表盘图表就如汽车的速度表一样，有一个圆形的表盘及相应的刻度，和一个指针指向当前的速度。仪表盘图可用于统计对象某重要特征属性值的视觉传达方式，直观反映其完成的程度或进度。见图11.8。

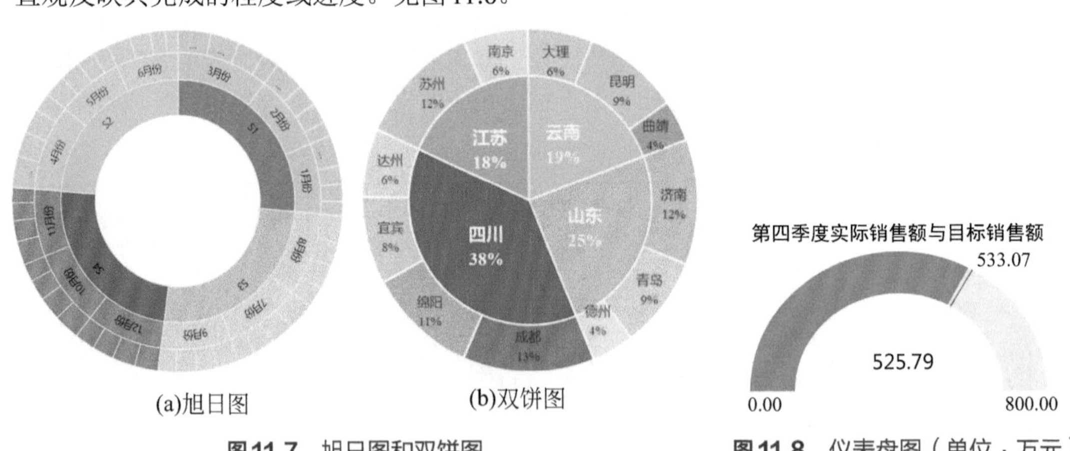

(a)旭日图　(b)双饼图

图11.7　旭日图和双饼图

图11.8　仪表盘图（单位：万元）

（6）双轴图

柱状图与折线图结合可绘制双轴图，可同时反映数据走势以及数据同环比对比等情况。帕累托图是双轴图的一种，是不同类别的数据根据其频率降序排列的，并在同一张图中画出累积百分比图，用双直角坐标系表示，左边纵坐标表示频数，右边纵坐标表示频率。见图11.9。

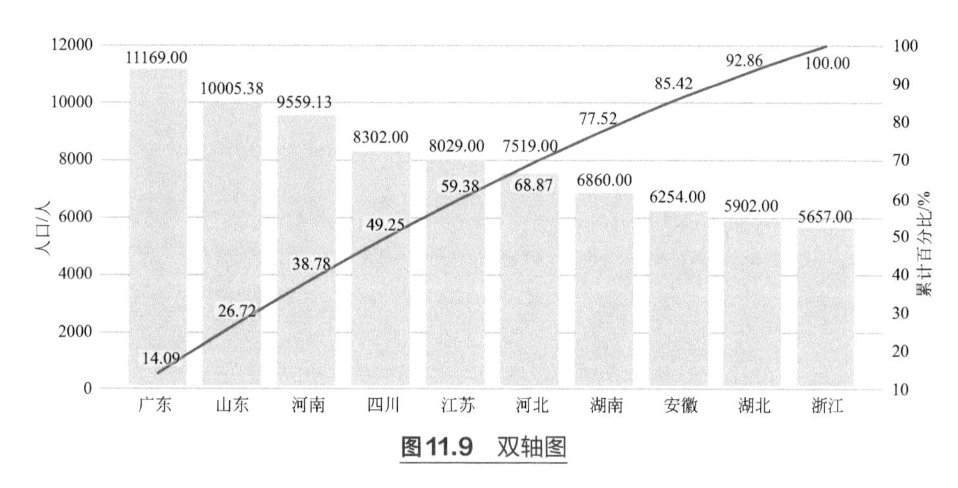

图11.9　双轴图

（7）控制图

控制图（Control Chart）又叫管制图（图11.10），是对过程质量特性进行测定、记录和评价质量过程是否处于控制状态的一种统计分析图。横轴一般为时间序列点，纵轴为特征属性的统计数量，另有三条平行于横轴的直线，即中心线（CL）、上控制线（UCL）和下控制线（LCL）。通常，中心线是均值线，上下控制界限与中心线相距数倍标准差。若控制图中的描点落在UCL与LCL之外，或描点在UCL和LCL之间的排列不随机，则表明过程异常。控制图分计量值控制图（包括单值控制图、平均数和极差控制图、中位数和极差控制图）和计数值控制图（包括不合格品数控制图、不合格品率控制图、缺陷数控制图和单位缺陷数控制图）两类。

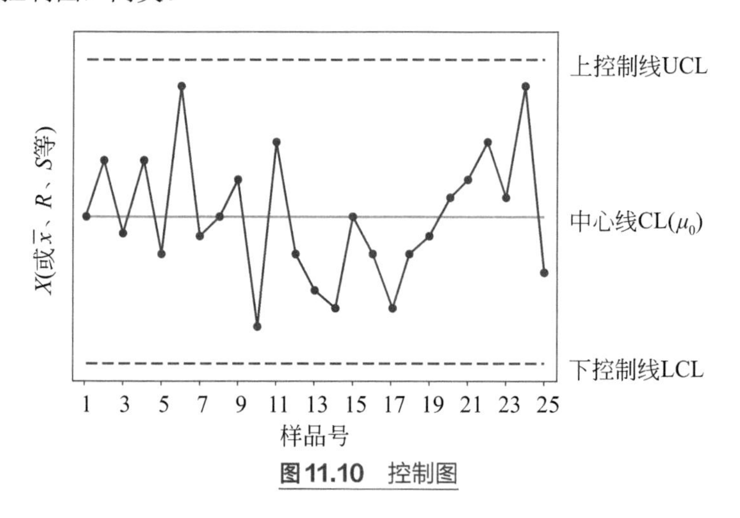

图11.10　控制图

11.2.2　面积图、雷达图、散点图、气泡图

（1）面积图和雷达图

面积图又称区域图，强调数量随时间而变化的程度，反映数据变化趋势。堆积面积图和百分比堆积面积图还可以显示部分与整体的关系。

雷达图又叫戴布拉图，是一种能够表现多维（4维以上）数据的图形。它将多个维度的数据量映射到坐标轴上，这些坐标轴起始于同一个圆心点，通常结束于圆周边缘，将同一组的点用线连接起来，就成为了雷达图。

如图11.11所示为面积图和雷达图样例。

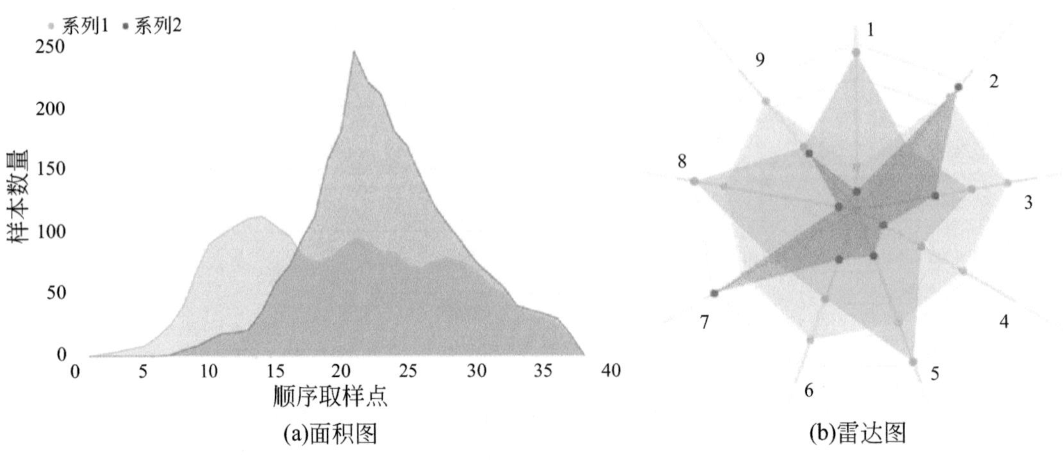

(a)面积图　　(b)雷达图

图11.11　面积图和雷达图

(2) 散点图和气泡图

散点图是相关分析中常用的图形化分析方法。将数据样本点绘制在二维平面或三维空间中，根据数据点的分布特征，直观地研究数据特征变量间的统计关系及关联关系的强弱程度，散点图常用于回归分析和聚类分析。基于散点图，气泡图则以数据点的大小（即以数据点面积）来标示第三个数据特征变量值的大小。见图11.12。

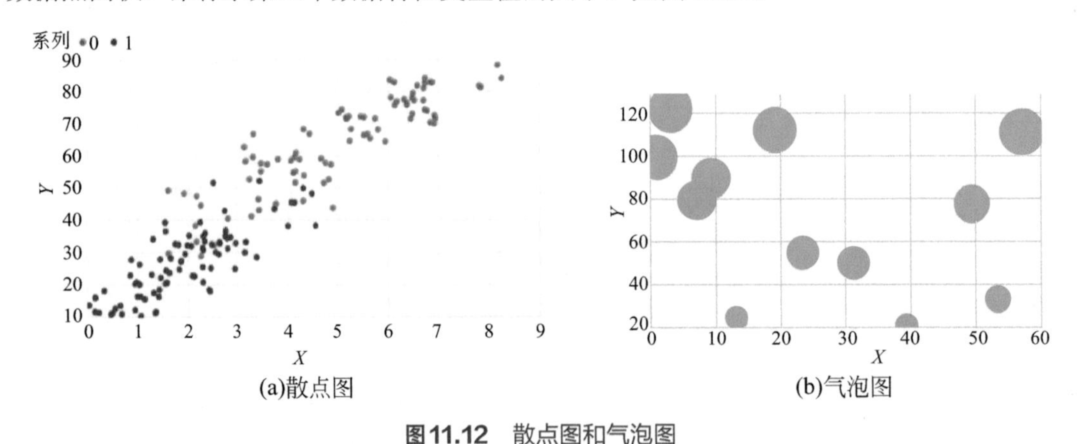

(a)散点图　　(b)气泡图

图11.12　散点图和气泡图

11.2.3　地理图

与空间属性有关的分析也可用到地理图，比如区域销量、区域性店铺的分布等。顾名思义，绘制地理图离不开地图数据。其中，每一个数据点都要包含三方面信息，即位置数据（经维度）、特征值属性名和特征值数值。

地理图（数据地图）可分为面积图、气泡图、点状图、热力图和散点图等。热力图是在地图上以高亮的差异来显示该区域统计对象特征属性数据值的大小。图11.13中的热力图反映了炼化企业厂区内按区域的资产分布统计密度。

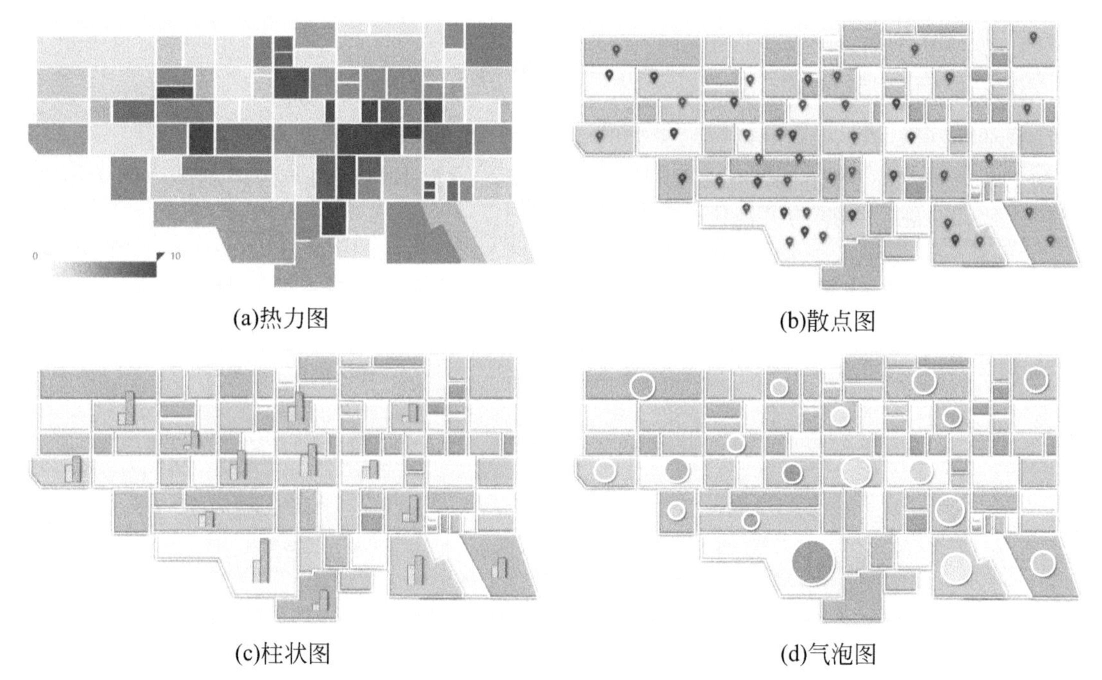

(a)热力图　(b)散点图

(c)柱状图　(d)气泡图

图11.13　地理图图例

11.2.4　矩形树图、日历图、桑基图、漏斗图、箱线图

（1）矩形树图和日历图

矩形树图，即矩形式树状结构图，是实现层次结构可视化的图表结构。当统计对象有很多（如上百个）特征属性时，柱状图是不适合的，矩形树图可解决这个问题。在矩形树图中，各个小矩形的面积表示每个特征属性数值的大小。矩形面积越大，表示该特征属性在其父属性中的占比越大。矩形树图可以清晰地呈现数据的全局层级结构和每个层级的详情。所以，矩形树图常用于分析具有等级或层级关系的数据。

日历图是按日期来统计并呈现某特征属性数量统计值的方法，日历日期为基本维度，单元格以一定的修饰方法呈现数量统计值的大小。图11.14（b）为反映气温高低的日历图。

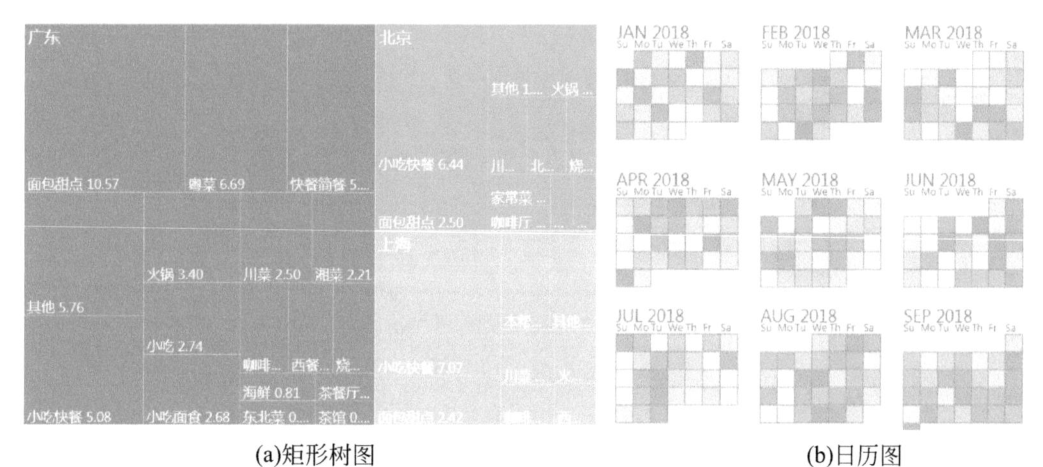

(a)矩形树图　(b)日历图

图11.14　矩形树图和日历图

（2）桑基图

桑基图（Sankey）是一种特定类型的流程图，始末端的分支宽度总和相等，一个数据从始至终的流程很清晰，图中延伸的分支的宽度对应数据流量的大小。通常应用于能源、材料成分、金融等数据的可视化分析。见图11.15。

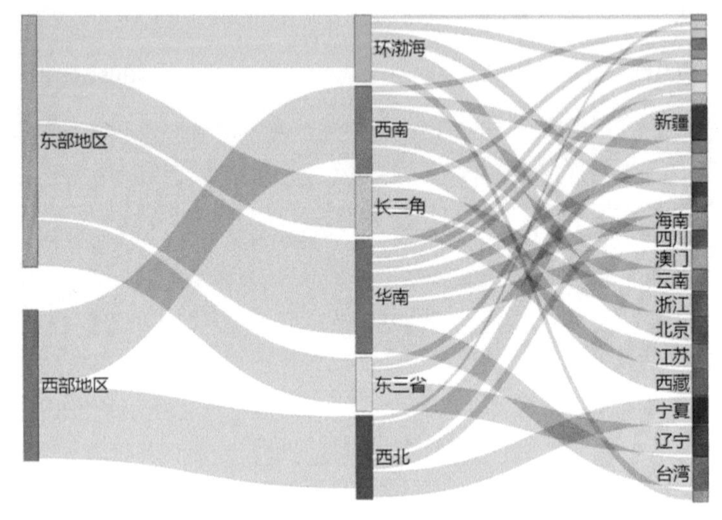

图11.15　桑基图

（3）漏斗图和箱形图

漏斗图是以漏斗的形式来展示分析结果，一般用于业务流程管理的分析，便于分析人员快速发现业务流程中存在问题的环节。漏斗图常用于销售流程的分析，比如，分析电商各业务环节的转化率和流失率。

箱形图（Box-plot）又称为箱线图，是一种用作显示一组数据分散情况资料的统计图，能显示出一组数据的最大值、最小值、中位数及上下四分位数，因形状如箱子而得名。常用于质量管理，反映原始数据分布的特征，还可以进行多组数据分布特征的比较。

见图11.16。

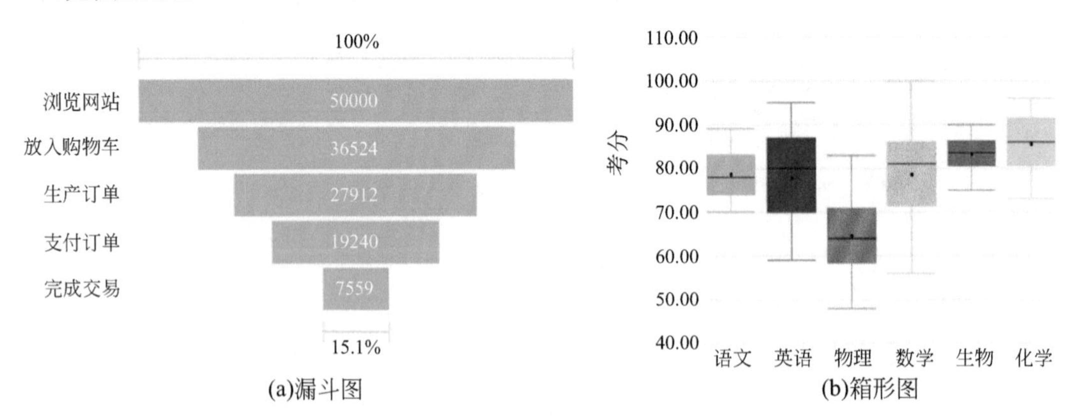

(a)漏斗图　　(b)箱形图

图11.16　漏斗图和箱形图

11.2.5　词云、鱼骨图

词云是指对网络文本中出现频率较高的“关键词”予以视觉上突出的图形化展示，形成“关键词云层”或“关键词渲染”，从而过滤掉大量的文本信息，有助于分析人员快速领略文本的主旨。

产品质量总是受到各种因素的影响，分析人员找出这些因素后，将它们按相互的关联性整理形成层次分明、条理清楚的关系图，并在图中明确标示出重要的质量因素，因图形状如鱼骨，所以被称为鱼骨图。鱼骨图是一种透过现象看本质的分析方法，所以也叫因果分析图，见图11.17。

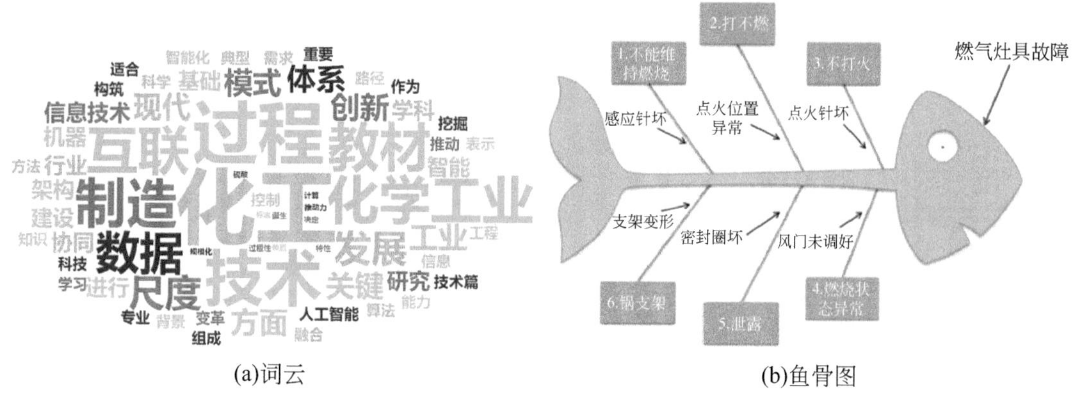

(a)词云　　(b)鱼骨图

图11.17　词云和鱼骨图

11.2.6　数据可视化多图集合模式

数据可视化多图集合模式通过整合数据可视化的基本技术要素，对数据进行综合分析，以提升数据高效和可视化管理能力，帮助分析人员和业务人员高效地发现并诊断问题。数据可视化多图集合模式有交互仪表盘和数据大屏幕，前者适合电脑终端显示，后者更适合LED或液晶拼接屏显示。

① 交互仪表盘　见图11.18。

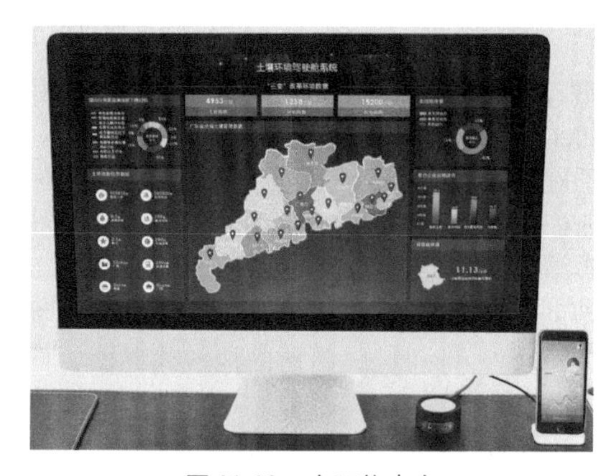

图11.18　交互仪表盘

② 数据大屏幕　见图11.19。

图11.19　数据大屏幕

11.3　常用的数据可视化工具

● Excel是快速分析数据的理想工具，能创建供内部使用的数据图，但在颜色、线条和样式上可选择的范围有限。

● Google Charts提供了大量的图表类型，可帮助用户实现从简单的线图表到复杂的分层地图等数据图，还内置了动画和用户交互控制。

● Power BI是微软公司推出的一款商业分析解决方案，可帮助分析人员对数据进行灵活的可视化展示，以数据仪表板和报表等工具让数据变得生动、易于理解。Power BI支持数百个数据源的连接。

● Leaflet是一个开源的JavaScript库，支持分析人员制作交互式地图，可在各种桌面和移动平台上运行。Leaflet有很多拓展性功能插件。

● DataV是阿里云的在线数据分析及可视化平台，能够接入包括阿里云分析型数据库、关系型数据库、本地CSV上传和在线API的接入，满足各类大数据实时计算、监控的需求。DataV可提供指挥中心、地理分析、实时监控、汇报展示等多种场景模板。

● Tableau Desktop帮助分析人员分析任何结构化数据，快速生成图表、坐标图、仪表盘与报告等。Tableau操作便捷，可通过其简便的拖放式界面，自定义视图、布局、形状和颜色。

● SAS/GHAPH可将数据及其包含的信息以多种图形生动地呈现出来，如直方图、圆饼图、星形图、散点相关图、曲线图、三维曲面图、等高线图及地理图等。SAS/GHAPH

提供一个全屏幕编辑器，提供多种设备程序，可支持广泛的图形输出设备以及标准的图形交换文件。

● Kartograph不需要任何地图提供者，可用来建立互动式地图。

● Processing是数据可视化的招牌工具，只需要编写一些简单的代码，然后编译成Java，便可在几乎所有平台上运行。

本章要求

- 掌握数据可视化的概念、分类与方法
- 掌握常用的数据可视化图形的特点及图例
- 了解常用的数据可视化工具
- 熟练掌握一种数据可视化工具

思考题

11-1　什么是数据可视化？数据可视化要素有哪些?

11-2　什么是科学可视化? 结合自己的课题研究，选用合适工具完成一个科学可视化案例。

11-3　信息可视化与可视化分析有什么区别与共同点?

11-4　结合一科研实际案例，完成一个数据大视频设计。

英文缩略词对照表

4M1E	Man, Machine, Material, Method, Environments	人、机器、物、方法、环境
4P	Product, Price, Place, Promotion	产品、价格、渠道、促销
4C	Customer, Cost, Convenience, Communication	客户、成本、便捷、交流
ACF	Autocorrelation Function	自相关函数
ACS	Advanced Control System	先进控制系统
ACO	Ant Colony Optimization	蚁群算法
AI	Artificial Intelligence	人工智能
AM	Agile Manufacturing	敏捷制造
ANN	Artificial Neural Network	人工神经网络
AR	Augmented Reality	增强现实
ARM	Advanced RISC Machine	高级基于精简指令集的微处理器
AMP	Advanced Manufacturing Partnership	先进制造业伙伴关系（美国）
API	Application Programming Interface	应用程序接口
APC	Advanced Process Control	先进过程控制
ATP	Able To Promise	承诺能力评价
BI	Business Intelligence	商业智能
BP-ANN	Back Propagation ANN	反向传播人工神经网络算法
BOM	Bill of Material	生产配方
CAD	Computer Aided Design	计算机辅助设计
CAE	Computer Aided Engineering	计算机辅助工程
CAM	Computer Aided Manufacturing	计算机辅助制造
CAPP	Computer Aided Process Planning	计算机辅助工艺设计
CAN	Control Area Network	现场总线结构
CAx	CAD、CAE、CAM、CAPP、CAPO	等技术的总称
CC	Cloud Computation	云计算
CCD	Charge Coupled Device	电荷耦合器件
CCU	Carbon Dioxide Capture and Utilization	二氧化碳捕捉与应用
CE	Concurrent Engineering	并行工程

CIMS	Computer Integrated Manufacturing System	计算机集成制造系统
CIPS	Computer Integrated Process System	计算机集成过程系统
CMfg	Cloud Manufacturing	云制造
CNN	Convolutional Neural Networks	卷积神经网络
CPS	Cyber Physical System	信息物理系统
CRM	Customer Relationship Management	客户关系管理
CRP	Capacity Requirements Planning	能力需求计划
CPSM	CPS Microcontroller-Unit	CPS微控制单元
DBMS	Desktop DataBase Management System	数据库管理系统
DCS	Distributed Control System	分散式控制系统
DL	Deep Learning	深度学习
DM	Data Mining	数据挖掘
DMAIC	Define、Measure、Analyze、Improve、Control	定义、测量、分析、改进、控制
DMC	Dynamic Matrix Control	多变量预估控制
DSP	Digital Signal Processor	数字信号处理器
DSS	Decision Supporting System	决策支持系统
DW	Data Warehouse	数据仓库
EC	Electronic Commerce	电子商务
eMBB	Enhanced Mobile Broadband	增强移动宽带
ERP	Enterprise Resource Planning	企业资源计划
ES	Expert System	专家系统
ETC	Electronic Toll Collection	电子收费系统
ETL	Extract, Transformation, Loading	数据抽取、转换和装载技术
FCS	Fieldbus Control System	现场总线控制系统
FF	Foundation Fieldbus	基金会现场总线
FMS	Flexible Manufacturing System	柔性制造系统
FMEA	Failure Mode and Effect Analysis	失效模式与影响分析
FNN	Fuzzy Neural Network	模糊神经网络
FS	Flowsheeting Simulation	流程模拟
FTA	Fault Tree Analysis	事故树分析
GA	Genetic Algorithm	遗传算法
GFS	Google File System	谷歌分布式存储技术
GPU	Graphics Processing Unit	图形处理单元
GT	Group Technology	成组技术
HAZOP	Hazard and Operability Analysis	危险源及可操作性分析
HDFS	Hadoop Distributed File System	分布式文件存储系统
HTTP	Hyper Text Transfer Protocol	超文本传输协议
HTML	Hyper Text Markup Language	超文本标记语言
HR	Human Resources	人力资源

HSE	Health, Safety, Environment	健康、安全、环境
IaaS	Infrastructure as a Service	基础设施服务
IC	Inventory Control	库存控制
ICT	Intelligent Control Technology	智能控制技术
IDC	Internet Data Center	互联网数据中心
IT	Information Technology	信息技术
IoT	Internet of Things	物联网
IVI	Industrial Value chain Initiative	工业价值链产业联盟计划（日本）
JIT	Just In Time	准时制
KDD	Knowledge Discovery in Databases	基于数据库的知识发现
KM	Knowledge Management	知识管理
KPI	Key Performance Indicator	关键绩效指标体系
LAN	Local Area Network	局域网
LM	Lean Manufacturing	精益生产
LIMS	Laboratory Information Management System	实验室信息管理系统
MaaS	Manufacture as a Service	制造即服务
MES	Manufacturing Execution System	制造执行系统
MGI	Materials Genome Initiative	材料基因组计划
mMTC	Massive Machine Type of Communication	大规模物联网，或海量机器类通信
MPC	Model Predictive Control	预测控制
MPS	Master Production Schedule	主生产计划
MAPE	Mean Absolute Percentage Error	平均绝对相对误差
MRO	Maintenance, Repair, Operations	维护维修运行
MRP	Material Requirements Planning	物料需求计划
MRP Ⅱ	Manufacturing Resources Planning Ⅱ	制造资源计划Ⅱ
NNM	National Network for Manufacturing Innovation Program	国家制造创新网络计划（中国）
O2O	Online to Offline	线上对线下（的电子商务）
OA	Office Automation	办公自动化
OEM	Original Equipment Manufacturer	委托制造商
OID	Object Identifier	对象标识符
OLAP	OnLine Analysis Processing	在线分析处理
OS	Operation Schedule	生产进度
OT	Operation Technology	运营技术
OWL	Web Ontology Language	Web本体语言
PAC	Production Activity Control	生产作业控制
PaaS	Platform as a Service	平台服务
PACF	Partial Auto Correlation Function	偏自相关函数
PDM	Product Data Management	产品数据管理
PDCA	Plan Do Check Action	戴明循环

PDPC	Process Decision Program Chart	过程决策程序图
PLC	Programmable Logic Controller	可编程逻辑控制器
PLM	Product Lifecycle Management	产品生命周期管理
PID	Proportion Integration Differentiation	比例积分微分
PR	Pattern Recognition	模式识别
PS	Process Simulation	过程模拟
PSO	Particle Swarm Optimization	粒子群算法
QoS	Quality of Servise	服务质量
R&D	Research and Development	研究与开发
RDF	Resource Description Framework	资源描述框架
RFID	Radio Frequency Identification	无线射频识别
RMSE	Root Mean Square Error	平均均方根误差
RRP	Resource Requirement Planning	资源需求计划
RTO	Real Time Optimization	实时优化
SA	Simulated Annealing	模拟退火算法
SaaS	Software as a Service	软件服务
SCADA	Supervisory Control And Data Acquisition	数据采集与监视控制
SCL	Safety Checklist	安全检查表
SCM	Supply Chain Management	供应链管理
SE	Simultaneous Engineering	同步工程
SIS	Safety Interlocking System	安全联锁系统
SPC	Statistical Process Control	统计过程控制
SPE	Sum of Predicted Error	预测误差的总和
SQC	Statistical Quality Control	统计质量控制
SVM	Support Vector Machine	支持向量机
TCP/IP	Transmission Control Protocol/Internet Protocol	网络通信协议/因特网互联协议
TQM	Total Quality Management	全面质量管理
uRLLC	Ultra Reliable &Low Latency Communication	高可靠低时延通信
VC	Virtual Cooperation	虚拟企业
VPN	Virtual Private Network	虚拟专用网络
VR	Virtual Reality	虚拟现实
WAN	Wide Area Network	广域网
WSN	Wireless Sensor Network	无线传感器网络
XML	EXtensible Markup Language	可扩展标记语言

参考文献

[1] 机械工业信息研究院战略与规划研究所. 德国工业4.0战略计划实施建议（摘编）[J]. 世界制造技术与装备市场，2014（3）：42-48.

[2] 德森德勒. 工业4.0[M]. 邓敏，李现民译. 北京：机械工业出版社，2014.

[3] 丁纯，李君扬. 德国“工业4.0”：内容、动因与前景及其启示[J]. 德国研究，2014，29（04）：49-66.

[4] Rainer D, Alexander H. Industrie 4.0: hit or hype[J]. Industrial Electronics Magazine, 2014, 8(2): 56 -58.

[5] 沈烈初. 谈《中国制造2025》与“德国工业4.0”[J]. 经济导刊，2015（09）：60-66.

[6] 李金华. 德国“工业4. 0”与“中国制造2025”的比较及启示[J]. 中国地质大学学报（社会科学版），2015，15（5）：71-79.

[7] 周济. 智能制造——“中国制造2025”的主攻方向[J]. 中国机械工程，2015，26（17）：2273 -2284.

[8] 王中杰，谢璐璐. 信息物理融合系统研究综述[J]. 自动化学报，2011，37（10）.

[9] 钱志鸿，王义君，等. 物联网技术与应用研究[J]. 电子学报，2012（5）.

[10] Baheti R, Gill H. Cyber-physical systems[J]. The Impact of Control Technology, 2011, 5(10): 161-166.

[11] IEEE Real—Time Systems Symposium[online][EB/OL]. [2020-01-05]http: //2014. rtss. org/, 2014.

[12] Lee E. Computing Foundations and Practice for Cyber-Physical Systems: a Preliminary Report[R]. Technical Report UCB/EECS-2007-72.

[13] Sastry S. Networked embedded systems: from sensor webs to cyber-physical systems[M]. Berlin: 2007. Springer.

[14] Li Renfa, Xie Yong, Li Rui, Li Lang. Survey of Cyber-Physical Systems[J]. Journal of Computer Research and Development, 2012, 49(6): 1149-1161.

[15] 李伯宇，高飞，朱建平. 信息物理系统研究与应用综述[J]. 成都信息工程学院学报，2014，8.

[16] Li Zuopeng, Zhang Tianchi, Zhang Jing. Survey on the Research of Cyber-Physical Systems(CPS)[J]. Computer Science, 2011, 38(9): 27-29.

[17] 国务院关于印发《中国制造2025》的通知[J]. 中华人民共和国国务院公报，2015，151916：10-26.

[18] 袁志宏，覃伟中，赵劲松. 炼油和石化行业的智能制造[J]. Engineering，2017，3（02）：66-74.

[19] Gil Y, Greaves M, Hendler J, et al. Amplify scientific discovery with artificial intelligence[J]. Science, 2014, 346(6296): 171-172.

[20] Ye, Weike, et al. Deep neural networks for accurate predictions of crystal stability[J]. Nature Communications, 2018, 9(1): 3800.

[21] 吉旭，许娟娟，卫柯丞. 化学工业4. 0新范式及其关键技术[J]. 高校化学工程学报，2015，29（05）：1215-1223.

[22] Wu X, Kumar V, Quinlan J R, et al. Top 10 algorithms in data mining[J]. Knowledge & Information Systems, 2007, 14(1): 1-37.

[23] Cerrada M, Sánchez R, Li C, et al. A review on data-driven fault severity assessment in rolling bearings[J]. Mechanical Systems & Signal Processing, 2018, 99: 169-196.

[24] Ji X, He G, Xu J, et al. Study on the mode of intelligent chemical industry based on cyber-physical system and its implementation[J]. Advances in Engineering Software, 2016, 99: 18-26.

[25] 维克托 · 迈尔 - 舍恩伯格. 大数据时代：生活、工作与思维的大变革[M]. 周涛译. 杭州：浙江人民出版社，2013.

[26] Yuan Z, Wang L N, Ji X. Prediction of concrete compressive strength: Research on hybrid models genetic based algorithms and ANFIS[J]. Advances in Engineering Software, 2014, 67(1): 156-163.

[27] 吴飞，阳春华，兰旭光，等. 人工智能的回顾与展望[J]. 中国科学基金，2018，65535（3）.

[28] 柴天佑. 制造流程智能化对人工智能的挑战[J]. 中国科学基金，2018（3）.

[29] 罗雄麟，于洋，许鋆. 化工过程预测控制的在线优化实现机制[J]. 化工学报，2014，65（10）.

[30] 贺彦林. 前馈神经网络结构设计研究及其复杂化工过程建模应用[D]. 北京：北京化工大学，2016.

[31] 姚建初，刘伯龙，李卫国，等. 流程工业管控一体化系统的研究与开发[J]. 自动化博览，2000（S1）: 58-60.

[32] 吴青. 流程工业卓越智能炼化建设的研究与实践[J]. 无机盐工业，2018，50（08）: 5-9，37.

[33] 高文，柴天佑，钱锋，等. 人工智能的回顾与展望[J]. 中国科学基金，2018，32（03）: 243-250.

[34] 中国石油和化学工业联合会智能工厂应用体系研究课题组. 石化行业智能工厂应用体系研究[J]. 中国石油和化工经济分析，2016（11）: 21-24.

[35] 钱锋，杜文莉，钟伟民，等. 石油和化工行业智能优化制造若干问题及挑战[J]. 自动化学报，2017（6）.

[36] 闫俐俐. 探索智能控制在油品调合中的应用[J]. 中国新技术新产品，2014（12）: 18.

[37] 桂卫华，陈晓方，阳春华，等. 知识自动化及工业应用[J]. 中国科学（信息科学）2016，46（8）: 1016.

[38] 张益，冯毅萍，荣冈. 智慧工厂的参考模型与关键技术[J]. 计算机集成制造系统，2016，22（1）: 1-12.

[39] 裘坤. 智能制造与工控安全[J]. 自动化博览，2016（9）: 72-73.

[40] 吕佑龙，张洁. 基于大数据的智慧工厂技术框架[J]. 计算机集成制造系统，2016，022（011）: 2691-2697.

[41] 王军，金以慧. 连续过程生产调度的研究策略[J]. 系统工程理论与实践，1998，18（5）: 40-46.

[42] 桂卫华，王成红，谢永芳，等. 流程工业实现跨越式发展的必由之路[J]. 中国科学基金，2015（5）.

[43] 刘卫宁，刘波，孙棣华. 面向多任务的制造云服务组合[J]. 计算机集成制造系统，2013，19（1）: 199-209.

[44] 李向前，杨海成，敬石开，等. 面向集团企业云制造的知识服务建模[J]. 计算机集成制造系统，2012，18（8）: 1869-1880.

[45] 覃伟中，冯玉仲，陈定江，等. 面向智能工厂的炼化企业生产运营信息化集成模式研究[J]. 清华大学学报（自然科学版），2015（4）.

[46] 李玉琼，方鹏，邓宝贵，等. 基于系统动力学产业链、创新链协同演进机制研究[J]. 价值工程，2015（21）.

[47] 于菲菲，田文浩，王廷春．石油化工企业过程安全管理评估系统的设计与应用研究[J]．中国安全生产科学技术，2015（4）：112-115．
[48] 孙宏伟．化学工程的发展趋势——认识时空多尺度结构及其效应[J]．化工进展，2003，22（3）：224-227．
[49] 杨宁，李静海．化学工程中的介尺度科学与虚拟过程工程：分析与展望[J]．化工学报，2014，65（7）：2403-2409．
[50] 罗磊，程非凡，邱彤，等．改进CCM算法检测外部扰动下系统变量间的时滞和因果关系[J]．化工学报，2016（12）：216-224．
[51] 姚锡凡，练肇通，杨屹，等．智慧制造——面向未来互联网的人机物协同制造新模式[J]．计算机集成制造系统，2014，20（6）：1490-1498．
[52] 覃伟中，谢道雄，赵劲松．石油化工智能制造[M]．北京：化学工业出版社，2019．
[53] 徐晔．大连石化安全管理问题分析与对策研究[D]．大连：大连理工大学，2017．
[54] 欧阳骏．复杂工业过程的开工异常工况识别与控制器性能评价方法研究[D]．北京：北京化工大学，2009．
[55] 王莹，卢秀和．改进*K*均值聚类法在变压器故障诊断中的应用[J]．机电信息，2015（24）：36-37．
[56] 周海英，董素荣．化工过程的故障聚类及诊断空间的分层递阶算法[J]．测试技术学报，2008（6）．
[57] 苏凯凯，徐文胜，李建勇．云制造环境下基于双层规划的资源优化配置方法[J]．计算机集成制造系统，2015，21（7）：1941-1952．
[58] 尹超，黄必清，刘飞，等．中小企业云制造服务平台共性关键技术体系[J]．计算机集成制造系统，2011，17（03）：495-503．
[59] 孙彦广，梁青艳，李文兵，等．基于能量流网络仿真的钢铁工业多能源介质优化调配[J]．自动化学报，2017（6）．
[60] 林融．中国石化工业实现智能生产的构想与实践[J]．中国仪器仪表，2016（1）．
[61] 赵俊贵，李德芳，覃伟中．中国石化智能工厂建设推进制造业迈向中高端[J]．化工管理，2015（31）：13-15．
[62] Williams T J. Architectures for integrating manufacturing activities and enterprises[J]. Computers in Industry, 1994, 24: 111-139.
[63] Lee Z, lee J Y. An ERP implementation Case Study from a Knowledge Transfer Perspective[J]. Information Technology, 2000, 15(4): 281-288.
[64] Sorensen R C, Cutler C R. LP integrates economics into dynamic matrix Control[J]. Hydrocarbon Processing, 1998(9): 81-89.
[65] Makin A M, Winder C. A new conceptual framework to improve the application of occupational health and safety management systems [J]. Safety Science, 2007, 46(6).
[66] Robson Lynda S, Clarke Judith A, et al. The effectiveness of occupational health and safety management system interventions: A systematic review [J]. Safety Science, 2007, 45: 329-353.
[67] Risk Management Programs for Chemical Accidental Release Prevention, EPA.
[68] Flowers D L, Aceves S M, Martinez-Frias J, et al. Prediction of carbon monoxide and hydrocarbon emissions in iso-octane HCCI engine combustion using multizone simulations [J]. Proceedings of the Combustion Institute, 2002, 29(1): 687-694.
[69] Kaynak H. The relationship between total quality management practices and their effects on firm performance [J]. Journal of Operations Management, 2003, 21(4): 405-435.

[70] Sousa R, Voss C A. Quality management re-visited: a reflective review and agenda for future research [J]. Journal of Operations Management, 2002, 20(1): 91-109.

[71] Perdomo-Ortiz J, González-Benito J, Galende J. Total quality management as a forerunner of business innovation capability [J]. Technovation, 2006, 26(10): 1170-1185.

[72] Liao S H. Expert system methodologies and applications—a decade review from 1995 to 2004 [J]. Expert Systems with Applications, 2005, 28(1): 93-103.

[73] 杨友麟. 从cims走向供应链的动态优化[J]. 计算机与应用化学，2001，18（1）: 1-11.

[74] 成思危，杨友麟. 过程系统工程的昨天、今天和明天[R]//2006年全国过程系统工程学术年会大会报告，2006 : 1-19.

[75] 曾敏钢，华贲，等. ERP技术在过程工业的应用研究[J]. 化工自动化及仪表，2002，29（1）: 8-12.

[76] 吉旭，朱立嘉，赵丰，等. 面向知识管理的过程企业知识模型体系研究[J]. 计算机集成制造系统，2006，12（3）: 382-388.

[77] 朱立嘉，赵丰，范云锋. 基于知识管理的精馏塔职能化控制模型研究[J]. 高校化学工程学报，2006，20（4）: 628-633.

[78] 刘诗飞，詹予忠. 重大危险源辨识及危害后果分析[M]. 北京：化学工业出版社，2004.

[79] 夏迎春，等. 现代化工仿真训练工厂[J]. 系统仿真学报，2010，22（2）: 370-375.

[80] 李伯虎，柴旭东，张霖. 智慧云制造——一种互联网与制造业深度融合的新模式、新手段和新业态[J]. International Journal of Advanced Manufacturing Technology，2016，22（05）: 2-6.

[81] 李伯虎，张霖，任磊，等. 云制造典型特征、关键技术与应用[J]. 计算机集成制造系统，2012，18（07）: 1345-1356.

[82] 张霖，罗永亮，范文慧，等. 云制造及相关先进制造模式分析[J]. 计算机集成制造系统，2011，17（03）: 458-468.

[83] 肖莹莹，李伯虎，柴旭东，等. 云制造中的制造能力服务形式化描述方法[J]. 系统仿真学报，2015，27（09）: 2096-2107.

[84] Qiu X, He G, Ji X. Cloud manufacturing model in polymer material industry[J]. International Journal of Advanced Manufacturing Technology, 2015, 84(1-4): 239-248.

[85] 任磊，张霖，张雅彬，陶飞，等. 云制造资源虚拟化研究[J]. 计算机集成制造系统，2011，17（03）: 511-518.

[86] Zhao X, Song B, Huang P, et al. An improved discrete immune optimization algorithm based on pso for QoS-driven web service composition[J]. Applied Soft Computing Journal 2012, 12(8): 2208-2216.

[87] Li Z, Gu J, Zhuang H, Kang L, et al. Adaptive molecular docking method based on information entropy genetic algorithm[J]. Applied Soft Computing Journal 2014, 26: 299-302.

[88] Zhang Y, Xiong H, Zhang Y. An Improved Genetic Algorithm of Web Services Composition with QoS[J]. Advanced Materials Research, 2012, 532-533: 1836-1840.

[89] Li C, Wang X, Zhao J, et al. An information entropy-based multi-population genetic algorithm[J]. Journal of Dalian University of Technology, 2004, 44(4): 589-593.

[90] Yi Que, Wei Zhong, Hailin Chen, et al. Improved adaptive immune genetic algorithm for optimal QoS-aware service composition selection in cloud manufacturing[J]. International Journal of Advanced Manufacturing Technology, 2018, 96: 4455-4465.

[91] Esposito C, Castiglione A, Martini B, et al. Cloud Manufacturing: Security, Privacy, and Forensic Concerns[J]. IEEE Cloud Computing, 2016, 3(4): 16-22.

[92] 中华人民共和国工业和信息化部. 中国区块链技术和产业发展论坛标准.

[93] 张姮. TE过程故障诊断方法比较研究[D]. 沈阳：沈阳理工大学，2013.

[94] Conoscenti M, Antonio Vetrò, Martin J C D. Blockchain for the Internet of Things: A systematic literature review[C]//2016 IEEE/ACS 13th International Conference of Computer Systems and Applications (AICCSA). IEEE, 2017.

[95] 袁勇，王飞跃. 区块链技术发展现状与展望[J]. 自动化学报，2016，42（4）: 481-494.

[96] Sikorski J J, Haughton J, Kraft M. Blockchain technology in the chemical industry: Machine-to-machine electricity market[J]. Applied Energy, 2017, 195: 234-246.

[97] Sridhar S, Hahn A, Govindarasu M. Cyber - Physical System Security for the Electric Power Grid[J]. Proceedings of the IEEE, 2011, 100(1): 210-224.

[98] Hauptmanns U. Reliability data acquisition and evaluation in process plants[J]. Journal of Loss Prevention in the Process Industries, 2011, 24(3): 266-273.

[99] Al-Sharrah G K, Edwards D, Hankinson G. A New Safety Risk Index for Use in Petrochemical Planning[J]. Process Safety and Environmental Protection, 2007, 85(6): 533-540.

[100] Wolf D, Buyevskaya O V, Baerns M. An evolutionary approach in the combinatorial selection and optimization of catalytic materials[J]. Applied Catalysis A, 2000, 200(1): 63-77.

[101] 刘文，陈苗娜，吉旭. 化工系统设备运行可靠性的综合评价模型研究[J]. 中国安全科学学报，2015（01）: 139-144.

[102] 高玮. 基于人工神经网络化工企业安全评价方法的研究[D]. 大连：大连交通大学，2007.

[103] Gómez-Bombarelli, Rafael, Aguilera-Iparraguirre J, Hirzel T D, et al. Design of efficient molecular organic light-emitting diodes by a high-throughput virtual screening and experimental approach[J]. Nature Materials, 2016, 15(10).

[104] Ye W, Chen C, Wang Z, et al. Deep neural networks for accurate predictions of crystal stability[J]. Nature Communications, 2018, 9(1).

[105] Pilania G, Wang C, Jiang X, et al. Accelerating materials property predictions using machine learning[J]. Scientific Reports, 2013, 3.

[106] Verpoort P C, MacDonald P, Conduit G J. Materials data validation and imputation with an artificial neural network[J]. Computational Materials Science, 2018, 147: 176-185.